软件接口测试
实战详解

于涌　马林　张林丰◎编著

人民邮电出版社

北 京

图书在版编目（CIP）数据

软件接口测试实战详解 / 于涌，马林，张林丰编著
. -- 北京 ：人民邮电出版社，2021.4
ISBN 978-7-115-55412-3

Ⅰ．①软… Ⅱ.①于… ②马… ③张… Ⅲ.①软件工
具－程序设计 Ⅳ.①TP311.561

中国版本图书馆CIP数据核字(2020)第233355号

内 容 提 要

本书主要讲述软件接口测试的技术和方法，共 11 章。本书结合大量示例代码，介绍了 Python 编程环境，Python 编程基础知识，单元测试框架 UnitTest，接口测试的基础知识，接口测试环境的搭建，接口测试案例，接口 Mock 的应用，接口测试工具，基于接口的性能测试实战，Python 项目持续集成的案例，接口自动化测试平台的设计与实现。

本书不仅适合测试人员、开发人员、运维人员、项目管理人员阅读，还适合作为高等院校相关专业的教材。

◆ 编　著　于　涌　马　林　张林丰
　　责任编辑　张　涛
　　责任印制　王　郁　焦志炜

◆ 人民邮电出版社出版发行　　北京市丰台区成寿寺路 11 号
　　邮编 100164　电子邮件 315@ptpress.com.cn
　　网址 https://www.ptpress.com.cn
　　北京鑫正大印刷有限公司印刷

◆ 开本：787×1092　1/16
　　印张：25.5
　　字数：622 千字　　　　　　　2021 年 4 月第 1 版
　　印数：1 – 2 000 册　　　　　2021 年 4 月北京第 1 次印刷

定价：119.00 元

读者服务热线：(010)81055410　印装质量热线：(010)81055316
反盗版热线：(010)81055315
广告经营许可证：京东市监广登字 20170147 号

前　言

IT 行业和软件测试技术的蓬勃发展对测试从业人员的能力提出了更高的要求，越来越多的测试从业人员已经开始从传统的功能测试转向测试开发，而完成这一角色的转换需要较多的知识支撑。例如，需要了解一些相关的协议知识，目前无论是 Web 应用还是移动应用，都使用 HTTP/HTTPS，所以 HTTP/HTTPS 是必须要掌握的内容。随着人工智能及大数据行业的快速发展，越来越多的软件企业开始大量应用 Python 进行软件的开发，Python 成为软件从业人员需要掌握的一门重要语言。由于软件行业同质化产品众多、竞争日益激烈，持续集成已经成为一个趋势，而在敏捷模型中自动化测试是持续集成实施过程中非常重要的一环，传统的基于 UI 的自动化测试已经不能较好地适用于敏捷开发，而通过接口测试可以尽早地介入软件开发过程，接口测试已成为目前敏捷开发中测试过程的重要组成部分，越来越多的公司开始开展接口测试工作。

然而，目前市面上入门级别的图书较多，缺乏实践内容。因为测试从业人员缺乏语言、协议、数据格式、接口工具、软件架构等方面的知识，所以难以完成从功能测试到接口自动化测试角色的转换。本书主要结合目前软件测试中出现的这些困境，讲解测试人员完成角色转换过程所需要的各种知识。本书从目前流行的编程语言 Python 的基础知识开始讲述，依次介绍了单元测试框架 UnitTest，以及 JMeter、Postman 等接口测试工具，并讨论了持续集成案例、接口的性能测试案例、接口自动化平台设计与实现。为了便于读者深入掌握接口测试内容和工具，本书采用了多种测试环境。总而言之，这是接口测试方面一本难得的图书。

本书适合的读者

本书适合以下几类人员阅读。
- 测试从业人员。
- 项目管理人员。
- 开发人员、运维人员。

作者简介

于涌，具有多年软件开发和软件测试方面的工作经验。先后担任高级程序员、测试分析师、测试总监等职位。他尤其擅长性能测试、自动化测试、单元测试等方面的技术，曾为多个软件公司提供软件性能测试、自动化测试、移动测试、接口测试、敏捷测试以及 Selenium、JMeter、Appium、LoadRunner、Postman 等方面的培训和咨询工作。

马林，具有多年的软件测试从业经验。先后任职于多家上市软件企业，曾参与过多个国家级、省部级项目的测试工作，拥有丰富的软件测试经验和团队管理经验。他曾为多家企业提供软件测试培训，同时在国内多所大学及知名机构讲授过软件测试课程及实训项目。

张林丰，具有多年的软件测试工作经验，参与过多个银行及非银行金融客户的第三方软件测试项目，对软件测试实施过程、软件测试项目管理，有丰富的实践经验。

服务与支持

本书由异步社区出品，社区（https://www.epubit.com/）为您提供后续服务。

提交勘误

作者和编辑尽最大努力来确保书中内容的准确性，但难免会存在疏漏。欢迎您将发现的问题反馈给我们，帮助我们提升图书的质量。

当您发现错误时，请登录异步社区，按书名搜索，进入本书页面，单击"提交勘误"，输入勘误信息，单击"提交"按钮即可，如下图所示。本书的作者和编辑会对您提交的勘误进行审核，确认并接受后，您将获赠异步社区的 100 积分。积分可用于在异步社区兑换优惠券、样书或奖品。

与我们联系

我们的联系邮箱是 zhangtao@ptpress.com.cn。

如果您对本书有任何疑问或建议，请您发邮件给我们，并请在邮件标题中注明本书书名，以便我们更高效地做出反馈。

如果您所在的学校、培训机构或企业想批量购买本书或异步社区出版的其他图书，也可以发邮件给我们。

如果您在网上发现有针对异步社区出品图书的各种形式的盗版行为，包括对图书全部或部分内容的非授权传播，请您将怀疑有侵权行为的链接通过邮件发送给我们。您的这一举动是对作者权益的保护，也是我们持续为您提供有价值的内容的动力之源。

目　录

Chapter 1

第 1 章

Python 编程环境

1.1 为什么要学习 Python

随着信息技术的飞速发展，软件行业在国民经济中扮演着越来越重要的角色，各行各业对软件质量的要求也越来越高。在软件的功能测试、性能测试、接口测试、测试辅助工具开发、测试框架开发等方面，掌握一门编程语言是非常有必要的。目前流行的编程语言有很多，如 Java、C、C++、C#、Python、Ruby、Perl、PHP、Delphi 等，面对这些编程语言，你是不是有些眼花缭乱？测试人员应该如何选择呢？在这里仅介绍一下选择 Python 语言的 4 个原因。

1. Python 语言是目前最流行的编程语言之一

根据全球著名的编程语言社区 TIOBE 的统计信息，2020 年 3 月编程语言排行榜中 Python 语言为第 3 名，仅次于 Java 和 C 语言，如图 1-1 所示。很多读者可能不知道 TIOBE 的排行榜，根据百度百科，“TIOBE 编程语言排行榜每月更新一次，依据的是世界范围内的资深软件工程师和第三方供应商提供的数据，其结果可作为判断当前业内程序开发语言的流行程度的有效指标。该指标可以用来检测开发者的编程技能能否跟上趋势，判断是否有必要做出战略改变，以及了解什么编程语言是应该及时掌握的。”

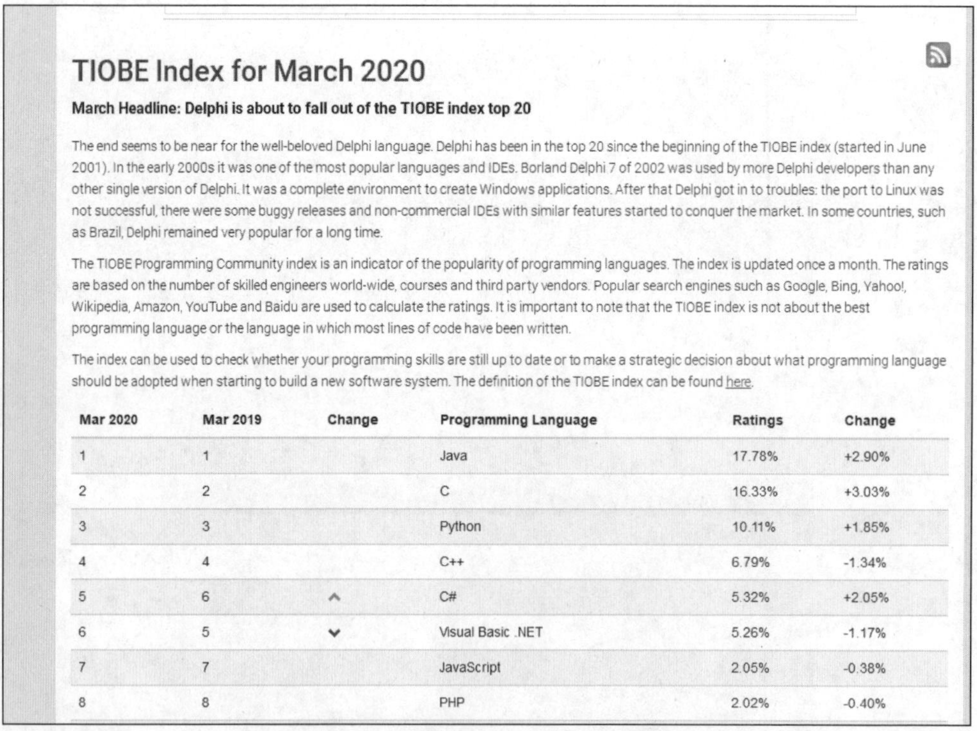

TIOBE Index for March 2020

March Headline: Delphi is about to fall out of the TIOBE index top 20

The end seems to be near for the well-beloved Delphi language. Delphi has been in the top 20 since the beginning of the TIOBE index (started in June 2001). In the early 2000s it was one of the most popular languages and IDEs. Borland Delphi 7 of 2002 was used by more Delphi developers than any other single version of Delphi. It was a complete environment to create Windows applications. After that Delphi got in to troubles: the port to Linux was not successful, there were some buggy releases and non-commercial IDEs with similar features started to conquer the market. In some countries, such as Brazil, Delphi remained very popular for a long time.

The TIOBE Programming Community index is an indicator of the popularity of programming languages. The index is updated once a month. The ratings are based on the number of skilled engineers world-wide, courses and third party vendors. Popular search engines such as Google, Bing, Yahoo!, Wikipedia, Amazon, YouTube and Baidu are used to calculate the ratings. It is important to note that the TIOBE index is not about the best programming language or the language in which most lines of code have been written.

The index can be used to check whether your programming skills are still up to date or to make a strategic decision about what programming language should be adopted when starting to build a new software system. The definition of the TIOBE index can be found here.

Mar 2020	Mar 2019	Change	Programming Language	Ratings	Change
1	1		Java	17.78%	+2.90%
2	2		C	16.33%	+3.03%
3	3		Python	10.11%	+1.85%
4	4		C++	6.79%	-1.34%
5	6	^	C#	5.32%	+2.05%
6	5	v	Visual Basic .NET	5.26%	-1.17%
7	7		JavaScript	2.05%	-0.38%
8	8		PHP	2.02%	-0.40%

图 1-1 2020 年 3 月的编程语言排行榜

2. Python 编程语言已应用于各行各业，发展前景广阔

Python 编程语言被广大的开发人员称为“调包侠”和“内置电池”，这是因为 Python 不仅提供了 Web 开发、单元测试等框架，还提供了丰富的模块，这些模块覆盖了配置管理、科

学计算、网站开发、数据结构和数据分析等方面的丰富 API，完善的代码库覆盖了网络通信、文件处理、数据库接口、图形系统、XML 处理等内容，使用者可以轻而易举地进行 API 的调用。Python 已经广泛应用于互联网、物联网、人工智能、大数据等行业。由于 Python 编程语言广泛应用，因此各平台通常提供了对 Python 编程语言的支持，即支持其调用、提供详细的调用方法说明及示例等。

这里仅以百度云产品为例，访问百度云官网，选择"产品"→"人工智能"，可以看到百度云提供的人工智能方面的资源，如图 1-2 所示。

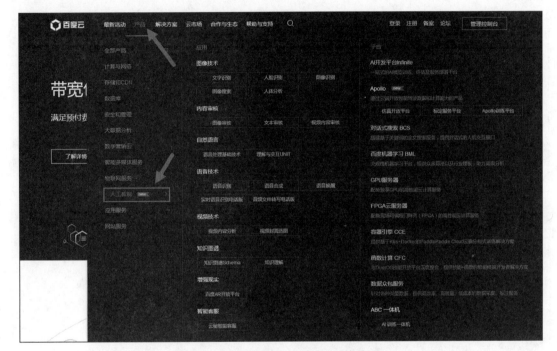

图 1-2　百度云提供的人工智能方面的资源

假设我们对语音识别技术非常感兴趣，单击"语音识别"按钮，会显示图 1-3 所示的界面。

图 1-3　"语音识别"界面

单击"技术文档"按钮，将出现图 1-4 所示的相关信息。

单击"在线语音识别 Python SDK"链接，将出现关于在线语音识别 Python SDK 的"接口说明"信息,如图 1-5 所示。

图 1-4　百度语音技术文档的相关信息

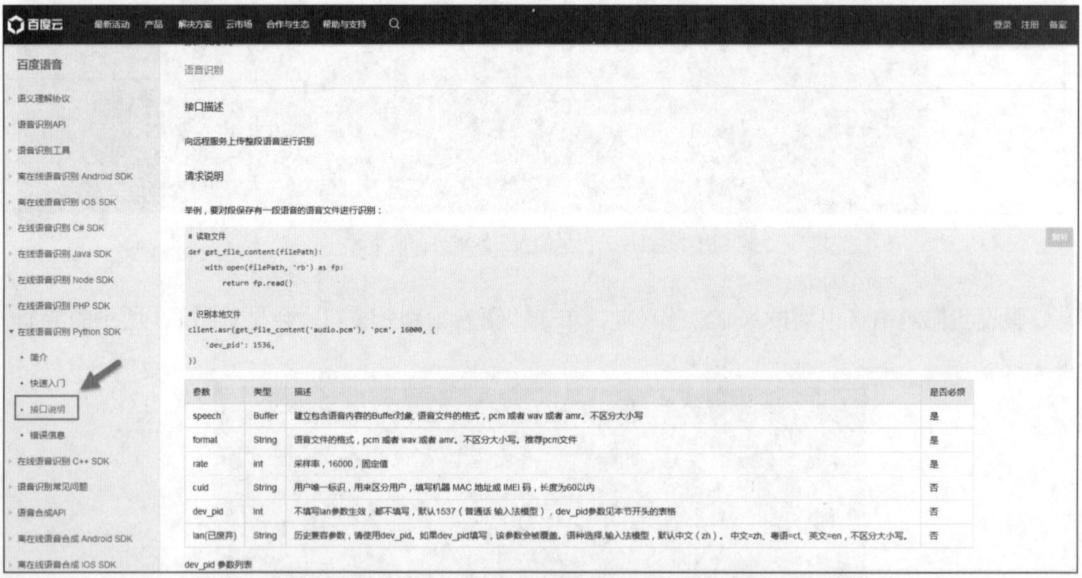

图 1-5　关于在线语音识别 Python SDK 的"接口说明"信息

　　可以通过单击"简介""快速入门""接口说明"和"错误信息"来了解百度云提供的在线语音识别方面的 Python SDK 信息,包括对应模块的安装方法、API 函数的说明、接口字段的说明、函数的返回值等信息,以及一些接口调用方法的 Python 代码、错误代码等信息,这无疑对我们有非常大的帮助。后续章节会介绍如何调用这些接口,如何进行接口测试,如何在 Python 中安装第三方（如百度云）提供的模块等内容。

3．Python 编程语言简单易学

Python 编程语言由于语法简单而深受广大开发人员（特别是零基础的编程爱好者）喜爱，甚至可以作为小学生的启蒙编程语言，因此 Python 应该是可以被绝大多数人群接受的编程语言。

通常，我们在学习一门编程语言的时候，编写的第一个程序就是"Hello, World"，下面我们就分别用 4 种语言输出"Hello, World"，来对比一下哪种语言更加简单、易懂。

● 通过 Java 语言实现的代码如下。

```java
public class HelloWorld {
    public static void main(String[] args) {
        System.out.println("Hello, World");
    }
}
```

● 通过 Delphi 语言实现的代码如下。

```delphi
program HelloWorld;
{$APPTYPE CONSOLE}
uses
  SysUtils;
begin
  write('Hello, World');
end.
```

● 通过 C 语言实现的代码如下。

```c
#include <stdio.h>
main() {
    printf("Hello, World");
}
```

● 通过 Python 语言实现的代码如下。

```python
print('Hello, World')
```

通过对比上面 4 种不同语言的实现方式，不难发现 Python 编程语言是很简单的。

4．Python 编程语言的从业者需求量庞大

每个人都希望自己能有一个好的职业发展。对于测试人员，近几年以及未来的几十年，接口测试、自动化测试及测试开发无疑都是比较有前景的职业发展方向。

我们可以访问前程无忧官网来看一下目前企业对 Python 编程人员的需求情况。这里以搜索北京地区对 Python 编程人员的需求为例，在搜索框中输入"Python"，单击"搜索"按钮，结果如图 1-6 所示。从图 1-6 可以看出，共搜索出 6491 条职位信息，有 130 页内容。我们不难看出这些职位信息中，涉及 Python 软件开发、Python 运维、测试工程师以及 Python 项目管理方面的职位。由于本书主要面对测试人员，因此我们选择一个测试开发岗位来具体看一下相关企业的要求。

以 BOSS 直聘中京东集团测试开发岗位的招聘信息（见图 1-7）为例，我们可以看到，其相关的任职资格要求中有一项是"至少熟悉一种语言——Java、Python、Shell 或 Go 语言"。

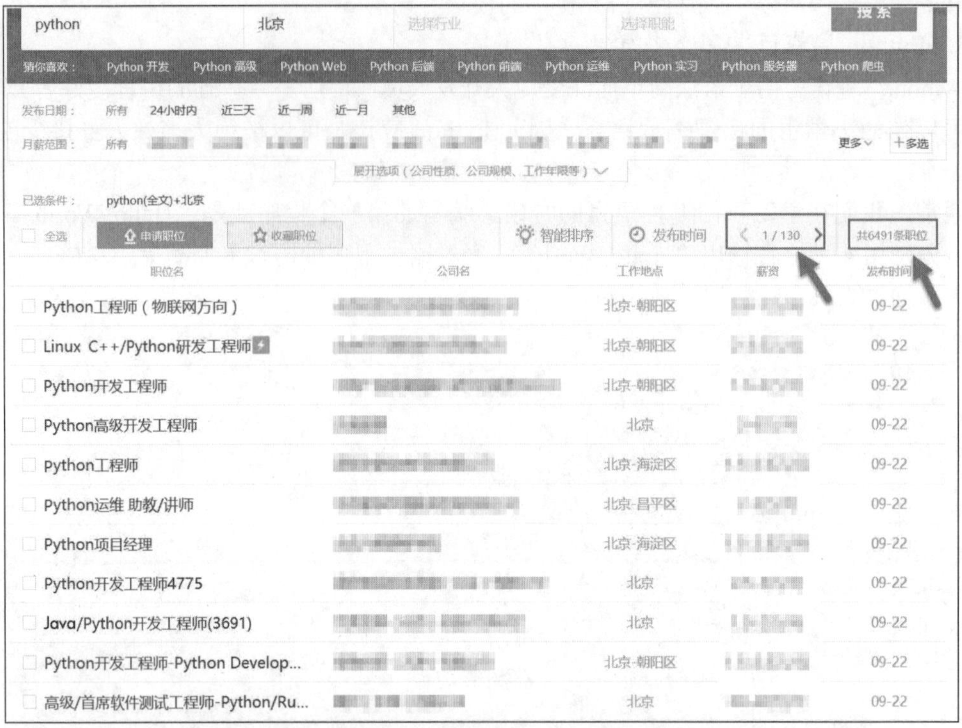

图 1-6　在前程无忧官网中搜索"Python"的结果信息

图 1-7　测试开发岗位的招聘信息

再来看一个接口测试工程师的岗位职责要求，如图 1-8 所示。

图 1-8　接口测试工程师的岗位职责要求

从图 1-8 中，我们同样可以看到接口测试工程师对 Python 编程语言的要求，同时可以看到其对 SoapUI、Postman、JMeter 等工具的要求，以及对接口测试方法、框架搭建、SQL 与 Linux 操作系统等方面的要求。再看看招聘单位给出的薪资待遇，是不是挺诱人？可是想到自己目前对接口测试与 Python 完全不了解，是不是又很着急呢？没有关系，只要你按照本书进行学习，一定可以成为一名优秀的接口测试工程师。

1.2　Python 的版本选择与安装

通过对上一节的学习，你是不是已经迫不及待地想掌握 Python 编程语言了呢？从这一节开始，我们一起来学习 Python 编程语言。

1.2.1　Python 的版本选择

可以通过访问 Python 官网（见图 1-9）来获取 Python 的安装包等资源。

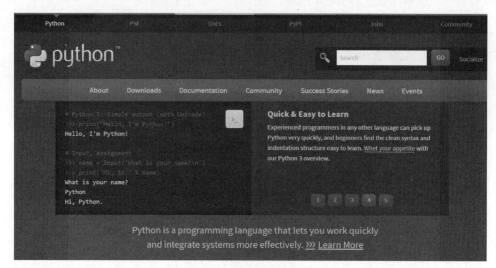

图 1-9　Python 官网首页的相关信息

单击 Downloads 选项卡，将出现图 1-10 所示的信息。

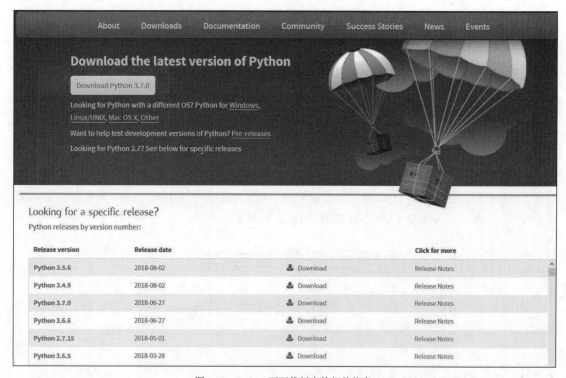

图 1-10　Python 可下载版本的相关信息

在该页面的下方提供了一个可以下载的版本列表，这里以下载 Python 3.7.0 为例，单击该版本，显示的信息如图 1-11 所示。

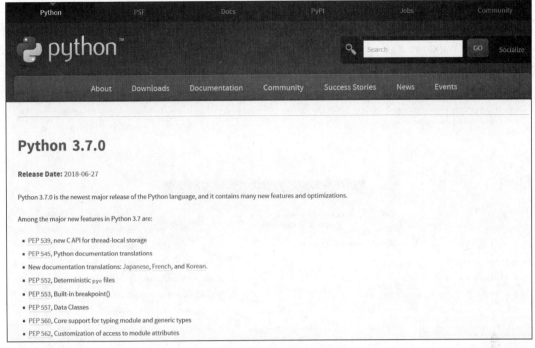

图 1-11 Python 3.7.0 版本的相关信息

　　如图 1-11 所示，该页面显示了 Python 3.7.0 版本发布的日期、版本的特性等内容。在该页面下部可找到下载信息，如图 1-12 所示。

Version	Operating System	Description	MD5 Sum	File Size	GPG
Gzipped source tarball	Source release		41b6595deb4147a1ed517a7d9a580271	22745726	SIG
XZ compressed source tarball	Source release		eb8c2a6b1447d50813c02714af4681f3	16922100	SIG
macOS 64-bit/32-bit installer	Mac OS X	for Mac OS X 10.6 and later	ca3eb84092d0ff6d02e42f63a734338e	34274481	SIG
macOS 64-bit installer	Mac OS X	for OS X 10.9 and later	ae0717a02efea3b0eb34aadc680dc498	27651276	SIG
Windows help file	Windows		46562af86c2049dd0cc7680348180dca	8547689	SIG
Windows x86-64 embeddable zip file	Windows	for AMD64/EM64T/x64	cb8b4f0d979a36258f73ed541def10a5	6946082	SIG
Windows x86-64 executable installer	Windows	for AMD64/EM64T/x64	531c3fc821ce0a4107b6d2c6a129be3e	26262280	SIG
Windows x86-64 web-based installer	Windows	for AMD64/EM64T/x64	3cfdaf4c8d3b0475aaec12ba402d04d2	1327160	SIG
Windows x86 embeddable zip file	Windows		ed9a1c028c1e99f5323b9c20723d7d6f	6395982	SIG
Windows x86 executable installer	Windows		ebb6444c284c1447e902e87381afeff0	25506832	SIG
Windows x86 web-based installer	Windows		779c4085464eb3ee5b1a4fffd0eabca4	1298280	SIG

图 1-12 针对不同操作系统的 Python 3.7.0 版本的下载信息

从图 1-12 中，我们可以看到 Python 3.7.0 版本提供了源代码以及 macOS 与 Windows 系统的安装包。需要提醒读者的是，在下载 Windows 版本的时候，需要根据是 Windows 32 位还是 64 位操作系统下载对应的安装包，这里因为作者使用的是 64 位的 Windows 10 操作系统，所以单击 Windows x86-64 executable installer 链接，下载可以直接安装的版本，如图 1-13 所示。

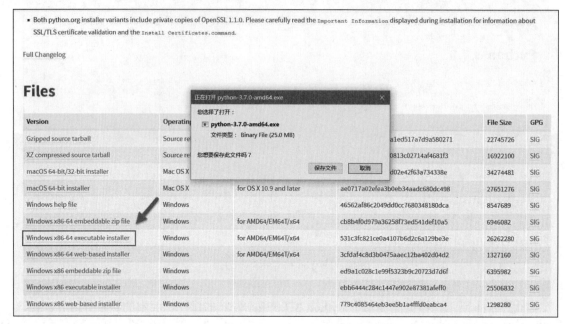

图 1-13　下载 Python 3.7.0 的 Windows 64 位版本

从图 1-10 中，我们可以看到目前 Python 有 2.×.×和 3.×.×版本。建议初学者采用 Python 3.×.×版本，本书的所有 Python 应用方面的代码均以 Python 3.7.0 版本为准。

1.2.2　Python 的安装与配置

这里我们将已下载的 Python 3.7.0 安装程序（即 python-3.7.0-amd64.exe 文件）放置到了本地的 C 盘根目录中。

右击 python-3.7.0-amd64.exe 文件，在弹出的快捷菜单中选择"以管理员身份运行"命令，安装 Python 3.7.0，如图 1-14 所示。

在安装时勾选 Add Python 3.7 to PATH 复选框，以使 Python 安装完成后将 Python 的可执行文件所在路径添加到 Windows 10 操作系统的 PATH 环境变量中，如图 1-15 所示。

单击 Install Now 按钮，Python 3.7.0 显示其安装进度，如图 1-16 所示。

图 1-17 所示是 Python 3.7.0 成功安装的相关信息。

接下来，在 Windows 系统的环境变量中，查看是否成功添加了相关的信息。右击桌面上的"此电脑"图标，在弹出的快捷菜单中选择"属性"命令，打开"系统"窗口。单击"高级系统设置"，弹出"系统属性"对话框，如图 1-18（a）所示。单击"环境变量"按钮，弹出"环境变量"对话框，如图 1-18（b）所示。在"Administrator 的用户变量"选项区域中，选择 PATH 变量，单击"编辑"按钮，打开"编辑环境变量"对话框，我们可以看到在 PATH 环境变量中已经添加了两项与 Python 相关的内容，如图 1-19 所示。

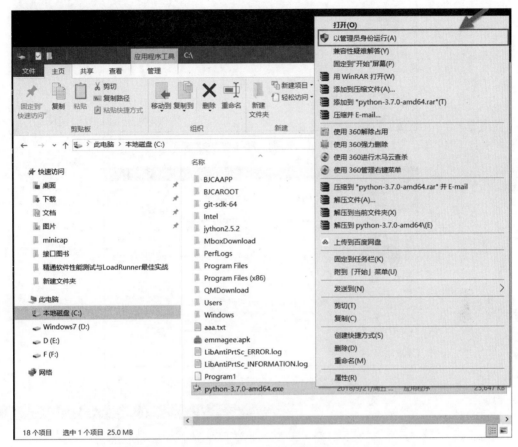

图 1-14　开始在 Windows 10 操作系统安装 Python 3.7.0

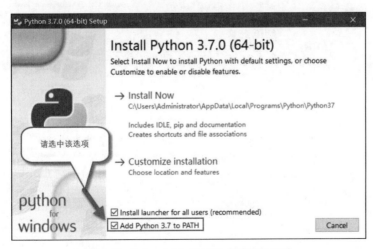

图 1-15　Python 3.7.0（64 位）版本安装界面

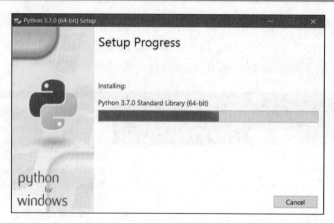

图 1-16　Python 3.7.0 安装进度显示

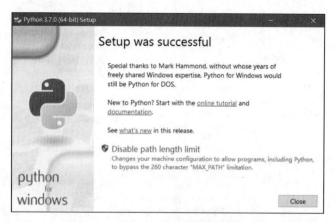

图 1-17　Python 3.7.0 成功安装的相关信息

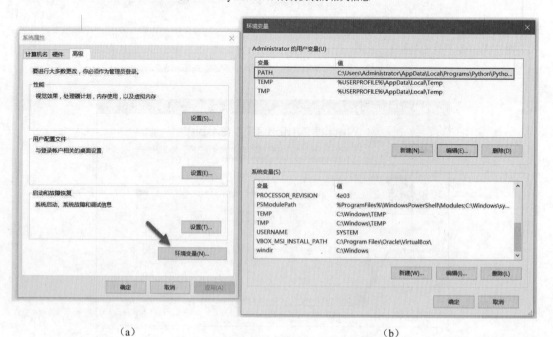

(a) (b)

图 1-18　"系统属性"对话框和"环境变量"对话框

Python 3.7.0 安装完成之后，可以在程序组中找到它，如图 1-20 所示。

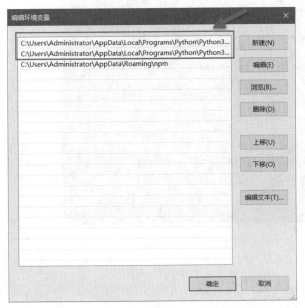

图 1-19　已添加到环境变量中的 Python 相关信息

图 1-20　Python 3.7 程序组的相关信息

接下来，我们验证一下 Python 3.7.0 是否安装成功。可以在命令行窗口中输入"python"，也可以在程序组中单击图 1-20 中的 Python 3.7（64-bit），来进行验证。当出现 Python 3.7.0 的相关信息时，说明 Python 3.7.0 版本已经成功安装了，如图 1-21 所示。

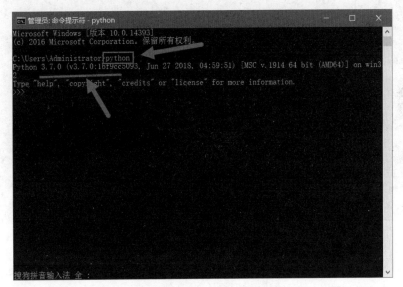

图 1-21　Python 3.7.0 相关信息

最后，我们一起来完成第一个 Python 脚本，在图 1-22 中，输入"print('Hello World')"，可以看到输出内容为"Hello World"。

图 1-22　输出"Hello World"

1.3　Python 模块的安装方法

Python 有一个 pip 工具，该工具提供了对 Python 相关模块的查找、下载、安装和卸载功能。在命令行窗口中输入"pip list"命令，可以查看已安装的包，如图 1-23 所示。

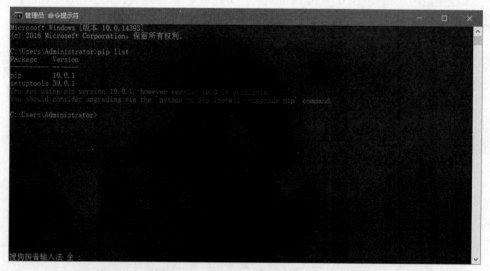

图 1-23　"pip list"命令输出的信息

从图 1-23 中，我们可以看到系统提示目前应用的 pip 是 10.0.1 版本，而较新的版本是 18.0，通过"python -m pip install --upgrade pip"命令来升级 pip 工具。

输入"python -m pip install --upgrade pip"命令，我们可以看到该命令会自动收集 pip 的相关信息，下载 pip 的 18.0 版本，卸载 pip 的 10.0.1 版本，并安装 pip 的 18.0 版本，如图 1-24 所示。

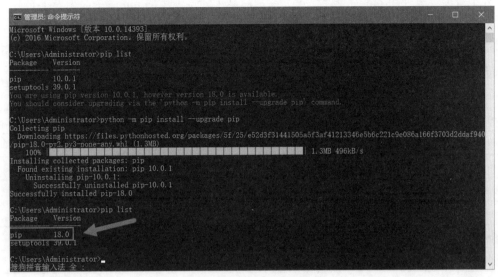

图 1-24　升级 pip 工具

　　pip 工具提供了很多命令和运行参数，可以在命令行窗口中输入"pip help"来获取 pip 工具的帮助信息，如图 1-25 所示。

图 1-25　pip 工具的帮助信息

为了方便读者使用 pip 命令，这里简要地总结了经常使用的 pip 命令，见表 1-1。

表 1-1 经常使用的 pip 命令

pip 命令	简要说明
pip list	列出已安装的包
pip list --outdated	检测需要更新的包，将列出当前包的版本和目前最新包的版本信息等内容
pip install --upgrade packagename	升级指定的 "packagename" 包，如果升级 pip，则输入 "pip install --upgrade pip"
pip install packagename	在线安装指定的 "packagename" 包，需要保证可以访问因特网
pip install filename	安装本地的安装包，如 pip install C:\scikit.whl
pip install packagename ==版本号	安装指定版本的包，如 pip install keras==2.1.0
pip uninstall packagename	卸载指定的 "packagename" 包
pip show -f packagename	显示包所在目录
pip search keywords	搜索包，如 pip search pip

前面提到 Python 编程语言被称为"调包侠"，这说明第三方包提供了丰富的模块供 Python 进行调用。可以安装这些第三方包，这些包提供了多个可供我们调用的模块。Python 本身提供了一些内置的模块，我们也把这些内置的模块叫作原生模块，但是这些内置模块提供的功能是有限的。例如，在利用 Python 编程语言发送 HTTP 请求时，就会用到一个非常有用的第三方模块——requests 模块。requests 模块为非 Python 原生模块，所以就需要应用 pip 工具，先安装才能调用。如果不安装 requests 模块，就直接进行调用，将会显示图 1-26 所示的错误信息。

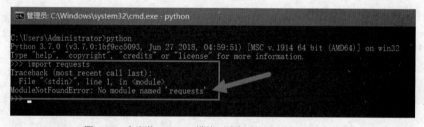

图 1-26 未安装 requests 模块而直接调用显示的错误信息

下面我们先通过 pip 工具安装 requests 模块，再进行调用。

首先，输入"exit()"，退出 Python 环境。

然后，输入"pip install requests"，在线安装 requests 模块（见图 1-27）。

requests 模块安装完成后，在命令行窗口中输入"python"，进入 Python 环境。

接下来，同样输入"import requests"，即可导入 requests 模块，这一次不报错了，这说明已成功安装了 requests 模块，可以直接调用该模块提供的相关方法了。关于 requests 模块里包含了哪些方法，它们又是怎样使用的，后续章节会详细介绍，这里不再详述。

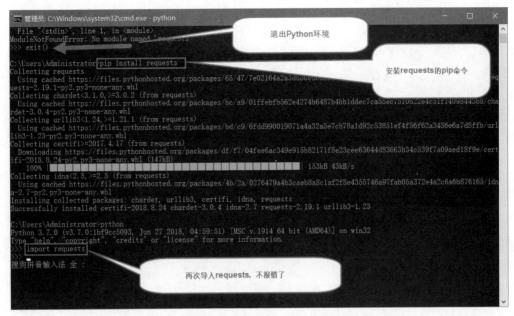

图 1-27 安装及调用 requests 模块

1.4 PyCharm 的安装

在前面几节中，我们通常直接在 Python 环境中输入脚本来运行，这要求我们非常熟悉 Python 环境的各个类以及每个类提供的方法，任何一个小的错误都将导致脚本不能正常运行。当脚本出错后，脚本的调试非常复杂。那么，有没有适用于日后我们运行大量测试脚本的优秀的集成开发环境（Integrated Development Environment，IDE）呢？回答是肯定的，这里主要介绍一款 IDE，它的名字叫 "PyCharm"。"工欲善其事，必先利其器"，一款好的 IDE，可以让编码变得更加简单，同时也能提升我们的工作效率，因为通常一款优秀的 IDE 有如下特点。

（1）代码自动补全，参数提醒，这无疑降低了记忆难度，同时提升了输入速度。

（2）关键字突出显示，代码格式化，这无疑让脚本的层次结构更加清晰、明确。

（3）提供单步执行、断点等调试手段，更加方便调试脚本，提高调试的效率。

PyCharm 的优点太多，这里不再详述了，要了解更多信息，请访问 JetBrains 官网。

PyCharm 目前的最新版本是 PyCharm 2020。然而，结合自己的体验来讲，作者觉得 PyCharm 2016 更适合自己，所以本书应用的 PyCharm 均为 PyCharm 2016，请读者自行完成 PyCharm 2016 版本的下载。

这里我们将已下载的 PyCharm 安装程序（即 pycharm-professional-2016.3.3.exe 文件）放置到了本地的 C 盘根目录中。

选中 pycharm-professional-2016.3.3.exe 文件后，右击，在弹出的快捷菜单中选择 "以管理员身份运行" 命令，安装 PyCharm 2016，如图 1-28 所示。

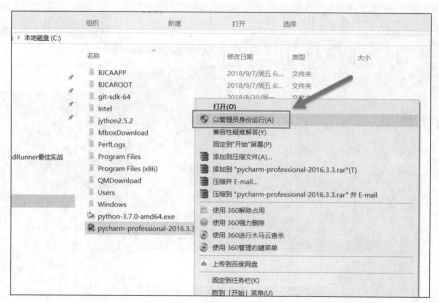

图 1-28 开始在 Windows 10 操作系统中安装 PyCharm 2016

在弹出的 Welcome to PyCharm Setup 界面中，单击 Next 按钮，如图 1-29 所示。

在 Choose Install Location 界面中，单击 Browse 按钮，可以变更 PyCharm 的安装路径，这里不变更路径，单击 Next 按钮，如图 1-30 所示。

图 1-29 在 PyCharm 欢迎安装界面单击 Next 按钮

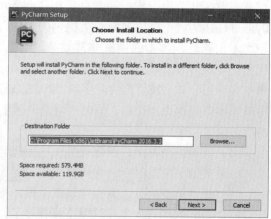

图 1-30 选择默认安装路径并单击 Next 按钮

在 Installation Options 界面（见图 1-31）中，由于作者使用的是 64 位的 Windows 操作系统，因此勾选 64-bit launcher 复选框来创建桌面快捷方式，勾选.py 复选框以关联.py 文件，然后单击 Next 按钮。

在 Choose Start Menu Folder 界面中不做变更，单击 Install 按钮，如图 1-32 所示。

在 Installing 界面中，等待 PyCharm 往硬盘上复制文件，安装进度如图 1-33 所示。

在 Completing PyCharm Setup 界面中，单击 Finish 按钮，如图 1-34 所示。

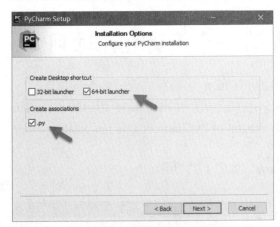

图 1-31　安装选项

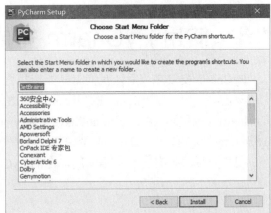

图 1-32　选择"开始"菜单目录（程序组），单击 Install 按钮

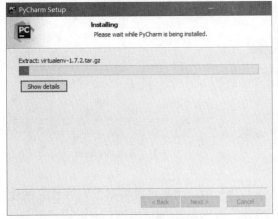

图 1-33　安装进度显示

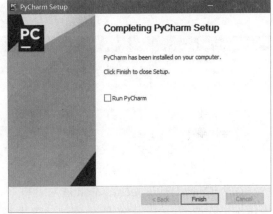

图 1-34　PyCharm 安装完成单击 Finish 按钮

PyCharm 安装完成后，将会生成相应的 PyCharm 桌面快捷方式和程序组，如图 1-35 所示。

图 1-35　PyCharm 桌面快捷方式和程序组

1.5　使用 PyCharm 完成第一个 Python 项目

　　PyCharm 安装完成后，我们就开始应用强大的 PyCharm 来编写与运行 Python 项目。

　　双击桌面上的 JetBrains PyCharm 2016.3.3(64)快捷方式，弹出图 1-36 所示的 Complete Installation 对话框，选择 I do not have a previous version of PyCharm or I do not want to import my settings 单选按钮，单击 OK 按钮。

　　用户可以根据自己的实际情况，激活 PyCharm，如图 1-37 所示。

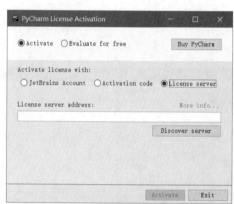

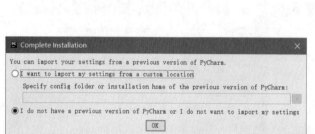

图 1-36　完成安装对话框　　　　　　　　　　　　图 1-37　激活 PyCharm

　　在 PyCharm Initial Configuration 对话框（见图 1-38）中，用户可以根据个人对 IDE 的使用情况进行选择，这里我们不做修改，单击 OK 按钮，弹出 Welcome to PyCharm 对话框。

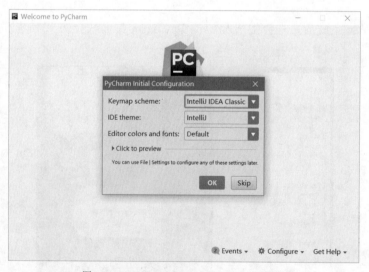

图 1-38　PyCharm Initial Configuration 对话框

　　在 Welcome to PyCharm 对话框（见图 1-39）中，选择 Create New Project，来创建一

个新的项目。

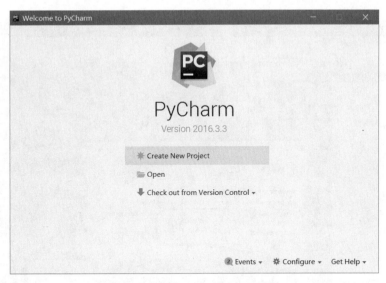

图 1-39　Welcome to PyCharm 对话框

　　在 New Project 对话框中，选择 Pure Python 选项，在 Location 文本框中添加项目的保存路径和项目名称，这里我们将项目保存在"C:\Users\Administrator\PycharmProjects"目录下，项目名称为"FirstPrj"，应用的解释器为"C:\Users\Administrator\AppData\Local\Programs\Python\Python37\Python.exe"，如图 1-40 所示。如果用户安装了多个版本的 Python，也可以单击后面的配置按钮，进行其他解释器的添加，而后通过下拉列表选择需要的解释器，感兴趣的读者可以自行尝试，这里不再过多详述。

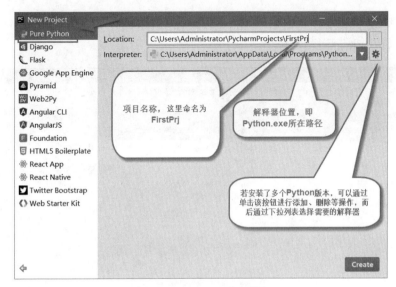

图 1-40　New Project 对话框

　　单击 Create 按钮，创建新的项目，即 FirstPrj 项目。

　　如图 1-41 所示，我们可以看到弹出了 Tip of the Day 对话框，请取消勾选 Show Tips on Startup 复选框，并单击 Close 按钮。

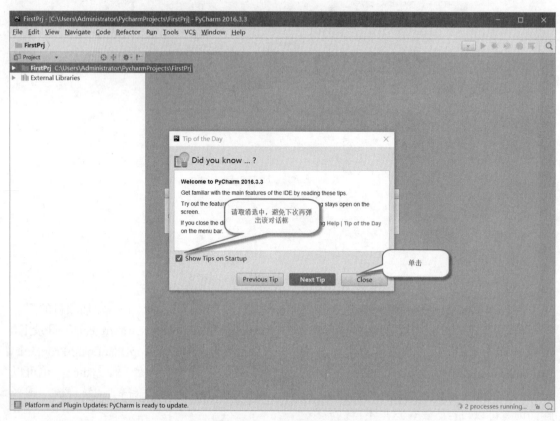

图 1-41　Tip of the Day 对话框

　　创建了 FirstPrj 项目后，右击 FirstPrj，从弹出的快捷菜单中选择 New→Python File 来创建一个新模块文件，如图 1-42 所示。

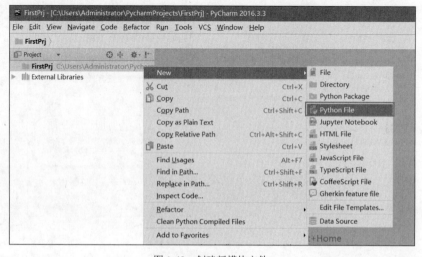

图 1-42　创建新模块文件

如图 1-43 所示，这里我们将新建的 Python 模块文件命名为"Helloworld"，单击 OK 按钮，创建一个 Python 模块文件 Helloworld.py。

为了创建一个经典的初学者脚本，在 Helloworld.py 中输入如下脚本信息。

```
print('这是我的第一个脚本：')
print('Hello World')
```

在输入 print 的时候，PyCharm 工具会自动补全并弹出该函数的相关参数，如图 1-44 所示。

图 1-43　新建 Python 文件对话框

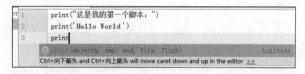

图 1-44　PyCharm 工具的自动补全和参数提醒

接下来，我们就想看一看该脚本的执行结果了。那么，如何运行 Helloworld.py 中的脚本呢？

从 PyCharm 的菜单栏中选择 Run→Run→2.Helloworld，运行 Helloworld 模块，如图 1-45 所示。

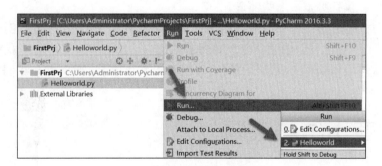

图 1-45　运行 Helloworld 模块

让我们一起来看一下 Helloworld 模块的执行结果，如图 1-46 所示。

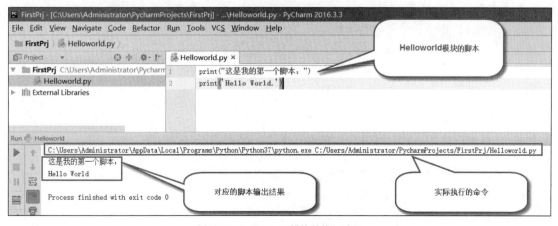

图 1-46　Helloworld 模块的执行结果

从图 1-46 中，可以看到右上方窗格中是两行脚本，下方窗格中是输出结果。下方窗格中的第一行为实际执行的命令行，可以清楚地看到这里执行的是 "C:\Users\Administrator\AppData\Local\Programs\Python\Python37\Python.exe C:/Users/Administrator/PycharmProjects/FirstPrj/Helloworld.py" 这条指令。同样，也可以通过打开命令行窗口的方法执行这条指令，看看输出结果是否一致。我们将这条指令粘贴到命令行窗口中并执行，发现其执行结果与在 PyCharm 的执行结果完全一致，如图 1-47 所示。

图 1-47 在命令行窗口中的执行结果

为什么我们要强调命令行窗口中的执行结果呢？这是为后续在自动化测试框架、持续集成等情况下调用、执行脚本做一些铺垫。

至此，我们一起完成了一个简单的 Python 项目。当然，一个项目中可以创建多个 Python 模块，根据需要，读者也可以创建多个 Python 模块文件。也许有的读者说："我看不懂 Python 代码。""我发现这段代码和 C 代码很类似。"没有关系，从下一章开始，我们将系统地学习 Python 语言。

1.6 本章小结和习题

1.6.1 本章小结

本章介绍了为什么要学习 Python 编程语言、如何结合不同的操作系统下载适合自己的 Python 安装包、Python 的安装、Python 第三方模块的安装方法、常用的 pip 命令、强大的 Python 集成开发环境（IDE）PyCharm 的安装，以及如何使用 PyCharm 来完成 Python 项目的创建、模块的创建与脚本的运行。初学者应该重点把握 Python 模块的安装方法以及使用 PyCharm 完成 Python 项目创建到脚本运行的完整过程。

1.6.2 习题

1. 请说出你选择学习 Python 编程语言的原因。
2. 本书应用的所有示例基于 Python 的哪个版本？
3. 请给出表 1-2 中 pip 命令的含义。

表 1-2   pip 命令

pip 命令	含义
pip list	
pip list --outdated	
pip install --upgrade packagename	
pip install packagename	
pip install filename	
pip install packagename ==版本号	
pip uninstall packagename	
pip show -f packagename	
pip search keywords	

4. 假设本地不存在 requests 模块，现在要使用 pip 工具在线安装该模块，请给出完整的指令。

5. 如果在 Python 环境中使用 import requests 导入 requests 模块时，出现了信息 "ModuleNot FoundError: No module named 'requests'"，请解释为什么会出现该信息。应该如何处理才能成功导入该模块？

6. 请说出在本书中应用的 Python IDE 名称以及该工具的具体版本信息。

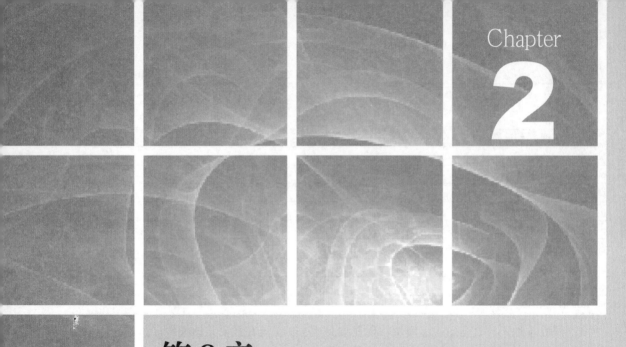

Chapter

2

第 2 章

Python 编程
基础知识

2.1 Python 自带 IDE——IDLE

第 1 章介绍了一款功能强大的 Python IDE，它就是 PyCharm，如果用户只做一些简单的脚本语句测试，就没有必要使用 PyCharm，而使用 Python 自带的 IDLE 工具就可以了。

如图 2-1 所示，单击 Python 3.7 程序组中的 IDLE (Python 3.7 64-bit)，启动 IDLE。启动后的 IDLE 界面如图 2-2 所示。

图 2-1 单击 IDLE (Python 3.7 64-bit)

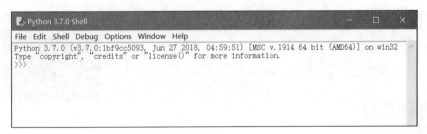

图 2-2 启动后的 IDLE 界面

在 "＞＞＞" 后面直接输入 Python 代码就可以执行了，这里假设我们要输出 "Hello world"，具体的代码和执行结果如图 2-3 所示。

在 IDLE 中，从菜单栏中选择 File→New File 命令，可以创建脚本文件，如图 2-4 所示。

创建一个新的文件后，我们在其文本输入区域输入 3 行代码，如图 2-5 所示。

接下来，选择 File→Save 命令，将该文件另存为 test.py，其完整存储路径为 "C:\Users\Administrator\AppData\Local\Programs\Python\Python37\test.py（3.7.0）"，如图 2-6 所示。

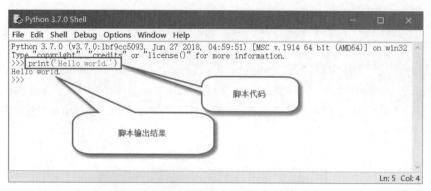

图 2-3　应用 IDLE 写的第一个脚本及其输出

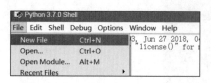

图 2-4　新建文件

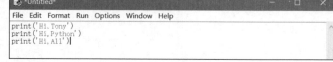

图 2-5　输入脚本内容

图 2-6　另存为 test.py 脚本文件

选择 Run→Run Module 命令，即可以运行该脚本模块，执行结果如图 2-7 所示。

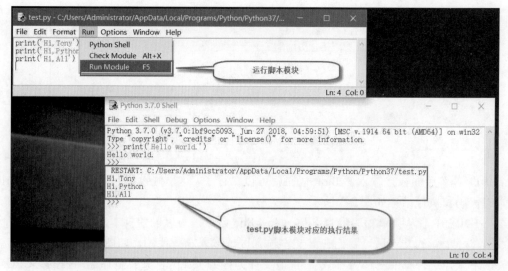

图 2-7　test.py 脚本模块的执行结果

2.2 Python 的相关术语

通过上一节，相信读者已经掌握了 Python 自带 IDE——IDLE 工具的使用方法，这一节开始介绍 Python 编程语言的相关知识，在这里我们主要应用 IDLE 来完成脚本的编写与执行。

2.2.1 变量

很多读者因为上大学的时候没有学好 C 语言、Fortran 等编程语言或者从未接触过编程语言，而对学习一门编程语言充满了恐惧。其实大可不必，当你接触、了解了 Python 语言后，相信你一定会喜欢它。"不积跬步，无以至千里；不积小流，无以成江海。"在学习一门编程语言的时候，要掌握一些专业术语，就像我们看金庸先生的武侠小说一样，要在绿林混，先得知道他们说的"黑话"是什么。

这一节介绍编程语言中的专业术语。首先，让我们来了解一个专业术语——变量。

从字面理解，变量用来存储一些之后可能会发生变化的值。在 Python 编程语言中，变量的命名必须是大小写英文字母、数字或下划线（_）的组合，不能以数字开头，并且变量区分大小写。

为变量赋值的语句是变量名称 = 需要被赋的值。下面是几个合法的变量命名并赋值的语句示例。

```
Teacher='Tony'
teacher=123
teacher='王老师'
all=1+2
姓名='于涌'
_var='123456'
No1='964591'
Num尾数='未知'
```

上述语句在 IDLE 中的执行结果如图 2-8 所示。

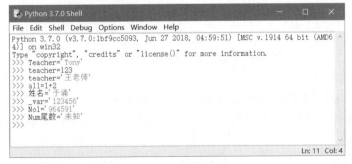

图 2-8 执行结果

　　上面的语句有一个问题，就是我们不知道其最后的赋值情况是不是符合预期，例如，有的读者对图 2-8 中前 4 条语句的执行结果很好奇，变量最后的值到底是什么呢？

　　我们先简单分析一下这 4 条语句。首先，应明确地知道这 4 条语句其实包含了 3 个变量，即 Teacher、teacher 和 all。这里容易被初学者误解的一个地方就是 Teacher 和 teacher，尽管它们是一个单词，但是由于 Python 变量是区分大小写的，因此它们是两个不同的变量。其次，all=1+2 将 1+2 表达式赋给了 all 变量，即将 3 赋给 all。teacher 变量第 1 次被赋值为 123，第 2 次被赋值为"王老师"，所以最后的变量值应该是"王老师"，那么实际的结果是不是这样呢？我们可以用 print() 函数将这 3 个变量都输出，看看其值分别是什么。为了便于操作，这里我们将语句放入了 test1.py 文件（见图 2-9 左侧）中。

　　运行后的结果如图 2-9 右侧所示，是不是与我们预期的完全一致呢？

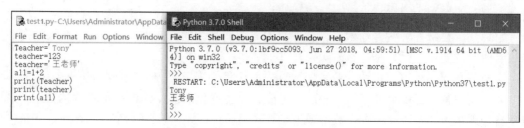

图 2-9　test1.py 模块文件的内容与其执行结果

　　Python 编程语言是支持汉字变量和下划线的，所以像姓名、_var、No1、Num 尾数这些变量都是允许定义的，我们也可以将这些变量的值输出，如图 2-10 所示。

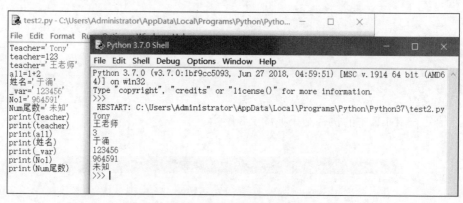

图 2-10　test2.py 模块文件的内容与其执行结果

　　前面介绍了一些正确的变量命名与赋值，如果我们定义了一些非法的变量，Python 会输出一些错误消息吗？下面让我们来看一下，这里假设要创建一个以数字开头的非法变量，如 234abc=123456。

　　如图 2-11 所示，当定义了一个非法的变量时，在 IDLE 中会突出显示该变量，并给出"SyntaxError: invalid syntax"错误消息。

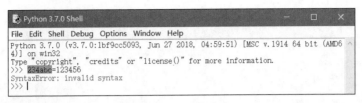

图 2-11　非法变量的示例

除此之外，不允许使用 Python 中的关键字（如 in、for、continue、break、def 等）来命名变量。

这里给出所有的 Python 关键字，请读者务必记住这 35 个关键字，包括 False、None、True、and、as、assert、async、await、break、class、continue、def、del、elif、else、except、finally、for、from、global、if、import、in、is、lambda、nonlocal、not、or、pass、raise、return、try、while、with、yield。

如果使用这些关键字作为变量的名称，将输出图 2-12 所示的错误消息。同样，在 IDLE 中会突出显示变量，并给出"SyntaxError: invalid syntax"错误消息。

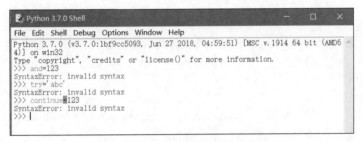

图 2-12　以关键字作为变量名输出的错误消息

还有一点需要注意，变量名不能包含空格，如 a　bc=456 是非法的。

2.2.2　数据类型

世界万物都具有自己的类型、属性，例如，尽管人类存在着个体的差异，但是我们拥有共同的属性，每个人都有眼睛、耳朵、嘴巴、鼻子、四肢等部位。再以蔬菜里的豆芽菜为例，一般由豆子生出豆芽来，豆芽菜通常由一个大个"脑袋"和一条细长的"尾巴"构成。程序设计语言也由一些不同类型的数据（例如，字符串类型、数值类型、布尔类型等）构成。

1.　字符串类型

字符串是由数字、字母、下划线等组成的一串文本。例如，"123456789""于涌""Python3.7.0""你最棒！！！""_abc1334""?abcdef1234*"都是合法的字符串类型。有的读者可能会有疑问，"123456789"这不是一个数字吗？对，123456789 是一个数字，但是如果把它用单引号或者双引号括起来，它就变成字符串类型了。图 2-13 展示了关于整型变量和字符串变量的示例。

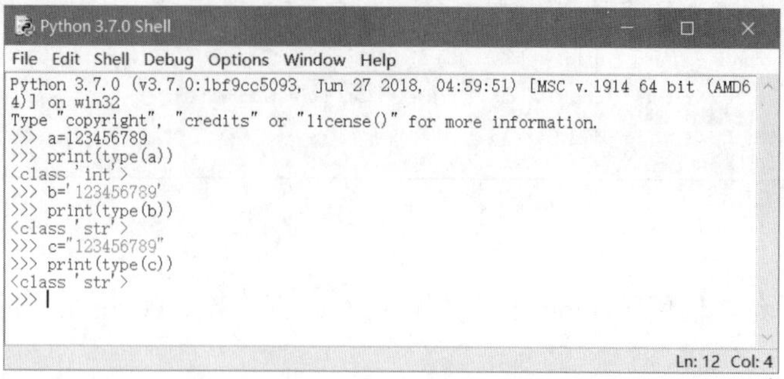

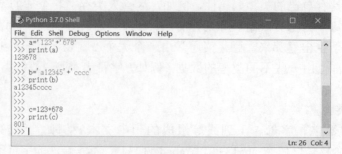

图 2-13　关于整型变量和字符串变量的示例

这里我们应用了一个新的 type()函数，它的作用是返回传入参数的类型。

```
a=123456789
print(type(a))
```

我们先将 123456789 这个整数赋给了变量 a，后输出变量 a 的类型，返回的结果为<class 'int'>，class 是类的意思，而'int'是整型的意思，也就是说，变量 a 的类型为整型。

```
b='123456789'
print(type(b))
```

接下来，我们又将'123456789'（注意，这里在整数 123456789 两侧加了单引号）赋给了变量 b，后输出变量 b 的类型，返回的结果信息为<class 'str'>，class 是类的意思，而'str'是字符串类型的意思。也就是说，变量 b 的类型为字符串类型。

```
c="123456789"
print(type(c))
```

最后，我们又将"123456789"（注意，这里在整数 123456789 两侧加了双引号）赋给了变量 c，后输出变量 c 的类型，返回的结果为<class 'str'>，class 是类的意思，而'str'是字符串类型的意思。也就是说，变量 c 的类型为字符串类型。

从上面我们能看到，'123456789'和"123456789"都是字符串数据类型。同时，字符串数据可以进行拼接操作，即使是两个由数字字符串构成的字符串。

如图 2-14 所示，如果两个字符串数据相加，它们执行的是拼接操作，如 a='123'+'678'的结果为 a='123678'，b='a12345'+'cccc'结果为 b='a12345cccc'；如果两个整型数据相加，则执行的是加法操作，如 c=123+678 的结果为 c=801。

图 2-14　字符串拼接和整型数据相加

在字符串里有一个需要注意的地方，就是对"\"的处理。

下面给出一道小题目，请说出下面这条语句的输出结果是什么。

```
print ("c:\nows")
```

好多读者会说："当然是 c:\nows 了。"那么确实如此吗？让我们一起来看一下实际的输出结果，如图 2-15 所示。

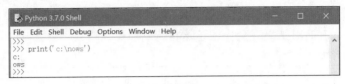

图 2-15　包含转义字符的脚本及其输出结果

是不是有些意外？怎么和你的预期不一致呢？这是因为"\n"恰好是换行符，参见表 2-1。需要注意的是，在输出、定义、使用字符串变量时，要避免与转义字符组合在一起。当然，除非你已经知道并想达到这种效果。

表 2-1　　　　　　　　　　　　　　　经常会用到的转义字符

转义字符	简要说明
\a	响铃
\b	退格符，将当前位置移到前一列
\f	换页符，将当前位置移到下页开头
\n	换行符，将当前位置移到下一行开头
\r	回车符，将当前位置移到本行开头
\t	水平制表符（跳到下一个制表符的位置）
\v	垂直制表符
\\	代表一个反斜线字符"\"
\'	代表一个单引号（撇号）字符
\"	代表一个双引号字符
\?	代表一个问号
\0	空字符

那么，有什么办法可以正确输出"c:\nows"这个字符串吗？

有两种方法，使用"\\"对"\"进行转义和在包含转义字符的字符串前面加一个"r"。下面让我们看一下这两种方式的输出结果，如图 2-16 所示。

图 2-16　正确输出包含转义字符的字符串的两种方法及其输出结果

如果字符串中的内容非常长，Python 是否可以正确输出字符串的内容呢？Python 提供了三重引号+内容的方法来解决这个问题。这里我们就以输出王之涣的《登鹳雀楼》为例，Python脚本如下。

```
poem="""

登鹳雀楼
```

白日依山尽，黄河入海流。

欲穷千里目，更上一层楼。"""

```
print(poem)
```

如图 2-17 所示，输出结果完全保留了这首诗的原始风格。

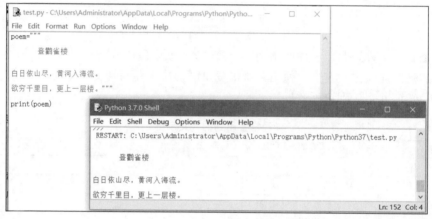

图 2-17　长字符串的处理方法及其输出结果

2. 数值类型

数值类型主要包括整型和浮点型。例如，123、56789、88、-222、-100 等都是整型数。浮点数就是包含小数点的数字，如 123.01、-888.88、3.1415926 等。

下面举一个整型和浮点型数据的例子。

如图 2-18 所示，我们可以看到 a 为整型变量，b 为浮点类型变量。c=d=88，相当于 c=88 和 d=88。print(type(c),type(d)) 会依次输出各个字符串或变量的类型，遇到逗号时会输出一个空格，从输出结果我们也能看到在两个<class 'int'>之间是存在一个空格的。关于浮点数的赋值和输出与此类同，这里就不再详述。

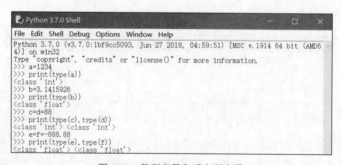

图 2-18　整型变量和浮点型变量

我们平时经常会用到和日期、时间相关的一些对象，比如要输出时间戳。有的读者可能对时间戳的概念不是很了解，这里简单地介绍一下。时间戳是指格林尼治时间自 1970 年 1

月 1 日 00:00:00 至当前时间的总秒数。Python 提供了一个 calendar 和 time 模块用于格式化日期与时间，时间间隔是以秒为单位的浮点数，其相关脚本和执行结果如图 2-19 所示，可以看到时间戳的值为 1537970218.636964，这确实是一个浮点数。同样，Python 也提供了将浮点数转换为日期、时间格式的方法，对这部分内容感兴趣的读者可以了解一下 time 模块的 strftime 和 localtime 方法，这里不再详述。

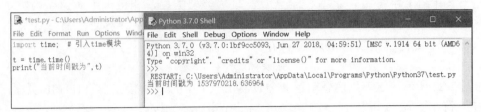

图 2-19　输出时间戳的脚本及其执行结果

3. 布尔类型

布尔类型数据对应两个取值，即真或假，真用 True 来表示，假用 False 来表示。布尔类型是一个有些特别的数据类型，它可以像整型数一样参与运算，比如 print(True+7)，print(False+5)。当 True 和 False 作为整型数参与运算时，True 相当于整数值 1，而 False 相当于整数值 0。上面这两条 print 语句的执行结果如图 2-20 所示。

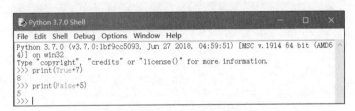

图 2-20　两条 print 语句的执行结果

布尔类型多数情况下用于表达式的判断，即当表达式为真时，程序该如何处理，为假时又该如何处理。这里提供一个简单的示例脚本，如图 2-21 所示。

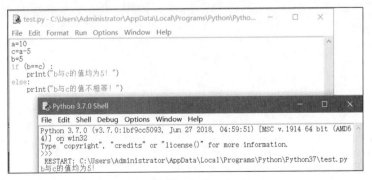

图 2-21　使用布尔类型数据的示例脚本

针对上面的脚本，我们做一个简单的分析。a 变量的值为 10，c=a-5，即 c 变量的值应该为 10 – 5，故 c 变量的值为 5，b 变量的值为 5。所以表达式 b==c 的值为真（True），于是就输出 "b 与 c 的值均为 5!"。

2.2.3 数据类型转换

上一节介绍了字符串、整型、浮点型、布尔类型数据，相信读者对这些数据类型已经很熟悉了。我们在实际工作中可能经常遇到这样一些情况，例如，通过计算得到了一个数值，需要将这个数值展现在网页上。然而，数值是不可以和字符串直接拼接到一起的。

如图 2-22 所示，这里我们想创建一个 HTML 文件，故先拼接完整的 HTML 页面，但是如果将字符串和数值拼接到一起，将产生一个异常，提示 "`TypeError: can only concatenate str (not "int") to str`"。这句话的意思是，"类型错误：只能拼接字符串（非整型）与字符串"，即整型数字不能和字符串拼接到一起。那么，有没有什么办法将它们拼接到一起呢？当然有，可以将 2222 这个数字先转换为字符串，而后再和前后两个字符串进行拼接。这就用到了 str() 函数，这个函数可以将传入的参数转换为字符串。这里只需要将该脚本变为 `f='<html><body><h1>result:'+str(2222)+'</h1></body></html>'`，再通过 `print(f)` 将其内容输出即可。实际执行结果如图 2-23 所示。

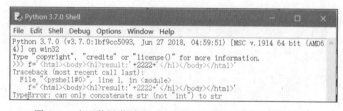

图 2-22　由于数据类型不匹配而产生错误的脚本及其执行结果

```
>>> f='<html><body><h1>result:'+str(2222)+'</h1></body></html>'
>>> print(f)
<html><body><h1>result:2222</h1></body></html>
```

图 2-23　应用 str() 函数进行字符串拼接的脚本及其执行结果

同样，还可以通过 int()、float() 函数将一个字符串转换为整型或者浮点型。
请给出如下脚本的执行结果。

```
1    a=567
2    print(type(a))
3    print(type(str(a)))
4    b=123.56
5    print(type(b))
6    print(type(str(b)))
7    c='789.67'
8    print(type(c))
9    print(type(float(c)))
10   d='789.65abc'
11   print(type(d))
12   print(type(float(d)))
13   e='888'
```

```
14   print(type(e))
15   print(type(int(e)))
16   f='888fffff'
17   print(type(f))
18   print(type(int(f)))
```

接下来，我们一起来分析上面的脚本。

第 1～3 行代码先对变量 a 进行赋值，而后输出变量 a 的类型，变量 a 的类型自然应该为整型，即<class 'int'>。读者可能有疑问的地方是第 3 行代码。其中先执行 str(a)，执行结果自然是"567"这个字符串，于是第 3 行代码变成了 print(type('567'))，因此其输出结果应该是字符串类型，即<class 'str'>。

第 4～6 行代码与第 1～3 行代码类似，只不过变量 b 的数据类型为浮点类型，即<class 'float'>，这里不再详述。

第 7～9 行代码先定义了一个字符串 c，其值为'789.67'，print(type(c))的输出应该为<class 'str'>，print(type(float(c)))的输出应为<class 'float'>。

我们要重点说明的是第 10～12 行代码，变量 d 的值是字符串'789.65abc'，故其类型自然是字符串类型，print(type(d))的输出自然为<class 'str'>，但是在执行 print(type(float(d)))这条语句时会不会出错呢？因为'789.65abc'并不是一个真正的浮点数，它还包含了英文字符。实际输出结果如图 2-24 所示。我们可以看到执行到 print(type(float(d)))这条语句的时候，系统报告了"ValueError: could not convert string to float: '789.65abc'"错误消息，该错误消息的含义是"值错误：不能将'789.65abc'这个字符串转换为浮点数"。

图 2-24　类型转换异常的脚本及其执行结果

同时，我们还发现一旦脚本语句出现了异常，其后面的代码就停止执行。

从出现异常的第 12 行代码开始，其后面的代码均未执行。

2.2.4　缩进

缩进在 Python 程序中起着重大的作用，它可以使 Python 代码的层次结构变得清晰，提高了可读性，在一定程度上也提高了可维护性。但是如果由于自己的疏忽使缩进的位置发生了变化，那么 Python 程序所做的事很有可能就和当时预期的结果有天壤之别了。

这里通过一段简单的代码进行演示。

```
a=10
b=11
if (a>b):
    print("b大于a! ")
print('程序执行结束')
```

接下来，我们对这段 Python 代码做一个分析，变量 a 的值为 10，变量 b 的值为 11，所以 a>b 为假，故不输出"b 大于 a!"，最终的输出应该为"程序执行结束"，如图 2-25 所示。

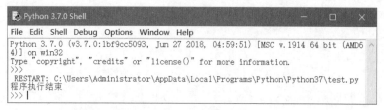

图 2-25　符合我们意愿的缩进代码的输出结果

上面的代码是我们想要实现的，但是如果我们在编写代码的时候，使 print('程序执行结束')语句前面多缩进了 4 个空格，那么执行结果就完全变了，如图 2-26 所示。

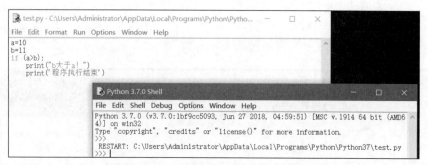

图 2-26　不符合我们意愿的缩进代码及其执行结果

这段代码中因为 if 语句为假，所以永远不会输出"程序执行结束"。

从上面这两段代码，我们能看到由于缩进而引起的问题，由此可见缩进在 Python 代码中的重要意义。

缩进在 Python 中是用来标识不同的代码块的，通过不同的缩进来判断代码之间的关系。

2.2.5　内置函数

内置函数是 Python 为方便程序设计人员快速编写程序而提供的函数，在使用时直接调用即可，如 print()函数就是一个内置函数。

除了 print()函数外，Python 还提供了哪些内置函数呢？可以通过 dir(__builtins__)这条语句来获得 Python 提供的内置函数列表，如图 2-27 所示。

有很多读者可能要问："这些内置函数的作用是什么啊？"这是一个非常好的问题，我们可以使用 Python 提供的另外一个内置函数 help()来查看对应函数的说明。这里以查看

print()函数的说明为例，如图 2-28 所示。

图 2-27　Python 提供的内置函数列表

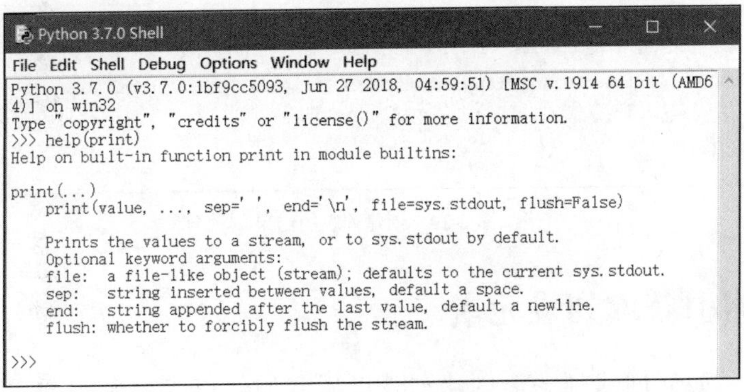

图 2-28　print()函数的说明

　　如图 2-28 所示，help()函数十分简单，只需要将要查看帮助的函数名称以参数的形式传给 help()函数，就可以看到其对应的帮助信息了。以 help(print) 为例，可以看到在输入该指令后，输出了 print()函数的相关信息，这对于初学者来讲非常有帮助。

2.3　列表

　　有时候，我们需要将一些数据存储起来，以备在后续使用这些数据。如果你学习过 C、Pascal 或者 Java 等语言，相信你一定知道一个重要的概念——数组。数组可以将同一类型的多个数据存储起来，但是 Python 中不存在数组的概念，而有一个更加强大的对象，就是列表

（list）。列表是一个有序的序列结构，序列中的元素可以是不同的数据类型。

2.3.1 创建列表

在 Python 中经常会使用列表，那么如何创建列表呢？创建列表和创建变量很类似，只要在等号后面用中括号括起来数据就可以了，这些数据之间用逗号进行分隔，如 alist= [1,2,3,4,5,6,7,8,9,0]就是一个列表。如果要定义一个空的列表，则中括号中不包含任何数据即可，如 alist=[]就是一个不包含任何元素的空列表。当然，列表中也可以包含不同类型的数据，如 alist=[1,2,'abc','456abc']，列表中还可以包含列表元素，如 alist=[1,2,'abc',[1,2,3,'def'],'fed','test']，在这个 alist 列表变量中，我们就能看到它又包含了列表元素，即[1,2,3,'def']列表。

在 IDLE 中通过以下代码创建列表。

```
alist=[1,2,3,4,5,6,7,8,9,0]
print(alist)
alist=[1,2,'abc','456abc']
print(alist)
alist=[1,2,'abc',[1,2,3,'def'],'fed','test']
print(alist)
```

执行结果如图 2-29 所示。

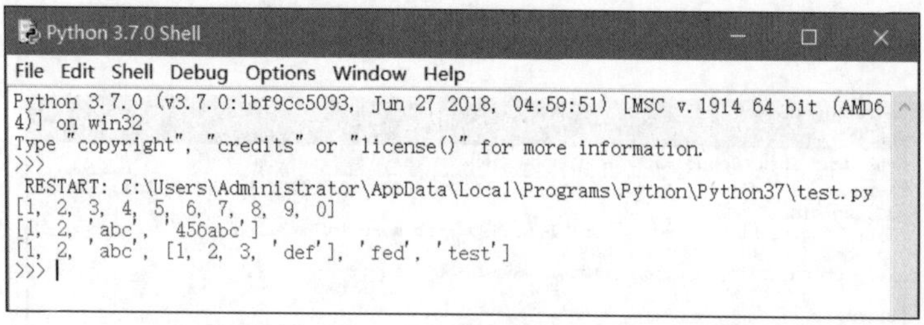

图 2-29 创建列表的结果

2.3.2 通过索引获取列表元素

上一节介绍了如何创建列表，创建列表以后，如何获取列表的元素呢？以 list1= [1,2,3,4,5,6,7,8,9,0]为例，为了将列表中的"4"这个元素取出来，首先看一下它的索引位置。有一点请读者一定要记住，Python 编程语言中在涉及列表时，第一个元素的索引是从 0 开始的。也就是说，要获取 list1 中的第一个元素"1"，可以使用 list1[0]；要获取第二个元素"2"，则使用 list1[1]。获取"4"这个元素的代码与执行结果如图 2-30 所示。

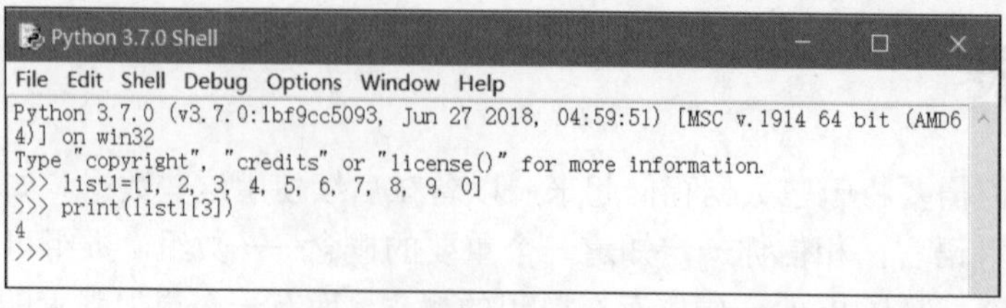

图 2-30 通过索引获取列表元素的示例代码与执行结果

那么，如何获取 list1 中的"0"元素呢？除了上面介绍的按照从小到大的索引顺序（即 list1[9]）获取该元素之外，还可以按照倒序索引来获取，即使用 list1[-1]，此时从末尾的元素开始获取。若要获取列表 list1 中"9"这个元素，则使用 list1[-2]，以此类推。相关代码与执行结果如图 2-31 所示。

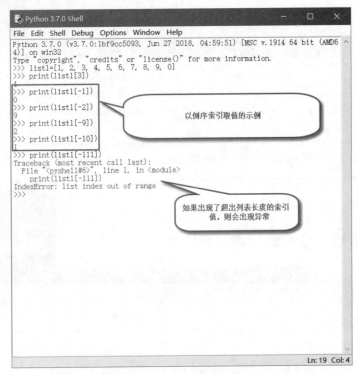

图 2-31　以倒序索引获取列表元素的示例代码与执行结果

从图 2-31 中，可以看到当索引值超出了列表长度时（以 list1 列表为例，它有 10 个元素，若输入 list1[10]或者 list1[-11]时，它们的索引值都超出了列表 list1 的长度），Python 将会给出"IndexError: list index out of range"（即"索引错误：列表索引超出范围"）的提示信息。

2.3.3　通过切片获取列表元素

前面介绍了如何获取列表中的某一个元素，那么有没有办法一次获取列表中的多个元素呢？

回答是肯定的，在 Python 中，可以应用列表切片来获取列表中的一个或者多个元素。例如，可以通过以下代码获取 List1 中所有鱼类数据，执行结果如图 2-32 所示。

```
List1=['熊猫','熊猫鼠','接吻鱼','孔雀鱼','地图鱼']
print(List1[1:5])
```

原来应用切片在列表中获取多个元素这么简单！是的，切片的应用极大地减轻了程序员的工作量，在应用时，只需要用冒号来隔开两个索引值，即，列表变量名称[起始索引：终止索引+1]。为什么列表切片的结束位置对应的是"终止索引+1"？

如图 2-33 所示，我们可以看到 List1 中一共有 5 个元素，如果输入的是 print(List1

[1:4]），则输出的是['熊猫鼠','接吻鱼','孔雀鱼']，并没有包含 List1 中第 4 个索引对应的元素"地图鱼"。如果想输出包括"地图鱼"在内的所有鱼类信息，就应该使用 print(List1[1:5])，即列表变量名称[起始索引：终止索引+1]。

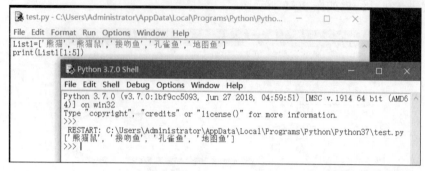

图 2-32　通过切片获取列表元素的示例代码 1 与执行结果

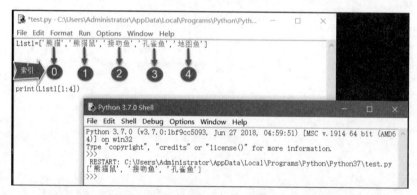

图 2-33　通过切片获取列表元素的示例代码 2 与执行结果

下面给出一段代码。

```
List1=['熊猫','熊猫鼠','接吻鱼','孔雀鱼','地图鱼']
print(List1[:4])
print(List1[:])
print(List1[::-1])
print(List1[::2])
```

如果没有指定列表切片的起始索引，会默认为 0，即 print(List1[:4])完全等价于 print(List1[0:4])。

如果既没有指定起始索引位置，也没有指定终止索引，那么代表列表中的所有元素。

print(List1[::-1])会输出什么呢？这条脚本语句又多了一个冒号和一个参数，这个参数是步长，在不指定该参数时，该值默认为 1。测试人员都有一颗好奇的心，我们把参数变成了"-1"，看看执行结果是什么。['地图鱼','孔雀鱼','接吻鱼','熊猫鼠','熊猫']就是它的执行结果，它将列表中的元素进行了反转，即列表中最后一个元素变成了第一个元素，列表中的倒数第二个元素变成了第二个元素……列表中第一个元素变成了最后一个元素。在 Python 中实现列表元素的反转很容易。

如果步长为 2，则每 2 个元素取值 1 次。以 List1 为例，其元素为['熊猫','熊猫鼠','接吻鱼','孔雀鱼','地图鱼']，先取索引为 0 的第一个元素，即"熊猫"，而后开始计数，继续往下一个位置移动（索引为 1 的不取），接着移动到索引为 2 的位置并取值，即"接吻鱼"，而后继续往后走，重新开始计数，以此类推。

上面的代码的执行结果如图2-34所示。

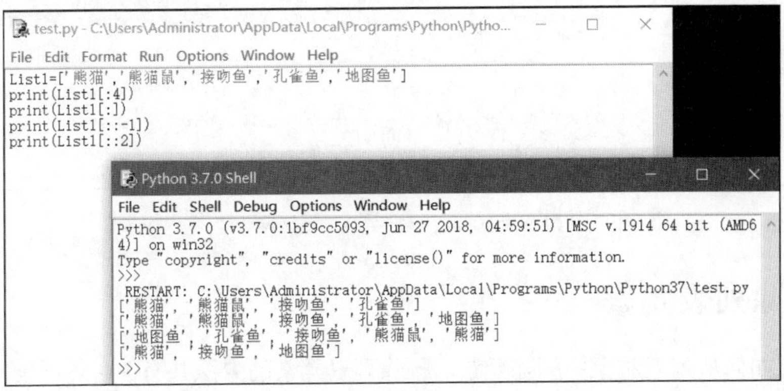

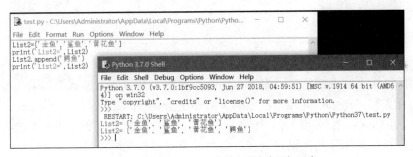

图2-34　通过切片获取列表元素的示例代码3与执行结果

2.3.4　添加列表元素

由于列表对象被广泛地应用，因此列表中的数据会根据程序设计的需要发生变化，例如，向列表中添加元素、向列表中指定的索引位置添加元素、删除列表中的元素等。

本节介绍如何向列表中添加元素。向列表中添加一个元素非常简单，可以使用append()方法。这里假设有一个包含3个元素的列表对象（List2），其元素包括"'金鱼'，'鲨鱼'，'黄花鱼'"，现在要往List2列表对象中加入一个新的元素"鳄鱼"，可以输入List2.append('鳄鱼')，如图2-35所示。

图2-35　使用append()方法向列表中添加元素

那么，如何往列表中指定的索引位置添加元素呢？用insert()方法就可以实现。这里假设有一个包含3个元素的列表对象（List2），其元素包括"金鱼"、"鲨鱼"、"黄花鱼"，现在要往List2的"鲨鱼"元素所在位置插入一个叫"带鱼"的元素，可以输入List2.insert(1, '带鱼')，如图2-36所示。

如图2-36所示，我们发现索引为1的位置被"带鱼"给"霸占"了，而在该位置的元素及其后面的元素，按照先前的顺序均往后移动了1位。当使用insert()方法向列表对象中添加元素时，需要用到两个参数，第一个参数是要插入列表中的索引位置，第二个参数就是要插入的值。

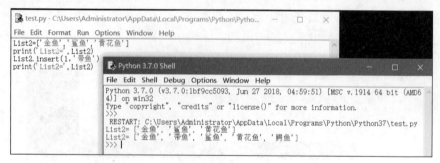

图 2-36 使用 insert() 方法向列表中特定索引位置添加元素

2.3.5 删除列表元素

本节介绍如何从列表对象中删除元素。删除列表元素的方法共有 3 种，即使用 remove()、pop() 和 del 语句这 3 种方法。

1. 使用 remove() 方法删除列表元素

如果我们知道待删除元素的名称，而不知道其所在的索引位置，可以使用 remove() 方法。如图 2-37 所示，通过向列表对象的 remove() 方法传入参数，可以删除列表中的元素。

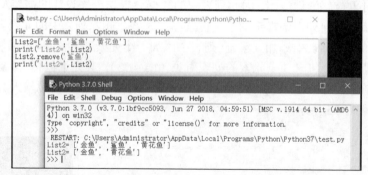

图 2-37 使用 remove() 方法删除列表元素

如果删除一个不存在的列表元素会出错吗？如图 2-38 所示，当试图删除一个在列表对象中不存在的元素时，Python 将给出一条"ValueError: list.remove(x): x not in list"（即"值错误：要删除的元素不在列表中"）的提示信息。在编写脚本的时候一定要注意这个问题，要保证删除的元素在列表对象中，否则将会出现异常，终止程序的运行。

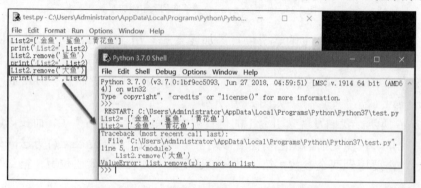

图 2-38 使用 remove() 方法删除列表中不存在的元素

2. 使用 del 语句删除列表元素

如果要根据列表元素的索引位置删除一个列表元素或者要删除整个列表，那么可以使用 del 语句。注意，del 是一条语句而并非列表方法，所以使用时，不用在它的后边加上小括号。

下面给出一个例子。

```
List2=['金鱼','鲨鱼','黄花鱼']
del List2[1]
print(List2)
```

我们对上面的代码做一个简单分析，List2 中共包括 3 个元素，使用 del 语句删除索引为 "1" 的元素，即 "鲨鱼"，而后输出 List2 列表，如图 2-39 所示。

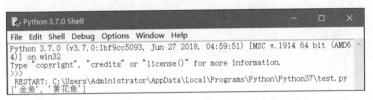

图 2-39　使用 del 语句删除列表中指定索引的元素

从图 2-39 中，我们可以看到删除 "鲨鱼" 后的 List2 只包含 "金鱼" 和 "黄花鱼" 这两个元素。

如果使用 del 语句删除一个不存在的索引元素，是不是也会出现异常呢？

如图 2-40 所示，当使用 del 语句删除列表中不存在的索引元素时，同样会报错，所以在使用时一定要注意这个问题。

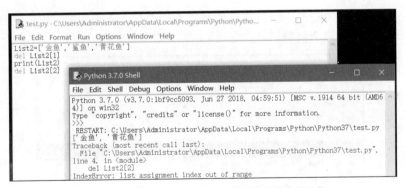

图 2-40　使用 del 语句删除列表中不存在的索引元素

使用 del 语句不仅可以删除指定索引位置的元素，还可以删除整个列表。

如图 2-41 所示，使用 del 语句可以将整个列表完全删除，列表被删除后，再次输出该列表时，将会给出 "NameError:'List2' is not defined" 的错误提示信息。

3. 使用 pop() 方法删除列表元素

除了使用 remove() 方法和 del 语句删除列表元素外，使用 pop() 方法也可以实现删除列表元素的目的。

在使用 pop() 方法时，如果不指定参数，则删除列表的最后一个元素；如果将列表中某个索引位置作为参数传给 pop() 方法，则删除该位置的列表元素，如图 2-42 所示。

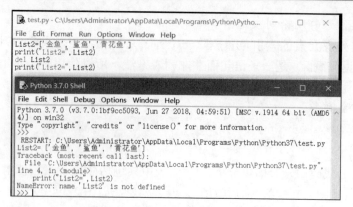

图 2-41　使用 del 语句删除整个列表

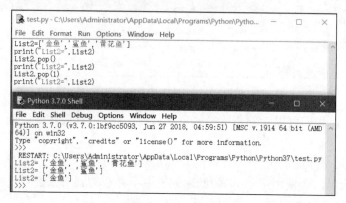

图 2-42　使用 pop() 方法删除列表元素

如图 2-43 所示，当使用 pop() 方法删除列表中不存在的索引元素时，同样会报错，所以在使用时一定要注意这个问题。

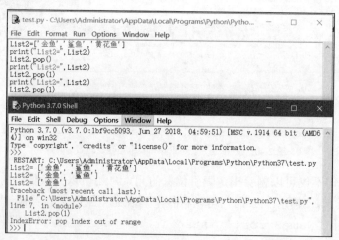

图 2-43　使用 pop() 方法删除列表中不存在的索引元素

2.3.6　列表元素计数

以前我们在应用其他语言统计一个数组或者一个字符串有多少个相同的元素时，通常需要使用遍历、计数，但是在 Python 中，要统计列表中某个元素出现了几次，一条语句就可以实现。

如图 2-44 所示，可以使用 List2.count('金鱼') 这条语句用来统计"金鱼"在 List2 列表中共出现了几次，从输出结果可以看到，共出现了 4 次。

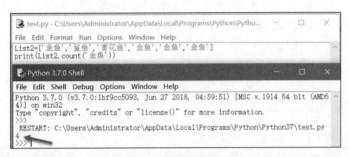

图 2-44 列表元素计数方法

在 Python 中，在统计列表元素出现次数时，只需要使用列表名称.count(元素名称) 即可。有的读者可能会觉得如果输出时带上一些文字描述会更好。这非常对。这就涉及前面章节讲过的类型转换问题，因为 List2 是一个列表对象，所以它需要转换成字符串类型才能和字符串进行拼接。List2.count('金鱼') 的返回值为整型，若要和字符串拼接到一起，同样需要做一个类型转换。这里会用到 str() 函数，具体方法如图 2-45 所示。

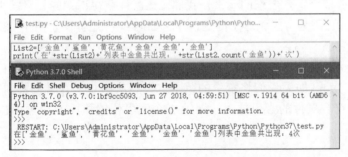

图 2-45 带文本描述的列表元素计数方法

如果不应用 str() 函数进行类型转换，则会出现图 2-46 所示的错误提示信息。

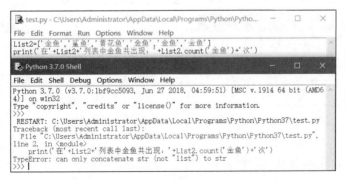

图 2-46 未进行类型转换而引起异常

2.3.7 列表元素的索引位置

有的时候列表中的元素非常多，如果通过逐去数某个元素所在索引位置就会非常麻烦。那么，Python 是否提供了关于列表元素所在索引位置的方法了呢？可以通过使用列表名称.index(元素名称)的方法来获取该元素在列表中的索引位置。

如图 2-47 所示，使用语句 List2.index('黄花鱼')，就返回了"黄花鱼"在 List2 中的索引位置 2。

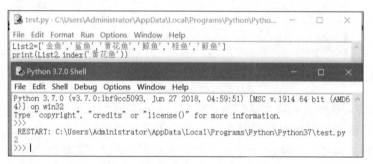

图 2-47 应用列表元素索引的示例代码

如果列表中有多个符合要求的元素，我们应该怎样获得指定的元素索引位置呢？这是一个非常好的问题，正因为考虑到这个问题，方法 index() 还提供了两个参数，限定在某个索引范围内进行搜索。

如图 2-48 所示，如果我们限定只搜索列表中从第 3 个索引位置到第 7 个索引位置的"黄花鱼"，则返回值为 6。如果我们将索引的范围扩大到从第 0 个索引位置到第 7 个索引位置，那么应该有两个符合条件的索引位置，即第 2 个索引位置和第 6 个索引位置，返回值应该是什么呢？

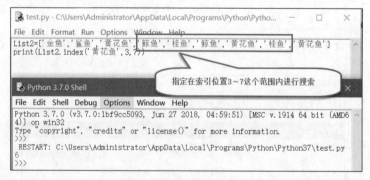

图 2-48 应用限定索引范围的列表元素索引的示例代码 1

从图 2-49 中，可以看到返回值为第一个符合检索条件的索引位置，而没有返回两个值。

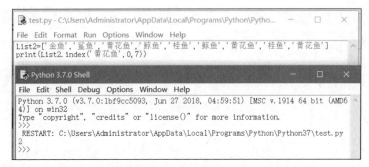

图 2-49　应用限定索引范围的列表元素索引的示例代码 2

2.3.8　列表长度及反转

2.3.6 节讲解了如何实现列表元素的反转，那么 Python 中有没有列表方法可以实现列表元素的反转呢？

如图 2-50 所示，可以应用列表名称.reverse()实现对列表中元素的反转。

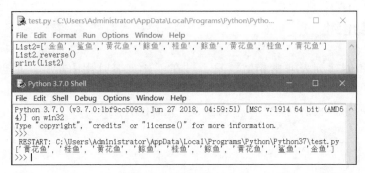

图 2-50　反转列表元素

可以通过 len()函数来获取列表中元素的个数，也就是列表的长度，如图 2-51 所示。

图 2-51　使用 len()函数获得列表长度

列表对象还有很多其他的方法，如果要知道列表对象的所有方法，可以使用 dir(list) 获取相关信息，如图 2-52 所示。

图 2-52　列表对象提供的所有方法

2.4　元组

元组（tuple）与列表类似，元组中的元素可以有不同的类型。然而，元组中的元素是不可以改变的，即一旦初始化之后，就不能够再做修改，否则将会报错。

2.4.1　创建元组

创建元组和创建列表非常相似，只不过在创建列表时用中括号，而创建元组时用小括号。

如图 2-53 所示，我们创建了一个包含 6 个元素的元组。

图 2-53　创建元组

2.4.2　通过索引获取元组元素

创建元组以后，如何获取元组的元素呢？以 t1= ('金鱼', '鲨鱼', '黄花鱼', '鲸鱼', '桂鱼', '鲸鱼')为例，要将元组中的"鲸鱼"这个元素取出来，可以看一下它的索引位置。有一点请读者一定要记住，Python 编程语言在涉及元组数据读取时，它的第一个元素的索引是从 0 开始的。如果要获取到 t1 中的第一个元素"金鱼"，则可以使用 t1[0]；如果要获取第二个元素"鲨鱼"，则可以使用 t1[1]；以此类推。

图 2-54 展示了通过索引获取元组元素的方法。

test.py - C:\Users\Administrator\AppData\Local\Programs\Python\Pytho...
File Edit Format Run Options Window Help
t1=('金鱼','鲨鱼','黄花鱼','鲸鱼','桂鱼','鲸鱼')
print(t1[3])
Python 3.7.0 Shell
File Edit Shell Debug Options Window Help
Python 3.7.0 (v3.7.0:1bf9cc5093, Jun 27 2018, 04:59:51) [MSC v.1914 64 bit (AMD64)] on win32
Type "copyright", "credits" or "license()" for more information.
>>>
RESTART: C:\Users\Administrator\AppData\Local\Programs\Python\Python37\test.py
鲸鱼
>>>

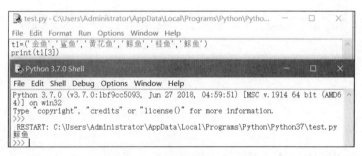

图 2-54　通过索引获取元组元素

2.4.3　通过切片获取元组元素

在 Python 中，也可以像应用列表一样，用切片来获取元组中的一个或者多个元素。例如，要获取 `t1` 元组中所有鱼类数据，代码与执行结果如图 2-55 所示。

test.py - C:\Users\Administrator\AppData\Local\Programs\Python\Pytho...
File Edit Format Run Options Window Help
t1=('熊猫','熊猫鼠','接吻鱼','孔雀鱼','地图鱼')
print(t1[1:5])
Python 3.7.0 Shell
File Edit Shell Debug Options Window Help
Python 3.7.0 (v3.7.0:1bf9cc5093, Jun 27 2018, 04:59:51) [MSC v.1914 64 bit (AMD64)] on win32
Type "copyright", "credits" or "license()" for more information.
>>>
RESTART: C:\Users\Administrator\AppData\Local\Programs\Python\Python37\test.py
('熊猫鼠', '接吻鱼', '孔雀鱼', '地图鱼')
>>>

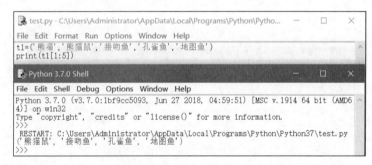

图 2-55　通过切片获取元组元素的代码与执行结果

2.4.4　元组元素计数

因为元组一旦被赋值后，该元组中的元素就不允许添加和删除，所以元组不存在 `append()`、`remove()` 和 `pop()` 方法。元组对象提供的所有方法如图 2-56 所示。

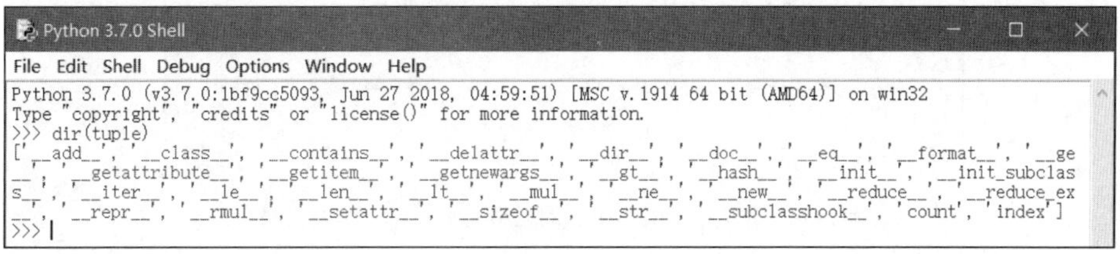

Python 3.7.0 Shell
File Edit Shell Debug Options Window Help
Python 3.7.0 (v3.7.0:1bf9cc5093, Jun 27 2018, 04:59:51) [MSC v.1914 64 bit (AMD64)] on win32
Type "copyright", "credits" or "license()" for more information.
>>> dir(tuple)
['__add__', '__class__', '__contains__', '__delattr__', '__dir__', '__doc__', '__eq__', '__format__', '__ge__', '__getattribute__', '__getitem__', '__getnewargs__', '__gt__', '__hash__', '__init__', '__init_subclass__', '__iter__', '__le__', '__len__', '__lt__', '__mul__', '__ne__', '__new__', '__reduce__', '__reduce_ex__', '__repr__', '__rmul__', '__setattr__', '__sizeof__', '__str__', '__subclasshook__', 'count', 'index']
>>>

图 2-56　元组对象提供的所有方法

如图 2-57 所示，在 Python 中，和列表元素的统计方式一样，用`元组名称.count(元素名称)`就可以统计出该元素在元组中出现的次数。

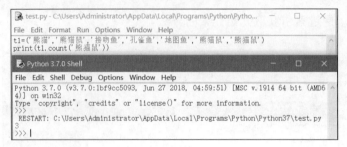

图 2-57 元组元素计数方法

2.4.5 元组元素的索引位置

我们可以像使用列表一样，使用元组名称.index(元素名称)来获取该元素在元组中的索引位置。

如图 2-58 所示，我们可以看到使用脚本 t1.index('接吻鱼')，返回了"接吻鱼"在 t1 列表中的索引位置 2。

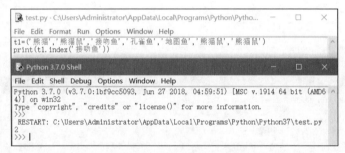

图 2-58 应用元组元素索引的示例代码

如图 2-59 所示，如果我们限定只搜索元组中从第 2 个索引位置到第 7 个索引位置的"熊猫鼠"，返回值为 5。元组和列表的 index() 方法相同，这里不再详述。

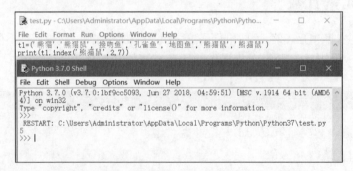

图 2-59 应用限定索引范围的元组元素索引的示例代码

2.4.6 删除整个元组

尽管没有方法删除元组中的元素，但是可以使用 del 语句删除整个元组。

```
t1('熊猫','熊猫鼠','接吻鱼','孔雀鱼','地图鱼','熊猫鼠','熊猫鼠')
print(t1)
del t1
print(t1)
```

以上代码的执行结果如图 2-60 所示。

图 2-60　使用 del 语句删除元组的示例代码的执行结果

如果试图删除元组的元素，Python 将提示"TypeError: 'tuple' object doesn't support item deletion"，即"类型错误：元组对象不支持删除元组元素"，同时脚本终止运行，如图 2-61 所示。

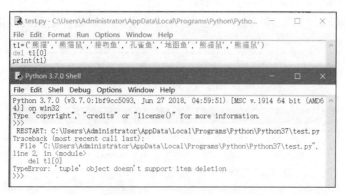

图 2-61　使用 del 语句删除元组元素而产生异常的示例代码与执行结果

2.5　字典

字典（dict）在其他语言中称作哈希映射（hash map）或者相关数组（associative array）。字典可以由一个或多个键值对构成。通常，键（key）和值（value）之间用冒号（:）分隔，若存在多个键值对，键值对之间以逗号进行分隔。就像我们平时可以通过拼音在汉语字典中快速查找到对应的汉字一样，可以通过字典的键快速查找到其对应的值。

2.5.1　创建字典

字典的创建非常简单。可以创建一个空的字典，即只有一对大括号（{}），也可以创建一个包含一个或多个键值对的非空字典。

　　如图 2-62 所示，我们创建了一个空的字典 empty，而后又创建了一个包含 7 个键值对的字典对象 dict1。

图 2-62　创建字典的示例代码

　　需要重点指出的是字典中的键值是不能重复的，但值可以重复，如 dict1 字典对象中 1、5、6 这 3 个键对应的就是同一个值"熊猫鼠"。

　　如果在定义字典的时候，不小心出现了重复的键，会出现后果呢？

　　从图 2-63 中，我们可以看到存在多个键为 0 的键值对，即"0:'熊猫鼠'""0:'熊猫'""0:'接吻鱼'"，从输出结果可以看到只保留了定义字典时最后一个键为 0 的键值对。

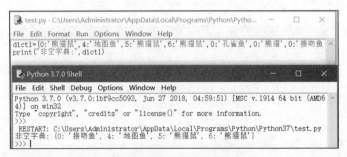

图 2-63　创建包括重复键的字典的示例代码

　　从图 2-64 中，我们可以看到字典的值不仅可以为字符串，还可以是数字，甚至可以是一个元组、列表等。

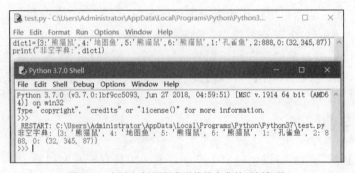

图 2-64　创建包括不同类型值的字典的示例代码

2.5.2 获取字典元素

我们可以通过使用“字典名称[键]”的形式来获得该字典中这个键对应的值信息，如图 2-65 所示。

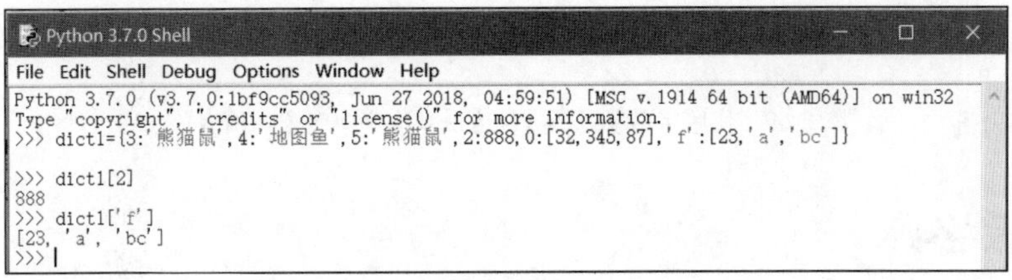

```
Python 3.7.0 Shell
File Edit Shell Debug Options Window Help
Python 3.7.0 (v3.7.0:1bf9cc5093, Jun 27 2018, 04:59:51) [MSC v.1914 64 bit (AMD64)] on win32
Type "copyright", "credits" or "license()" for more information.
>>> dict1={3:'熊猫鼠',4:'地图鱼',5:'熊猫鼠',2:888,0:[32,345,87],'f':[23,'a','bc']}

>>> dict1[2]
888
>>> dict1['f']
[23, 'a', 'bc']
>>>
```

图 2-65 获取字典中指定键对应值的示例代码

在图 2-65 中，使用 `dict1[2]` 获取 `dict1` 字典对象中“2”这个键对应的值，其输出为 888，使用 `dict1['f']` 获取 `dict1` 字典对象中“f”这个键对应的值，其输出为 `[23, 'a', 'bc']` 列表。也可以使用字典的 `get()` 方法来达到同样的目的，如图 2-66 所示。

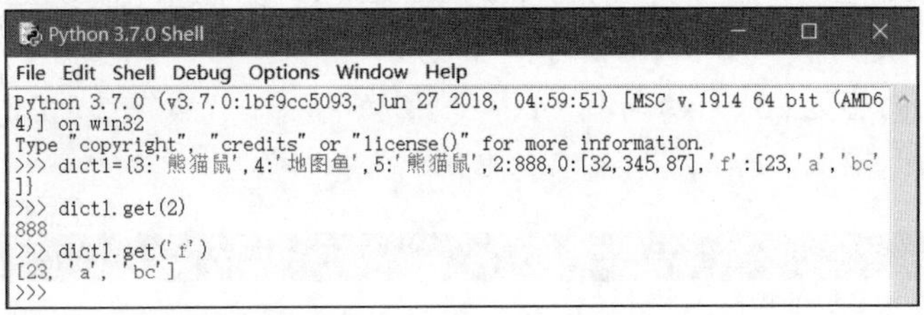

```
Python 3.7.0 Shell
File Edit Shell Debug Options Window Help
Python 3.7.0 (v3.7.0:1bf9cc5093, Jun 27 2018, 04:59:51) [MSC v.1914 64 bit (AMD6
4)] on win32
Type "copyright", "credits" or "license()" for more information.
>>> dict1={3:'熊猫鼠',4:'地图鱼',5:'熊猫鼠',2:888,0:[32,345,87],'f':[23,'a','bc'
]}
>>> dict1.get(2)
888
>>> dict1.get('f')
[23, 'a', 'bc']
>>>
```

图 2-66 使用字典的 `get()` 方法获取指定键对应的值

通过使用字典的 `items()` 方法，可以获得字典的所有键值对信息，如图 2-67 所示。

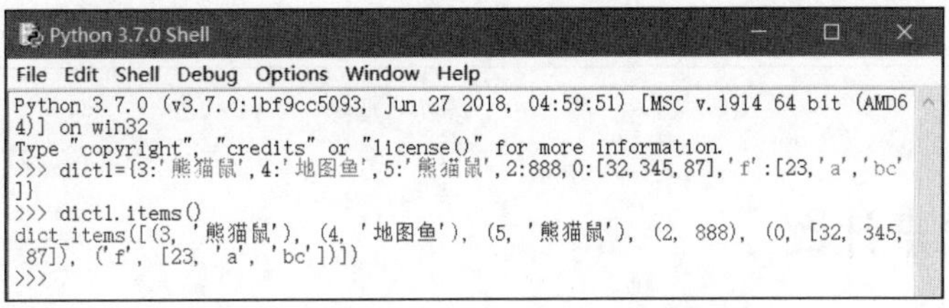

```
Python 3.7.0 Shell
File Edit Shell Debug Options Window Help
Python 3.7.0 (v3.7.0:1bf9cc5093, Jun 27 2018, 04:59:51) [MSC v.1914 64 bit (AMD6
4)] on win32
Type "copyright", "credits" or "license()" for more information.
>>> dict1={3:'熊猫鼠',4:'地图鱼',5:'熊猫鼠',2:888,0:[32,345,87],'f':[23,'a','bc'
]}
>>> dict1.items()
dict_items([(3, '熊猫鼠'), (4, '地图鱼'), (5, '熊猫鼠'), (2, 888), (0, [32, 345,
 87]), ('f', [23, 'a', 'bc'])])
>>>
```

图 2-67 使用字典的 `items()` 方法获取键值对

在图 2-67 中，可以看到字典的 `items()` 方法返回的内容以小括号进行分组，键和值间以逗号进行分隔，即返回的是一个元组列表（列表中的元素为元组）。

如图 2-68 所示，可以使用 `keys()` 方法返回字典对象的所有键。

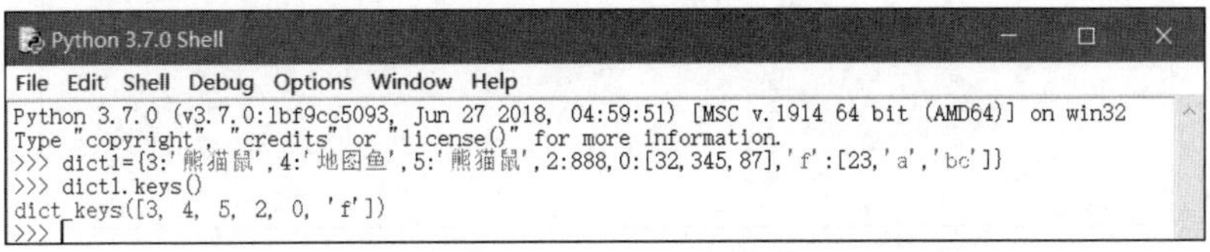

```
Python 3.7.0 Shell
File Edit Shell Debug Options Window Help
Python 3.7.0 (v3.7.0:1bf9cc5093, Jun 27 2018, 04:59:51) [MSC v.1914 64 bit (AMD64)] on win32
Type "copyright", "credits" or "license()" for more information.
>>> dict1={3:'熊猫鼠',4:'地图鱼',5:'熊猫鼠',2:888,0:[32,345,87],'f':[23,'a','bc']}
>>> dict1.keys()
dict_keys([3, 4, 5, 2, 0, 'f'])
>>>
```

图 2-68 使用字典 `keys()` 方法获取字典对象的所有键

如图 2-69 所示，可以使用 values() 方法返回字典对象的所有值。

图 2-69　使用字典 values() 方法获取字典对象的所有值

2.5.3　修改字典

创建字典以后，如果要修改字典的值，可以应用 update() 方法，或者直接找到对应键再赋值。

如图 2-70 所示，可以通过对字典中对应元素的键赋值来修改其值，以修改"3:'熊猫鼠'"为例，该元素的键为"3"，值为'熊猫鼠'，通过 dict1[3]='斑马鱼'，就可以将"3"这个键的值修改为'斑马鱼'。也可以应用字典的 update() 方法来完成。这里我们继续将"3"这个键的值变为'海马'，同时又添加了一个键值对，即"8:'蜗牛'"。经过上述变更后，dict1 字典对象的内容为{3: '海马', 4: '地图鱼', 5: '熊猫鼠', 2: 888, 0: [32, 345, 87], 'f': [23, 'a', 'bc'], 8: '蜗牛'}"。

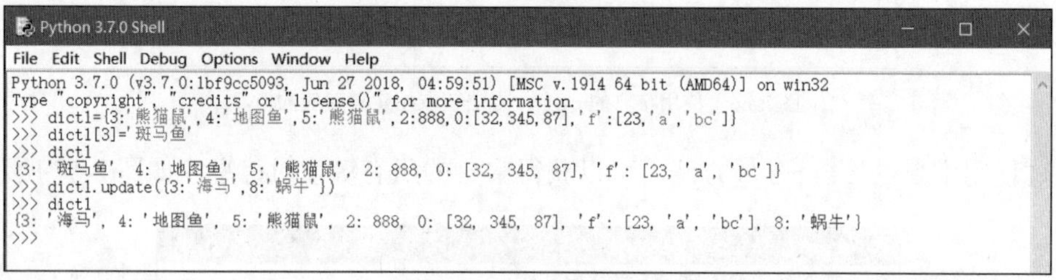

图 2-70　修改字典

2.5.4　字典元素计数

字典对象提供的所有方法如图 2-71 所示。字典对象没有提供对其元素进行计数的方法，那么有没有其他对字典元素进行计数的方法呢？

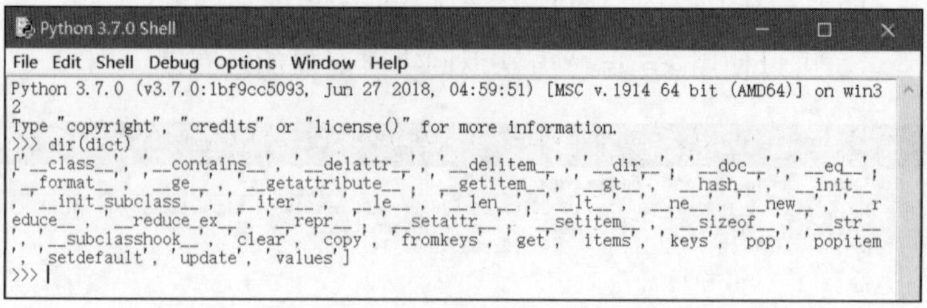

图 2-71　字典对象提供的所有方法

我们可以使用 len()函数来实现对字典元素的计数。

如图 2-72 所示，我们定义了一个字典对象，其包含了 5 个键值对元素，即"3：'熊猫鼠'，4：'地图鱼'，5：'熊猫鼠'，2：888，0：[32, 345, 87]"。先通过 print()方法输出 dict1 对象，后使用 len(dict1)函数获取 dict1 对象的长度，也就是它共包含了多少个键值对，其输出值为 5。

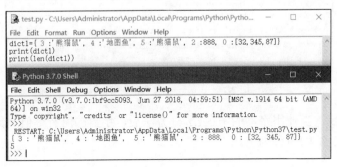

图 2-72　字典元素计数方法

2.5.5　删除字典或其元素

可以使用字典对象的 pop()、popitem()或者 clear()方法来删除字典的键值对元素或者删除整个字典。

在使用 pop()方法时，需要指定字典的键，其输出为该键的值，pop()方法执行后，该键值对将从字典中消失。

如图 2-73 所示，在应用字典的 pop()方法时，我们指定"3"这个键，应用 print()方法输出其返回的值。从输出结果来看，返回值是"熊猫鼠"。而后输出字典 dict1，发现键值对"3：'熊猫鼠'"已从 dict1 字典中消失。

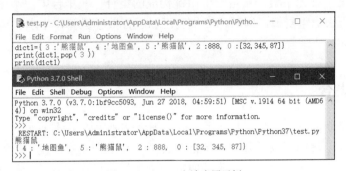

图 2-73　pop()方法应用示例

可以使用字典的 popitem()方法，删除字典对象的最后一个键值对元素。

如图 2-74 所示，每使用一次 popitem()方法，就从字典中弹出最后一个键值对元素。popitem()方法执行后，该键值对从字典中消失。

有没有一种方法可以快速清空字典的所有键值对元素呢？应用字典的 clear()方法，就可以清空字典的所有键值对元素。

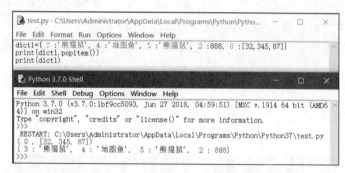

图 2-74 popitem()方法应用示例

如图 2-75 所示，当使用字典的 clear()方法后，字典的所有键值对元素都被删除，输出的字典对象 dict1 的内容为空。

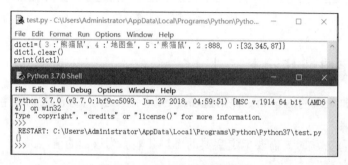

图 2-75 clear()方法应用示例

2.6 集合

集合（set）是一种无序集，它是一个由键构成的集合。在集合中，不允许有重复的键，因此集合可以用于去除重复值。同时，对集合可以进行数学运算，如求并集、交集、差集以及对称差集等。

2.6.1 创建集合

集合的创建有两种方式，分别是使用 set()函数和使用大括号{}。

如图 2-76 所示，我们可以看到一个集合由大括号和集合元素构成，集合中的各元素（键）用逗号进行分隔。这里在设置集合元素的时候，故意写了两个重复的元素（'熊猫鼠'），但是当我们输出 set1 对象的时候，却发现只保留了一个'熊猫鼠'。同时，细心的读者可以发现集合中元素的位置也发生了变化。因此，以下两点内容在应用集合时必须要注意。

（1）集合中的元素是无序的。

（2）尽管在定义集合时指定了两个甚至更多个重复的元素，但是集合会自动去除重复的元素。

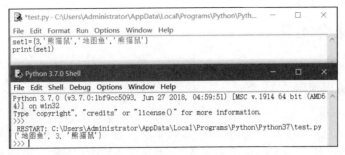

图 2-76　创建集合的脚本示例

不允许应用 {} 来定义一个空的集合，因为我们使用 {} 来定义一个字典。如果定义一个空的集合，必须要用 set() 函数。

在图 2-77 中，当试图应用 {} 来创建一个集合时，输出其类型后，发现其类型是字典，而应用 set() 时，其类型才是集合。

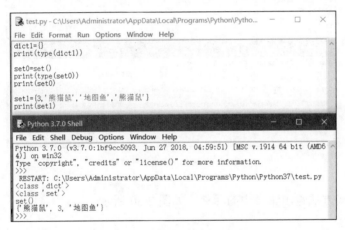

图 2-77　创建集合要注意的问题

还可以通过 set() 强制进行类型转换，将列表、元组强制转换为集合，如图 2-78 所示。

图 2-78　通过 set() 强制转换列表、元组为集合

2.6.2　获取集合元素

因为集合中的元素是无序的，所以我们不能像应用列表、元组那样通过索引来对它们进行访问。然而，可以使用 in 或者 not in 来判断某个元素是否在集合中，这将返回 True 或者 False。

如图 2-79 所示，我们定义了 set1，它包含 5 个元素，即"熊猫""熊猫鼠""接吻鱼""孔雀鱼"和"地图鱼"。print('接吻鱼' in set1)用于判断"接吻鱼"是否在 set1 中，显然，它是集合中的元素，因此输出"True"。同样，"孙悟空"不在 set1 中，故 print('孙悟空' in set1)的输出为"False"，而 print('孙悟空' not in set1) 的输出为"True"。

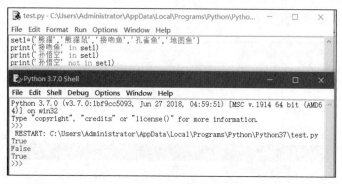

图 2-79　判断元素是否在集合中

可以使用迭代方法输出集合中的元素，如图 2-80 所示。

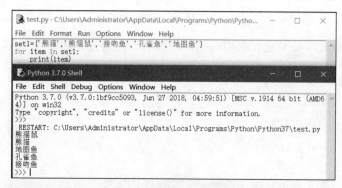

图 2-80　输出集合中的元素

迭代语句的使用也许读者并不熟悉，没有关系，这部分内容将在后面章节详细介绍。

2.6.3　添加集合元素

集合对象提供的所有方法如图 2-81 所示。

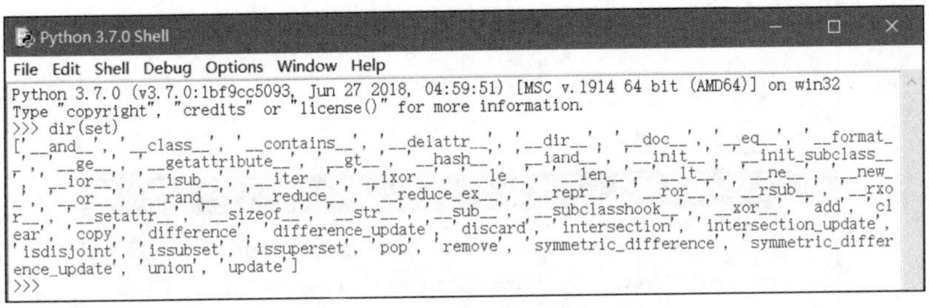

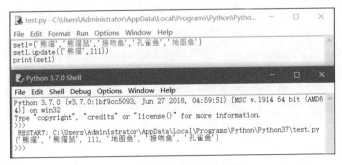

图 2-81　集合对象提供的所有方法

在图 2-81 中，可以看到集合对象也有一个 add() 方法。

可以使用 add() 方法向集合中添加元素，如图 2-82 所示。

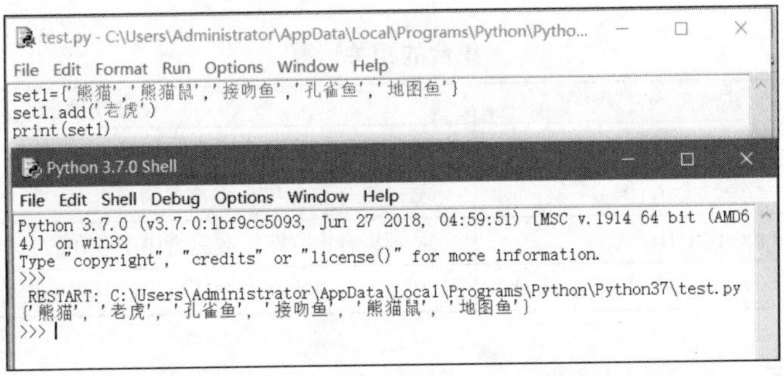

图 2-82　集合对象的 add() 方法的应用

2.6.4　修改集合

创建集合以后，如果要修改集合的元素内容，可以应用 update() 方法，如图 2-83 所示。

图 2-83　修改集合的脚本示例

当要修改的元素和集合中的元素相同时，它只出现一次，而当要修改的元素不在集合中时，把它添加到集合对象中。在图 2-83 中，"111" 这个元素就不在集合中，因此执行 update() 方法后，把它添加到 set1 中。

当然，还可以通过相关的并集、差集、对称差集等集合运算，来完成对原集合元素的修改。

如图 2-84 所示，通过求并集再赋值的方式，改变了集合中的元素。集合的并集是指将两个集合的元素进行合并，若出现重复的元素，则在集合中只出现一次。

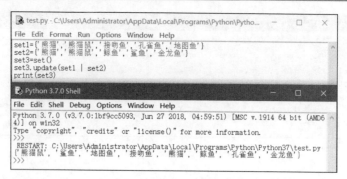

图 2-84　通过集合运算来修改集合

表 2-2 列出了集合的相关运算。

表 2-2　　　　　　　　　　　　　　集合的相关运算

集合运算	其他表示方法	简要说明
a | b	a.union(b)	求 a 集合和 b 集合中全部的唯一元素
a & b	a.intersection(b)	求 a 集合和 b 集合中都有的元素
a - b	a.difference(b)	求 a 集合中存在但 b 集合中不存在的元素
a ^ b	a.symmetric_difference(b)	求 a 集合或 b 集合中所有不同时属于集合 a 和集合 b 的元素

2.6.5　集合元素计数

可以使用 len() 函数来实现对集合元素的计数。

如图 2-85 所示，集合会自动去除重复元素，而应用 len() 函数进行集合元素计数时，重复的数据将只统计一次。

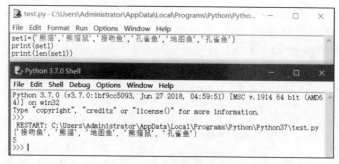

图 2-85　集合元素计数方法

2.6.6　删除集合或其元素

可以使用集合对象的 pop()、remove() 或者 clear() 方法来删除集合的元素或者删除整个集合。

对于字符串元素构成的集合，使用 pop() 方法后，将会随机删除集合中的一个元素，如图 2-86 所示。

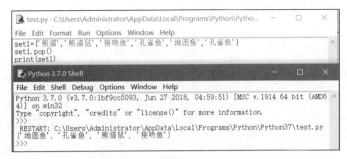

图 2-86 对集合使用 pop() 方法

可以应用 remove() 方法删除指定的集合元素，如图 2-87 所示。

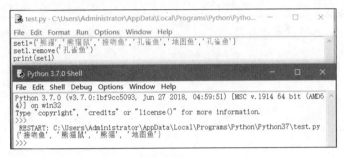

图 2-87 对集合使用 remove() 方法

通过什么方法可以快速清空集合的所有元素呢？使用 clear() 方法，可以清空集合的所有元素，如图 2-88 所示。

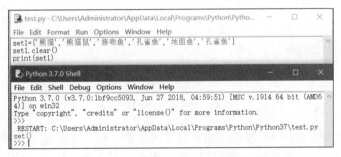

图 2-88 对集合使用 clear() 方法

从图 2-88 中可以看到，当使用 clear() 方法后，集合的所有元素都被删除，输出的 set1 的内容为空。

2.7 常用运算符

在实际工作中，我们会遇到很多涉及科学计算、逻辑判断的情况，这就不得不用到这一节要讲的运算符。

2.7.1 算术运算符

Python 的算术运算符主要包括+（加）、-（减）、*（乘）、/（除）、%（模）、**（幂）、//（取

整），如表 2-3 所示。

表 2-3 算术运算符的相关说明

算术运算符	描述
＋（加）	两个数字相加
－（减）	一个数字减去另一个数字
＊（乘）	两个数字相乘或者返回一个重复若干次的字符串
／（除）	两个数字相除。注意，分母不可为 0
％（模）	取模运算，返回除法的余数
＊＊（幂）	返回数字 a 的 b 次幂
／／（取整）	返回两个数字之商的整数部分，这里向下取整，并非四舍五入

图 2-89 展示了关于算术运算符的示例，有助于读者对这些算术操作符的使用有一个清晰的认识。

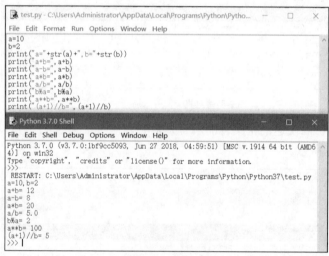

图 2-89 关于算术运算符的示例

在表 2-3 中，关于乘（＊）操作的描述为"两个数字相乘或者返回一个重复若干次的字符串"。我们刚才只演示了两个数字的乘法操作，而后半部分没有演示。"返回一个重复若干次的字符串"是什么意思呢？假设我们定义了一个字符串，为了让这个字符串重复 3 次，就可以用乘法来实现，如图 2-90 所示。是不是很惊讶？使用 Python 原来可以轻松实现重复字符串的拼接操作。

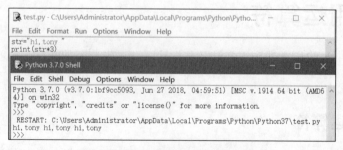

图 2-90 通过乘法实现重复字符串的拼接

例如，a-b+c*d/e 的计算结果是什么呢？按照先乘除后加减的优先级，它的执行顺序是 a-b+((c*d)/e)。这里为了得到实际输出结果来验证其正确性，我们对 a、b、c、d、e 进行赋值，a=100，b=5，c=2，d=3，e=2。

如图 2-91 所示，可以看到 print(a-b+((c*d)/e)) 与 print(a-b+c*d/e) 的输出一致，都是 98.0。这验证了加减乘除运算的执行顺序，在不引入括号的时候，先执行乘除操作，后执行加减操作。而对于加减或者乘除运算，则按照表达式由左到右的顺序来执行。

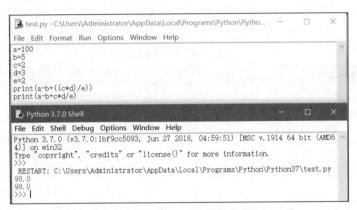

图 2-91　关于算术运算符优先级的示例 1

这些算术运算符的优先级如表 2-4 所示。

表 2-4　　　　　　　　　　　　　算术运算符的优先级

算术运算符	描述
**	指数运算的优先级最高
*、/、%、//	乘、除、取模和取整的优先级低于指数运算
+、-	加法、减法的优先级最低

表达式 a-b+c*d/e//g**f 按照算术运算符的优先级等价于 a-b+(c*d/e//(g**f))，所以经过计算后，它们的值都是 95.0，如图 2-92 所示。

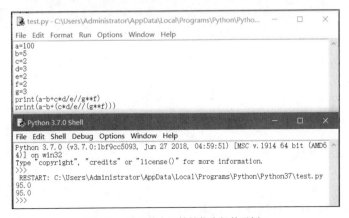

图 2-92　关于算术运算符优先级的示例 2

2.7.2　逻辑运算符

如果测试人员在执行测试用例时，根据操作步骤输入相关数据，实际的输出结果与预期的输出不一致，他们就会认为这是一个 Bug。在实际工作中，测试人员经常需要写一些测试程序。这会频繁涉及一些逻辑运算和处理。为了使实际结果与预期结果一致，应该怎样做？如果不一致又该怎样做？

逻辑运算符有 3 个——与（and）、或（or）和非（not）。逻辑运算符的相关说明如表 2-5 所示。

表 2-5　　　　　　　　　　　　　　　逻辑运算符的相关说明

逻辑运算符	逻辑表达式	描述	示例
与（and）	a and b	如果变量 a 为 False，返回 False；否则，计算 b 的值	若 a=True，b=False，则 a and b 的返回值为 False。 若 a=10，b=20，则 a and b 的返回值为 20。 若 a=10，b=0，则 a and b 的返回值为 0
或（or）	a or b	如果变量 a 非零，返回 a 的值；否则，返回 b 的值	若 a=True，b=False，则 a or b 的返回值为 True。 若 a=10，b=20，则 a or b 的返回值为 10。 若 a=10，b=0，则 a or b 的返回值为 10
非（not）	not a	如果参与运算的变量 a 为真（True），not a 逻辑表达式为假；如果变量 a 为假（False），not a 逻辑表达式为真	若 a=True，则 not a 的返回值为 False。 若 a=10，则 not a 的返回值为 False。 若 a=0，则 not a 的返回值为 True

图 2-93 展示了表 2-5 中的相关示例，有助于读者对这些逻辑运算符的使用有一个清晰的认识。

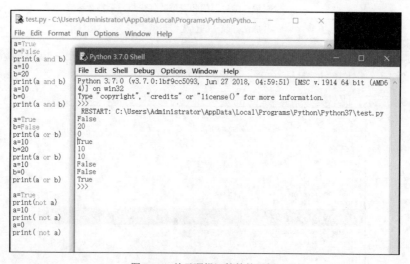

图 2-93　关于逻辑运算符的示例

在图 2-93 中，参与逻辑运算的不仅有整数，还有布尔值。

2.7.3 比较运算符

比较运算符主要包括> (大于)、>= (大于或等于)、< (小于)、<= (小于或等于)、!= (不等于)、== (等于)，见表 2-6 (假设参与运算的两个变量分别为 a 与 b)。

表 2-6 比较运算符的相关说明

比较运算符	描述
==	比较 a 和 b 是否相等
!=	比较 a 和 b 是否不相等
>	比较 a 是否大于 b
<	比较 a 是否小于 b
>=	比较 a 是否大于或等于 b
<=	比较 a 是否小于或等于 b

图 2-94 展示了关于比较运算符的示例，有助于读者对这些比较运算符的使用有一个清晰的认识。

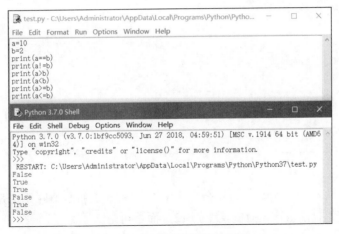

图 2-94 关于比较运算符的示例

如图 2-94 所示，比较运算后，返回的是一个布尔类型的值，即真 (True) 或者假 (False)。

2.7.4 赋值运算符

通常，为了计算两个变量的乘积，可以使用 c=a*b，那么有没有更简便的写法？Python 提供了很多非常简便的赋值运算符，如表 2-7 所示。

表 2-7 赋值运算符的相关说明

赋值运算符	描述
=	简单的赋值运算符，c=a+b 表示将 a+b 相加的结果赋值给 c
+=	加法赋值运算符，b+=a 等效于 b=b+a
-=	减法赋值运算符，b-=a 等效于 b=b-a

续表

赋值运算符	描述
*=	乘法赋值运算符，b*=a 等效于 b=b*a
/=	除法赋值运算符，b/=a 等效于 b=b/a
%=	取模赋值运算符，b%=a 等效于 b=b%a
**=	幂赋值运算符，b**=a 等效于 b=b**a
//=	取整赋值运算符，b//=a 等效于 b=b//a

图 2-95 展示了关于赋值运算符的示例，有助于读者对这些赋值运算符的使用有一个清晰的认识。

图 2-95　关于赋值运算符的示例

在图 2-95 中，从 b+=a 开始，为什么每次都对 a 和 b 重新赋值呢？这是因为如果不重新赋值，b+=a 将改变 b 的值，b 的值就变为 12，而不再是 2 了。

2.7.5　位运算符

尽管位运算符在我们实际工作中的应用不是太多，这里还是对位运算符做一个简单的介绍，如表 2-8 所示。

表 2-8　　　　　　　　　　　　　　位运算符的相关说明

位运算符	描述	示例
&（按位与运算符）	参与运算的两个值中，如果两个值相应的二进制位都为 1，则该位的结果为 1；否则，为 0	若 a=10（二进制数 0000 1010），b=2（二进制数 0000 0010），则 a & b=2，对应二进制值为 0000 0010
|（按位或运算符）	只要对应的两个二进制位中有一个为 1，结果位就为 1；否则，为 0	若 a=10（二进制数 0000 1010），b=2（二进制数 0000 0010），则 a|b=10，对应二进制值为 0000 1010

续表

位运算符	描述	示例
^（按位异或 运算符）	当两个对应的二进制位不同时，结果为 1；否则，结果 为 0	若 a=10（二进制数 0000 1010）， b=2（二进制数 0000 0010）， 则 a^b=8，对应二进制值为 0000 1000
~（按位取反 运算符）	对每个二进制位取反，即把 1 变为 0，把 0 变为 1	若 b=2（二进制数 0000 0010）， 则~b=-3，对应二进制值为 1111 1101
<<（左移位 运算符）	各二进制位全部左移若干位，其由 << 右边的数字指定移动 的位数，高位丢弃，低位补 0	若 a=10（二进制数 0000 1010）， 则 a<<2=40，对应二进制值为 0010 1000
>>（右移位 运算符）	各二进制位全部右移若干位，其由>> 右边的数字指定移 动的位数，低位丢弃，高位补 0	若 a=10（二进制数 0000 1010）， 则 a>>2=2，对应二进制值为 0000 0010

图 2-96 展示了表 2-8 中的相关示例，有助于读者对这些位运算符的使用有一个清晰的
认识。

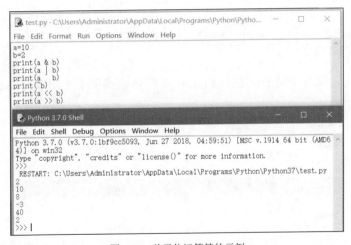

图 2-96 关于位运算符的示例

位运算符对于很多初学者来讲可能会非常难懂，这是因为位运算符涉及一些计算机原理
方面的知识，如原码、补码和反码。有兴趣的读者可以阅读一下包含这部分内容的图书或者
相关资料，这里不再详述。

2.8 常规语句应用基础

在实际工作中，我们经常会用到一些常用的语句，如循环语句、条件语句等，这一节将
详细地讲解相关的一些语句以及脚本的设计、编写知识。

2.8.1 for 循环语句

for 循环语句是我们平时应用很广泛的一种语句，例如，如果要读取一个文本文件的内
容、计算 1～100 这些整数之和或者创建一个猜数字的游戏，直到游戏玩家猜对为止，就可能

会用到 for 循环语句。

这里以计算 1~100 这些整数之和为例，讲解一下 for 循环语句的应用。

在讲解 for 循环语句之前，先来看一下 range() 函数。

range() 函数包含 3 个参数，其函数原型为 range(start, stop[, step])。

range() 函数的参数说明如下。

- start：计数从 start 开始，默认从 0 开始。例如，range(10) 等价于 range(0,10)。
- stop：计数到 stop 结束，但不包括 stop。例如，range(10) 表示[0, 1, 2, 3, 4, 5, 6, 7, 8, 9]，请注意没有 10。
- step：步长，默认为 1。例如，range(0,10) 等价于 range(0, 10, 1)。

Python 的 for 循环可以遍历任何序列，这个序列可以是一个列表、一个字符串等。

for 循环的一般格式如下。

```
for 变量 in 序列:
    语句
```

下面就让我们使用 for 循环语句来计算整数 1~100 的和。

```
sum=0
for i in range(100):
    sum=sum+(i+1)
print(sum)
```

如图 2-97 所示，我们使用 for 循环和 range() 函数实现了 1~100 整数求和的计算过程。

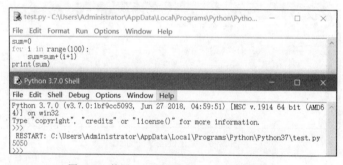

图 2-97 使用 for 循环实现 1~100 整数求和

2.8.2 while 循环语句

Python 还有一个 while 循环语句，同样可以来计算整数 1~100 之和。

while 循环的一般格式如下。

```
while 判断条件:
    语句
```

只有在判断条件为真时，while 循环语句才会执行 while 语句块内的语句。现在问题来了，如果判断条件始终为真，那么将如何呢？这将是一件非常可怕的事情，将出现"死循环"，while 语句块内的语句将不停地执行。所以，在应用 while 循环的时候，一定要保证判断条件能为假，从而保证能跳出 while 循环体。

下面就让我们使用 while 循环语句来计算整数 1~100 的和。

如图 2-98 所示，在脚本开始时将变量 sum 赋值为 0，将变量 i 赋值为 1，而后开始执行

while 循环体中的语句 sum=sum+i，即 sum 变量累加每次的计算结果。为了保证能跳出循环体，i 每执行一次要加 1，也是保证其从 1 到 100，直到 i=101 时，判断条件为假，while 循环体语句不再执行，才输出其求和后的结果，即 sum 值。

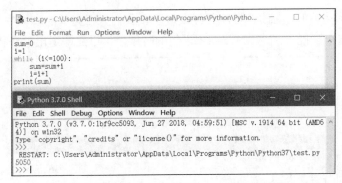

图 2-98　使用 while 循环实现 1～100 的整数求和

2.8.3　if...else 条件语句

Python 中的 if...else 条件语句通过一条或多条判断条件语句的执行结果来决定执行什么代码块。if...else 语句的用法如下。如果为真，执行语句 1（或者代码块 1）；否则，执行语句 2（或者代码块 2）。

```
if 判断条件：
    语句 1
else：
    语句 2
```

假设我们想输出 1～10 的偶数和非偶数，该怎么做呢？

如图 2-99 所示，因为偶数能被 2 整除，所以可以将是否能被 2 整除作为判断是否为偶数的一个条件。当条件为真时，输出该数字为偶数；否则，输出该数字为不是偶数。因为数字不能和字符串进行拼接，所以需要应用 str() 函数将其强制转换为字符串。

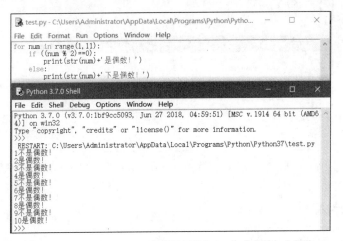

图 2-99　使用 if...else 条件语句输出 1～10 的偶数与非偶数

2.8.4 **break 语句**

break 语句的功能是从循环体中跳出。这里假设我们想输出 1～10 的第一个偶数，那么该怎样实现呢？

如图 2-100 所示，细心的读者可能已经发现了，我们只在先前的脚本中加了一个 break 语句，就实现了这个功能。当遇到 break 语句的时候，可以立即退出循环体。

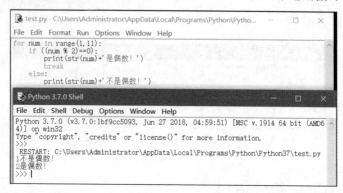

图 2-100　使用 if...else 条件语句和 break 语句输出 1～10 的第一个偶数

2.8.5 **continue 语句**

现在我们的需求又变了，我们想输出 1～10 的所有偶数，不输出任何非偶数信息，那么该怎么做呢？

这时我们就用到了 continue 语句，它的作用是终止本轮循环并开始执行下一轮循环。

如图 2-101 所示，当数字能被 2 整除时，则输出其为偶数；当数字不能被 2 整除时，执行 continue 语句，跳过本次循环，继续开始取下一个数字。

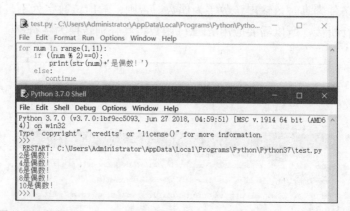

图 2-101　使用 if...else 条件语句和 continue 语句输出 1～10 的全部偶数

2.8.6 **模块导入**

Python 被称为"调包侠"是名副其实的，有非常多的第三方包可供其调用。这里我们实现一个猜数字游戏的小程序。游戏规则是，可以输入 10 次数字，已知要猜的数字将会是 1～10 的随机数，当输入的数字正好和这个随机数一致时，小程序给出提示"您真厉害，可以买彩票去了！"，小程序结束；若猜不中，则继续弹出提示"请输入数字！"，重新开始，直到 10 次机会用完为止。

那么现在问题来了，我们并不知道在 Python 中哪个模块包含产生随机整数的方法。

我们可以通过阅读 Python 3.7 Module Docs 来查找需要的模块以及对应的方法等，参见图 2-102、图 2-103 及图 2-104。

图 2-102　Python 3.7 Module Docs 所在程序组

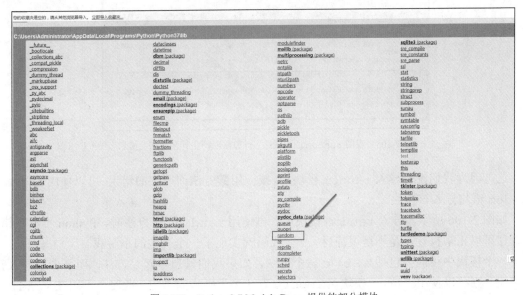

图 2-103　Python 3.7 Module Docs 提供的部分模块

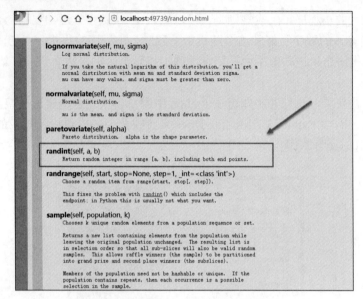

图 2-104 randint()方法的相关信息

如图 2-104 所示，randint()正是我们要找的方法。

如图 2-105 所示，我们在应用 random.randint()方法时，产生了"NameError: name 'random' is not defined"异常，出现异常的原因是什么呢？

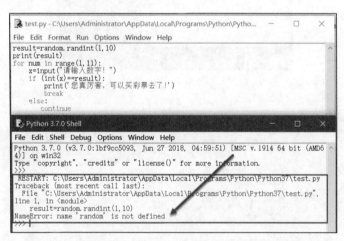

图 2-105 应用 random.randint()方法而产生异常的相关信息

这是因为我们没有导入 random 模块，直接应用其方法而产生的错误。可以使用 import random 语句导入该模块。

如图 2-106 所示，导入 random 模块后，再使用 randint()方法时，Python 不再报错，小程序可以正常执行。是不是很惊讶？9 行代码就实现了一个有趣的小游戏。

一个模块中可能会包括 a、b、c 三个方法，如果我们只想导入 a 方法，而不希望导入整个模块，则可以使用"from 模块名 import 方法名"格式的语句。此时，不用在 randint 方法名前加模块名称了，如图 2-107 所示。

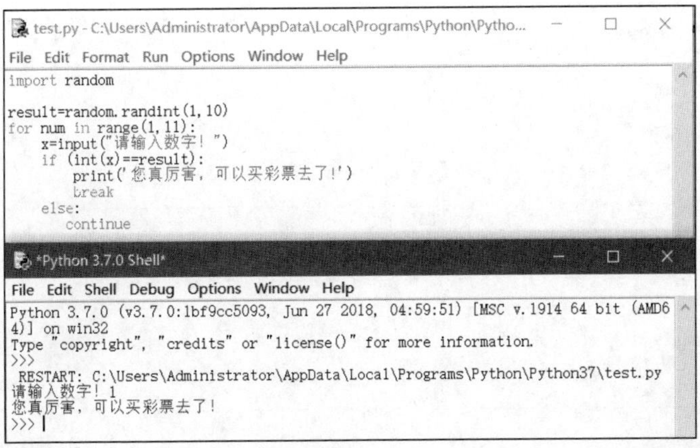

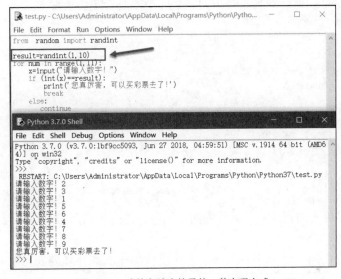

图 2-106　猜数字游戏的脚本

图 2-107　猜数字游戏的另外一种实现方式

2.8.7　函数

函数非常重要，它是各个编程语言的重中之重。就拿前面使用的 random 模块的 randint()方法（其实类对象的方法就是函数）来讲，我们不需要关心其内部是怎么实现的，而只需要知道它是做什么的，直接拿来用就可以了。

再举一个例子，假设有 4 个列表，它们存放的是正方形的边长信息。

edges1=[2,22,11,45,27,8,91,124,66,77,33,55],

edges2=[55,66,77,88,99,100,35,62,78,125,78,89,2],

edges3=[55,66,77,88,99,100,56,90,32,56,49],

edges4=[55,66,77,88,99,100,87,71,30,82,69,67],

现在我们要计算 edges1、edges2、edges3 和 edges4 列表中各个元素对应的正方形面积。在不应用函数的情况下，通常我们编写如下的代码来实现。

```
edges1=[2,22,11,45,27,8,91,124,66,77,33,55]
edges2=[55,66,77,88,99,100,35,62,78,125,78,89,2]
edges3=[55,66,77,88,99,100,56,90,32,56,49]
edges4=[55,66,77,88,99,100,87,71,30,82,69,67]
for edge in edges1:
    print('边长为'+str(edge)+'的正方形面积为'+str(edge*edge)+'!')
print("--------------------------------------------------------")
for edge in edges2:
    print('边长为'+str(edge)+'的正方形面积为'+str(edge*edge)+'!')
print("--------------------------------------------------------")
for edge in edges3:
    print('边长为'+str(edge)+'的正方形面积为'+str(edge*edge)+'!')
print("--------------------------------------------------------")
for edge in edges4:
    print('边长为'+str(edge)+'的正方形面积为'+str(edge*edge)+'!')
```

如果我们能编写一个针对列表对象的函数，是不是会更方便呢？

```
def listsquare(list1):
    print('_____')
    for i in list1:
        print('边长为'+str(i)+'的正方形面积为'+str(i*i)+'!')
edges1=[2,22,11,45,27,8,91,124,66,77,33,55]
edges2=[55,66,77,88,99,100,35,62,78,125,78,89,2]
edges3=[55,66,77,88,99,100,56,90,32,56,49]
edges4=[55,66,77,88,99,100,87,71,30,82,69,67]
listsquare(edges1)
listsquare(edges2)
listsquare(edges3)
listsquare(edges4)
```

这是我们针对传入的列表对象编写的实现同样功能的代码，第二段代码是不是显得规整、简洁多了呢？

对比前后两段代码，我们不难发现，第一段代码每次都计算列表元素的平方，而第二段代码只需要调用 listsquare() 函数即可。

1. 函数的一般形式

通过上面的示例，你是不是对函数的优点有一个比较清晰的认识了呢？

函数的一般形式如图 2-108 所示。

在 Python 中，函数的一般形式必须包括 def 关键字，在后面有一个空格，而后是函数名，接着是一对小括号，如果函数包含运行所需要的参数，则将其放在小括号中，以逗号进行分隔。函数体表示函数实现的业务功能。如果函数有返回值，则使用 return 关键字返回对应的值。当然，也可以没有返回值，例如，listsquare() 函数就没有返回值。

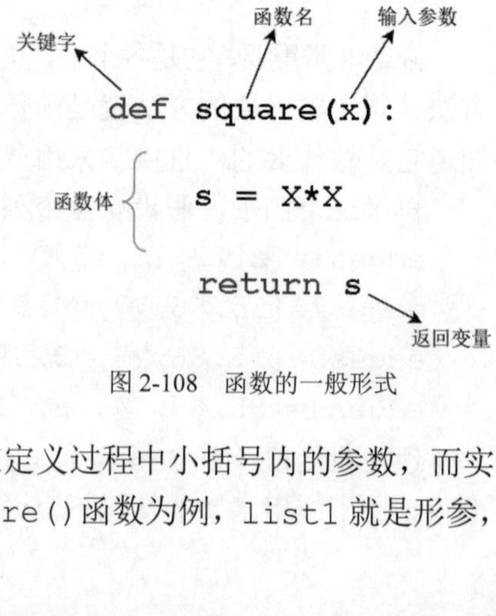

图 2-108 函数的一般形式

2. 函数的形参和实参

参数从调用的角度分为形参和实参。形参是指函数在定义过程中小括号内的参数，而实参是指函数在调用过程中传递进来的参数。以 listsquare() 函数为例，list1 就是形参，

而 `listsquare(edges1)` 中, `edges1` 就是我们传入的实参。

3. 函数的返回值及参数设置

这里给出一个计算多项式 (S=1+2*x+3*y+z*y) 的值并且有返回值的函数。这个多项式共包含 3 个参数, 即 x、y 和 z。下面我们定义一个函数。

```
def polynomial(x,y,z):
    S=1+2*x+3*y+z*y
    return S
```

从 `polynomial()` 函数的定义来看, 它共包含 3 个形参, 即 x、y 和 z。函数体用于计算一个多项式, 即 S=1+2*x+3*y+z*y, 而后其将计算结果返回。接下来, 调用这个函数, 如图 2-109 所示。

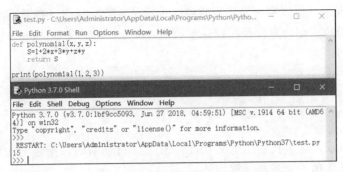

图 2-109 按照调用函数时的顺序传递参数

在没有特别指定参数的情况下, 按照调用函数时的顺序传递参数, 这里 `polynomial(1,2,3)` 相当于 `polynomial(x=1,y=2,z=3)`。如图 2-110 所示, 它们的结果是一致的。

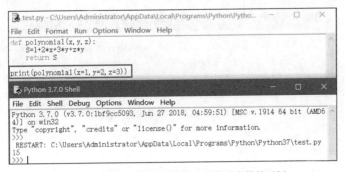

图 2-110 函数以关键字参数的方式传递参数的示例 1

接下来, 同样以关键字参数的方式传递参数, 但是如果我们将关键字参数的值做一下变化, 其结果会是什么样呢?

如图 2-111 所示, 这里我们以关键字参数的方式传入 `polynomial()` 函数的参数, 传入的参数位置和值都做了一些变化。我们可以发现当指定关键字参数时, 返回的结果只和关键字参数的值有关, 而和关键字参数的位置无关。必须注意的是, 如果第一个参数是用关键字参数传入的, 那么后面每个参数都需要用关键字参数传入; 否则, 会出现语法错误。

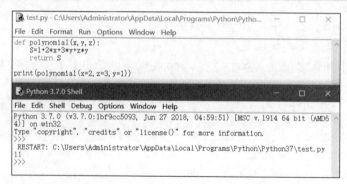

图 2-111　以关键字方式传递参数的示例 2

在特定的情况下，可以事先为参数赋值，也就是设置默认值。在调用函数的时候，可以不输入该参数，函数内部会直接调用默认参数值。例如，在定义 polynomial() 函数时，指定 z 的默认值为 5。

```
def polynomial(x,y,z=5):
    S=1+2*x+3*y+z*y
    return S

print(polynomial(1,2))
```

如图 2-112 所示，这里我们在定义 polynomial() 函数时，指定 z 的默认值为 5，在调用实参时，z 按默认值 5 来参与计算。

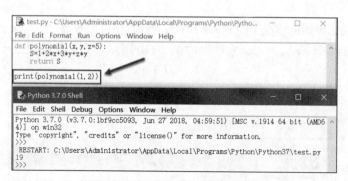

图 2-112　在函数中指定参数的默认值

4. lambda 函数

Python 中的 lambda 函数可以使函数的表示变得更加简洁，其示例如图 2-113 所示。这里我们以实现前面的 polynomial() 函数为例，其脚本和执行结果如图 2-114 所示。

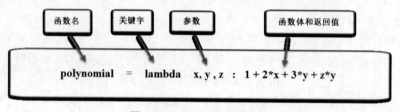

图 2-113　lambda 函数的示例

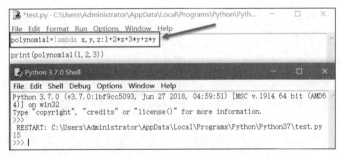

图 2-114　示例 lambda 函数的脚本和执行结果

2.8.8　断言

断言（assert）这个词广泛应用于 Java、.NET、Python 等语言的单元测试中，考虑到很多读者可能没有接触过单元测试，这里对断言做一个简单介绍。在编写自动化测试脚本时，通常要设置一个检查点，根据用例相关的输入（操作步骤、输入的数据等），在该检查点应该出现一个值或者页面等，而如果没有出现这个值或者页面等，我们就认定这是一个 Bug，因为根据输入得到的实际执行结果与我们的预期结果不一致。例如，我们编写了一个计算两个整数之和的函数 addtwoint(a,b)，为了验证这个函数实现的功能是否正确，就会设计一些测试用例。当执行到 addtwoint(1,2) 这个检查点时，如果返回结果为 3，则是对的；否则，说明 addtwoint() 这个函数是错误的。在这种情况下就可以应用断言。当 assert 关键字后的条件为假时，脚本程序将抛出 AssertionError 异常。我们可以把实际输出结果和预期结果做比较，若一致，则没有问题；否则，就是一个 Bug。下面就以 addtwoint() 为例。

如图 2-115 所示，首先定义了一个函数 addtwoint()，而后使用了两条断言语句，assert addtwoint(1,2)==3 这条语句是对的，所以执行时没有抛出任何异常，但 assert addtwoint(2, 2)==6 不成立，因为 2+2=4，与 6 不相等，所以抛出了 AssertionError 异常。

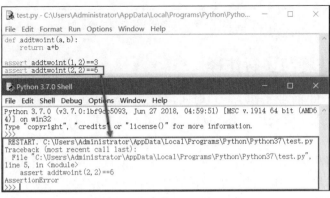

图 2-115　使用断言的示例

2.8.9　局部变量和全局变量

在 Python 编程语言中，变量有效的范围称为变量的作用域。在 Python 编程语言中所有的变量都有自己的作用域，按作用域，变量可分为局部变量和全局变量两种类型。图 2-116 展示了一个关于全局变量与局部变量的示例脚本。

如图 2-116 所示，根据执行结果，可以得出如下结论。

（1）在本模块文件中，a=3 在脚本文件的最外层，前方无缩进，a 就是一个全局变量，无论是否加 global 关键字，其作用域在整个模块文件中都有效，即 global a 与 a=3 在本脚本中是等价的。c、d、f 与此类似，不再详述。

（2）全局变量是在函数外部定义的变量，它不属于哪一个函数，而属于整个模块文件，其作用域是整个模块文件。局部变量是在函数内定义的，其作用域仅限于函数内。

（3）当局部变量和全局变量同名时，在局部变量的作用域内，全局变量不起作用。例如，在 four() 函数中，a 的值为 2，而非 3；c 的值为 5，而非 10；d 的值为 1，而非 50。当然，如果在该部分没有声明同名的局部变量，则输出的内容为全局变量的值，如变量 f 为 100。函数内部也可以通过 global 关键字来定义全局变量，如变量 e 的值为 5，加 3 后其值为 8。

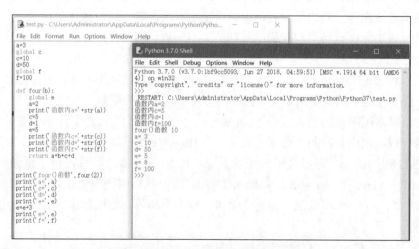

图 2-116　关于全局变量与局部变量的示例

2.8.10　单行注释与多行注释

如果你已经在 IT 行业工作了一段时间，相信一定知道 IT 行业是一个人员流动性很高的行业，如何保证人员流失后，对团队、对公司的影响程度最小呢？规范团队的工作方式是一项很好的措施。每个人的工作成果都需要提交至配置管理工具（如 SVN、VSS 等）或者用文件服务器将相关的成果保存起来。同时，团队成员应该遵循共同的标准，例如，脚本应有统一的编写规范，脚本中的有效注释率不低于 30% 等。当然，每个公司的情况不一样，应结合各公司的实际情况，因地制宜，采取相应措施。这一节结合 Python 编程语言讲解一下如何使用注释。好的注释不仅能使脚本更加容易阅读和理解，还能在一定程度上减少由于人员离职而带来的影响等。

如图 2-117 所示，这里我们应用了注释，初学者是不是很快就能理解这个脚本呢？当然，这个脚本有点画蛇添足，因为在很多简单的语句后面也有注释，注释过多。

```
*test.py - C:\Users\Administrator\AppData\Local\Programs\Python\Python37\test.py (3...  —  □  ×
File  Edit  Format  Run  Options  Window  Help
"""
编写日期：20181010
脚本作者：于涌
脚本意图：变量作用域（全局变量与局部变量应用练习）
"""
a=3            #尽管没有写global关键字，它也是一个全局变量
global c        #全局变量c
c=10           #为全局变量c赋初始值
d=50           #为全局变量d赋初始值
global f        #全局变量f
f=100          #为全局变量f赋初始值

def four(b):   #传入1个参数，而后计算该参数与8的和的函数
    global e    #在函数中也可以声明全局变量
    a=2        #局部变量a的初始值为2
    print('函数内a='+str(a))   #当局部变量与全局变量同名时，输出局部变量的值
    c=5
    d=1
    e=5
    print('函数内c='+str(c))   #当局部变量与全局变量同名时，输出局部变量的值
    print('函数内d='+str(d))   #当局部变量与全局变量同名时，输出局部变量的值
    print('函数内f='+str(f))   #当局部变量没有和全局变量同名时，输出全局变量的值
    return a+b+c+d   #当局部变量与全局变量同名时，输出局部变量的值

print('four()函数',four(2))  #传入2，输出
print('a=', a)    #局部变量在这里已经失效，故输出全局变量a的值
print('c=', c)    #局部变量在这里已经失效，故输出全局变量c的值
print('d=', d)    #局部变量在这里已经失效，故输出全局变量d的值
print('e=', e)    #因为在函数内定义了全局变量e，其作用域为整个模块，故输出全局变量e的值
e=e+3            #输出加3后e的值
print('e=', e)    #输出加3后e的值
print('f=', f)    #输出全局变量f的值
```

图 2-117　关于注释的示例

1. 单行注释

在 Python 编程语言中，用"#"来针对单行语句进行注释，如图 2-118 所示。

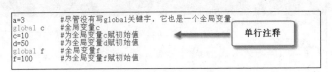

图 2-118　单行注释的示例

2. 多行注释

在 Python 编程语言中，以 3 个""""或"'"开始，以 3 个""""或"'"结束，中间的
内容为多行注释，如图 2-119 所示。

图 2-119　多行注释的示例

2.9　语法错误及异常处理

2.9.1　语法错误

　　Python 初学者面临的第一个问题就是有些记不住 Python 的语法，所以经常会发现自己写
的脚本报一些语法错误（SyntaxError）。那么，什么是语法错误呢？当你写了一个 Python 脚

本之后，在代码编译的过程中，由于脚本代码中存在不符合 Python 语言规则的代码所产生的错误称为语法错误。出现语法错误后，Python 会停止编译并返回错误消息。这么说还是很抽象，下面举几个具体的例子。

1. 关键字错误

在图 2-120 所示的脚本中，我们故意将 for 关键字少写了一个 "r"，这样就会产生一个语法错误。

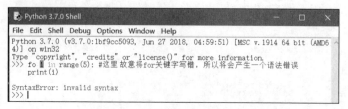

图 2-120　由于关键字拼写错误而产生语法错误

2. 缺少开始、结束符号（如引号、括号）

在图 2-121 所示的脚本中，我们故意使字符串 'abc' 缺少了右单引号，这样就会产生一个语法错误。

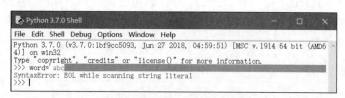

图 2-121　由于缺少开始或者结束符号而产生语法错误

3. 缩进错误

在图 2-122 所示的脚本中，我们故意将第二个 print() 语句前面添加了 4 个空格的缩进，但是因为没有 for、while、if 等语句包含该语句，将其作为程序体，所以同样会报告语法错误。

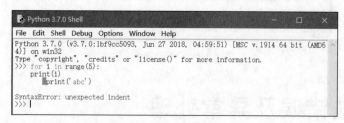

图 2-122　由于缩进错误而产生语法错误

2.9.2　异常

我们在小学数学课中都学过在做除法运算时，除数不可为零。如果计算机在进行除法运算时，恰巧除数就是零，就会产生 ZeroDivisionError 异常，如图 2-123 所示。

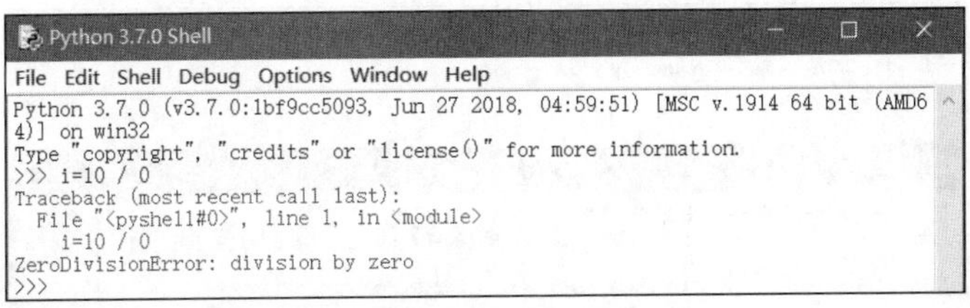

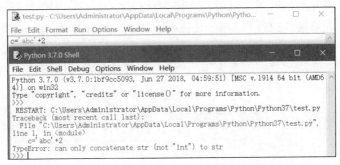

图 2-123   由于除数为零而产生异常

异常较语法错误更难发现，它只在代码运行时才会发生。常见的一些异常包括数据类型异常、运算异常、索引异常、属性异常等。

1. 数据类型异常

在图 2-124 所示的脚本中，我们故意将字符串和整数相加，因为它们的数据类型不一致，无法相加，所以就会产生一个 `TypeError` 异常。

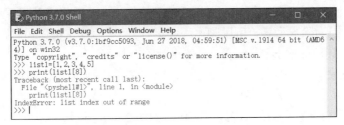

图 2-124   由于数据类型不一致而产生异常

2. 运算异常

图 2-123 所示的这个例子就是一个运算异常。

3. 索引异常

在图 2-125 所示的脚本中，我们先定义了一个包含 5 个元素的列表 `list1`，而后输出索引是 8 的列表元素，但是它是不存在的，所以就会产生 `IndexError` 异常。

图 2-125   由于索引越界而产生异常

4. 属性异常

在图 2-126 所示的脚本中，我们先定义了一个包含 5 个元素的元组 `t1`，而后向元组中添加一个 "6"，因为元组定义以后不可再改变，同时元组没有 `append()` 方法，所以就会产生 `AttributeError` 异常。

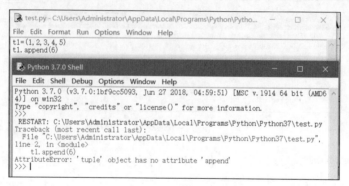

图 2-126　由于元组不存在 append() 方法而产生异常

2.9.3　通过 try...except 异常捕获

脚本程序在出现异常的时候，一般会直接中断程序的运行。但是，有些时候，我们希望在出现异常时程序能够继续执行或者做一些其他的处理，例如，弹出一个提示框，告知出现错误了。

这里我们仍然以除法运算中除数为零为例，在不捕获异常的情况下，我们看一下图 2-127 所示的脚本执行结果是什么。

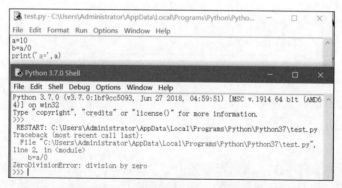

图 2-127　由于除数为零而产生异常

在脚本中，我们先定义了一个变量 a 并赋了初始值 10，而后将 a 除以零的值赋给变量 b，最后输出变量 a。因为除数为零，所以脚本程序运行到 b=a/0 这条语句时，将出现异常，而终止程序的运行，其后面的 print 语句自然也就不会执行。

当出现异常信息时，如何让程序告诉我们异常产生的原因或者忽略该条语句，而继续执行其后面的语句呢？

这里我们先对代码进行修改。修改后的代码如图 2-128 所示。

从前后两个脚本，我们可以看到区别不是很大，只是在会出现异常的除法语句上加了 try...except 语句和一个 print 语句。这时执行中会不会再中断了呢？

我们惊喜地发现，尽管这次也存在除数为零的语句，但是没有中断脚本程序的执行，脚本程序会告诉我们"除数为零，出错了！"，并且输出了变量 a 的值。

try...except 是捕获异常时常用的语句，try 关键词内执行的是正常代码，当这部分代码出错的时候，会跳过错误代码，然后进入 except 关键词内部，执行 except 部分的代码。try...except 语句的结构如图 2-129 所示。

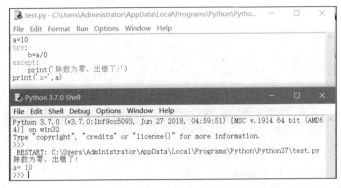

图 2-128 加入 try...except 语句后的脚本　　图 2-129 try...except 语句的结构

2.9.4 通过 try...except...else...finally 异常捕获

有的时候，无论脚本程序是否正常运行，我们都需要它执行一段固定的代码。这种情况下，就应该考虑 finally 子句了。在对文件进行操作时，必须要先打开文件，而后才能对文件进行读写操作，文件使用完之后需要进行关闭操作。如果对文件进行读写的过程中出现异常，将会导致资源不及时释放，除非在垃圾回收时，才会释放这部分资源。那么怎么办呢？这就用到了 finally 子句。

```
try:
    # 正常运行
except(Exception1, Exception2, ...),e:
    # 发生Exception1, Exception2,...时的处理方式
else:
    # 正确时执行
finally:
    # 无论对错都执行
```

图 2-130 try...except...else... finally 语句的结构

try...except...else...finally 语句的结构如图 2-130 所示。当使用了 finally 子句后，无论脚本程序是否正常运行，其内部的语句都会执行。

下面是一个使用 try...except...else...finally 语句捕获异常的例子。

```
try:
    f=open("c:\\afile.txt", "r")          #以读方式打开文件
    try:
        print(f.read())                    #读取文件内容
    except:
        print("读文件操作出现异常！")         #若读取文件时产生异常，输出"读文件操作出现异常！"
    else:
        print("读取文件结束！")              #在不出现异常时，输出"读取文件结束！"
    finally:
        f.close()                          #关闭文件
        print("文件关闭！")                  #输出"文件关闭！"
except:
    print("出错了，文件不存在！")             #若打开文件出现异常，则输出"出错了，文件不存在！"
else:
    print("不出错的情况下我会被执行！")        #若未出现异常，则输出"不出错的情况下我会被执行！"
finally:
    print("我一定会被执行的！")              #输出"我一定会被执行的！"
```

afile.txt 文件的内容如图 2-131 所示。

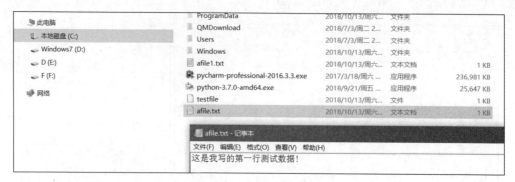

图 2-131　afile.txt 文件的内容

这里我们针对上面的脚本做一个简单的分析，当"C:\afile.txt"文件存在时，可以正常打开文件，读取文件内容并将其输出，因为没有产生异常，所以将输出"读取文件结束!"，然后关闭文件，并输出"文件关闭!"。因为 try...except 语句的外层也不存在异常，所以输出"不出错的情况下我会被执行!"和"我一定会被执行的!"，如图 2-132 所示。

如果我们故意将"C:\afile.txt"文件删除，将会出现什么结果呢？

我们同样来做一个简单的脚本分析，因为文件不存在，所以以读方式读取文件将产生异常，并输出"出错了，文件不存在!"；因为出现了异常，所以"不出错的情况下我会被执行!"将不会输出，但是在 finally 子句一定会执行，并输出"我一定会被执行的!"，如图 2-133所示。

图 2-132　文件存在情况下的输出结果

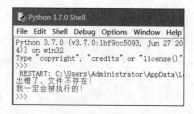

图 2-133　文件不存在情况下的输出结果

2.9.5　抛出异常

有的读者可能会问："我能不能自己抛出异常呢？"

可以使用 raise 语句来主动抛出一个异常。

```
print("这是一个主动抛出异常的实验脚本")
raise SyntaxError
print("我想继续干活儿，但是被主动抛出的异常给中断了")
```

上述脚本的执行结果如图 2-134 所示。其中先输出"这是一个主动抛出异常的实验脚本"，然后通过 raise SyntaxError 语句主动抛出了一个语法异常。因为产生了异常，中断脚本程序运行，所以其后面的语句将不会执行，即"我想继续干活儿，但是被主动抛出的异常给中断了"将不会输出。

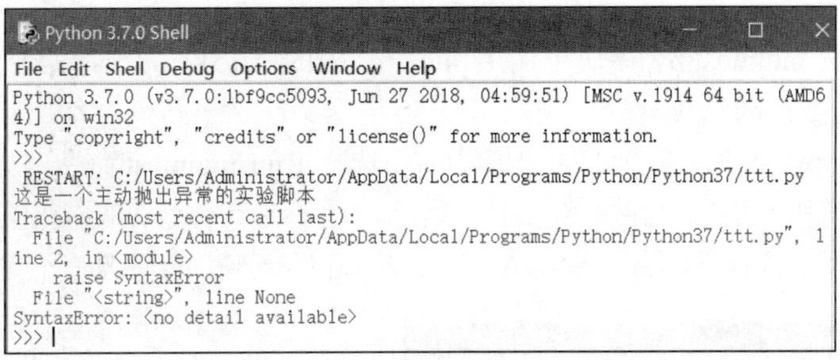

图 2-134　主动抛出异常的脚本的执行结果

在抛出异常的时候，也可以传入一个参数，例如，可以传入一条对该异常进一步解释的信息。

```
print("这是一个主动抛出异常的实验脚本")
raise SyntaxError("这是我主动抛出的一条语法异常信息")
print("我想继续干活儿，但是被主动抛出的异常给中断了")
```

上述脚本的执行结果如图 2-135 所示。相对于前面的脚本，这段脚本中传入了一些文字描述，因此抛出的异常更容易理解。

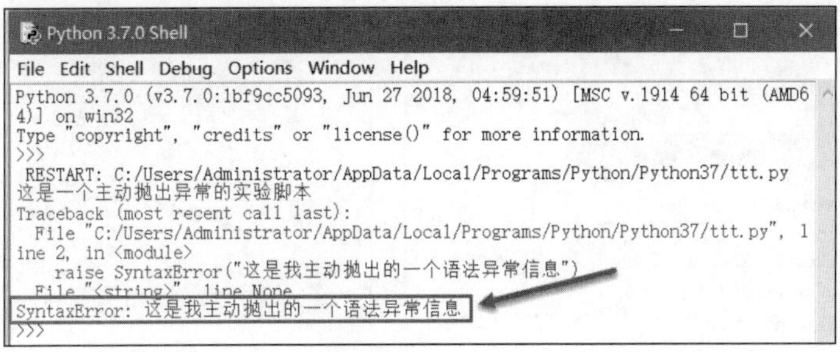

图 2-135　主动抛出带参数的异常的脚本的执行结果

2.10　多线程处理

2.10.1　__name__ == "__main__"

我们在搜索 Python 编程语言的相关信息时，经常会在 Python 脚本中发现语句 if __name__ == "__main__"，那么这条语句是什么意思呢？为什么要用它呢？这里举一个例子，相信你看了以后就知道为什么要加入这样的一条语句了。这里我们用 PyCharm IDE 分别编写两个模块——func.py 和 maintest.py。

func.py 模块的脚本如下。

```
def addtwonum(a,b):
    return a+b
print(addtwonum(2,3))
print(addtwonum(3,3))
print(addtwonum(5,3))
```

maintest.py 模块的脚本如下。

```
import func
print(func.addtwonum(10,10))
```

这里我们想在 maintest.py 模块中调用 func.py 中的 addtwonum()函数，也就是想输出 addtwonum(10,10)的结果。

右击 maintest.py 模块，从弹出的快捷菜单中选择 Run 'maintest'命令，如图 2-136 所示。

maintest.py 模块的运行结果如图 2-137 所示，是不是和你预期的输出结果大相径庭呢？应该只输出 20，可是为什么会输出 5、6、8 和 20 呢？一连串的问题是不是就冒出来了？

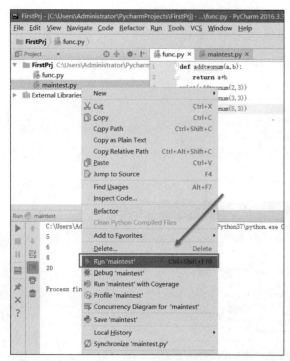

图 2-136　运行 maintest.py 模块

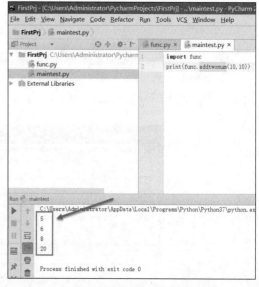

图 2-137　maintest.py 模块的运行结果

现在再看一下 func.py 和 maintest.py 模块，因为我们导入了 func.py 文件，所以不仅可以调用其 addtwonum()函数，还可以执行该模块的其他 3 条语句，即下边的 3 条语句。

```
print(addtwonum(2,3))
print(addtwonum(3,3))
print(addtwonum(5,3))
```

这 3 条语句的计算结果是不是 5、6 和 8 呢？这与图 2-137 中输出的前 3 个值完全一致。而 print(func.addtwonum(10,10))语句对应的输出为 20。

这并不是我们想要的结果。因为我们只想得到 10 加 10 的结果，所以必须要用到 if __name__ == "__main__"语句。在作为脚本程序运行时，__name__ 的值是"__main__"，而作为模块导入时，它的值就是模块名称。知道这两点以后，是不是就可以对这两个模块进行改造，达到只输出 10 加 10 这个结果的目的了呢？

改造后的 func.py 模块的内容如下。

```
def addtwonum(a,b):
    return a+b
```

```
if __name__ == "__main__":
    print(addtwonum(2,3))
    print(addtwonum(3,3))
    print(addtwonum(5,3))
```

改造后的 maintest.py 模块的内容如下。

```
import func
print(func.addtwonum(10,10))
print(func.__name__)
print(__name__)
```

如图 2-138 所示，当再次运行 maintest.py 模块时，输出结果只有 20，同时第 3 行代码的输出为 func，而第 4 行代码的输出为__main__。

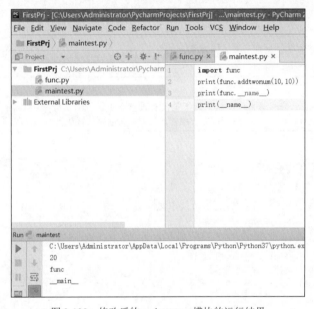

图 2-138　修改后的 maintest.py 模块的运行结果

2.10.2　线程

计算机能够高效处理多个任务得益于其中央处理器（CPU），它就像我们人类的大脑一样协调处理各方面的任务，例如，在打牌的时候，我们一方面要关注牌桌上各位伙伴出牌的信息，另一方面要结合自己的牌看如何操作对自己更有利，有的时候还要和围观的朋友寒暄几句。目前计算机通常是多核的，处理能力非常强。我们经常听说"4 核 8 线程"等，那么它们是什么意思呢？在介绍之前，让我们先来了解一下什么是物理核数量，物理核数量=CPU个数（机器上 CPU 的数量）×每个 CPU 的内核数，所谓的 4 核 8 线程，4 核指的是 4 个物理核，通过超线程技术，用一个物理核模拟两个虚拟核，每个虚拟核有两个线程，则线程总数为 8。每个线程又可以处理计算机系统的相关任务。操作系统会分配一定的时钟周期让CPU 来处理这些任务，CPU 频率越高，处理的速度就越快。进程是资源分配和调度的一个独立单元，而线程是 CPU 调度的基本单元。同一个进程中可以包括多个线程，线程共享整个进程的资源（如寄存器、栈、上下文等），一个进程至少包括一个线程。

在 Python 3.7 中，可以通过使用 thread 和 threading 来对线程进行相关操作。thread 是 Python 的原生模块，而 threading 是其扩展模块。在后续关于线程的应用中，我们将统一用 threading 模块来进行介绍。

下面先介绍一下线程中应用的主要方法，如表 2-9 所示。

表 2-9 线程中应用的主要方法

方法	描述
start()	启动线程
join()	用于阻塞线程，其 timeout 参数的单位为秒，通过该参数可以控制超时。子线程告诉主进程等待 timeout 参数指定的时间，如果在指定的 timeout 内该子线程执行完，则主进程继续往下执行；如果在指定的 timeout 内该子线程仍未执行完，主进程不会再等待子线程，而继续执行主进程的相关代码，待主进程执行全部代码后关闭所有的子线程。需要特别说明的是，join() 必须放在 start() 方法之后
isAlive()	返回一个布尔值，表示线程是否活动
getName()	返回线程名称
setName()	设置线程名称
setDaemon()	Python 编程语言在默认情况下是没有设置守护线程的，即 setDaemon(False)。可以通过 setDaemon(True) 启用守护线程，该方法必须要放置在 start() 方法之前

2.10.3 创建单个线程

通常，按照如下语法格式来创建和启动线程。

```
变量=threading.Thread(target = 线程需要执行的函数)
变量.start()
```

下面，我们一起来实现一个线程示例。

```
import threading
def sayHello(word):
    print("Hello "+word)
if __name__ == "__main__":
    th1=threading.Thread(target=sayHello('Tony.'))
    th1.start()
```

这里我们实现了一个打招呼的函数，即 sayHello() 函数，创建了一个线程 th1，调用了 sayHello() 函数。程序运行结果如图 2-139 所示。

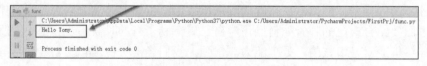

图 2-139 程序运行结果

2.10.4 创建多个线程

上一节介绍了单个线程的创建，这一节介绍如何创建多个线程。

因为我们将在本节用到与日期和时间相关的一些方法，所以需要先安装一个名称叫 "datetime" 的模块。其安装过程如图 2-140 所示。

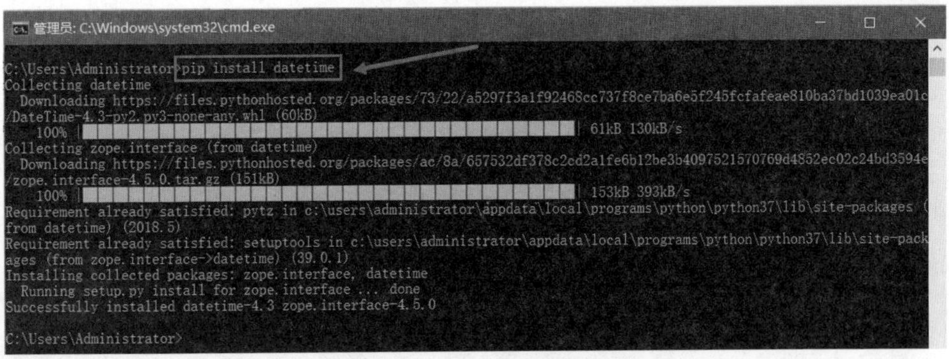

图 2-140　datetime 模块的安装过程

创建多个线程的时候，需要使用 append() 方法将其添加到一个线程列表中，参见如下代码。

```
import threading                    #导入 threading 模块
from datetime import *             #导入 datetime 模块
def sayHello(word):                #输出时间戳、Hello 和传入的 word 参数
    print('时间点: '+str(datetime.now())+", Hello "+word)
def thds():                        #线程函数
    threads=[]                     #定义一个名称为 threads 的空列表
    for i in range(5):             #创建 5 个线程，并将其加入列表中
        th=threading.Thread(target=sayHello(str(i)))    #每个线程中传入的打招呼信息不同
        threads.append(th)         #将线程加入线程列表中
    for th in threads:            #启动线程列表中的线程
        th.start()
if __name__ == "__main__":
    thds()                         #调用 thds 函数
```

程序的运行结果如图 2-141 所示。

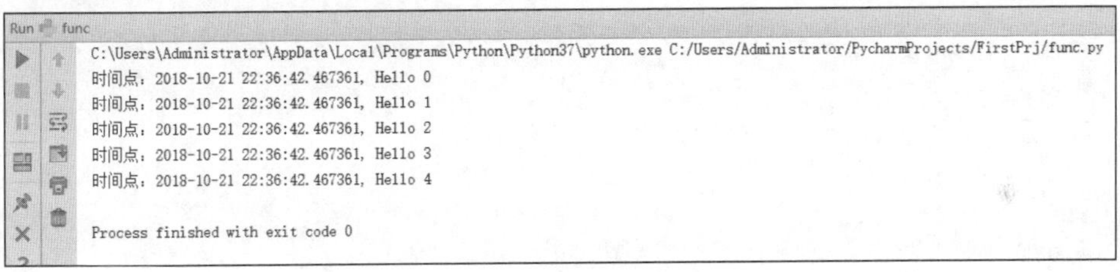

图 2-141　程序的运行结果

2.10.5　守护线程

测试人员在实际工作中经常会遇到内存溢出、逻辑错误或者死循环这样的一些缺陷。现在我们看看以下代码存在什么问题。

```
import threading
from datetime import *
def sayHello():
    words=['Hi','my','friend']
    word=''
    for str1 in words:
        word=word+' '+str1
    while (len(words)>=0):
```

```
        print('时间点: '+str(datetime.now())+","+word)
    def thds():
        threads=[]
        for i in range(5):
            th=threading.Thread(target=sayHello)
            threads.append(th)
        for th in threads:
            th.start()
    if __name__ == "__main__":
        thds()
        print('我干完活了，要歇一会儿...')
```

让我们来分析一下上面的 Python 代码的意图。

首先，看一下 sayHello()函数，它的意图如下面的注释所示。

```
def sayHello():
    words=['Hi','my','friend']      #定义了一个列表，包含 3 个元素
    word=''                         #定义了一个空的字符串变量 word
    for str1 in words:              #将列表中的 3 个元素拼接起来，以空格分隔元素
        word=word+' '+str1          #最终 word 变量的内容为"Hi my friend"
    while (len(words)>=0):          #因为 words 列表共包含 3 个元素，所以 (len(words)>=0)永远为真
        print('时间点: '+str(datetime.now())+","+word)
        #输出"时间点: xxxx-xx-xx xx:xx:xx.xxxxxx,  Hi my friend"
```

然后，看一下 thds()函数，它的意图如下面的注释所示。

```
def thds():
    threads=[]                      #定义了一个空的列表 threads
    for i in range(5):              #创建 5 个线程，并将线程添加到 threads 列表中
        th=threading.Thread(target=sayHello)
        threads.append(th)
    for th in threads:              #循环启动 5 个线程
        th.start()
```

最后，看一下主进程部分，它的意图如下面的注释所示。

```
if __name__ == "__main__":
    thds()                          #执行 thds()函数
    print('我干完活了，要歇一会儿...')  #输出"我干完活了，要歇一会儿..."
```

以上 Python 代码分析完之后，你发现有什么问题吗？

"其中存在一个死循环，因为 while 语句后的条件永远为真，所以将不停歇地执行，永远不会终止！"这段代码的执行结果如图 2-142 所示。

该脚本程序不停地输出信息，进入了死循环。那么怎么办呢？这时就不得不单击图 2-142 中的"停止"按钮来终止该脚本程序的运行。通过这段代码，我们看到一个小的疏忽就很有可能导致严重的后果。如果测试不充分，发布了软件，就会造成严重的事故。

那么是否可以避免由于线程进入死循环而导致整个程序无法结束的情况呢？

这就需要用到守护线程的知识了。

通常一个进程可以包含若干个线程。当主进程结束时，它包含的子线程也应该终止执行，这样就避免了由于线程进入死循环而导致主进程无法结束的情况。

守护线程的作用是什么呢？当主进程执行结束后，可以使用守护进程关闭所有子线程，不管子线程的状态是什么，都将结束。Python 编程语言在默认情况下是没有设置守护线程的。

进程内的所有线程执行完之后，才会终止该进程。

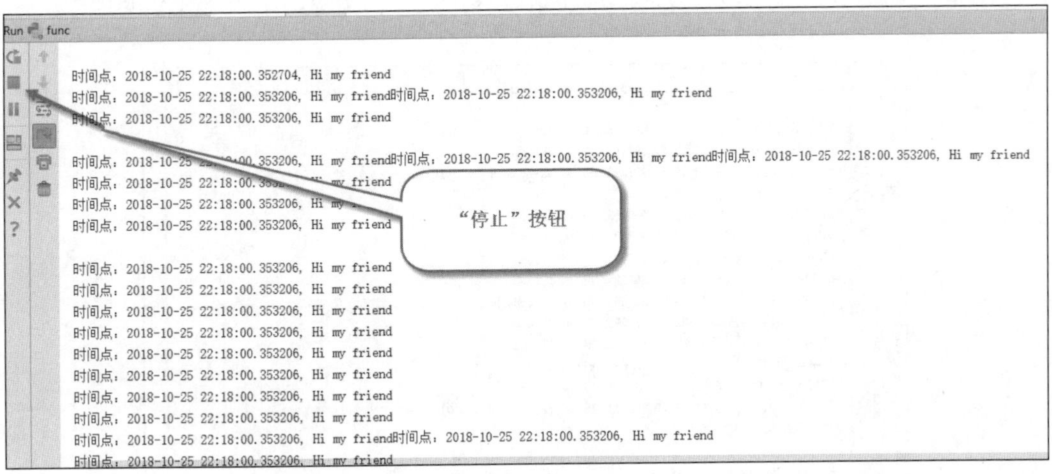

图 2-142　执行结果

那么如何设置守护线程呢？非常简单，只需要在启动线程前，开启守护线程，即使用 setDaemon(True) 方法。我们将本节前面的程序做一些小的变更，变更后的代码如下所示。

```
import threading
from datetime import *
def sayHello():
    words=['Hi','my','friend']
    word=''
    for str1 in words:
        word=word+' '+str1
    while (len(words)>=0):
        print('时间点: '+str(datetime.now())+","+word)
def thds():
    threads=[]
    for i in range(5):
        th=threading.Thread(target=sayHello)
        threads.append(th)
    for th in threads:
        th.setDaemon(True)            #启用了守护线程
        th.start()
if __name__ == "__main__":
    thds()
    print('我干完活了,要歇一会儿...')
```

我们在线程运行之前，加入了一行启用守护线程的代码 th.setDaemon(True)。执行结果如图 2-143 所示。我们可以看到程序不再无限循环输出了，主进程输出"我干完活了，要歇一会儿..."后，再无相关的子线程输出内容。当然，这只是一个巧合，当主进程执行完之后，可能对应的子线程不会立即终止执行，而需要一个较短的时间才能终止，所以通常情况下，子线程再输出几次信息也是正常的，如图 2-144 所示。

有很多认真的读者可能就会问："我能不能控制子线程不输出呢？"这就需要你设计一下

了，例如，你可以通过在子线程的执行函数中加入一些延时、空的循环次数等来控制。通过加入的这段等待时间，让子线程及时响应主进程终止运行的指令，结束子线程的运行。

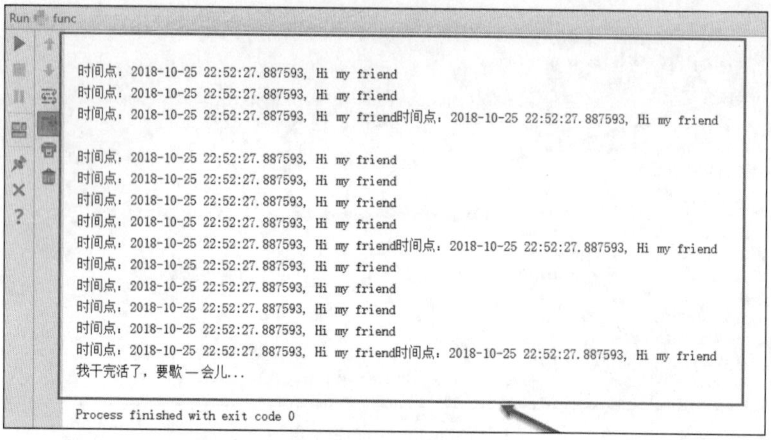

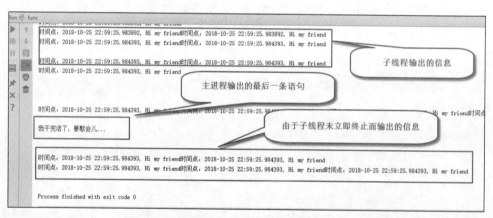

图 2-143 加入守护线程后的程序执行结果

图 2-144 通常情况下加入守护线程后的程序执行结果

修改后的代码如下。

```python
import threading
from datetime import *
import time
def sayHello():
    words=['Hi','my','friend']
    word=''
    for str1 in words:
        word=word+' '+str1
    while (len(words)>=0):
        print('时间点: '+str(datetime.now())+","+word)
        time.sleep(1)                              #每次输出后延时1s
def thds():
    threads=[]
    for i in range(5):
        th=threading.Thread(target=sayHello)
        threads.append(th)
```

```
    for th in threads:

        th.setDaemon(True)
        th.start()
if __name__ == "__main__":
    thds()
    print('我干完活了，要歇一会儿...')
```

这里我们在子线程调用的函数中加入了一行代码，使得它每次输出后延时 1s。再次执行该代码时，能保证每次输"我干完活了，要歇一会儿..."后，都不再输出子线程的信息，如图 2-145 所示。当然，也可以使用下一节将会讲到的阻塞线程来解决这个问题。

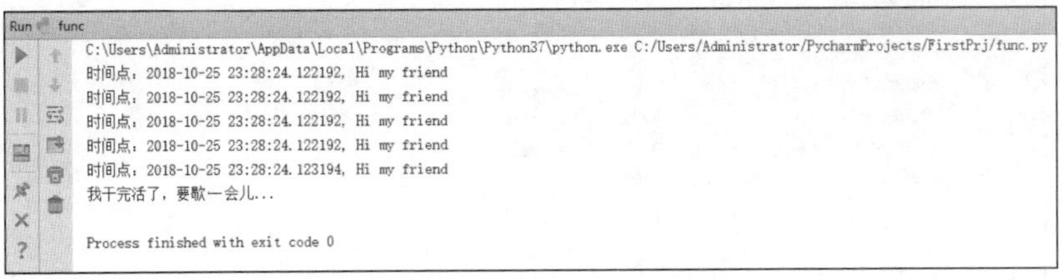

图 2-145　修改后的代码执行结果

2.10.6　阻塞线程

可以使用 join(timeout) 方法阻塞线程。

基于上一节的例子，阻塞线程后的代码如下。

```
import threading
from datetime import *
import time
def sayHello():
    words=['Hi','my','friend']
    word=''
    for str1 in words:
        word=word+' '+str1
    while (len(words)>=0):
        print('时间点: '+str(datetime.now())+","+word)
        time.sleep(0.1)                            #每次输出后延时 0.1s

def thds():
    threads=[]
    for i in range(5):
        th=threading.Thread(target=sayHello)
        threads.append(th)

    for th in threads:
        th.setDaemon(True)
        th.start()
        th.join(2)                                 #阻塞线程，超时时间设置为 2s

if __name__ == "__main__":
    thds()
    print('我干完活了，要歇一会儿...')
```

阻塞线程后的代码输出结果如图 2-146 所示。

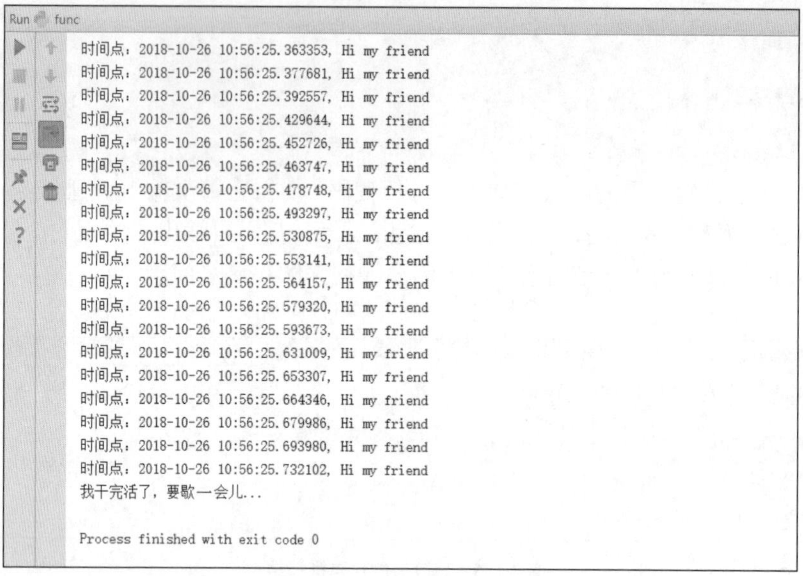

```
Run    func
 ▶     时间点, 2018-10-26 10:56:25.363353, Hi my friend
 ■  ↓  时间点, 2018-10-26 10:56:25.377681, Hi my friend
       时间点, 2018-10-26 10:56:25.392557, Hi my friend
 ⏸  ⊡  时间点, 2018-10-26 10:56:25.429644, Hi my friend
       时间点, 2018-10-26 10:56:25.452726, Hi my friend
 ▣  ▯  时间点, 2018-10-26 10:56:25.463747, Hi my friend
 ⚙     时间点, 2018-10-26 10:56:25.478748, Hi my friend
 ✕  🗑  时间点, 2018-10-26 10:56:25.493297, Hi my friend
 ?     时间点, 2018-10-26 10:56:25.530875, Hi my friend
       时间点, 2018-10-26 10:56:25.553141, Hi my friend
       时间点, 2018-10-26 10:56:25.564157, Hi my friend
       时间点, 2018-10-26 10:56:25.579320, Hi my friend
       时间点, 2018-10-26 10:56:25.593673, Hi my friend
       时间点, 2018-10-26 10:56:25.631009, Hi my friend
       时间点, 2018-10-26 10:56:25.653307, Hi my friend
       时间点, 2018-10-26 10:56:25.664346, Hi my friend
       时间点, 2018-10-26 10:56:25.679986, Hi my friend
       时间点, 2018-10-26 10:56:25.693980, Hi my friend
       时间点, 2018-10-26 10:56:25.732102, Hi my friend
       我干完活了, 要歇一会儿...

       Process finished with exit code 0
```

图 2-146　阻塞线程后的代码执行结果

多线程的相关知识有很多，比如线程的同步执行和异步执行、线程队列、线程锁等，应用场景也很多，这里不再详述，希望读者能够加强这部分内容的学习。

2.11　类和对象

很多读者听说过对象这个概念。然而，在编程语言中我们所说的对象到底是什么呢？其实，简单来讲，编程语言中的对象就是对现实生活中一些客观事实的抽象。以我们人为例，人是人类的简称，它代表了一个群体。人是存在个体差异的，同时人又拥有一些共同的特征，例如，我们都有名字、性别、年龄、出生地、职业等特征，可以吃饭、睡觉、读书、讲话等。

2.11.1　对象的思想

如何在计算机中使用编程语言来表示不同的人呢？读者肯定有很多想法，例如，可以使用一些变量，用字符串变量来存储姓名、性别、出生地、职业，用整型变量来存储年龄，编写相应的函数来实现吃饭、睡觉、读书、讲话这样的行为。一个初学者能想到这些已经非常好了。但是，如果让你用 Python 来写一段程序，描述 100 个人的特征和行为，你会不会不知所措？那得定义多少个变量，写多少个函数啊！

2.11.2　对象（类）的概念

在 Python 编程语言或者其他高级语言中，通常使用类来描述对象。类通常是由属性和方法构成的。在定义类的时候，最好给每个类都起一个恰如其分的名字。下面我们一起来看一下如何使用 Python 来描述人 Person 类。

Person 类的代码如下。

```
class Person:
    name='于涌'                      #姓名
    age=40                          #年龄
    sex='男'                        #性别
    birthplace='吉林'                #出生地

    def eat(self):                  #吃饭
        return self.name+'正在吃饭...'
    def talk(self):                 #说话
        return self.name+'正在讲话...'
    def sleep(self):                #睡觉
        return self.name+'正在睡觉...'
```

通过上面的代码，完成了 Person 类的定义，name、age、sex 和 birthplace 分别代表姓名、年龄、性别和出生地这些每个人都拥有的属性信息，它们就是 Person 类的属性；而定义的 eat()、talk() 和 sleep() 是每个人都拥有的行为，它们就是 Person 类的方法。

上面我们已经完成了 Person 类的定义，接下来如何调用这个类呢？为了演示其调用过程，这里我们使用两个 Python 文件：一个是 Person.py 文件，即我们刚才定义的 Person 类的代码；另一个是 testPerson.py 文件，即如下调用 Person 类的测试代码。

```
from  Person  import *
iyuy=Person()
print(iyuy.eat())
print(iyuy.talk())
iyuy.name = '孙悟空'
print(iyuy.name)
print(iyuy.talk())
print(iyuy.eat())
print(iyuy.sleep())
```

testPerson.py 的执行结果如图 2-147 所示。

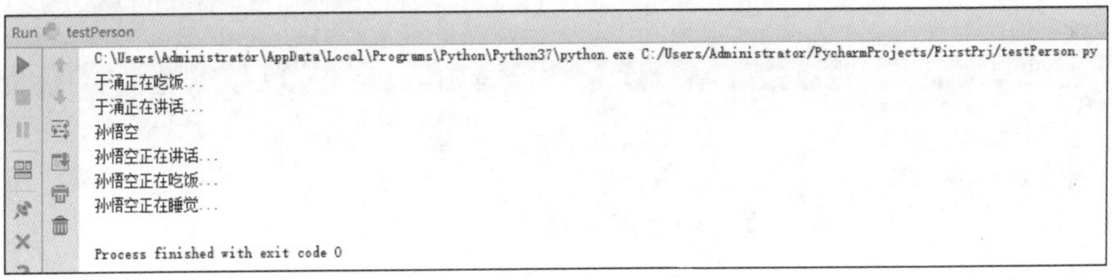

图 2-147　testPerson.py 的执行结果

在 testPerson.py 文件中，我们先通过 from Person import * 语句导入 Person 类，而后通过 iyuy=Person() 语句创建了一个实例。创建实例 iyuy 以后，就可以通过实例+ "." +类的属性或者方法，来对类的相关属性或方法进行调用了。接下来，使用 print(iyuy.eat()) 与 print(iyuy.talk()) 这两条语句来调用 iyuy 实例的 eat() 和 talk() 方法，因为在默认情况下 name 属性为 "于涌"，所以输出 "于涌" 的相关信息。而当应用 iyuy.name = '孙悟空' 语句对 iyuy 实例的 name 属性进行重新赋值后，可以看到后面关于该实例的所有方法——eat()、sleep() 和 talk() 的输出均为 "孙悟空" 的相关信息。

当创建了一个类以后，代码量会极大地减少。

2.11.3　类中的 self

也许细心的读者看到了，在定义方法时，莫名其妙地用到了一个 self，是不是感觉不知所措呢？使用 self 的作用到底是什么呢？

self 代表每个实例本身，对于初学者来讲可能理解起来稍微有一些困难。以前面定义的 Person 类为例，它泛指一个人，但是我们每一个人都是不一样的，例如，长相可能不同，即使是双胞胎，他们的性格也不会完全相同，也就是说，每一个人都是存在个体差异的。

下面我们对 Person 类稍微进行一下改造，其 Person.py 文件如下。

```python
class Person:
    name='于涌'                    #姓名
    age=40                        #年龄
    sex='男'                      #性别
    birthplace='吉林'             #出生地

    def eat(self):                #吃饭
        print(self)
        return self.name+'正在吃饭...'
    def talk(self):               #说话
        return self.name+'正在讲话...'
    def sleep(self):              #睡觉
        return self.name+'正在睡觉...'
```

这里，我们在 eat() 方法中加入了 print(self) 语句。

修改后的 testPerson.py 文件如下。

```python
from  Person  import *
p1=Person()
p2=Person()
print(p1.eat())
print(p2.eat())
```

这里，我们创建了 Person 类的两个实例，即 p1 和 p2，尽管它们调用 eat() 方法后输出的内容都是"于涌正在吃饭..."，但它们的 print(self) 语句的输出是不同的，如图 2-148 所示。

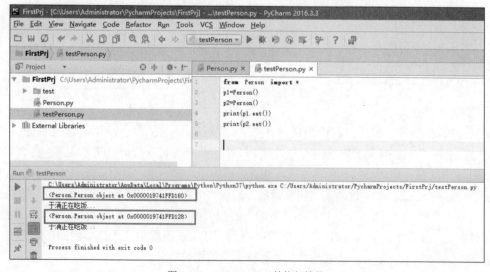

图 2-148　testPerson.py 的执行结果

从图 2-148 的输出中可知，对象的两个实例尽管都是 Person 类的实例，但它们的存储地址是不一样的。同一个类可以生成无数个实例对象，使用 self 作为第一个参数传给类的方法，就可以区分每个实例本身了。

2.11.4 构造函数与析构函数

尽管在 2.11.2 节实现的 Person 类可以成功调用，但事实上这种初始化对象属性的方法并不好。为了说明问题，编写了一个 test.py 脚本，脚本内容如下所示。

```python
name = 'Global value'

class Person():
  name = 'Person value'

  def Hi(self,aname):
    name=aname

  def Hi1(self):
    print('Self name:  %s' % self.name)
    print('Class name:  %s' % name)
    print("Person.name:  %s" % (Person.name))

p1 = Person()
p1.Hi('tom')
p1.Hi1()
```

这里在脚本中定义了一个全局变量 name，它的值为 Global value，在 Person 类中也定义了一个名称为 name 的属性，而后又分别定义了两个方法，即 Hi 和 Hi1。在主程序体中先创建了一个名称为 p1 的 Person 类实例，而后调用该实例的 Hi 方法，传入的参数为 tom，最后执行该实例的 Hi1 方法。该脚本的执行结果如图 2-149 所示。但是，我们发现 Hi1 方法的执行结果似乎不是我们预期的输出结果。

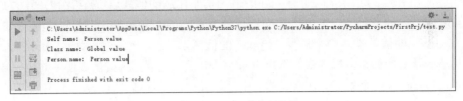

图 2-149　test.py 的执行结果

从图 2-149 中可知，尽管我们向 Hi 方法传入了 tom 参数，并且将该参数赋给了 name，但是它在后续的 Hi1 方法中并没有用到，它仅仅是 Hi 方法的一个局部变量而已。这个参数在后续的方法中不起任何作用，这显然不是我们想要的结果。

通常情况下，在定义一个类时，如果要初始化一个类的实例，就会用到构造函数。在 Python 编程语言中，创建构造函数使用的是 __init__，即两个 "_" + init + 两个 "_"。

下面应用构造函数来重新实现这段程序，其代码如下。

```python
name = 'Global value'

class Person():
```

```
    name = 'Person value'

    def __init__(self,name='于涌',age=40,sex='男',Birthplace='吉林'):
        self.name=name
        self.age=age
        self.sex=sex
        self.Birthplace=Birthplace

    def Hi1(self):
        print('Self name: %s' % self.name)
        print('Global name: %s' % name)
        print("Class name: %s" % (Person.name))

p1 = Person('tom')
p1.Hi1()
p1 = Person('tom')
p1.Hi1()
print('_____')
p2= Person()
p2.Hi1()
```

该脚本的执行结果如图 2-150 所示，通过使用构造函数，可以发现这次的执行结果才是我们想要的。

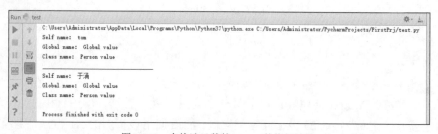

图 2-150　含构造函数的 test.py 的执行结果

从上面的脚本中，我们也能清楚地看到在不同的作用域中 name 的值分别是什么，在实例初始化后，在 Hi1 方法中 self.name 的值为初始化后的值（以 p1 实例为例，为 tom），而 Person.name 的值是 Person 类声明的局部变量 name 的值（以 p1 实例为例，为 Person value），name 的值是脚本中全局变量 name 的值（以 p1 实例为例，为 Global value）。

与构造函数对应的是析构函数，在 Python 编程语言中，创建析构函数使用的是 __del__，即两个 "_" + del + 两个 "_"。在定义的类中，如果存在 __del__ 方法，当类被删除的时候，程序会自动执行 __del__ 方法中的代码，它用于销毁对象。需要说明的是，Python 使用了引用计数技术来跟踪和回收垃圾。在 Python 内部记录了所有使用中的对象分别有多少次引用。当创建对象时，就创建了一个引用计数；当不再需要这个对象并且这个对象的引用计数变为 0 时，它才会被回收。但是回收不是实时回收，只是删除了对应的标识符，而对象占用的内存空间并没有释放，由解释器在适当的时机（如定时回收内存时）将垃圾对象占用的内存空间进行回收。

2.11.5　类的继承

我们每一个人都是社会的个体，都属于一类社会人群，比如学生、农民、医生等。每一类人群都具备人类（Person 类）的所有特征，我们如果要实现学生、农民或者医生类，需要将这些人的属性和方法再实现一次吗？答案是不必这样做。我们可以应用类的继承，即继承父类的属性和方法，在子类中调用。下面我们一起来实现一个 Student 类，看看它到底怎么继承 Person 类，又是怎样使用的。为了便于阅读，这里分别写出 Person 类、Student 类和使用它们的测试脚本程序（test.py）的代码。

Person.py 文件的代码如下。

```python
class Person:
    def __init__(self,name='于涌',age=40,sex='男',Birthplace='吉林'):
        self.name=name
        self.age=age
        self.sex=sex
        self.Birthplace=Birthplace

    def eat(self):
        return self.name+'正在吃饭...'
    def talk(self):
        return self.name+'正在讲话...'
    def sleep(self):
        return self.name+'正在睡觉...'
```

Student.py 文件的代码如下。

```python
from Person import *
class Student(Person):
    def __init__(self,name='王五',age=22,sex='男',BirthPlace='北京',No='001'):
        self.name=name
        self.sex=sex
        self.age=age
        self.BirthPlace=BirthPlace
        self.No = No
        super().__init__(name,age,sex,BirthPlace)

    def study(self):
        return self.name+'正在努力学习...'
    def introduce(self):
        return '我叫'+self.name+',今年'+str(self.age)+'岁, 来自'+self.BirthPlace+',请大家多关照! '
    def eat(self):
        return '吃饱了, 才能好好学习...'
```

class Student(Person) 表示 Student 类继承自 Person 类。继承的一般形式如下。

```python
class 类名 ( 被继承的类名 ):
    ......
```

被继承的类通常称为父类或者基类；而继承的类通常称为子类，子类可以继承父类的所有属性和方法。

在 Student 类的 __init__ 方法中，通过 super().__init__(name,age,sex,BirthPlace) 实现了对父类中 __init__ 方法的调用。那么这个 super() 又是什么呢？super() 函数能帮助我们自动找到父类的方法，并且自动地传入 self 参数，是不是很方便呢？有的时候，我们还需要在子类实现一个和父类同名的方法，也就是用子类的方法覆盖父类的同名方法，那么该怎么办呢？这种处理方式在 Python 编程语言或者其他的语言中叫重写。例如，Student 类的 eat 方法就实现了对其父类 Person 同名方法的重写。当父类的方法被重写后，我们在子类实例中调用对应方法时，将调用子类的方法，而非父类的同名方法。当然，子类也可以实现自己的方法，添加自己的属性，例如，在 Student 类中，就添加了 No 属性和

introduce()、study()这两个方法。

test.py 文件的代码如下。

```
from Student import *
s1=Student('张三',20,'男','济南','123')
print('姓名: '+s1.name+'; 学号: '+s1.No)
print(s1.introduce())
print(s1.study())
print(s1.eat())
print(s1.talk())
```

在上面的代码中，我们创建了一个名称为 s1 的 Student 实例，并传入了对应的 5 个参数，姓名为"张三"，年龄为"20"，性别为"男"，出生地为"济南"，学号为"123"。而后输出姓名和学号信息，再调用 introduce()方法输出个人介绍信息，调用 study()方法输出学习信息，调用 eat()方法输出吃饭信息，最后调用 talk()方法输出谈话信息，对应的输出结果如图 2-151 所示。

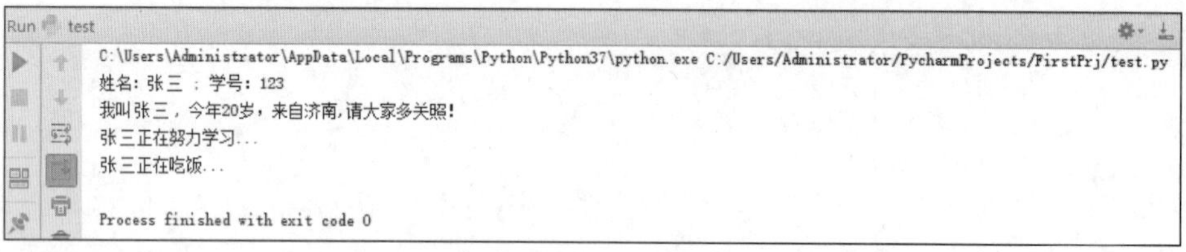

图 2-151　test.py 的执行结果

Python 支持类的多重继承，其形式如下所示。

```
class 类名(父类1,父类2,...):
    ......
```

关于这部分内容，这里不予过多详述。

2.12　字符串相关操作

字符串类型是我们在编写脚本时经常会用到的一种数据类型。通常情况下，字符串的一些操作包括字符串的拼接、字符串的截取、字符串的替换等。

2.12.1　转换为字符串类型

在 Python 中，无论是整型等变量，还是列表等数据结构，都可以通过 str()函数转换为字符串类型。

为了便于理解这部分内容，这里编写了一个脚本。

```
a=10
alist=['First',2,'Tony','Tom']
adict={1:"abc",2:"tony",3:"mary"}
print(a,type(a))
print(alist,type(alist))
print(adict,type(adict))
print("_____")
stra=str(a)
strlist=str(alist)
strdict=str(adict)
```

```
print(stra,type(stra))
print(strlist,type(strlist))
print(strdict,type(strdict))
```

脚本中定义了 3 个变量，即 a、alist 和 adict，它们分别是整型、列表和字典类型的变量。然后，分别输出对应的变量和变量类型信息。接下来，输出了隔离线，对未转换为字符串类型的数据和转换后的输出进行分离。接下来，运用 str() 函数分别对整型、列表和字典类型的变量进行转换，并分别赋给 stra、strlist 和 strdict 这 3 个变量。最后，输出转换后的变量和对应变量的类型。输出结果如图 2-152 所示。

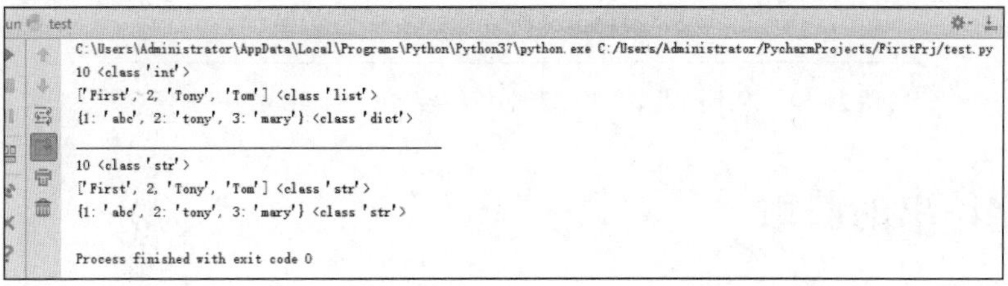

图 2-152　把不同变量转换为字符串的脚本的执行结果

在图 2-152 中可以看到，不同类型的变量均由 str() 函数转换为字符串类型。

2.12.2　字符串的拼接

字符串的拼接也是我们在编写脚本的过程中经常会用到的操作。如果将两个字符串进行拼接，只需要简单地应用"+"就可以了。如果将一个字符串和一个整型数字或者其他类型数据进行拼接，则必须先将整型数字或者其他类型的数据转换为字符串。

为了便于理解这部分内容，这里编写了一个脚本。

```
str1="大家好！"
str2="欢迎大家阅读本书！"
alist=['abc','welcome','Tony']
num1=123
flag=True
print(str1+str2)
print(str1+str(alist))
print(str1+str(num1))
print(str1+str(flag))
```

脚本中定义了 5 个变量，分别是两个字符串变量、1 个列表变量、1 个整型变量和 1 个布尔类型变量。我们可以直接对两个字符串变量进行拼接操作，而对于字符串和不同类型的其他变量，则需要先将这些非字符串类型的变量通过 str() 函数进行转换，再进行拼接。这段脚本的输出结果如图 2-153 所示。

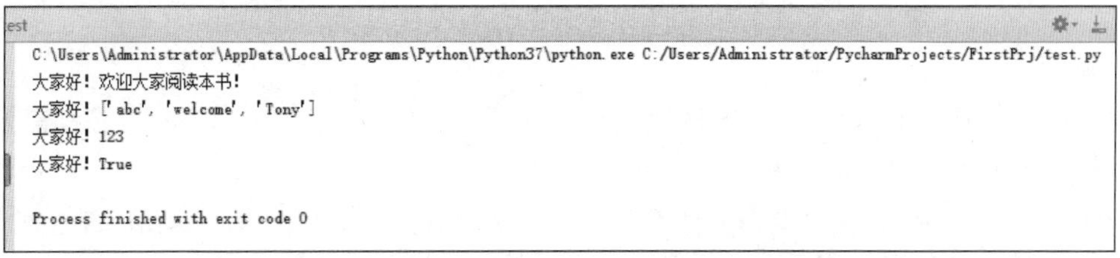

图 2-153　对不同类型数据和字符串进行拼接的脚本的执行结果

如果我们不应用 `str()` 函数进行转换，就直接与字符串进行拼接，会产生什么样的结果呢？它们都将会产生一个 `TypeError` 异常，如图 2-154 所示。

```
File "C:/Users/Administrator/PycharmProjects/FirstPrj/test.py", line 7, in <module>
    print(str1+alist)
TypeError: can only concatenate str (not "list") to str

File "C:/Users/Administrator/PycharmProjects/FirstPrj/test.py", line 8, in <module>
    print(str1+num1)
TypeError: can only concatenate str (not "int") to str

File "C:/Users/Administrator/PycharmProjects/FirstPrj/test.py", line 9, in <module>
    print(str1+flag)
TypeError: can only concatenate str (not "bool") to str
```

图 2-154　对不同类型数据直接进行拼接产生的 `TypeError` 异常

2.12.3　字符串的截取

字符串的截取操作是我们编写脚本时经常会用到的。例如，我们要的数据在字符串中，为了把其中一部分有价值的内容截取出来，就需要用字符串的截取操作。字符串的截取操作可以使用字符串的索引来完成。例如，`str='Hi , my friend.'`，为了截取 friend 这个单词，可以使用索引。字符串的索引是从 0 开始的，friend 在字符串变量 `str` 中从第 8 个索引开始。当然，也可以从字符串的末尾进行截取。

截取字符串的代码如下。

```
str='Hi , my friend.'
f=str[-7:-1]         #使用索引截取 friend
f1=str[8:14]         #使用索引截取 friend
print(f)
print(f1)
print(str[::-1])    #将整个字符串进行反转
```

字符串截取结果如图 2-155 所示。

```
test                                                                          ☼ ‑   ⊥
    C:\Users\Administrator\AppData\Local\Programs\Python\Python37\python.exe C:/Users/Administrator/PycharmProjects/FirstPrj/test.py
    friend
    friend
    .dneirf ym , iH

    Process finished with exit code 0
```

图 2-155　字符串截取结果

有的时候，字符串可能还有一些特点，例如，`str='s1=123,s2=345,s3=678,s4=888,s5=999,s6=666'`。先让我们来分析一下 `str` 这个字符串，它使用逗号将 s1～s6 进行了分隔，s1～s6 又用等号将变量名和值进行了分隔。假设这里我们想取得 s3=678，那么应该怎么办呢？

可以应用字符串的 `split()` 方法来实现。然后，我们看一下 `split()` 方法都需要哪些参数，它的返回值又是什么。

`split()` 方法需要两个参数，即 sep 和 maxsplit。sep 是需要指定的分隔符，maxsplit 是最多分割次数。其返回值为分割后的字符串列表。

这里我们就以 str='s1=123,s2=345,s3=678,s4=888,s5=999,s6=666'为例,看看怎样可以截取到 s3=678。

代码如下。

```
str='s1=123,s2=345,s3=678,s4=888,s5=999,s6=666'
print(str.count(','))
print(str.split(',',str.count(',')))
print(str.split(',',str.count(','))[2])
```

我们先通过 str.count(',') 来获取要对这个字符串分割的次数,并使用 print() 函数将其输出。而后使用 str 的 split() 方法,即以逗号作为分割符,来对字符串进行分割,通过 print() 函数来将分割后返回的列表输出。因为分割后返回的是一个列表,而列表的索引是从 0 开始的,不难发现 s3=678 的索引为 2,所以通过 print(str.split(',', str.count (',')) [2]) 将其输出。截取的结果如图 2-156 所示。

```
test
C:\Users\Administrator\AppData\Local\Programs\Python\Python37\python.exe C:/Users/Administrator/PycharmProjects/FirstPrj/test.py
5
['s1=123', 's2=345', 's3=678', 's4=888', 's5=999', 's6=666']
s3=678

Process finished with exit code 0
```

图 2-156　使用字符串的 split() 方法截取的结果

2.12.4　字符串的替换

字符串的替换操作是我们编写脚本时经常会用到的。如果我们要做回归测试,并且前期已经有了一份文本数据,就可以针对先前的数据做一定的处理,比如,在以前有规律的数据上加上"回归测试"4 个字。这里假设文本文件的第一行内容为's1=123,s2=345,s3=678,s4=888,s5=999,s6=666',我们要将其变成's1=12300,s2=34500,s3=67800,s4=88800,s5=99900,s6=66600'。我们可以发现一个规律,即在每一个数值的基础上又加上了"00"。

在 Python 编程语言中,针对字符串提供了一个替换方法,该方法的名称为 replace(),它有 3 个参数,即 old、new 和 count。old 是要替换的内容,new 是替换后的内容,count 是替换的次数。该方法返回的值为替换后的字符串。

结合字符串的 replace() 方法,在's1=123,s2=345,s3=678,s4=888,s5=999,s6=666'这个字符串中用"00,"替换",",再补上"00",就得到了's1=12300,s2=34500,s3=67800,s4=88800,s5=99900,s6=66600'这个字符串。

具体代码和执行结果如图 2-157 所示。

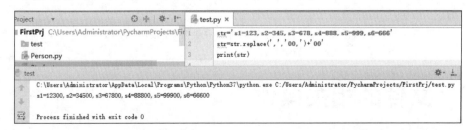

图 2-157　使用字符串的 replace() 方法替换内容的代码及其执行结果

从上面的脚本中，我们能看出，应用 replace() 方法，只用了 1 行代码就完成了字符串的替换，这是不是很方便呢？

利用 replace() 方法的第 3 个参数，还可以实现其他特定的替换操作。例如，为了将前面的文本替换为 's1=12300,s2=34500,s3=67800,s4=888,s5=999,s6=666'，即只在 s1～s3 的后面加上 "00"，只需要将第 2 行代码稍做变化，修改为 str=str.replace(',', '00,',3) 即可，如图 2-158 所示。

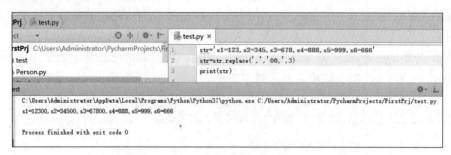

图 2-158　通过 replace() 方法限定替换次数的代码及其执行结果

2.12.5　字符串的位置判断

一个字符串是否包含另一个字符串或者一个字符串在另一个字符串中的索引是我们平时在编写脚本的过程中要判断的内容。

Python 编程语言提供了一个 index() 方法，可以用来判断字符串是否存在。index() 方法包含 3 个参数，即 sub、start 和 end。sub 是要检索的字符串内容，start 是开始索引的位置，end 是结束索引的位置。当要检索的字符串存在时，返回其索引；否则，将出现一个名称为 "ValueError: substring not found" 的异常。

为了检索 "s2=" 是否在 str='s1=123,s2=345,s3=678,s4=888,s5=999,s6=666' 中，代码和执行结果如图 2-159 所示。

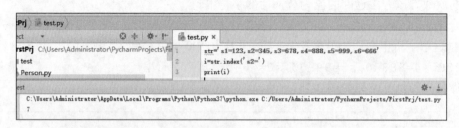

图 2-159　使用 index() 方法判断字符串是否存在的代码及其执行结果

2.13　文件的相关操作

我们在编写测试脚本的时候，经常会用到文件相关的操作，例如，从文件中读取测试数据，将测试结果写入文件等。

2.13.1 文本文件的操作

日常工作中，对文本文件的操作可能是最频繁的一件事情了。文本文件在 Windows 系统中是以 ".txt" 为扩展名的文件。

1. 文本文件的写操作

测试人员经常要在测试脚本中写一些日志或者测试结果等内容，而通常文本文件就是我们应用最多的一种文件类型。

在进行文本文件的操作时，首先要使用 open() 函数打开文件，返回一个可用的文件对象，然后才能对其进行读写操作。需要注意的一点是文件操作完成后，必须要使用 close() 方法关闭文件。

open() 函数的原型如下。

```
open(name,mode='r',buffering=-1,encoding=None,errors=None,newline=None,closefd=None,
opener=None)
```

可以看到 open() 函数有很多参数，常用的参数是 name、mode 和 encoding，其他几个参数平时不常用，所以这里只简单介绍一下。

- name 为需要操作的文件名，如果没有指定文件的绝对路径，则操作的文件为脚本所在路径中的文件。
- mode 为操作模式，默认为 "r"，即只读模式，常用的还有 "w"（写模式）和 "a"（追加模式）。
- buffering 为缓冲区，可设置为-1、0、1，以及大于 1 的数值，-1 代表无缓冲区，0 代表缓冲区关闭（只适用于二进制模式），1 代表只缓冲一行数据（只适用于文本模式），大于 1 的数值表示初始化的缓冲区大小。
- encoding 用来指定返回的数据采用何种编码，一般采用 UTF-8 或者 GBK 编码。
- errors 的取值一般为 strict 和 ignore。当取 strict 的时候，如果字符编码出现问题会报错；当取 ignore 的时候，如果编码出现问题，程序会忽略，继续执行下面的程序。
- newline 可以取的值有 None、\n、\r、''、'\r\n'，该参数用于区分换行符，但该参数只对文本模式有效。
- closefd 的取值与传入文件的参数有关，当值为 True 的时候，传入的 name 参数为文件的名称；当值为 False 的时候，name 只能是文件描述符。那么什么是文件描述符呢？它就是一个非负整数，在 UNIX 系统中，打开一个文件，便会返回一个文件描述符。
- opener 可以通过调用*opener*来自定义，底层文件通过调用*opener*、*file*、*flags* 来获取描述信息。

这里给出一个写文本文件的示例脚本。

```
f=open('mytest.txt','w')
for i in range(0,3):
    f.write('第'+str(i+1)+'次向您问好! \n')
f.close()
```

在上面的脚本中，我们写入了名称为 mytest.txt 的文本文件，文本文件的内容是循环写入

"第 i+1 次向您问好！"（i+1 分别为 1、2、3），每次写完会换行。

　　脚本执行完，我们可以发现生成了一个名称为 mytest.txt 的文件，但是当双击该文件名称并打开文件后，会发现所有的汉字均变成了一个个的小方块，如图 2-160 所示。这显然不是我们想要的结果，那么如何将汉字正常地显示出来呢？这就需要用到 encoding 参数了。

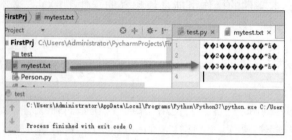

图 2-160　文本文件中的小方块

这里我们对上面的脚本稍加更改，加入 encoding='utf8'，修改后的代码如下所示。

```
f=open('mytest.txt','w',encoding='utf8')
for i in range(0,3):
    f.write('第'+str(i+1)+'次向您问好! \n')
f.close()
```

当我们再次运行脚本后，就会惊喜地发现汉字正常显示了，如图 2-161 所示。

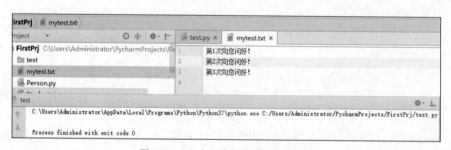

图 2-161　文本文件中的汉字正常显示

2. 文本文件的读操作

文本文件的读取非常容易，这里以读取 mytest.txt 为例，其代码如下。

```
f=open('mytest.txt','r',encoding='utf8')
data=f.read()
print(data)
f.close()
```

这里我们首先使用 f.read() 方法将 mytest.txt 文本文件的内容都读取出来，并赋给 data，然后输出，最后关闭文件。执行结果如图 2-162 所示。

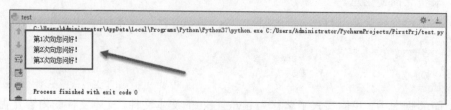

图 2-162　读文本文件的结果

2.13.2　Excel 文件的操作

因为 Excel 具有易用、操作方便、功能强大等特点，所以使用者非常多。这一节介绍如何在 Python 编程语言中实现对 Excel 文件的读写操作。

1. Excel 文件的写操作

写 Excel 文件需要用到 xlwt 模块，建议从 PyPI 官网下载。这里我们使用 `pip install xlwt` 命令来安装 xlwt 模块，如图 2-163 所示。

图 2-163　应用 `pip install xlwt` 命令安装 xlwt 模块

xlwt 模块安装完成后，可以导入该模块，新建一个 Excel 文件。在这里可以创建表，向单元格写相关数据，设置单元格中数据的字体与字号，甚至可以设置公式等。

下面我们一起来实现一个写 Excel 文件的脚本。

```
1   import xlwt
2   import random
3   workbook = xlwt.Workbook(encoding = 'utf8')
4   worksheet = workbook.add_sheet('测试数据')
5
6   font = xlwt.Font()
7   font.name = '宋体'
8   font.bold = True
9
10  style = xlwt.XFStyle()
11  style.font = font
12  pattern = xlwt.Pattern()
13  pattern.pattern = xlwt.Pattern.SOLID_PATTERN
14  pattern.pattern_fore_colour = 5
15  style.pattern = pattern
16
17  borders = xlwt.Borders()
18  borders.left = xlwt.Borders.MEDIUM
19  borders.right = xlwt.Borders.MEDIUM
20  borders.top = xlwt.Borders.MEDIUM
21  borders.bottom = xlwt.Borders.MEDIUM
22  borders.left_colour = 0x40
23  borders.right_colour = 0x40
24  borders.top_colour = 0x40
25  borders.bottom_colour = 0x40
26  style.borders = borders
27
```

```
28  alignment = xlwt.Alignment()
29  alignment.horz = xlwt.Alignment.HORZ_CENTER
30  alignment.vert = xlwt.Alignment.VERT_CENTER
31  style.alignment = alignment
32
33  worksheet.write_merge(0,0,0,3,'测试数据',style)
34
35  worksheet.write(1, 0, '序号')
36  worksheet.write(1, 1, '语文')
37  worksheet.write(1, 2, '数学')
38  worksheet.write(1, 3, '英语')
39
40  for i in range(1,21):
41      worksheet.write(i+1, 0, i)
42      worksheet.write(i+1, 1,random.randint(10,100))
43      worksheet.write(i+1, 2,random.randint(20,100))
44      worksheet.write(i+1, 3,random.randint(40,100))
45
46  worksheet.write(22, 0, '成绩求和')
47  worksheet.write(22, 1, xlwt.Formula('SUM(B3:B22)'))
48  worksheet.write(22, 2, xlwt.Formula('SUM(C3:C22)'))
49  worksheet.write(22, 3, xlwt.Formula('SUM(D3:D22)'))
50  workbook.save('myexcel.xls')
```

接下来，简单解释一下上面代码的含义。

第 3～4 行代码用于创建一个名称为"测试数据"的 Sheet 表。

第 6～9 行代码用于设置加粗的宋体字。

第 10～15 行代码创建了一个样式，将粗体宋体、黄色背景赋给样式。

第 17～26 行代码用于设置边框以及边框的颜色，并赋给样式。

第 28～31 行代码用于设置文字的布局，这里设置为行和列均居中，并赋给样式。

第 33 行代码的含义是合并单元格（即 A1:D1），将"测试数据"4 个字写入合并后的单元格，并将前面的样式赋给合并后的单元格。

第 35～38 行代码用于在第 2 行的单元格中顺序写入"序号""语文""数学"和"英语"。worksheet.write(1, 0, '序号')中的"1"表示第 2 行，"0"表示第 1 列。因为 Excel 单元格的行和列都是从 0 开始的，所以这 4 行代码指定的单元格就是第 2 行第 1 列、第 2 行第 2 列、第 2 行第 3 列、第 2 行第 4 列的单元格。

第 40～44 行代码循环 20 次，分别添加序号、语文、数学和英语对应的数据，这里从第 3 行开始添加数据，所以 i 要加 1，序号取的是 i 的值，即 1～20。语文、数学和英语则取的是整型随机数，这里不再过多详述。

第 46～50 行代码在第 23 行第 1 列填写"成绩求和"，在第 23 行第 2～4 列分别添加一个计算公式，计算对应列的数据之和。SUM(B3:B22)等为 Excel 中的相关计算公式，这里不再详述。

上面的代码实现了创建 Excel 表，设置单元格样式、字体、背景色、计算公式等操作。读者掌握了这些内容，便可以在写 Excel 文件时得心应手。

第 1～50 行代码的执行结果如图 2-164 所示。

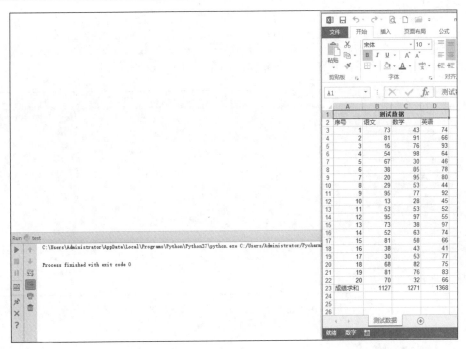

图 2-164 写 Excel 文件的结果

2. Excel 文件的读操作

读取 Excel 文件需要用到 xlrd 模块，建议从 PyPI 官网下载。这里我们使用 pip install xlrd 命令来安装 xlrd 模块，如图 2-165 所示。

图 2-165 使用 pip install xlrd 命令安装 xlrd 模块

xlrd 模块安装完成后，就可以导入该模块，读取 Excel 文件的内容了。

下面让我们一起来实现读取 Excel 文件的脚本，这里以读取刚刚创建的 myexcel.xls 为例。

```
import xlrd
xl = xlrd.open_workbook('myexcel.xls')
print ('该文件包括的所有 Sheet 表名称为'+str(xl.sheet_names()))
print('该文件共有'+str(xl.nsheets)+'个 Sheet 表！')
table = xl.sheet_by_name("测试数据")
print('当前 Sheet 的名称为: '+table.name)
print ('当前 Sheet 共有'+str(table.ncols)+'列数据！')
print('当前 Sheet 共有'+str(table.nrows)+'行数据！')
print("逐行读取 Excel 文件内容: ")
for i in range(0,table.nrows):
    print(table.row_values(i))
print("逐行读取 Excel 每个单元格的内容: ")
print(table.cell(0,0).value)
```

```
for i in range(1,23):
    print(str(table.cell(i,0).value)+','+str(table.cell(i,1).value)+','+
                    str(table.cell(i,2).value)+','+str(table.cell(i,3).value))
```

上面的代码不再详述，其对应的部分输出结果如图 2-166 所示。

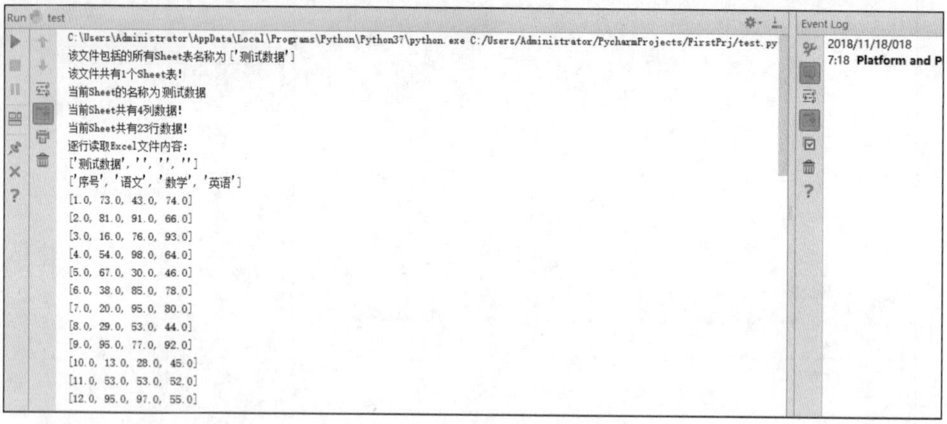

图 2-166　读取 Excel 文件的部分结果

2.13.3　JSON 格式

"JSON(JavaScript Object Notation)是一种轻量级的数据交换格式。它基于 ECMAScript（欧洲计算机协会制定的 JavaScript 规范）的一个子集，采用完全独立于编程语言的文本格式来存储和表示数据。简洁和清晰的层次结构使得 JSON 成为理想的数据交换语言。JSON 不仅易于人阅读和编写，还易于机器解析和生成，并可以有效地提升网络传输效率。"这是百度百科对 JSON 的一个概括性介绍。目前很多应用采用 JSON 格式，所以非常有必要对 JSON 格式进行介绍。

下面的内容就是 JSON 格式的。

```
{
    "HeWeather6": [
        {
            "basic": {
                "cid": "CN101010100",
                "location": "北京",
                "parent_city": "北京",
                "admin_area": "北京",
                "cnty": "中国",
                "lat": "39.90498734",
                "lon": "116.40528870",
                "tz": "8.0"
            },
            "now": {
                "cond_code": "101",
                "cond_txt": "多云",
                "fl": "16",
                "hum": "73",
```

```
            "pcpn": "0",
            "pres": "1017",
            "tmp": "14",
            "vis": "1",
            "wind_deg": "11",
            "wind_dir": "北风",
            "wind_sc": "微风",
            "wind_spd": "6"
        },
        "status": "ok",
        "update": {
            "loc": "2017-10-26 17:29",
            "utc": "2017-10-26 09:29"
        }
    }
  ]
}
```

那么，如何在 Python 编程语言中将 Python 对象转换为 JSON 格式？又如何将 JSON 格式的数据转换为 Python 可以处理的对象呢？这就需要用到 json 模块，并用到该模块的两个方法，即 `json.dumps()` 和 `json.loads()`。这两个方法的用途如表 2-10 所示。

表 2-10　　　　　　　　　　json 模块的两个方法的用途

方法	用途
json.dumps()	将 Python 对象编码成 JSON 字符串
json.loads()	将已编码的 JSON 字符串解码为 Python 对象

1.　将 Python 对象转换为 JSON 格式

这里给出一个脚本，供读者参考。

```python
import json
data = { '语文' : 90, '数学' : 96, '计算机' : 89, '英语' : 94, '体育' : 85 }
print(type(data))
json = json.dumps(data,ensure_ascii=False)
print(type(json))
print(json)
```

在该脚本中，首先定义了一个 data，它是一个字典对象，可以在图 2-167 所示的输出结果中清楚地看到其输出类型为 dict，然后使用 json.dumps(data,ensure_ascii=False) 方法，将这个对象转换为 JSON 格式并赋给 json。当我们再次查看 json 的类型时，发现其类型为 str，即字符串类型。最后，我们输出 json 字符串的内容。

图 2-167　将 Python 对象转换为 JSON 格式的脚本的执行结果

为了方便查看 JSON 格式数据的内容，可以将其格式化，这样就更加一目了然了，如图 2-168 所示。

图 2-168　经过格式化后的 JSON 数据

2. 将 JSON 格式转换为 Python 对象

下面介绍如何把一个 JSON 格式的字符串转换为 Python 对象。

这里给出了一个脚本，供读者参考。

```
import json
data = { '语文' : 90, '数学' : 96, '计算机' : 89, '英语' : 94, '体育' : 85 }
json1 = json.dumps(data,ensure_ascii=False)
print(type(json1))
json = json.loads(json1)
print(type(json))
print(json)
print(json['语文'])
```

在上面的代码中，首先使用 `json.dumps()` 方法将 Python 的字典对象 `data` 转换为 JSON 格式，存放于 `json1` 字符串中，然后通过 `json.loads()` 方法将其转换为 Python 的字典对象，最后输出该字典对象的内容，并查找"语文"键对应的值。该脚本的执行结果如图 2-169 所示。

```
est                                                                                    ✿ ⌄ ⎯
C:\Users\Administrator\AppData\Local\Programs\Python\Python37\python.exe C:/Users/Administrator/PycharmProjects/FirstPrj/test.py
<class 'str'>
<class 'dict'>
{'语文': 90, '数学': 96, '计算机': 89, '英语': 94, '体育': 85}
90

Process finished with exit code 0
```

图 2-169　把 JSON 格式转换为 Python 对象的脚本的执行结果

2.14　本章小结和习题

2.14.1　本章小结

本章介绍了 Python 自带的 IDE——IDLE 工具的基本使用方法，Python 的相关术语，Python 的列表、元组、字典、集合对象的相关操作方法，Python 常用的运算符及其相关运算，`for`、`while`、`if...else`、`break`、`continue` 等语句的使用方法，模块的导入方法，函数断言、局部变量和全局变量、单行注释和多行注释、语法错误及异常处理的相关内容，多线程的相关知识，类的定义方法、类的继承，字符串的相关操作方法，以及如何使用 Python 处理文本文件、Excel 文件和 JSON 格式的数据。Python 语言的基础知识对于初学者非常重要，必须要掌握，它是后续编写代码的基石。

2.14.2 习题

1．Python 语句 list(range(1,10,3)) 的执行结果为_____。

2．对于表达式 key=lambda x: len(str(x))，key(111) 的值为_____。

3．list(range(6))[::2] 的执行结果为_____。

4．字典对象的_____方法返回字典的"键"列表。

5．字典对象的_____方法返回字典的"值"列表。

6．已知 x = [1, 2, 3, 2, 3]，执行语句 x.pop() 之后，x 的值为_____。

7．已知存在一个列表 alist=[1,2,3,'abc','def',3,5]，请应用列表切片实现元素位置倒序排列，最终列表为[5, 3, 'def', 'abc', 3, 2, 1]。

8．给定列表 member = ['金鱼', '黑夜', '迷途', '怡静', '太阳']，要求将列表修改为 member = ['金鱼', 88, '黑夜', 90, '迷途', 85, '怡静', 90, '太阳', 88]，请尝试用两种不同的方法实现。

9．已知 list1 = [1, [1, 2, ['小金鱼']], 3, 5, 8, 13, 18]，请将'小金鱼'替换为'章鱼保罗'。

10．已知 list2 = [1, 8, 2, 3, 5, 8, 13, 18]，请使用最简单的方法对 list2 进行排序，并输出排序后的结果，即[1, 2, 3, 5, 8, 8, 13, 18]。

11．请自定义一个字典 dict1，其元素包括{1:'tony',2:'tom',3:'john', 4:'tony'}，有两个列表 list1 和 list2，list1 列表包含的元素为['a','b','c','d']，list2 列表包含的元素为['aaaa','cccc','dddd','eeee']，要求使用 zip 函数将这两个列表拼装成字典 dict2，以 list1 的元素为键，以 list2 的元素为对应值，并检索 dict1 的"3"键对应的值和 dict2 的'b'键对应的值，替换 dict2 的'b'键为'ffff'。

12．请分别用 for 和 while 循环实现整数 1～100 的求和，并输出计算结果。

13．请编程实现乘法口诀表，如图 2-170 所示。

```
1×1=1
1×2=2  2×2=4
1×3=3  2×3=6  3×3=9
1×4=4  2×4=8  3×4=12  4×4=16
1×5=5  2×5=10 3×5=15  4×5=20  5×5=25
1×6=6  2×6=12 3×6=18  4×6=24  5×6=30  6×6=36
1×7=7  2×7=14 3×7=21  4×7=28  5×7=35  6×7=42  7×7=49
1×8=8  2×8=16 3×8=24  4×8=32  5×8=40  6×8=48  7×8=56  8×8=64
1×9=9  2×9=18 3×9=27  4×9=36  5×9=45  6×9=54  7×9=63  8×9=72  9×9=81
```

图 2-170　乘法口诀表

14．输出所有的"水仙花数"，所谓"水仙花数"是指一个三位数，其各位数字的立方和等于该数本身。例如，153 是一个"水仙花数"，因为 $153=1^3+5^3+3^3$。

15．请分别用文本文件读写和二进制文件读写方式，将乘法口诀表的输出内容存到名称为 test99.txt 的文件中，并成功读取。

第 3 章

单元测试框架

UnitTest

3.1 UnitTest

UnitTest 是 Python 自带的单元测试框架，它的设计灵感最初源自 JUnit 以及其他语言中具有共同特征的单元框架。

用户可以通过访问 Python 官网，来阅读 UnitTest 详细的文档信息，这里我们引用其官网的部分描述信息。

UnitTest 支持自动化测试，在测试中使用 setUp 和 tearDown 操作，并可以将测试用例组合为测试套件（批量运行），以及把测试和报告独立开来。

为了实现这些功能，UnitTest 以一种面向对象的方式产生了以下一些很重要的概念。

● 测试固件（Test Fixture）：表示测试运行前需要做的准备工作以及结束后的清理工作。比如，创建临时/代理数据库、目录或启动一个服务器进程。

● 测试用例（Test Case）：单元测试中的最小个体。它检查特定输入的响应信息。UnitTest 提供了一个基础类 TestCase，用来创建测试用例。

● 测试套件（Test Suite）：测试用例的合集，通常用测试套件涵盖测试用例，然后一起执行。

● 测试运行器（Test Runner）：一个运行器，它可以执行测试用例并给用户提供测试结果。此外，它还可以提供图形界面、文本界面或者返回一个值来表示测试结果。

3.2 UnitTest 的应用

3.2.1 学习 UnitTest 前的准备

因为在学习 UnitTest 测试框架部分内容时，本章的所有测试脚本内容均以极速数据网站提供的接口为例，所以非常有必要对如何注册和使用其提供的相关接口做一个介绍。

读者可以先自行注册一个账号，申请免费使用。普通用户可以每天免费调用 100 次，如图 3-1 所示。

图 3-1 标准体重计算器接口的说明信息

　　注册为极速数据网站的用户非常简单。在极速数据平台的首页（见图 3-2），单击"注册"按钮，然后，按照页面要求填写信息即可，这里不再赘述这部分内容。

图 3-2　极速数据平台的首页

　　用户注册完成后，登录极速数据平台，可以看到一个 appkey，如图 3-3 所示。这个 appkey 非常重要，在后续调用接口时会用到它。

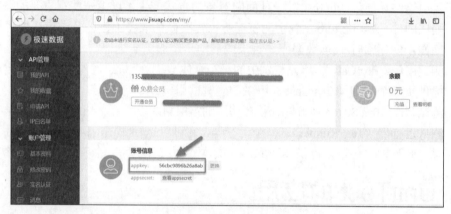

图 3-3　极速数据平台的 appkey

　　这里我们将调用标准体重计算器接口，其文档信息如图 3-4 所示。

图 3-4　标准体重计算器接口的文档信息

该文档的具体内容如下。

标准体重计算器接口介绍包括标准体重计算器、对照表，通过身高和体重来判断你的身材是否标准。

接口地址是 https://api.jisuapi.com/weight/bmi。

请求参数如表 3-1 所示。

表 3-1　　　　　　　　　　　　　　　　请求参数

参数名称	说明	必填	示例值
sex	性别，字符串类型，其可选值为：male、female、男、女。	是	sex="男"
height	身高，字符串类型，单位是厘米	是	height="175"
weight	体重，字符串类型，单位是千克	是	weight="100"
appkey	用户认证 key，字符串类型	是	appkey=xxxxxxxxxxxxxx

返回的参数如表 3-2 所示。

表 3-2　　　　　　　　　　　　　　　　返回的参数

参数名称	类型	说明
bmi	string（字符串类型）	BMI
normbmi	string（字符串类型）	正常 BMI
idealweight	string（字符串类型）	理想体重
level	string（字符串类型）	水平
danger	string（字符串类型）	相关疾病发病的危险
status	string（字符串类型）	表示是否正常
bmi	string（字符串类型）	BMI
normbmi	string（字符串类型）	正常 BMI

数据返回示例如下。

```
{
    "status": 0,
    "msg": "ok",
    "result": {
        "bmi": "21.6",
        "normbmi": "18.5~23.9",
        "idealweight": "68",
        "level": "正常范围",
        "danger": "平均水平",
        "status": "1"
    }
}
```

3.2.2　测试用例设计

本节中，我们对标准体重计算器接口设计测试用例，以检验该接口是否能够正确处理正常、异常参数的输入。

为便于理解，这里将用例整理成一个列表，这里只选取 4 条正常用例和 4 条异常用例，如表 3-3 和表 3-4 所示。

表 3-3 　　　　　　　　　　　　正常用例（针对接口功能性测试）

序号	输入	预期输出	相应输入数据
1	正确输入包含必填参数的相关内容（必填参数包括 sex、height、weight 和 appkey）与正常体重	正确输出对应性别、身高、体重的人员 BMI 等数据 并且 level 值为"正常范围"	https://api.jisuapi.com/weight/bmi?appkey=yourappkey&sex=男&height=175&weight=70 https://api.jisuapi.com/weight/bmi?appkey=yourappkey&sex=女&height=170&weight=60
2	正确输入包含必填参数的相关内容（必填参数包括 sex（英文）、height、weight 和 appkey）	正确输出对应性别、身高、体重的人员 BMI 等数据 并且 level 值为"正常范围"	https://api.jisuapi.com/weight/bmi?appkey=yourappkey&sex=male&height=175&weight=70 https://api.jisuapi.com/weight/bmi?appkey=yourappkey&sex=female&height=170&weight=60
3	正确输入包含必填参数的相关内容（必填参数包括 sex、height、weight 和 appkey）与偏肥胖	正确输出对应性别、身高、体重的人员 BMI 等数据 并且 level 值为"Ⅱ度肥胖"	https://api.jisuapi.com/weight/bmi?appkey=yourappkey&sex=男&height=175&weight=110
4	正确输入包含必填参数的相关内容（必填参数包括 sex（英文）、height、weight 和 appkey）与偏营养不良	正确输出对应性别、身高、体重的人员 BMI 等数据 并且 level 值为"体重过低"	https://api.jisuapi.com/weight/bmi?appkey=yourappkey&sex=女&height=170&weight=40

表 3-4 　　　　　　　　　　　　异常用例（针对接口功能性测试）

序号	输入	预期输出	相应输入数据
1	不输入任何参数	返回异常的 JSON 信息（格式为 {"status":"101","msg":"APPKEY 为空","result":""}）	https://api.jisuapi.com/weight/bmi
2	不输入必填参数（appkey 参数）	返回异常的 JSON 信息（格式为 {　{"status":"101","msg":"APPKEY 不存在","result":""}}）	https://api.jisuapi.com/weight/bmi?sex=男&height=172&weight=60
3	不输入必填参数（sex 参数）	返回异常的 JSON 信息（格式为 {　{"status":"101","msg":"sex 不存在","result":""}）	https://api.jisuapi.com/weight/bmi?appkey=yourappkey&height=170&weight=40
4	输入体重超出正常数值范围（weight=20000000000）	返回异常的 JSON 信息（格式为 {{"status":"204","msg":"体重有误","result":""}}）	https://api.jisuapi.com/weight/bmi?appkey=yourappkey&sex=女&height=170&weight=20000000000

3.2.3　测试用例

UnitTest 是 Python 自带的单元测试框架，在应用该框架设计测试用例（test case）时，必须要继承 unittest.TestCase 类。

以下为一段 UnitTest 单元测试代码（依据异常用例编写）。

```
import unittest
import requests
import json
class bmierr_test(unittest.TestCase):
    def test_err1(self):
        self.url="https://api.jisuapi.com/weight/bmi?"
        r=requests.get(self.url)
```

```
        data=json.loads(r.text)
        print(data)
        self.assertEqual("101" ,data["status"])

    def test_err2(self):
        self.url="https://api.jisuapi.com/weight/bmi?"
        params='sex=男&height=172&weight=60'
        r=requests.get(self.url+params)
        data=json.loads(r.text)
        print(data)
        self.assertEqual("101" ,data["status"])

    def test_err3(self):
        self.url="https://api.jisuapi.com/weight/bmi?"
        params='appkey=56cbc9896b26a8ab&height=170&weight=40'
        r=requests.get(self.url+params)
        data=json.loads(r.text)
        print(data)
        self.assertEqual("101", data["status"])

    def test_err4(self):
        self.url="https://api.jisuapi.com/weight/bmi?"
        params='appkey=56cbc9896b26a8ab&sex=女&height=170&weight=20000000000'
        r=requests.get(self.url+params)
        data=json.loads(r.text)
        print(data)
        self.assertEqual("204" , data["status"])
```

从这段 UnitTest 测试代码，我们能看到通常情况下在 1 个测试类中会创建多条测试用例，每一个测试用例为该类的一个方法。

测试用例的 3 要素包括输入、预期输出和实际输出，根据操作步骤，若实际的执行结果和预期的结果不一致，则有可能发现了一个 Bug。那么在 UnitTest 中，如何进行实际执行结果和预期结果是否一致的判断呢？答案就是利用断言方法，上面的代码就用到了一个平时经常使用的断言方法，即 assertEqual() 方法。日常工作中还会用到哪些断言方法呢？常用断言方法如表 3-5 所示。

表 3-5 　　　　　　　　　　　　　　 常用断言方法

序号	方法名称	方法用途
1	assertEqual(a, b)	若 a 和 b 相等，则通过；否则，失败
2	assertNotEqual(a, b)	若 a 和 b 不相等，则通过；否则，失败
3	assertTrue(x)	当 x 为 True（布尔值为真）时，则通过；否则，失败
4	assertFalse(x)	当 x 为 False（布尔值为假）时，则通过；否则，失败
5	assertIs(a, b)	当 a 和 b 是相同对象时，则通过；否则，失败
6	assertIsNot(a, b)	当 a 和 b 是不同对象时，则通过；否则，失败
7	assertIsNone(x)	当 x 为 None 时，则通过；否则，失败
8	assertIsNotNone(x)	当 x 不为 None 时，则通过；否则，失败
9	assertIn(a, b)	当 a in b 表达式成立时，则通过；否则，失败
10	assertNotIn(a, b)	当 a not in b 表达式成立时，则通过；否则，失败
11	assertIsInstance(a, b)	当 a 的数据类型是否为 b，isinstance(a,b) 成立时，则通过；否则，失败
12	assertNotIsInstance(a, b)	当 a 的数据类型是否为 b，isinstance(a,b) 不成立时，则通过；否则，失败

3.2.4 测试固件

测试固件是测试运行前需要做的准备工作以及结束后的清理工作。为了便于理解，这里以上一段脚本代码为例，从上段代码我们能清晰地看到每段代码都用到了 url，因此可以应用测试固件 setUp() 来完成 url 的初始化工作，之后相关的测试用例中就不用再将 url 重写一遍了，这样的好处是代码简洁明了、便于修改。修改后的代码如下所示。

```python
import unittest
import requests
import json
class bmierr_test(unittest.TestCase):
    def setUp(self):
        self.url="https://api.jisuapi.com/weight/bmi?"

    def test_err1(self):
        r=requests.get(self.url)
        data=json.loads(r.text)
        print(data)
        self.assertEqual("101" ,data["status"])

    def test_err2(self):
        params='sex=男&height=172&weight=60'
        r=requests.get(self.url+params)
        data=json.loads(r.text)
        print(data)
        self.assertEqual("101" ,data["status"])

    def test_err3(self):
        params='appkey=56cbc9896b26a8ab&height=170&weight=40'
        r=requests.get(self.url+params)
        data=json.loads(r.text)
        print(data)
        self.assertEqual("101", data["status"])

    def test_err4(self):
        params='appkey=56cbc9896b26a8ab&sex=女&height=170&weight=20000000000'
        r=requests.get(self.url+params)
        data=json.loads(r.text)
        print(data)
        self.assertEqual("204" , data["status"])
```

上面的代码是不是简洁清晰了很多呢？通常情况下，对于测试环境和生产环境，只是访问的 url 地址不同，而功能完全相同。如果有的时候需要测试生产或者其他环境下软件是否正确部署，替换 url 地址就能执行测试用例了，所以在测试脚本中应用测试固件 setUp() 和 tearDown() 是一个非常好的习惯，setUp() 用来完成测试的相关初始化工作，而 tearDown() 则用来完成测试结束后的清理工作。

3.2.5 测试套件

前面已经实现了很多的测试用例，那么如何将这些测试用例组织起来？决定哪些测试用例执行，哪些测试用例不执行呢？在测试一个软件产品大版本的时候，通常会执行全部测试用例；发布一个补丁时通常只会执行与修复的 Bug 相关的测试用例；在执行接口的自动化测试时，需要针对实际情况，选择合适的测试用例集来执行。可以应用测试套件（test suite）决定执行哪些测试用例。

如果需要执行全部的测试用例，可以通过如下代码来实现。

```python
import unittest
import requests
import json
class bmierr_test(unittest.TestCase):
    def setUp(self):
        self.url="https://api.jisuapi.com/weight/bmi?"

    def test_err1(self):
        r=requests.get(self.url)
        data=json.loads(r.text)
        print(data)
        self.assertEqual("101" ,data["status"])

    def test_err2(self):
        params='sex=男&height=172&weight=60'
        r=requests.get(self.url+params)
        data=json.loads(r.text)
        print(data)
        self.assertEqual("101" ,data["status"])

    def test_err3(self):
        params='appkey=56cbc9896b26a8ab&height=170&weight=40'
        r=requests.get(self.url+params)
        data=json.loads(r.text)
        print(data)
        self.assertEqual("101", data["status"])

    def test_err4(self):
        params='appkey=56cbc9896b26a8ab&sex=女&height=170&weight=20000000000'
        r=requests.get(self.url+params)
        data=json.loads(r.text)
        print(data)
        self.assertEqual("204" , data["status"])

def suite():
    bmitest =unittest.makeSuite(bmierr_test,"test")
    return bmitest
```

上面的代码可以看到，为了让代码阅读更加易懂，这里添加了一个 suite() 函数。其中，bmitest =unittest.makeSuite(bmierr_test,"test") 是非常重要的一句代码，unittest.makeSuite(bmierr_test,"test") 可以将 bmierr_test 这个测试类中所有以"test"开头的测试用例添加到测试套件中，将测试套件赋给 bmitest。添加到测试套件的只是异常情况下的测试用例，现在再添加正常情况下的测试用例，合并后的脚本如下。

```python
import unittest
import requests
import json
class bmi_test(unittest.TestCase):
    def setUp(self):
        self.url="https://api.jisuapi.com/weight/bmi?"

    def test_succ1(self):
        params='appkey=56cbc9896b26a8ab&sex=男&height=175&weight=70'
        r=requests.get(self.url+params)
        data=json.loads(r.text)
        print(data)
        self.assertEqual("正常范围",data["result"]["level"])

    def test_succ2(self):
        params='appkey=56cbc9896b26a8ab&sex=male&height=175&weight=70'
        r=requests.get(self.url+params)
        data=json.loads(r.text)
        print(data)
        self.assertEqual("正常范围",data["result"]["level"])

    def test_succ3(self):
        params='appkey=56cbc9896b26a8ab&sex=男&height=175&weight=110'
        r=requests.get(self.url+params)
        data=json.loads(r.text)
        print(data)
        self.assertEqual("II 度肥胖",data["result"]["level"])

    def test_succ4(self):
        params='appkey=56cbc9896b26a8ab&sex=女&height=170&weight=40'
        r=requests.get(self.url+params)
        data=json.loads(r.text)
        print(data)
        self.assertEqual("体重过低",data["result"]["level"])

    def test_err1(self):
        r=requests.get(self.url)
        data=json.loads(r.text)
        print(data)
        self.assertEqual("101",data["status"])

    def test_err2(self):
        params='sex=男&height=172&weight=60'
        r=requests.get(self.url+params)
        data=json.loads(r.text)
        print(data)
        self.assertEqual("101",data["status"])

    def test_err3(self):
```

```
            params='appkey=56cbc9896b26a8ab&height=170&weight=40'
            r=requests.get(self.url+params)
            data=json.loads(r.text)
            print(data)
            self.assertEqual("101", data["status"])

        def test_err4(self):
            params='appkey=56cbc9896b26a8ab&sex=女&height=170&weight=20000000000'
            r=requests.get(self.url+params)
            data=json.loads(r.text)
            print(data)
            self.assertEqual("204" , data["status"])

def suite():
    bmitest =unittest.makeSuite(bmi_test,"test")
    return bmitest
```

那么如果你不想执行某些用例，该怎么办呢？其实最简单的方法是将你不想执行的某些用例前面的"test"改成其他值，比如将 def test_err4(self) 改为 def abc_err4(self)，则这条测试用例将不执行。

3.2.6 测试运行器

测试运行器可以执行测试用例并提供测试结果给用户。它可以提供图形界面、文本界面或者返回一个值（表示测试结果）。

这里仍然以标准体重计算器接口为例，包含正常、异常测试用例的完整代码如下。

```
import unittest
import requests
import json
class bmi_test(unittest.TestCase):
    def setUp(self):
        self.url="https://api.jisuapi.com/weight/bmi?"

    def test_succ1(self):
        params='appkey=56cbc9896b26a8ab&sex=男&height=175&weight=70'
        r=requests.get(self.url+params)
        data=json.loads(r.text)
        print(data)
        self.assertEqual("正常范围" ,data["result"]["level"])

    def test_succ2(self):
        params='appkey=56cbc9896b26a8ab&sex=male&height=175&weight=70'
        r=requests.get(self.url+params)
        data=json.loads(r.text)
        print(data)
        self.assertEqual("正常范围" ,data["result"]["level"])

    def test_succ3(self):
        params='appkey=56cbc9896b26a8ab&sex=男&height=175&weight=110'
```

```
        r=requests.get(self.url+params)
        data=json.loads(r.text)
        print(data)
        self.assertEqual("II 度肥胖",data["result"]["level"])

    def test_succ4(self):
        params='appkey=56cbc9896b26a8ab&sex=女&height=170&weight=40'
        r=requests.get(self.url+params)
        data=json.loads(r.text)
        print(data)
        self.assertEqual("体重过低",data["result"]["level"])

    def test_err1(self):
        r=requests.get(self.url)
        data=json.loads(r.text)
        print(data)
        self.assertEqual("101",data["status"])

    def test_err2(self):
        params='sex=男&height=172&weight=60'
        r=requests.get(self.url+params)
        data=json.loads(r.text)
        print(data)
        self.assertEqual("101",data["status"])

    def test_err3(self):
        params='appkey=56cbc9896b26a8ab&height=170&weight=40'
        r=requests.get(self.url+params)
        data=json.loads(r.text)
        print(data)
        self.assertEqual("101", data["status"])

    def test_err4(self):
        params='appkey=56cbc9896b26a8ab&sex=女&height=170&weight=20000000000'
        r=requests.get(self.url+params)
        data=json.loads(r.text)
        print(data)
        self.assertEqual("204", data["status"])

def suite():
    bmitest =unittest.makeSuite(bmi_test,"test")
    return bmitest

if __name__ == "__main__":
    runner =unittest.TextTestRunner()
    runner.run(suite())
```

在上面的代码中，TextTestRunner 类就是一个运行器类，通过 runner =unittest.
TextTestRunner()创建了 TextTestRunner 的一个实例对象 runner。runner 对象有
一个 run()方法，它可以指定要运行的测试套件，这样就可以执行需要运行的测试用例了。

现在让我们一起来看一下其执行结果。

如图 3-5 所示，我们执行了 8 条测试用例，在标号为"1"的区域中，用不同的颜色清晰地标识出了那些是成功的、那些是失败的，绿色代表成功的，而黄色代表失败的，每个小的测试用例后面都有该测试用例的执行时间，以及耗费的总的时间。在标号为"2"的区域中则以一个不同颜色的横条展示了执行结果中是否有失败的测试用例。若所有测试用例均成功执行，则以绿条显示；若有失败的用例，则以红条显示。本次一共执行了 8 条测试用例，其中有 1 条是失败的，所以以红条显示。同样，在其后面有总的执行时间。在标号为"3"的区域中，以文本方式显示了每条测试用例的执行结果。若测试用例有执行失败的，即断言和预期不一致，则会给出相应的错误信息，如 `test.py:54: AssertionError` 与 `AssertionError: '101' != 0` 等，指出出现问题的原因。看了这些内容，是不是觉得 UnitTest 很贴心呢？

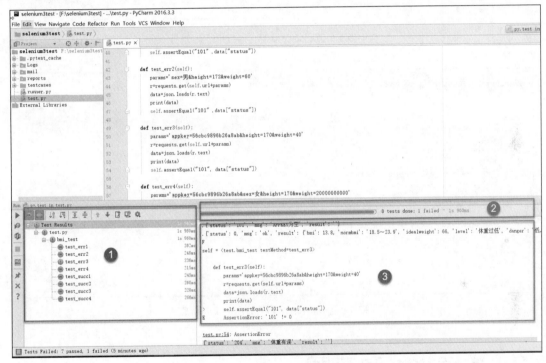

图 3-5　UnitTest 中的执行结果

如图 3-6 所示，有的时候，如果你不想展示成功执行的测试用例，只需要将标识号为"1"的箭头对应的按钮取消选中。单击标识号为"2"的那个按钮，则可以将本次的执行结果以 HTML、XML 或者用户自定义的格式导出，这里以"HTML"格式导出。导出后的 HTML 文件请参见图 3-7。

图 3-7 展示了一份比较完善的测试报告。其中，用绿色竖线标识成功执行的测试用例，用红色竖线标识失败的测试用例。对于失败的测试用例，有相关的描述信息，这里不再赘述。同时，还有每个用例测试的执行结果文字标识（即 passed 或者 failed）和执行耗时（耗时的时间以毫秒为单位）等信息。

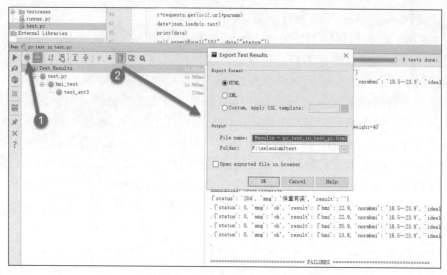

图 3-6   从 UnitTest 导出的执行结果

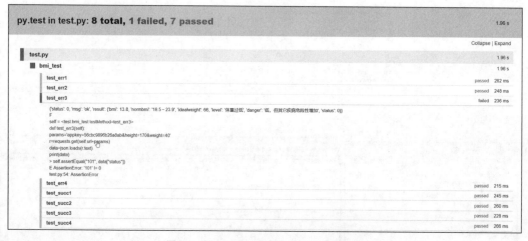

图 3-7   从 UnitTest 导出的 HTML 文件信息

3.3 本章小结和习题

3.3.1 本章小结

本章介绍了 Python 自带的 UnitTest 测试框架，在 UnitTest 测试框架中测试用例的相关概念及应用方法，测试固件的相关概念及应用方法，测试套件的相关概念及应用方法，测试运行器的概念及应用方法。本章涉及的测试用例设计全部以极速数据平台对外提供的接口为例，所以建议读者在学习本章时，为了取得较好的效果，一定要认真阅读关于标准体重计算器接口的文档，并注册一个账户，结合本章脚本替换对应的 appkey 值，执行脚本，以便能够深入理解相关内容。

3.3.2 习题

1. 请说出在 UnitTest 测试框架中创建一个测试用例需要继承哪个类。
2. 请说出在 UnitTest 测试框架中测试固件的作用是什么。
3. 请说出在 UnitTest 测试框架中测试套件的作用是什么。
4. 请说出在 UnitTest 测试框架中测试运行器的作用是什么。
5. 请说出在 UnitTest 测试框架中，运用那个函数来完成数据初始化。
6. 请说出在 UnitTest 测试框架中，运用那个函数来完成数据清理。
7. 请将表 3-6 补充完整。

表 3-6   常用断言方法

序号	方法名称	说明
1	assertEqual(a, b)	
2	assertNotEqual(a, b)	
3	assertTrue(x)	
4	assertFalse(x)	
5	assertIs(a, b)	
6	assertIsNot(a, b)	
7	assertIsNone(x)	
8	assertIsNotNone(x)	
9	assertIn(a, b)	
10	assertNotIn(a, b)	
11	assertIsInstance(a, b)	
12	assertNotIsInstance(a, b)	

8. 请编写一个支持加减乘除运算的函数，并应用 UnitTest 测试框架针对该函数进行用例设计，以验证其实现的正确性。

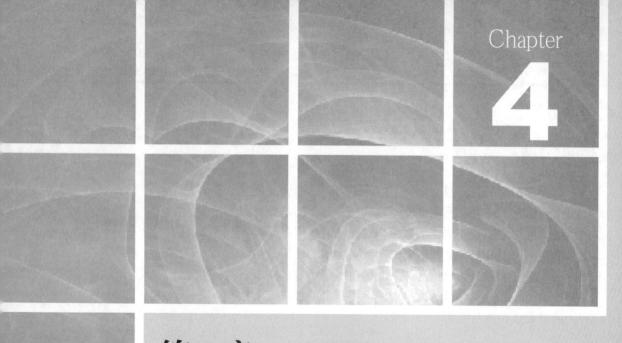

Chapter

4

第 4 章

接口测试的
基础知识

项目的接口一定要部署在网络环境中，每个接口都具备唯一的 URL，客户端工具（如浏览器、手机 APP、Pad 等）通过网络协议（如最常见的 HTTP）访问接口，获取接口提供的数据。在前后端交互的整个过程中，网络传输必不可少，要做好接口测试，必须熟悉网络传输这个中间环节。本章主要围绕网络展开讨论，从网络协议到数据传输过程，再到 HTTP，结合案例进行介绍。

4.1 搭建案例的相关环境

数据在网络中传输的过程是不可见的，不像我们开发的代码和设计的网页，用眼睛就可以直观地看到，因此网络知识相对会更加抽象。我们以部署一个自己设计的案例为主线，通过抓包、实验的方式，尽可能直观地分析数据在网络上传输的过程中是如何进行封装和处理的。

在本节中我们首先编写一个简易的 HTML 页面作为数据源，其中同时包括了 HTML 文件、JavaScript 文件和图片文件，然后将其部署到微软的 Internet 信息服务中。该服务器可以直接集成到 Windows 操作系统中，几乎不需要安装和调试过程。

4.1.1 开启 Internet 信息服务

Internet 信息服务是由微软公司为 Web 和 FTP 服务器提供的基于 Windows 平台的支持。Internet 信息服务基于图形界面，非常容易学习和上手。Internet 信息服务是 Windows 自带的程序，默认处于关闭状态，只需要把它打开即可。

这里使用的操作系统是 Windows 7 的 64 位旗舰版。

开启过程如下。

（1）单击"开始"菜单，找到并打开"控制面板"，选择"程序"→"程序和功能"→"打开或关闭 Windows 功能"，弹出"Windows 功能"窗口。

（2）找到"Internet 信息服务"，单击左侧的"+"展开它下面的所有子项，这里面子选项数量非常多，大概有几十项，把它们全部选中（如果读者对 Internet 信息服务比较了解，可以自行选择相关子选项），如图 4-1 所示。这里需要注意，直接选中父选项，其子选项不会自动选中，必须手工把全部子选项选中后，父选项才变成选中的状态。选择完毕，直接单击"确定"按钮即可。

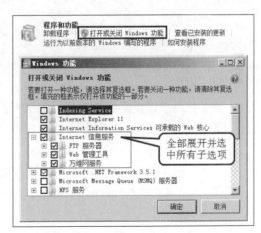

图 4-1　开启 Internet 信息服务

（3）在"控制面板"中选择"系统和安全"→"管理工具"，在右侧窗格中可以看到多出了"Internet 信息服务（IIS）管理器"，这证明 Internet 信息服务管理器安装成功，如图 4-2 所示。

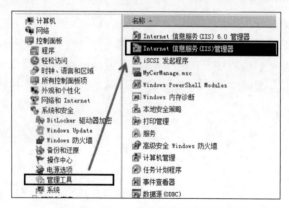

图 4-2 确认 Internet 信息服务管理器安装成功

4.1.2 编写页面代码

按照以下步骤编写页面代码。

（1）新建一个空白的文件夹，命名为 page（也可以自行命名）。

（2）准备一张 jpg 类型的图片，保存到 page 文件夹中，命名为 "bird.jpg"。

（3）编写一个 HTML 文件。在 page 文件夹中右击，选择"新建"→"文本文档"，新建一个空白的文本文件，命名为 test.html，打开该文件并输入以下代码。

```
1    <html>
2    <head>
3    <title> 测试页面 </title>
4    </head>
5
6    <body>
7    <h1> 提供测试数据的页面 </h1>
8    <img src="bird.jpg" /><br />
9    <div id="demo"></div>
10   <script src="t1.js"></script>
11   </body>
12   </html>
```

部分代码的解释如下。

第 3 行用于设置页面标题为"测试页面"。

第 7 行用于在页面中显示一级标题的文字"提供测试数据的页面"。

第 8 行用于导入图片文件 bird.jpg。

第 9 行用于添加一个空白的 div 块，设置其 ID 属性为"demo"。

第 10 行用于导入外部的 JavaScript 文件 t1.js。

4.1.3 编写 JavaScript 文件

在 page 文件夹中右击，选择"新建"→"文本文档"，新建一个空白的文本文件，命名为 t1.js。打开该文件并输入以下代码。

```
document.getElementById("demo").innerHTML="我要飞得更高!（此行由 JavaScript 生成）";
```

这行代码用来从 HTML 文档中获取 ID 为 demo 的元素，在其内部显示文字"我要飞得更高！（此行由 JavaScript 生成）"。

最终，page 文件夹下一共有 3 个文件，分别是一个显示在页面中的图片文件（bird.jpg）、一个在页面中执行 JavaScript 代码的脚本文件（t1.js）和一个 HTML 页面文件（test.html），如图 4-3 所示。

名称 ▲	类型	大小
bird.jpg	JPG 文件	11 KB
t1.js	JScript Script 文件	1 KB
test.html	HTML 文档	1 KB

图 4-3　本案例中的文件列表

4.1.4　创建虚拟目录

我们部署到 Internet 信息服务管理器的站点需要通过一个 URL 来访问，这个地址中有一个虚拟的目录名称，在 Internet 信息服务管理器中称为虚拟目录（在本案例中由于没有申请域名，会直接以本机 IP 地址的方式呈现，即 http://127.0.0.1 或者 http://localhost）。后面的"test/"部分就是一个虚拟目录。

下面在 Internet 信息服务管理器中完成虚拟目录的创建。

（1）在"控制面板"中选择"系统和安全"→"管理工具"→"Internet 信息服务（IIS）管理器"，双击即可打开 Internet 信息服务管理器。

（2）在"Internet 信息服务（IIS）管理器"界面中，展开左侧目录树，右击"Default Web Site"，在弹出的快捷菜单中选择"添加虚拟目录"，添加虚拟目录，如图 4-4 所示。

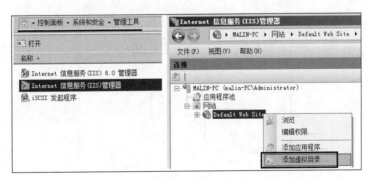

图 4-4　在 Internet 信息服务管理器中添加虚拟目录

（3）如图 4-5 所示，在弹出的"添加虚拟目录"对话框中，在"别名"文本框中填写一个名称。我们不希望将服务器硬盘目录直接暴露到浏览器地址栏中，这样会带来安全隐患，因此给硬盘中的实际目录起个假名（在 Internet 信息服务管理器中称为别名），并在后续访问中将这个假名呈现给用户。例如，地址***dayutest***/test/中的 test/就是一个别名，而在实际的硬盘目录中没有"test"这个目录。在"物理路径"文本框中，通过单击右侧的"…"按钮，定位到前面新建的 page 目录。这里的"物理路径"指硬盘中存放我们开发好的页面代码文件的真实路径。在这里，我们实际上实现了浏览器地址栏中用于显示的别名和服务器硬盘中用于存放代码的物理路径之间的一个映射关系。

图 4-5　设置"别名"和"物理路径"

4.1.5　部署及访问

一切工作准备就绪，下面就可以通过浏览器来访问我们自己开发的站点了。

（1）打开浏览器，输入地址 http://localhost/netcase/test.html。

- http://代表使用的是 HTTP 网络协议。
- localhost/是访问的服务器地址，localhost 代表本机。
- netcase 是服务器定义的虚拟目录别名。
- test.html 表示要打开的文件。

（2）浏览器打开并呈现出我们编写的测试页面，如图 4-6 所示。

图 4-6　测试页面

4.1.6　页面访问过程

整个页面访问过程的实现如图 4-7 所示。

（1）在浏览器中输入 URL，向服务器发送 HTTP 请求，要求返回 test.html 文件。

（2）服务器解析该地址，分别找出别名部分和请求页面文件部分。

（3）服务器根据别名与物理路径的映射关系，找到存放实际页面文件的目录，此处为

D:\mycase\page。

（4）服务器根据浏览器请求的文件名（test.html），在物理路径中找到该文件，并返回给浏览器。

（5）浏览器解析 HTML 文件，展现页面。

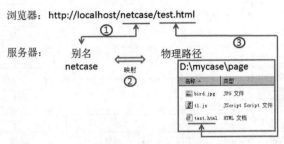

图 4-7 页面访问过程的实现

4.2 网络模型

数据通信需要遵守一套相应的体系，这套体系称为模型。体系内对传输的数据有相应的规范，这些规范称为协议。本节介绍当前主流的两套网络模型——OSI 模型和 TCP/IP 模型。

4.2.1 OSI 模型

开放系统互连（Open Systems Interconnection，OSI）模型由国际标准化组织（ISO）提出，是一个试图将世界范围内的各种计算机互连为网络的标准框架。

OSI 模型将网络通信过程分成了 7 层，分别是物理层、数据链路层、网络层、传输层、会话层、表示层和应用层，每一层中根据不同的需求包括多种通信协议，如应用层中包含了 HTTP、FTP、SMTP 等多个协议。OSI 模型规定了对等的通信模式。为了使数据从源端（发送方）传送到目的端（接收方），源端 OSI 模型的每一层都必须与目的端的对等层进行通信，即发送方在应用层处理过的数据必须由接收方的应用层进行解释，而不能由其他层进行解释。在每一层的通信过程中，只能使用本层自己的通信协议。

当发送数据时，数据发送方从应用层接收要传输的数据，并以自上而下的方式传递，每层进行不同的处理和封装，最后在物理层通过物理介质（网卡、网线、光纤等）传输到数据接收方。接收方以自下而上的方式传递数据，逐层解包，最终由应用层获得完整的数据。数据在每一方的处理就像是一条流水线，每层负责其中的一道工序，如图 4-8 所示。

我们再考虑一个问题，这个网络模型为什么要分层呢？假设某发件人要把一张床从北京快递到上海，大致的运输过程如下。

（1）发件人向北京的快递公司下单。

（2）北京的快递公司的员工到发件人家里将床进行拆解，分成床板、床腿、床垫等，分别进行包装，标明发货人、收货人等相关信息。

（3）将货物装车并选择合适的运输线路，把货物运输到上海。

（4）上海的快递公司派员工将各个配件送给收件人并进行组装。

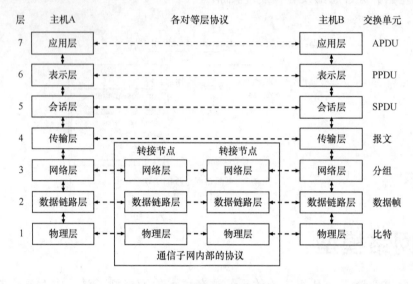

图 4-8 OSI 模型

在上述过程中，涉及多个不同的角色，他们之间相互协作。那么能否从头到尾都由一个员工完成呢？肯定是不可能的。术业有专攻，一个合格的快递员不一定是一个优秀的长途汽车司机。

这样分工协作还有一个好处，即使我们对其中的某个环节进行调整，例如，在货运环节换了另外一个型号的运输车辆，也不会影响其他环节的工作，接单员还像往常一样接单，没有什么不同。

网络上的数据传输过程大致类似于上面的货物运输过程。把数据的传输分成几个步骤（在网络中叫作分层），在每个步骤中完成相应的数据处理工作（这些处理由不同的协议完成）。这么做的好处是，每层只完成自己指定的工作就可以了，如果对某一层进行调整优化，也不会影响到其他层的工作。

OSI 模型各层里面放的是各种各样的协议。协议是什么呢？协议就是网络中计算机之间对话的语言。例如，当你和英国人交流的时候，你要说英语，当你和德国人交流的时候，你要说德语，这些不同的语言就类似于网络通信中的协议。网络协议有很多种，完成不同的事情要选择不同的协议。例如，如果要发送一封邮件，那么就要使用 SMTP；如果要从某个网站下载一个应用软件，那么可能使用 FTP；如果要浏览一个新闻页面，通常情况下就会使用 HTTP。

OSI 模型有 7 层，每一层实现各自的功能，并完成与相邻层的接口通信。每层负责的工作内容如下。

- 应用层为应用程序提供服务，从应用程序中接收需要传输的数据，类似于快递公司中的接单员。

- 表示层确定数据的表示方式，如数据在传输前是否要进行压缩和加密等，相当于公司中的翻译。
- 会话层负责会话的建立、管理和终止，类似于公司中的业务主管。
- 传输层建立发送方和接收方之间的连接，提供透明的数据传输能力，相当于北京和上海两个快递公司之间的业务联络人员。
- 网络层通过 IP 地址选择传输路由，相当于运输时使用的导航。
- 数据链路层记录 MAC 地址，进行差错校验、流量控制等，类似于核检员。
- 物理层直接面向物理介质，类似于装车运输。

4.2.2　TCP/IP 模型

传输控制协议/因特网协议（Transmission Control Protocol/Internet Protocol，TCP/IP）模型包含了当前 Internet 所使用的最基本的协议。我们平时的上网、收发邮件、聊天等使用的是 TCP/IP 模型内的协议。该模型中有两个核心协议——TCP 和 IP，模型就以这两个协议的名称来命名了。

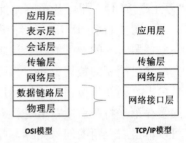

如果说 OSI 模型属于一种理论上的概念模型，那么 TCP/IP 模型就是实际存在的模型了，它是当前国际互联网络的基础。TCP/IP 模型是简化版、实用版的 OSI 模型，它们的关系如图 4-9 所示。

图 4-9　OSI 模型与 TCP/IP 模型的关系

4.3　HTTP

超文本传输协议（HyperText Transfer Protocol，HTTP）是用于在万维网（World Wide Web，WWW）上的服务器和本地应用之间传输数据的协议。在 TCP/IP 模型中，应用层支持的协议是 HTTP，在传输层支持的协议为 TCP，在网络层支持的协议为 IP，如表 4-1 所示。

表 4-1　　　　　　　　　　TCP/IP 模型中应用层、传输层和网络层支持的协议

层	支持的协议	作用
应用层	HTTP	从客户端发送请求，由服务器接收响应
传输层	TCP	建立客户端和服务器之间的连接，保证数据传输的可靠性
网络层	IP	负责选择数据传输的路由，不保证数据传输的可靠性

当前我们普遍使用的 HTTP 版本为 1.1 版本。当然，HTTP 2.0 版本已经推出，但是现在还没有大规模使用，本章以 HTTP 1.1 版本为基础进行说明。

4.3.1　通过浏览器捕获 HTTP

在 Web 应用系统中，我们将从客户端到服务器的数据传输过程叫作"请求"（request），

从服务器到客户端的数据传输过程叫作"响应"（response），如图 4-10 所示。请求和响应分别由"标头 + 正文"两部分构成，请求由"请求标头 + 请求正文"构成，响应由"响应标头 + 响应正文"构成。

当前主流的浏览器几乎都自带 HTTP 分析功能，一般在开发者工具中的网络部分，对页面产生的 HTTP 请求和响应进行抓取。现在我们一起看看主流的 3 款浏览器都是如何实现的。

图 4-10　请求和响应的定义

在本节中访问的页面地址是 http://localhost/netcase/test.html。

1. 在 IE 浏览器中捕获 HTTP 数据

打开 IE 浏览器，在浏览器地址栏中输入要访问的页面地址，等待页面加载完成后，依次选择菜单中的"工具"→"开发人员工具"或者直接按下快捷键 F12，在页面下方自动打开"开发人员工具"面板。选择"网络"选项卡，单击左上角的"启动"按钮（单击后自动变成"停止"按钮），即可开启网络捕获功能；同样，单击"停止"按钮，即可终止网络捕获活动。

如图 4-11 所示，浏览器捕获的 HTTP 数据自动显示在下方的表格中，每一行代表浏览器向服务器发送的一条 HTTP 请求的内容摘要。要重新捕获当前打开页面的 HTTP 数据，可以先清除已捕获的数据记录，再强制刷新页面。为了使用强制刷新功能，需要按住 Ctrl 键，同时单击"刷新"按钮，这样可以防止浏览器的缓存策略对已捕获数据产生影响（关于浏览器的缓存策略将在后续章节进行介绍）。关于"开发人员工具"面板中每一项的具体使用方法，可以单击右上角的问号图标，打开微软官方文档进行查看和学习。

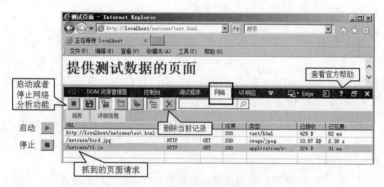

图 4-11　在 IE 浏览器中捕获 HTTP 数据

浏览器默认以表格方式显示请求和响应的摘要信息，单击任意一条摘要信息，可以切换到其详细信息页面。在这里我们可以分别查看请求的标头和正文，响应的标头和正文，存储的 Cookie 信息以及计时统计图表，如图 4-12 所示。

在计时统计图表（见图 4-13）中，可以更进一步分析整个网络传输中各个环节所占用的时间及比例，一般在进行前端页面性能调优的时候会更加关注这里的时间分布是否合理。单击任意计时项名称，窗口中会显示该计时项的详细描述。

2. 在 Chrome 中浏览器捕获 HTTP 数据

打开 Chrome 浏览器，如图 4-14 所示。单击右上角的"自定义及控制"按钮，在弹出的菜单中依次选择"更多工具"→"开发者工具"，或者按下 Ctrl + Shift + I 快捷键，打开"开发者工具"面板。

图 4-12　查看请求的详细信息

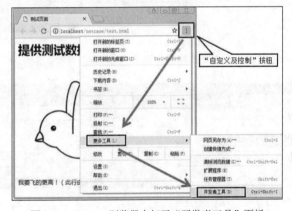

图 4-13　计时统计图表

图 4-14　Chrome 浏览器中打开"开发者工具"面板

在"开发者工具"面板中选择 Network 选项卡，通过"开始""停止"按钮可以随时切换捕获行为。保证当前处于捕获状态，在地址栏输入页面地址，即可自动实现 HTTP 数据的捕获，工具中自动显示该页面上产生的 HTTP 请求。单击任意一条请求，右侧会显示该请求和响应的详细信息，如图 4-15 所示。

3. 在 Firefox 浏览器中捕获 HTTP 数据

打开 Firefox 浏览器，依次选择"工具"→"Web 开发者"→"网络"，如图 4-16 所示，或者按下快捷键 Ctrl + Shift + E，打开网络监控功能。

在地址栏输入页面地址，自动实现 HTTP 数据的捕获，可以单击"暂停/继续"按钮随时控制是否持续捕获网络通信内容。Firefox 浏览器中以表格形式列出当前页面产生的所有 HTTP 请求概况，单击任意一条请求记录，就可以显示该请求和响应的详细内容，如图 4-17 所示。

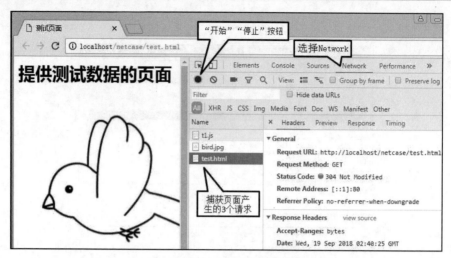

图 4-15　test.html 请求的详细信息

图 4-16　在 Firefox 浏览器中选择"工具"→"Web 开发者"→"网络"

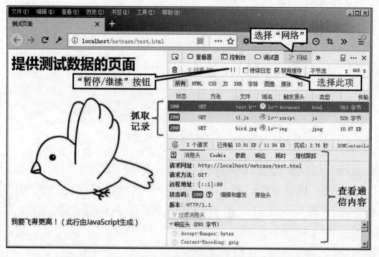

图 4-17　在 Firefox 浏览器中查看请求和响应的详细内容

4.3.2　请求和响应过程

前一节中，我们用 3 种浏览器分别访问同一个页面，可以看到该页面一共向服务器发起了 3 次请求，分别请求了一个 HTML 文件、一个 jpg 图片文件和一个 JavaScript 脚本文件。

在 Firefox 浏览器的请求概要表格中，从最右侧显示的时间图表可以看到，这 3 个请求并不是同时发起的，而是存在先后顺序的，如图 4-18 所示。

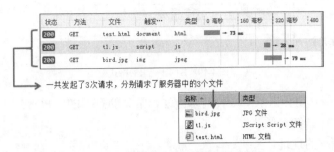

图 4-18 请求和服务器中文件的对应关系

整个请求和响应的过程如下。

（1）在地址栏中输入 http://localhost/netcase/test.html 后，按 Enter 键。浏览器向本地服务器（localhost）默认站点的 netcase 虚拟目录发起 HTTP 请求，请求 test.html 文件。

（2）服务器收到请求后，从虚拟目录对应的实际物理路径中寻找 test.html 文件，找到后将该文件返回（或者称为响应）给浏览器。

（3）浏览器收到服务器返回的 test.html 文件后，就开始读取、执行这个文件，将结果显示到页面中，这个过程也称为"渲染"。

（4）浏览器在分析 test.html 页面时，发现两行特殊的标记代码<img src="bird.jpg" />和<script src="t1.js"></script>，二者分别用于显示一个图片文件和执行一个 JavaScript 脚本文件，但是服务器只返回了一个 test.html 文件，并没有返回这个图片文件和对应的脚本文件，于是浏览器再次同时向服务器发起了两次请求，分别请求一个图片文件和一个 JavaScript 脚本文件。

（5）服务器收到这两次请求，和上面的处理方式相同，找到图片文件和脚本文件后，返回给浏览器。

（6）浏览器将图片显示到相应页面位置上，同时执行 JavaScript 脚本代码。

这里注意，有些人会误以为一个页面只发送一个 HTTP 请求。实际上，我们应该分析页面内容的构成，如果一个页面中同时包括了图片、声音等资源文件，那么往往会产生多个请求，在这个案例中就产生了 3 个请求。

4.3.3 封装 HTTP 请求的内容

1. 协议格式

HTTP 包括请求和响应两部分，在本案例中，从浏览器向服务器发送的数据使用 HTTP 请求进行封装。一个 HTTP 请求主要包括三部分内容——请求行、请求标头和请求正文，如图 4-19 所示。请求行表示此请求的类型、地址和使用协议版本。请求标头包括多个请求字段，描述请求的细节内容。请求正文中一般保存用户向服务器发送的数据，如登录时输入的用户名和密码等数据。

请求行出现在请求协议的第一行，封装了请求方法、URL 和协议版本 3 部分有效内容以及回车换行符。

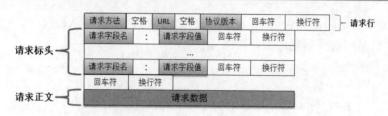

图 4-19 HTTP 请求的格式

- 请求方法：HTTP 请求有多种请求方法，常见的有 GET、POST、DELETE 等，后面章节会进行详细介绍。
- URL：请求的地址。
- 协议版本：当前主流的 HTTP 版本是 1.1 版本，现在我们在 Internet 上浏览的网站都使用这个版本，也许在不久的将来会更多地用到 HTTP 2.0 版本。
- 回车/换行符：行结束标志，代表此行结束，以两个 ASCII 码中的控制字符 CR 和 LF 表示。平时我们在编辑文本文件的时候，为了另起一行，按下键盘的 Enter 键以后，操作系统会自动在结尾处添加 CR 控制字符，只是 Windows 操作系统下会同时添加 CR+LF 两个字符，占用两字节。Linux 操作系统下只添加一个 LF 字符，占用一字节。

下面用案例来实际分析一下 HTTP 请求中各部分的组成和内容。在 IE 浏览器中，从请求摘要列表中选择 test.html 请求，单击"详细信息"，选择"请求标头"，列表中显示了该请求所有的标头信息，如图 4-20 所示。

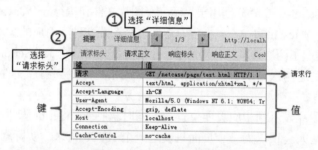

图 4-20 查看 HTTP 请求标头

在图 4-20 所示的请求行中，各部分的内容如下。

- 请求方法：GET。
- 请求地址：netcase/page/test.html。
- 协议版本：HTTP 1.1。

HTTP 请求标头中数量最多的是请求字段，浏览器通过请求字段告诉服务器它的相关信息，使服务器根据不同的客户端信息返回不同的响应内容，有看人下菜碟的意味，不至于服务器返回来的都是浏览器无法解析和识别的内容。

请求标头中每个字段以键值对的形式保存信息，中间以冒号分隔，例如"Host:localhost"，其中请求字段名称是 Host，代表键，而其对应的值为 localhost，其作用是表明请求的服务器地址就是本机。接下来，介绍本案例中针对 test.html 页面文件的 HTTP 请求标头包括的字段。

Accept 浏览器告诉服务器自己可以处理的内容类型，使用 MIME 类型来表示。对于不同的请求对象，该标头的值不相同。如果请求的是一个页面文件，则其内容类型为 text/html；

如果请求的是一张图片,则其内容类型可能为 image/png。本案例中告诉服务器,可以接收文本类型的 html 文件和应用类型的 xml 文件。

Accept-Language 浏览器告诉服务器自己可以理解的自然语言,并且按优先级顺序进行排列。用户可以在自己的浏览器中进行设置。例如,要通过 IE 浏览器进行设置,可以依次选择"工具"→"Internet 选项"→在弹出的"Internet 属性"窗口中选择"常规"选项卡,并单击"语言"按钮,打开"语言首选项"对话框,在此可以添加其他语言及进行优先级调整,如图 4-21所示。

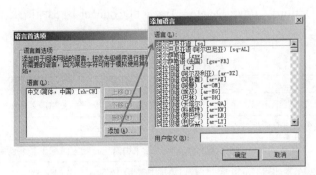

图 4-21　添加语言

User-Agent 用于告诉服务器浏览器所使用的操作系统、软件开发商以及版本号等环境信息,如图 4-22 所示。通过这个标识,服务器可以针对不同用户显示差异化的内容,从而带给用户更好的体验。

User-Agent	Mozilla/5.0 (Windows NT 6.1; WOW64; Trident/7.0; rv:11.0) like Gecko

图 4-22　User-Agent 字段

- Mozilla/5.0:产品标识/版本。出于某些历史原因,IE 浏览器需要把自己识别为 Mozilla,而不是直接标识为 IE/7.0。
- Windows NT 6.1:Window 7 系统的内核版本号。
- WOW64:64 位 Windows 操作系统。
- Trident/7.0:IE 的浏览器引擎内核。Gecko 是火狐浏览器的内核,由 Mozilla 组织打造。
- rv:11.0:当前使用的 IE 浏览器版本为 11.0。

Accept-Encoding 用于告诉服务器浏览器所能识别的编码方式,通常为支持的压缩算法。

- gzip:采用 LZ77 压缩算法,以及 32 位 CRC 校验的编码方式。
- deflate:采用 zlib 结构和 deflate 压缩算法。

Host 表示请求服务器的域名。Localhost 代表服务器在本地。

Connection 用于决定当前请求和响应结束后,是否会关闭网络连接。由于 HTTP 的无状态特性,如果每次通信都要重新建立网络连接,无疑会加大资源的开销,所以通过 Connection字段可以控制网络连接的持久性。如果该值是"keep-alive",此网络就持续保持连接状态,这样后续的请求就可以复用当前连接,不用再次建立新的网络连接了。

Cache-Control 提供了一种缓存策略,Cache-Control 可以取的值包括 public、private、 no-cache、no-store、no-transform、must-revalidate、proxy-revalidate、max-age。其中，no-cache代表交由服务器判断当前缓存是否可用，如果在持续时间内缓存资源没有修改过，则服务器发送 304 标识，页面依然读取缓存资源；反之，则发送 200 标识，由服务器重新发送资源给浏览器。

2. 请求方法

HTTP 请求标头中，第一行称为请求行，请求行中的第一个字段声明了 HTTP 的请求方法（或者称为请求类型）。在 HTTP 1.0 版本中定义了 Get、Post 和 Head 这 3 种请求方法，在 HTTP 1.1 中新增了 Options、Put、Delete、Trace 和 Connect 这 5 种请求方法。各请求方法对应的简要说明见表 4-2。

表 4-2　　　　　　　　　　　　　HTTP 请求方法的简要说明

请求方法	简要说明
Get	向服务器发出请求，希望获得一个资源文件（如请求一个 HTML 文件、一张 JPG 格式的图片等）
Post	向服务器提交数据处理请求（如提交表单、上传文件等）
Head	与 GET 请求类似，用于获取标头，响应结果中只包括响应的标头，不包括正文
Delete	请求服务器删除某项资源（在接口测试中常用于删除某条数据记录）
Put	向指定资源位置上传其最新内容（在接口测试中常用于更新某条数据记录）
Options	返回服务器针对特定资源所支持的 HTML 请求方法
Trace	回显服务器收到的请求，用于测试和诊断
Connect	该方法主要用于 HTTP 代理，当通过代理服务器请求某个目标服务器时，可以创建一个隧道（tunnel），用于传输浏览器和目标服务器之间的通信数据

4.3.4　封装 HTTP 响应的内容

1. 协议格式

HTTP 包括请求和响应两部分。在本案例中，从服务器向浏览器发送的数据使用 HTTP 响应协议进行封装。一个 HTTP 响应主要包括 3 部分内容——响应行、响应标头和响应正文，如图 4-23 所示。响应行表示此响应使用的协议版本、状态码和描述信息。响应标头包括多个响应字段，描述响应的细节内容。响应正文中一般保存服务器向客户端发送的数据描述，如响应数据的类型、长度、响应时间以及是否需要缓存等。

图 4-23　HTTP 响应的格式

响应行出现在响应协议的第一行，封装了以下 3 部分有效内容。

● 协议版本：服务器返回响应使用的 HTTP 版本，一般是 HTTP 1.1 版本。

- 状态码：用于表示 HTTP 响应状态的 3 位数字代码，由 RFC 2616 规范定义。
- 描述：对响应状态码的简要描述。

下面结合案例来实际分析一下 HTTP 响应中各部分的组成和内容。在 IE 浏览器中，从请求摘要列表中选择 test.html 请求，单击"详细信息"，选择"响应标头"，列表中会显示该响应所有的标头信息，如图 4-24 所示。

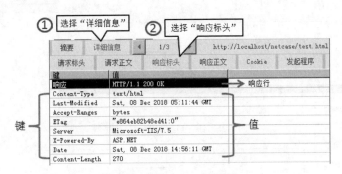

图 4-24　查看 HTTP 响应标头

响应行中各部分的内容如下。

- 协议版本：对 test.html 文件的响应使用的是 HTTP 1.1 版本。
- 状态码：200，说明请求已成功，响应状态正常。
- 描述：OK，对应 200 状态码，表示响应正常。

本案例针对 test.html 请求返回的响应中，响应头部包括以下字段。

- Content-Type：text/html，响应中的正文为文本类型的 html 文件。
- Last-Modified：响应中正文的上次修改时间。
- Accept-Ranges：服务器支持部分请求的标识，bytes 表示接受，none 表示不接受。
- ETag：响应正文资源的特定版本的标识符。
- Server：Microsoft-IIS/7.5，使用的 Web 服务器是微软的 IIS，版本号为 7.5 版本。
- X-Powered-By：IIS 服务器自行添加的字段，说明使用的是 ASP.NET 框架。
- Date：服务器响应时间，GMT 代表格林尼治时间，加 8 小时就是北京时间。
- Content-Length：270，响应中的正文大小为 270 字节。

不同网站页面的响应标头字段不尽相同，每个公司会根据自己的需要添加不同的字段，可以使用标准的标头字段（详见 RFC 7231 协议），也可以添加自定义字段。要通过 IIS 服务器添加自定义响应标头字段，可以按如下步骤进行操作。

（1）打开 IIS，选择站点，从文件列表中选中要处理的资源文件。

（2）双击"HTTP 响应标头"项，打开"编辑自定义 HTTP 响应头"对话框。

（3）输入自己定义的名称和值。

（4）刷新页面，重新捕获 HTTP 请求和响应，可以在响应标头中看到新增的字段，如图 4-25 所示。

查看完 test.html 请求的响应标头，我们再看一下响应正文。选择"响应正文"，会自动展现封装到 HTTP 响应正文中的内容，可以清楚地看到，这就是我们在前面案例中编写的 HTML 文件，如图 4-26 所示。

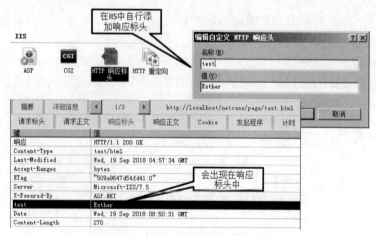

图 4-25　添加自定义响应标头字段

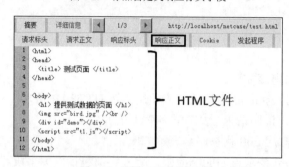

图 4-26　查看 HTTP 响应正文

2.　HTTP 状态码

　　HTTP 响应中的状态码由 3 位数字组成，代表不同含义。状态码可以分为 5 类，分别以 1～5 数字开头。表 4-3 列出了一些出现频率较高的状态码。

表 4-3　　　　　　　　　　　　　出现频率较高的 HTTP 状态码

状态码	英文描述	说明
100	Continue	通知客户端它的部分请求已经被服务器接受，且仍未被拒绝，客户端应当继续发送请求
101	Switching Protocols	服务器已经理解了客户端的请求，并将通过 Upgrade 消息头通知客户端采用不同的协议来处理这个请求
200	OK	请求已成功，请求所希望的响应标头或数据体将随此响应返回。出现此状态码表示正常状态
201	Created	请求已经实现，而且有一个新的资源已经依据请求的需要而建立。在接口测试中，如果 POST 请求成功添加记录，会返回此状态码
301	Moved Permanently	被请求的资源已永久移动到新位置，并且将来任何对此资源的引用都应该使用本响应返回的若干个 URI 之一
302	Move temporarily	请求的资源临时从不同的 URI 响应请求。由于这样的重定向是临时的，因此客户端应当继续向原有地址发送以后的请求
304	Not Modified	服务器通知客户端缓存内容未发生变化，可以使用，该响应只包括响应标头，不包括响应正文
401	Unauthorized	当前请求需要进行用户身份验证

续表

状态码	英文描述	说明
403	Forbidden	服务器已经理解请求，但是拒绝执行它
404	Not Found	请求失败，请求所希望得到的资源未在服务器上发现
500	Internal Server Error	服务器遇到了一个未曾预料的状况，导致它无法完成对请求的处理。当服务器端的动态代码出现语法错误时，就会出现该错误
502	Bad Gateway	当作为网关或者代理的服务器尝试执行请求时，从上游服务器接收到无效的响应

4.3.5　HTTP 的无状态特点

HTTP 一个显著的特点是"无状态"，我们用最简单的词汇理解就是"无记忆"，HTTP 是没有记忆的。

举个例子，你在自动售货机上购买饮料时，第一次买了一瓶矿泉水，第二次买了一瓶橙汁，第三次买了一瓶可乐，虽然一直都是你和自动售货机在交易，但是这些交易之间没有任何的联系，售货机不会关注你是谁，也不会关注你曾经购买过哪些东西，即售货机一直处于一种"失忆"的状态。

HTTP 的设计也是这样的，它从来不主动保存用户信息，不去关注你以前的操作等。这会造成怎样的后果呢？当你输入用户名和密码登录某个网站后，但是服务器不知道你是谁，因此，如果你要访问任何一个页面，都需要反复地登录，这会让你崩溃。

于是我们需要一个机制，让服务器随时能够分辨当前访问的用户是谁，继而控制其访问权限和呈现的页面内容。这个机制的实现有点类似于我们购物使用的会员卡。当你第一次去某个超市购物的时候，超市可能给你办理一张会员卡，当你以后再去这个超市购物的时候，只要出示这张会员卡，超市的收银系统就会自动识别出你是谁，你曾经购买过哪些物品，你是否享受折扣等。也就是说，通过这张会员卡，你和超市之间由"无状态"变成了"有状态"，这张会员卡帮助超市有了记忆。

对于 HTTP 而言，现在有多种技术手段帮它变得有状态、有记忆，如借助 Cookie 和会话技术，使用令牌技术和使用基于签名认证的 JSON Web 令牌技术等。

4.4　缓存

当我们访问过一个页面以后，这个页面中的静态资源（如图片、HTML 文件、JavaScript 文件等）往往会被浏览器保存下来，这个过程称为缓存（cache）。这么做是为了使用户再次访问相同页面的时候，这些静态资源不用从服务器重新下载到本地，而从缓存中直接读取，这样就加快了页面访问的速度，同时减轻了服务器和网络带宽的压力。

4.4.1　查看浏览器缓存

下面以微软的 IE 浏览器为例，看看缓存的相关设置。在 IE 浏览器中，依次选择"工具"→"Internet 选项"，打开"Internet 选项"对话框，选择"常规"选项卡，单击"设置"按钮，打开"网站数据设置"对话框。这里可以看到 IE 浏览器默认缓存文件的位置，单击"查看文件"按钮，可以直接在资源管理器中打开缓存文件夹，如图 4-27 所示。

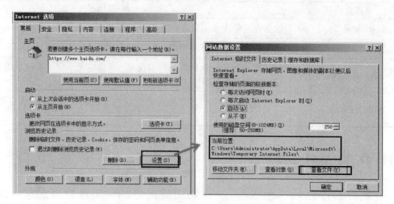

图 4-27　打开 IE 浏览器中缓存文件夹的方式

以百度首页为例，查看页面缓存的步骤如下。

（1）打开缓存文件夹，如果该文件夹中有文件，手工把这些文件全部删除，以初始化一个空白的缓存文件夹，模拟第一次访问页面的效果。

（2）打开 IE 浏览器，访问百度首页，页面打开成功后，回到缓存文件夹。

（3）在缓存文件夹内右击，选择"刷新"，可以看到百度首页中的图标文件、层叠样式表文件、JavaScript 脚本文件、图片文件等都已缓存，如图 4-28 所示。

名称	Internet 地址	过期时间	上次修改时间	上次访问时间
his?wd=&from=pc_web&...	https://www.baidu.com/his?...	2018/9/6 19:46	无	2018/9/6 18:47
favicon.ico	https://www.baidu.com/favi...	无	2017/10/27 14:16	2018/9/6 18:47
soutu.css	https://ss1.bdstatic.com/5...	2027/4/19 10:56	2016/11/7 15:51	2018/9/6 18:47
bd_logo1.png	https://www.baidu.com/img/...	2028/9/3 18:46	2014/9/3 18:00	2018/9/6 18:47
bd_logo1.png?qua=high	https://www.baidu.com/img/...	2028/9/3 18:46	2014/9/3 18:00	2018/9/6 18:47
camera_new_5606e8f.png	https://ss1.bdstatic.com/5...	2027/4/17 19:32	2016/11/7 15:51	2018/9/6 18:47
icons_5859e57.png	https://ss1.bdstatic.com/5...	2027/4/11 10:40	2016/11/7 15:51	2018/9/6 18:47
quickdelete_33e3eb8.png	https://ss1.bdstatic.com/5...	2027/12/19 0:53	2016/11/7 15:51	2018/9/6 18:47
rbios_efde696.png	https://ss1.bdstatic.com/5...	2027/4/27 23:07	2016/11/7 15:51	2018/9/6 18:47
all_async_search_800...	https://ss1.bdstatic.com/5...	2028/8/28 14:57	2018/8/27 17:38	2018/9/6 18:47
bdsug_async_125a126.js	https://ss1.bdstatic.com/5...	2028/5/12 16:48	2018/5/15 13:56	2018/9/6 18:47
every_cookie_4644b13.js	https://ss1.bdstatic.com/5...	2027/10/8 12:51	2017/10/9 16:42	2018/9/6 18:47
jquery-1.10.2.min_65...	https://ss1.bdstatic.com/5...	2027/4/20 15:29	2016/11/7 15:51	2018/9/6 18:47
nu_instant_search_86...	https://ss1.bdstatic.com/5...	2028/8/4 13:09	2018/8/6 13:42	2018/9/6 18:47
swfobject_0178953.js	https://ss1.bdstatic.com/5...	2027/4/11 20:32	2016/12/12 16:38	2018/9/6 18:47
tu_329aca4.js	https://ss1.bdstatic.com/5...	2027/4/21 9:14	2016/12/12 16:38	2018/9/6 18:47
www.baidu.com/	https://www.baidu.com/	2018/9/6 17:47	无	2018/9/6 18:47
baidu_jgylogo3.gif	https://www.baidu.com/img/...	2028/9/3 18:46	2011/6/22 14:40	2018/9/6 18:47
cookie:administrator...	Cookie:administrator@baidu...	2050/8/29 18:47	2018/9/6 18:47	2018/9/6 18:47
cookie:administrator...	Cookie:administrator@www....	2048/8/29 18:46	2018/9/6 18:47	2018/9/6 18:47

图 4-28　关于百度首页的缓存文件列表

缓存的优势是加快页面呈现的速度，减少占用的带宽，降低服务器的压力。如果服务器页面中更新了部分静态资源，用户看到的会不会还是缓存中旧的数据呢？这肯定是有可能的，但是可以通过一系列的手段来解决这些问题。

在图 4-28 所中，有一列"过期时间"，也称为"保鲜时间"。类似于超市里面的商品，只要在保鲜期以内是可以放心使用的，只要缓存文件没有超过这个过期时间，浏览器便会从缓存中直接读取文件并显示到页面上。

4.4.2　设置缓存过期时间

　　针对本案例，可以直接在 IIS 服务器中为指定的某个资源文件设置过期时间，后续我们将为bird.jpg这个图片文件设置一个过期时间。设置过期时间之前的图片响应标头如图 4-29 所示。

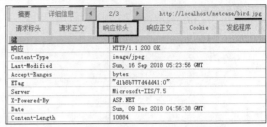

图 4-29　设置过期时间之前的响应标头

　　本节介绍如何为这个图片文件设置过期时间。

　　打开 IIS，找到并选中建立的虚拟目录 netcase，在右侧窗格中选择"内容视图"浏览模式，从文件列表中选中 bird.jpg 图片文件，右击，从弹出的快捷菜单中选择"切换到功能视图"命令，如图 4-30 所示。

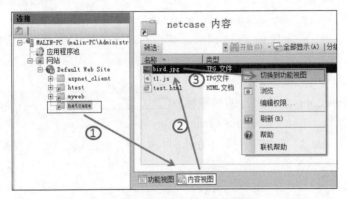

图 4-30　在 IIS 中切换到功能视图

　　在功能视图中找到"HTTP 响应标头"一项，双击，在右侧的"操作"面板中单击"设置常用标头"链接，弹出"设置常用 HTTP 响应头"对话框，如图 4-31 所示。

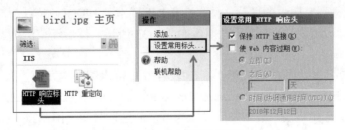

图 4-31　在 IIS 中设置常用标头

1.　设置立即过期模式

　　IIS 对过期时间的设置有 3 种方式，分别为立即过期、在多少天之后过期、在某个确定的时间点后过期。现在选择"立即"，如图 4-32 所示。

　　完成下面的操作之前，有一个设置需要注意一下，在"网络"选项卡中第三个按钮的功能是"始终从服务器中刷新"（见图 4-33），不要单击该按钮，而使用浏览器默认的缓存策略。

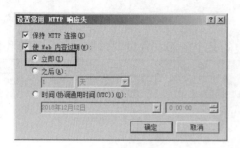

图 4-32　设置立即过期

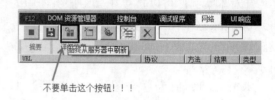

图 4-33　取消从服务器自动刷新

为了使用 IE 浏览器访问本案例中的页面，并对 HTTP 数据进行捕获、分析，要完成以下操作。

（1）打开 IE 缓存文件夹，清空全部缓存内容，以便模拟一个全新的请求。

（2）打开 IE 浏览器，打开开发者工具中的网络工具，启用网络流量捕获功能。

（3）在地址栏中输入 http://localhost/netcase/test.html 并按 Enter 键。

（4）在捕获记录中，选择 bird.jpg 请求，查看"详细信息"中的"响应标头"，如图 4-34 所示。

对比设置过期时间之前的响应标头，可以清楚地发现，在 bird.jpg 图片文件的响应标头中，多出了一个"Cache-Control: no-cache"键值对，Cache-Control 是 HTTP 中专门用于控制缓存的字段。先不着急解释这个字段，完成下面的操作后再统一看相关字段的含义。进入 IE 的缓存目录中，注意对比观察"上次访问时间"和"过期时间"两列，发现在访问之前（14:00）该文件已经过期（13:00）了，即实现了立即过期的功能。

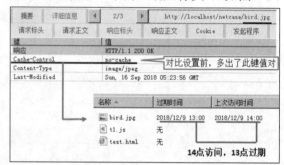

图 4-34　查看"响应标头"

2. 设置在多少天之后过期的模式

打开 IIS，定位到案例中的图片文件，打开"设置常用 HTTP 响应头"对话框，将过期方式切换到第二项，设置为 10 天之后过期，如图 4-35 所示。然后清空浏览器缓存，重新捕获 HTTP 请求数据。

对比设置过期时间之前的响应标头，在图 4-36 中可以清楚地发现，在 bird.jpg 图片文件的响应标头中，多出了一个"Cache-Control : max-age=864000"键值对，Cache-Control 是 HTTP 中专门用于控制缓存的字段，数字表示以秒为单位的过期时间（$10 \times 24 \times 60 \times 60 = 864000$）。进入 IE 浏览器的缓存目录中，注意对比"上次访问时间"和"过期时间"两列，二者正好相差 10 天，即实现了"10 天后过期"的功能。

3. 设置固定时间过期模式

打开 IIS，定位到案例中的图片文件，打开"设置常用 HTTP 响应头"对话框，将过期方式切换到第三项，设置为 2019 年 12 月 12 日 0:00:00 之后过期，如图 4-37 所示。然后清空浏览器缓存，重新捕获 HTTP 请求数据。

对比设置过期时间之前的响应标头，在图 4-38 中可以清楚地发现，在 bird.jpg 图片文件的响应标头中，多出了一个"Expires : Thu, 12 Dec 2019 00:00:00 GMT"键值对，Expires 是 HTTP 中设置过期时间的字段，使用了 GMT 时间表示方式。进入 IE 浏览器的缓存目录中，注意对比"上次访问时间"和"过期时间"两列，二者正好相差 1 年，即实现了"1 年后过期"的功能。

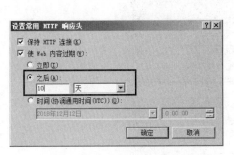

图 4-35　按天数设置过期时间

图 4-36　再次查看"响应标头"

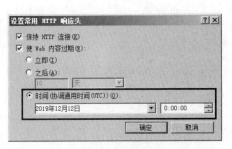

图 4-37　按指定时间设置缓存过期时间

图 4-38　第三次查看"响应标头"

4.4.3　缓存处理机制

1. 响应标头中的相关字段

在 HTTP 响应标头中，有几个字段和资源文件缓存后的过期时间密切相关，直接影响到浏览器对缓存的处理。

- GMT：格林尼治时间，加 8 小时即为北京时间。
- Date：服务器处理（响应请求）时间。可以认为它是当前时间，后面的过期时间都以这个时间为基准进行计算。
- Expires：该文件缓存后的过期时间。
- Cache-Control：缓存内容在指定秒数后失效。这个缓存过期时间以秒为单位。
- Last-Modified：在服务器上该文件的最后一次修改时间。当缓存资源过期以后要把这个时间传递回服务器，后面会讲到。
- ETag：为相应资源在服务器上生成的唯一标识符，如果资源发生改变，则生成新的 Etag 值。

2. 请求标头中的相关字段

我们对比一下针对同一个资源的响应标头和请求标头。在请求标头中有两个字段和响应标头中的两个字段的值是相同的，如图 4-39 所示。也就是说，这两个请求字段的值是从服务器的同一个资源的上一个响应中获得并保存的。

图 4-39　请求标头和响应标头中同值的字段

当浏览器无法决定缓存是否可用的时候，会把决定权交给服务器，同时将此两个字段通过请求重新传回服务器。

3. 谁拥有缓存是否可以使用的决定权

关于浏览器本地存储的缓存资源是否可以使用，浏览器有一定的决定权，但有时还要向服务器发送请求，由服务器决定。此时的请求中会附带 If-None-Match 和 If-Modified-Since 字段。我们要分辨以下几种常见的情况。

（1）缓存过期时间判断：浏览器通过对比当前时间和过期时间，判断该缓存是否过期。

（2）"Cache-Control: no-cache"：如果响应标头中有此设置，则不管缓存是否到过期时间，都要向服务器发送请求，由服务器决定该缓存是否可用，最终返回状态码是 304 或者 200 的响应。

（3）用户主观操作。

- 用户按下 Enter 键：按照浏览器默认方式处理，若缓存未过期，则直接读取页面；若缓存已经过期，则向服务器发送请求，由服务器判断，返回状态码是 304 或者 200 的响应。
- 用户单击"刷新"按钮：不管缓存是否到过期时间，都要向服务器发送请求，由服务器决定该缓存是否可用，最终返回状态码是 304 或者 200 的响应。
- 用户使用强制刷新功能（按下 Ctrl 键的同时单击"刷新"按钮）：浏览器和服务器都不进行任何缓存判断，直接返回最新资源文件，返回状态码是 200 的响应。

（4）浏览器及相关工具的设置。

- 浏览器的设置：以 IE 浏览器为例，依次选择"工具"→"Internet 选项"，打开"Internet 选项"对话框。在"常规"选项卡中，单击"浏览历史记录"下的"设置"按钮，弹出"网站数据设置"对话框，对缓存文件有 4 种不同的处理方式，如图 4-40 所示。如果单击"从不"单选按钮，则相当于每次都使用强制刷新功能。

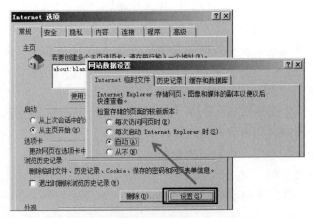

图 4-40 IE 浏览器中关于缓存文件的设置

● 相关工具的设置：在主流的浏览器开发者工具或者抓包工具中，都有缓存的相关设置，如图 4-41（a）～（c）所示。在每次监控网络捕获的消息时，可以选择是否禁用缓存内容，从而避免浏览器的缓存策略发生作用，导致无法捕获数据。

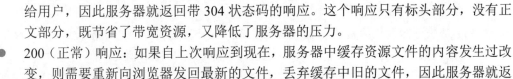

（a）Firefox浏览器中的缓存设置

（b）IE浏览器中的缓存设置

（c）Chrome浏览器中的缓存设置

图 4-41 不同浏览器中缓存的设置

4. 再谈 304 和 200 状态码

若服务器对浏览器针对缓存的请求内容进行判断，一般会返回状态码为 304 或者 200 的响应。

● 304（未改变）响应：如果自上次响应到现在，服务器中缓存资源文件的内容没有发生过改变，则不管缓存内容是否过期，浏览器都可以继续使用并呈现给用户，因此服务器就返回带 304 状态码的响应。这个响应只有标头部分，没有正文部分，既节省了带宽资源，又降低了服务器的压力。

● 200（正常）响应：如果自上次响应到现在，服务器中缓存资源文件的内容发生过改变，则需要重新向浏览器发回最新的文件，丢弃缓存中旧的文件，因此服务器就返回带 200 状态码的响应。这个响应既有标头部分，又有正文部分。

4.4.4 常见的缓存策略

1. Expires 策略

在 HTTP 1.0 版本中，通过 Expires 字段控制文件缓存过期时间，浏览器在文件过期前可以直接从缓存中读取数据。Expires 策略有缺点，其使用的过期时间是服务器的时间，当客户端的时间与服务器的时间不同步或者跨时区时，就会造成很大的麻烦，所以从 HTTP 1.1 版开始，使用 "Cache-Control: max-age=×××" 来解决这个问题。如果响应包含带 max-age 指令的 Cache-Control 字段，则接收方必须忽略 Expires 字段。

2. Modified 策略

响应 Last-Modified/请求 If-Modified-Since 表示资源的最后修改时间。

浏览器第一次向服务器发起请求的时候，服务器的响应标头会通过 Last-Modified 字段，传递该资源文件的最后修改时间，浏览器将其进行缓存。如果浏览器再次使用该文件，但是无法决定缓存中的该文件是否可用（如缓存过期，用户单击"刷新"按钮等情况），会向服务器重新发起请求，由服务器来决定，同时这个请求通过 If-Modified-Since 字段将最后修改时间返回给服务器。

服务器取出请求中 If-Modified-Since 附带的"最后修改时间"，与服务器上保存的已请求资源的"最后修改时间"进行比对，若两个时间相同，说明资源无改变，则返回 HTTP 304 状态码，告知浏览器继续使用所缓存的资源。若服务器上的"最后修改时间"较新，说明资源改动过，则返回 200 状态码，将最新的资源文件重新发给浏览器。

3. Cache-Control 策略

在 HTTP 1.1 版本中，使用 Cache-Control 来控制页面的缓存。Cache-Control 与 Expires 的作用一致，都指明当前资源的有效期，如果同时设置，Cache-Control 的优先级高于 Expires。

在 RFC 7234 的官方文档中，请求的 Cache-Control 指令包括 max-age、max-stale、min-fresh、no-cache、no-store、no-transform、only-if-cached，响应的 Cache-Control 指令包括 must-revalidate、no-cache、no-store、no-transform、public、private、proxy-revalidate、max-age、s-maxage。下面就其中几条常见指令简要说明一下，详细内容可参考官方文档。

- public：所有内容都将缓存。
- private：内容只缓存到私有缓存中。
- max-age：缓存的内容将在×××秒后失效。
- no-cache：缓存，但是缓存是否可用由服务器决定，返回 200 或 304 状态码。
- no-store：不缓存，返回 200 状态码。

另外，有些响应标头中会出现 Pragma 字段，这是为了兼容 HTTP 1.0，其作用与 "Cache-Control: no-cache" 是一样的，此处不再详述。

4. ETag 策略

ETag 是服务器为相应资源在服务器端生成的唯一标识符，类似于指纹或者 SVN 版本控制系统里的内置版本号。如果资源发生改变，则生成新的 ETag 值。

在响应标头中，ETag 需要同时配合 Cache-Control 使用。当浏览器判断出缓存资源过期时（即超出 "Cache-Control: max-age=×××" 秒），如果该资源具有 ETag 标识，则浏览器向服务器发送请求，请求标头中包括 If-None-Match 字段（存储 ETag 值），服务器收到请求后将请求发送过来的 ETag 和服务器资源当前的 ETag 进行对比。如果二者相同，证明该资源内容没有发生改变，缓存中的资源仍然可用，因此返回带 304 状态码的响应。如果二者不同，证明该资源内容在服务器端产生了改变，需要重新向浏览器返回最新内容，于是返回带 200 状态码的响应，如图 4-42 所示。

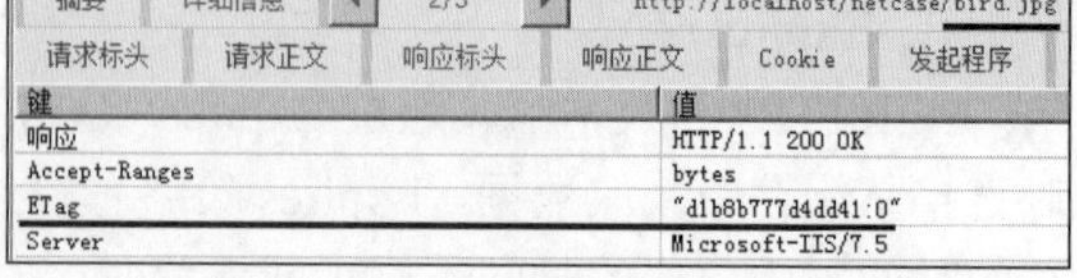

图 4-42　响应标头中带 200 状态码的响应

5. Last-Modified 和 ETag 之争

既然已经有了 Last-Modified 的处理机制，为什么还需要 ETag 呢？HTTP 1.1 中 ETag 的出现主要是为了解决几个比较难解决的问题。

- Last-Modified 标注的最后修改时间只能精确到秒级，如果某些文件在 1 秒以内修改多次，它将不能准确标注文件的修改时间。

- 如果某些文件会定期自动生成，Last-Modified 改变了，但其内容并没有任何变化，导致文件缓存策略失效。

当 Last-Modified 与 ETag 一起使用时，ETag 的优先级更高，服务器会优先验证 ETag。

4.5　Cookie

Cookie 是网站为了辨别用户身份、进行会话跟踪而存储在用户本机中的文本文件，属于缓存文件的一种，可以在浏览器的缓存文件夹中看到存储的 Cookie 信息，如图 4-43 所示。

HTTP 服务器可以使用这些信息维护一个在无状态 HTTP 下有状态的会话。

Cookie 中可以保存已访问网站的历史记录。例如，我们访问当当网的任意图书商品后，在其 Cookie 中就会保存被浏览图书的 ID，如图 4-44 所示。除此之外，Cookie 中还可以保存用户信息（如用户 ID 等），用于判断当前访问的用户是否为已登录用户。在网购中，"购物车"功能也会用到 Cookie。

名称	过期时间	大小
cookie:administrator@12306.cn/	2030/12/31 8:00	1 KB
cookie:administrator@37163.com/	2086/10/8 11:04	1 KB
cookie:administrator@74026.a.irs01.com/	2020/9/19 7:56	1 KB
cookie:administrator@74041.a.irs01.com/	2020/9/25 21:00	1 KB
cookie:administrator@admaster.com.cn/	2019/10/3 6:38	1 KB
cookie:administrator@adsrvr.org/	2019/9/28 8:19	1 KB
cookie:administrator@baidu.com/	2050/9/18 13:44	1 KB
cookie:administrator@baike.hao123.cn/	2019/3/23 11:01	1 KB
cookie:administrator@baofeng.com/	2039/12/31 0:00	1 KB

图 4-43　IE 浏览器的缓存文件夹中的 Cookie 文件列表

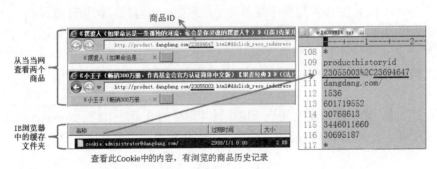

图 4-44　查看 Cookie 保存的内容

用户可以改变浏览器的设置，以使用或者禁用 Cookie。以 IE 浏览器为例，依次选择"工具"→"Internet 选项"，在弹出的"Internet 选项"对话框中，选择"隐私"选项卡，单击"高级"按钮，弹出"高级隐私设置"对话框，这里可以根据需要自行选择接受或者阻止 Cookie 功能，如图 4-45 所示。当然，如果禁用了 Cookie，有些页面和功能会失效，如无法将商品添加到购物车中，无法有效登录等。

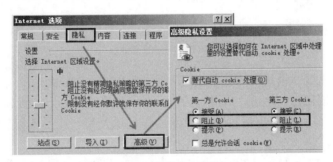

图 4-45　在 IE 浏览器中设置 Cookie

注意，在测试网站时，如果用户禁用了 Cookie 功能，而导致页面部分功能失效，网站应该友善地提醒用户允许接受 Cookie，并指引用户进行设置。

4.6　会话

会话（session）代表一次完整的通信过程，简单来说就是从你打开浏览器，输入网址，按下 Enter 键开始，到你在该网站结束浏览并关闭浏览器结束，这一整段时间内完成的所有操作统称为一次"会话"。

由于 HTTP 是无状态的，因此要在整个会话期间进行状态的维持就可以通过会话 Cookie 来实现。实现的原理大致如下。

（1）当用户 A 的第一个请求到达服务器后，服务器会在内存中专门开辟出一小块空间供用户 A 使用，并为这个小空间生成唯一的编号 No001（后续我们将这个编号称为 SessionID，而且位数会复杂得多）。服务器接收到第一个请求并产生第一个响应时，会把这个编号放入响应里面，并传递给用户 A 的浏览器。

（2）用户 A 的浏览器接收到服务器的响应后，从中取出 SessionID，保存到自己的临时 Cookie 中（保存在内存区域中），后续在用户 A 的所有请求中，都会带上这个编号（Cookie 会自动附加到请求中），并传递到服务器。对于用户 B，也有同样的处理过程。

（3）如果用户 A 完成了登录操作，服务器会把用户 A 的部分信息（如用户 ID 等）保存到开辟的那个会话空间中，这样当后续再有请求到达时，服务器根据请求中附带的这个 SessionID，找到对应的会话空间，并读取会话空间中存储的信息，进而可以确定是用户 A 发起的请求。

（4）依次类推，如果服务器收到一个请求，其附带的 SessionID 为 No002，则找到 No002 对应的存储区域，从中读取出 B 的用户信息，进而判断当前请求是用户 B 发出的，如图 4-46 所示。

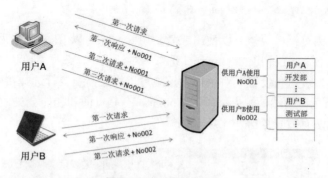

图 4-46　会话的原理分析

（5）当用户退出或注销系统的时候，服务器端应该清除对应会话空间中的内容。如果退出后忘记关闭浏览器窗口，单击"后退"按钮又会回到系统当中，从而造成安全隐患。

接下来，通过案例观察会话机制的实现过程，以便有一个更直观的理解。操作步骤如下。

（1）将 4.1 节中的 test.html 文件重命名为 test.asp，里面的代码不需要做任何更改。

（2）打开 IE 浏览器的缓存目录，清空所有历史记录和 Cookie，打开网络监控模式，开启 HTTP 捕获功能。

（3）访问 http://localhost/netcase/test.asp。

在网络捕获结果中，选择第一条请求，分别查看 test.asp 文件的响应标头和请求标头。在响应标头中多了一个 Set-Cookie 字段，其值的前半部分出现了 ASPSESSIONID 字样，等号后边有一串随机的字符串 OCBNKIJCBCBMNNNBPKEIJBLP，这就是我们前面说的由 IIS 服务器自动产生的 SessionID，这个 SessionID 保存在浏览器的临时 Cookie 中。同时观察请求标头，里面没有 SessionID 字段的相关内容，如图 4-47 所示。

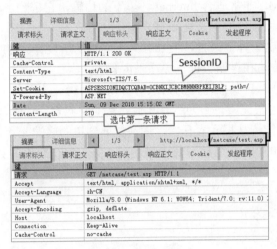

图 4-47　生成 SessionID

浏览器中的 Cookie 有两类：一类作为缓存保存在硬盘的缓存文件夹中；另一类叫作临时 Cookie，是保存在浏览器内存中的，关闭浏览器会从内存中释放此临时 Cookie。

在网络捕获结果中，选择第二条请求，查看 bird.jpg 文件的请求标头。在请求标头中多出了一个 Cookie 字段，其值与第一条响应中看到的 SessionID 的内容完全一致。这说明在后续的请求中，浏览器将保存 SessionID 的 Cookie 一并传到了服务器端，如图 4-48 所示。

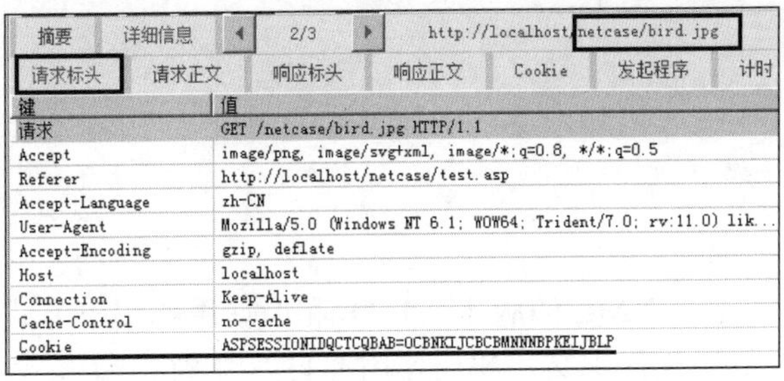

图 4-48　存储在 Cookie 中的 SessionID

最后总结一下 Cookie 和会话的区别。

（1）Cookie 保存在客户端，用于记录用户信息。Cookie 主要分两类：一类保存在浏览器的缓存空间中，拥有缓存的属性；另一类是临时 Cookie，保存在客户端的内存中，如存储 SessionID 信息。

（2）会话保存在服务器端，也用于记录用户信息。可以通过 SessionID 来判断是哪个用户发起的请求，进而可以决定其访问和处理权限。

（3）通过 Cookie 和会话解决了 HTTP 在客户端与服务器之间无状态的问题。

4.7　XML

可扩展标记语言（eXtensible Markup Language，XML）用来传输和存储数据。标记指计算机所能理解的信息符号，可以用来标记数据、定义数据类型等，从而使计算机之间可以传输和处理各种信息。XML 非常适合 Internet 环境下的传输，它是跨平台的，提供统一的方法来描述和交换独立于应用程序的结构化数据。

XML 和 HTML 都属于标记语言，但二者为不同目的所设计。HTML 用来显示数据，更注重外观；XML 用来传输和存储数据，更注重内容。

XML 使用简单的具有自我描述性的语法，可以根据封装数据的不同自行定义各类标记。一份 XML 文档必须包含根元素，作为所有其他元素的父元素，且所有元素均可拥有子元素，并最终形成一个树状结构，从根元素开始，逐渐扩展到树的底端元素。

以下为一份自定义的 XML 文档，其中描述了 3 条与汽车相关的数据。

```
1    <?xml version="1.0" encoding="UTF-8"?>
2    <cars>
3        <car type="SEDAN">
4            <brand>Volkswagen</brand>
5            <color>green</color>
6            <year>2015</year>
7            <price>300,000</price>
8        </car>
9        <car type="SEDAN">
10           <brand>Benz</brand>
11           <color>red</color>
12           <year>2017</year>
13           <price>1,200,000</price>
14       </car>
15       <car type="TRUCK">
16           <brand>Volvo</brand>
17           <color>white</color>
18           <year>2018</year>
19           <price>600,000</price>
20       </car>
21   </cars>
```

代码的解释如下。

第 1 行声明 XML，定义 XML 的版本（1.0）和所使用的编码方式（如 ISO-8859-1 表示拉丁语系西欧字符集，如果包括中文，建议使用 UTF-8 字符集）。

第 2 行定义 cars 根元素标记，与第 21 行形成一对闭合的标记。其他元素也需要对应的同名标记。

第 3 行定义 car 元素标记，可以通过指定 type 属性进行分类。例如，SEDAN 代表小轿车类型，TRUCK 代表卡车类型。

第 4～7 行分别定义了 brand、color、year 和 price 子元素标记。

这份 XML 文档的树状结构如图 4-49 所示。

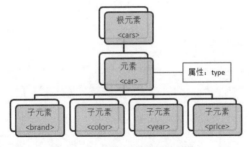

图 4-49　XML 文档的树状结构

4.8　JSON

JSON（JavaScript Object Notation）是一种轻量级的数据交换格式，完全独立于编程语言，采用文本格式来存储和表示数据。它是基于 ECMAScript（欧洲计算机协会制定的 JavaScript 规范）的一个子集。相对于 XML 语言，JSON 没有附加的任何标记，可直接作为 JavaScript 对象进行处理，使用起来既方便，又可以减少交换产生的流量。

JSON 对象的结构如下所示，最外层是一对大括号，中间数据则以"键值对"的形式存储，并以逗号分隔。这也是 JavaScript 语言中创建对象的方法。

```
1    {
2        key1:value1,
3        key2:value2,
4        ...
5    }
```

如果以 JSON 格式表示一个学生对象，并存储他的姓名、性别和年龄，可以使用如下的定义。

```
1    {
2        "name":"Jonah",
3        "gender":"mail",
4        "age":"15"
5    }
```

如果要同时存储多个学生对象，JSON 对象可以用数组的形式来保存，最外层使用一对中括号，对象之间使用逗号分隔。

```
6    [
7        {
8            "name":"Jonah",
9            "gender":"mail",
10           "age":"15"
11       },
12       {
13           "name":"Alice",
14           "gender":"femail",
15           "age":"16"
16       },
17
18   ]
```

在我们进行接口测试的时候，很多时候向接口发送的数据和接口返回的数据以 JSON 格式保存，而且符合 RESTful 风格设计的接口，要求必须返回 JSON 格式的数据，如图 4-50 所示。

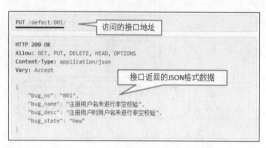

图 4-50　接口返回的 JSON 格式数据

4.9　本章小结和习题

4.9.1　本章小结

本章介绍了与网络相关的基础知识，包括 OSI 与 TCP/IP 模型的结构和特点，HTTP 的请求和响应过程，如何通过浏览器的开发人员工具对协议传输内容进行捕获和分析。通过实际案例，本章形象且直观地介绍 HTTP 缓存的处理机制。这些都是在进行与网络有关的测试时必备的知识，尤其进行接口测试的时候，需要对网络中通信的数据进行截获和分析，继而发现问题、解决问题。

4.9.2　习题

1. 请说出 OSI 模型中每层的名称及其作用。
2. 请说出 HTTP 中 304 状态码的含义，以及它是在什么情况下产生的。
3. 请说出 Cookie 和会话的区别，以及它们是如何进行用户身份识别的。
4. 请说出 HTTP 标头中有哪些字段是和缓存的过期时间有关的。
5. 请解释 HTTP "无状态" 的特点。

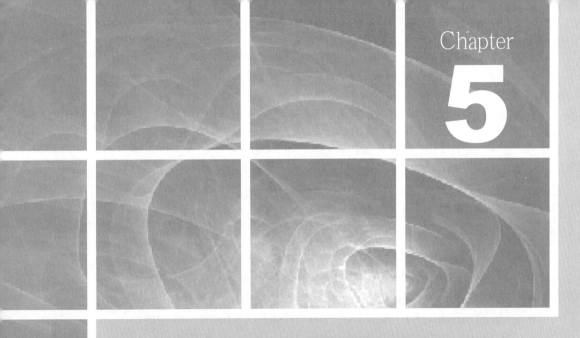

Chapter

5

第 5 章

接口测试环境的
搭建

我们常说知其然还要知其所以然，要做好接口测试，就需要先了解接口，最直接的方法就是尝试开发一个接口，进而明白接口是如何实现的，又是如何工作的，这样直指本质，了然于胸，在做接口测试的时候就会水到渠成，事半功倍了。

本章介绍如何通过 Django 开源 Web 框架实现几个接口案例的开发。这些案例由浅入深，从最简单的接口，到包含数据模型的接口，到实现 RESTful 风格的接口。另外，本章还介绍常见的令牌、JWT 接口认证方式。案例中尽可能简化业务逻辑和开发代码，突出主要功能，并尽量引用框架本身的封装来实现接口功能。

本章包括以下几个案例。

- 以命令行方式实现一个简单的接口，返回一条 JSON 数据。
- 在 PyCharm 中实现一个返回 JSON 格式数据库记录的接口。
- 通过 Django REST Framework 实现一个 RESTful 设计风格的接口。
- 为接口实现基于令牌的用户认证方式。
- 为接口实现基于 JWT 的用户认证方式。

5.1　创建虚拟环境

假设公司有多个 Python 项目，每个项目使用的 Python 版本都不统一，而且每个项目会用到不同的第三方库文件，这些第三方库文件也涉及不同的版本。类似的种种问题仅靠一个 Python 环境肯定是不行的，我们不可能维护每个项目的时候都重新安装一遍系统，所以就提出了虚拟环境的概念，让每个项目都享有一个独立的 Python 运行环境。

我们需要先创建 Python 的虚拟环境，然后在虚拟环境中安装开发接口使用的第三方库。本章的所有运行环境及工具都在 Windows 64 位操作系统下完成，需要安装的库文件包括以下几个。

- virtualenv：创建并管理一个独立的 Python 虚拟运行环境。
- virtualenvwrapper：基于 virtualenv 的虚拟环境管理包。
- Django：一个开源的基于 MVC 模式的 Web 应用框架。
- Django REST Framework：基于 Django 的 REST 框架，用于完成 Web API 的开发。
- Django REST Framework JWT：基于 JWT 的认证工具包。

以上这些库都可以通过 pip 命令进行安装，其实就是从 Python 官方网站下载并安装。不过出于网络和带宽的原因，如果访问 Python 官网的速度很慢，可以选择从国内的镜像源站点安装。当然，国内的有些镜像源站点的更新并不一定很及时，如果需要的版本在镜像源中找不到，还是要通过官方网站进行安装。

国内镜像的源地址参见豆瓣和清华大学官网。

默认从官方网站安装的命令格式是 pip install <包名称>。

使用国内镜像源安装的命令格式是 pip install -i <镜像源地址> <包名称>。

5.1.1　通过 virtualenv 创建虚拟环境

virtualenv 是 Python 默认的虚拟环境搭建工具，使用起来非常简便。通过以下几个操作步骤即可创建虚拟环境。

（1）通过 pip 命令安装 virtualenv 包。

（2）通过 help 选项查看帮助。

（3）创建虚拟环境目录（即新建一个空白的文件夹）。

（4）通过 virtualenv 命令创建一个新的 Python 虚拟环境。

（5）查看虚拟环境所在的目录，了解目录的文件结构。

（6）通过 activate.bat 命令激活虚拟环境，进入可使用状态。

（7）通过 deactivate.bat 命令退出虚拟环境。

1. 安装 virtualenv 包

首先，进入命令行窗口（也称命令提示符窗口、控制台窗口）。可以通过选择"开始"→"所有程序"→"附件"→"命令提示符"打开命令行窗口，也可以同时按下 Windows 徽标键+R 键打开"运行"对话框，输入命令 cmd，按 Enter 键，直接打开命令行窗口。

然后，在命令行窗口中，输入命令 pip install virtualenv，即可安装 virtualenv 包，如图 5-1 所示。

图 5-1 安装 virtualenv 包

2. 查看帮助

关于 virtualenv 命令，通过配置不同的选项，可以实现不同的功能，这里我们使用 help 选项来详细查看该命令都有哪些选项，并查看这些选项的功能描述和使用方法。例如，从帮助文档中可以看到 virtualenv 命令有一个 -p 选项，用于指定新建的虚拟环境使用哪个版本的 Python 作为解释器。

输入命令 virtualenv --help，查看 virtualenv 命令的帮助信息，如图 5-2 所示。

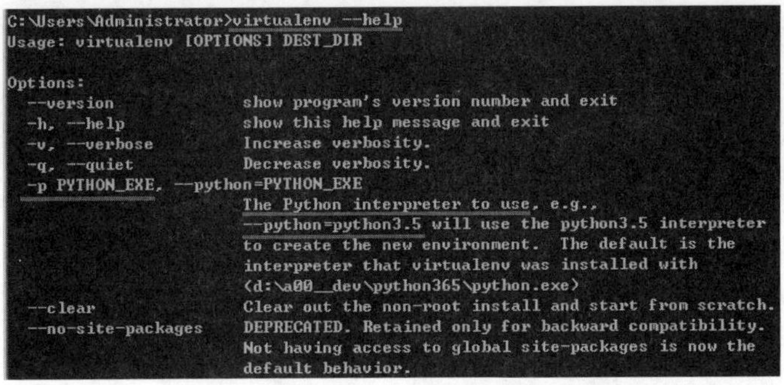

图 5-2 查看 virtualenv 命令的帮助信息

3. 创建虚拟环境目录

可以建立 Python 的多个虚拟环境，分别维护不同的项目。为了统一识别和管理，这里提前规划一个空白的文件夹，用于存放后续所有的 Python 虚拟环境。

（1）新建空文件夹，名称为 pyvirtualenv。

（2）进入 pyvirtualenv 目录，按下 Shift 键，同时在空白处右击，选择"在此处打开命令窗口"菜单项。

（3）在弹出的命令行窗口中，默认定位于 pyvirtualenv 文件夹，如图 5-3 所示。

4．创建虚拟环境

前面的准备工作完成后，接下来就可以创建一个新的 Python 虚拟环境了。我们使用

图 5-3　从命令行进入 pyvirtualenv 文件夹

Python 3.7 版本，通过 -p 选项来指定该版本的 python.exe 文件所在路径。

我们将新建的虚拟环境命名为 py37test。

命令格式是 virtualenv -p <指定某个版本的 Python 路径> <环境名称>。

输入命令 virtualenv -p D:\A00__Dev\python37/python.exe py37test，创建一个新的虚拟环境，如图 5-4 所示。

图 5-4　创建一个新的虚拟环境

5．了解虚拟环境的目录结构

打开 pyvirtualenv 文件夹，在该文件夹内，每个新建的 Python 虚拟环境都会对应一个子文件夹，该子文件夹的名称即为虚拟环境的名称，可以看到新生成的 py37test 文件夹，对应于上一个步骤中新建的 py37test 虚拟环境，两者名称相同。展开此虚拟环境目录，找到下面的 Scripts 子文件夹，里面有一个 python.exe 文件，这就是我们新建的虚拟环境中所指定版本的 Python 可执行文件。通过右击查看虚拟环境中使用的 Python 版本，如图 5-5 所示。

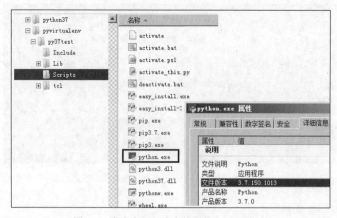

图 5-5　查查虚拟环境中使用的 Python 版本

6．激活虚拟环境

新建的虚拟环境需要激活后才可以使用。在 Scripts 文件夹下有一个 activate.bat 文件，执

行该文件就可以激活新建的虚拟环境了。激活成功后，命令行前缀中会出现虚拟环境名称，如图 5-6 所示。

图 5-6　激活虚拟环境

7. 退出虚拟环境

在虚拟环境中完成相应的工作后，必须手动退出虚拟环境，退出成功的标志是命令行前缀中的虚拟环境名称消失。

输入命令 `deactivate.bat`，退出虚拟环境，如图 5-7 所示。

图 5-7　退出虚拟环境

5.1.2　通过 virtualenvwrapper 创建虚拟环境

使用 virtualenv 创建虚拟环境后，如果我们要启动某个虚拟环境，需要从命令行进入指定的虚拟环境下的 Scripts 子目录，运行 activate.bat 文件。如果有多个虚拟环境，每个虚拟环境的位置不容易记忆，且操作步骤比较烦琐。这里我们使用 virtualenvwrapper 这个第三方库来解决以上的问题，以便统一管理 Python 虚拟环境。

通过 virtualenvwrapper 搭建虚拟环境的步骤如下。

（1）通过 pip 命令安装 virtualenvwrapper 包。

（2）设置环境变量，使 virtualenvwrapper 可以自动识别虚拟环境的存放目录。

（3）查看虚拟环境存放目录中所有已经建立的虚拟环境列表。

（4）通过 virtualenvwrapper 新建一个虚拟环境并自动激活。

（5）退出虚拟环境。

（6）进入指定虚拟环境。

1. 安装 virtualenvwrapper 包

直接通过 pip 命令选择从官网安装即可，这里我们输入命令 `pip install virtua-lenvwrapper-win`，选择安装的是 Windows 版本，如图 5-8 所示。

2. 设置环境变量

在安装 virtualenvwrapper 时需要提供虚拟环境所在路径，这里我们通过设置 WORKON_HOME

环境变量来实现，virtualenvwrapper 会自动读取该环境变量，进而找到本机中已安装的虚拟环境。

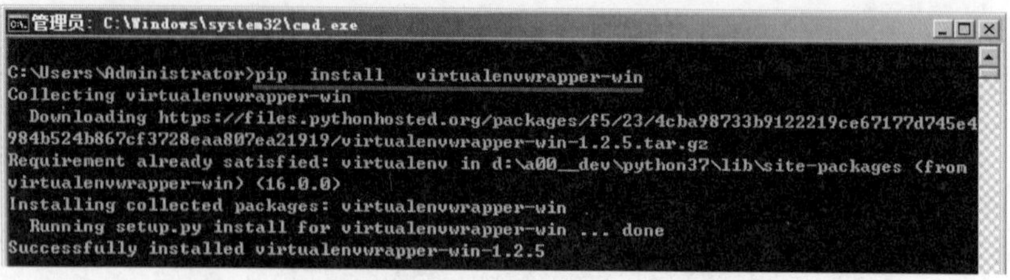

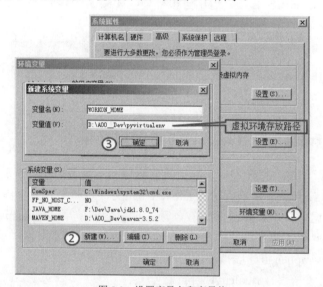

图 5-8 安装 virtualenvwrapper 第三方包

首先，右击桌面上的"计算机"图标，选择"属性"，打开"系统属性"对话框，选择"高级"选项卡，单击"环境变量"按钮。

然后，在弹出的"环境变量"对话框的"系统变量"区域中单击"新建"按钮，弹出"新建系统变量"对话框，分别输入变量名和变量值，单击"确定"按钮。

这里我们输入的变量名为"WORKON_HOME"，变量值为"D:\A00__Dev\pyvirtualenv"，即前面步骤中我们指定用于存放虚拟环境的目录，如图 5-9 所示。

图 5-9 设置变量名和变量值

3. 查看虚拟环境列表

修改环境变量后，需要关闭并重新打开一个命令行窗口，使环境变量生效。由于设置了环境变量，因此现在我们在任意目录中都可以使用 virtualenvwrapper 的命令了，而不必像以前那样需要切换到虚拟环境所在目录才可以执行相关的命令。

输入 workon 命令后，自动列出 WORKON_HOME 环境变量所指向目录中所有已存在的虚拟环境名称（见图 5-10）。当然，前面步骤中我们通过 virtualenv 命令建立的 py37test

图 5-10 查看本机虚拟环境列表

虚拟环境也会显示出来。

4. 新建虚拟环境

通过 virtualenvwrapper 和 virtualenv 都可以创建 Python 虚拟环境，而且创建成功后，该环境会自动激活，同时命令行前缀中会出现虚拟环境名称。我们依然通过-p（或者--python）选项指定该虚拟环境中使用的 Python 版本。

命令格式是 mkvirtualenv -p <指定某个版本的 Python 路径> <环境名称>。

输入命令 mkvirtualenv -p D:\A00__Dev\python37\python.exe apitest 或者 mkvirtualenv --python=D:\A00__Dev\python37\python.exe apitest，新建虚拟环境，如图 5-11 所示。

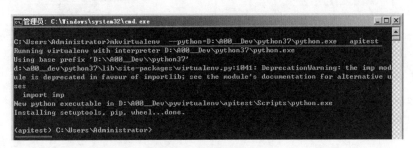

图 5-11　新建虚拟环境

5. 退出虚拟环境

在虚拟环境中完成相应的工作后，必须手动退出虚拟环境，退出成功的标志是命令行前缀中的虚拟环境名称消失。

输入 deactivate 命令，退出虚拟环境，如图 5-12 所示。

6. 进入指定虚拟环境

当通过 workon 命令列出当前所有的虚拟环境名称列表后，可以从列表中选择任意一个虚拟环境并进入。进入成功后，命令行提示符前缀中会出现该虚拟环境名称。

命令格式是 workon <要进入的虚拟环境名称>。

输入 workon apitest 命令，进入指定名称的虚拟环境，如图 5-13 所示。

图 5-12　退出虚拟环境

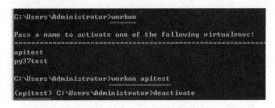

图 5-13　进入指定名称的虚拟环境

5.1.3　安装 Django

Django 是一个开源的 Python Web 框架，采用了 MVC 模式，遵守 BSD 版权（BSD 开源协议可以给予使用者很大的自由度，它鼓励代码共享，允许使用者修改和重新发布代码，也允许在其基础上开发商业软件以发布和销售）。Django 有许多版本，可以根据项目需求来选择相应的版本，图 5-14 是由 Django 官网提供的各版本发布时间。

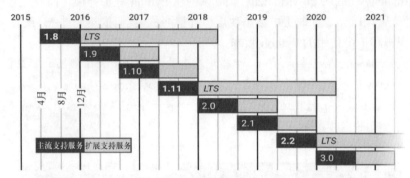

图 5-14 Django 版本的发布时间

在安装 Django 时，可以根据自己的需要使用下面 3 个命令中的任意一个。

● `pip install django`，直接安装最新版。
● `pip install django==<选择安装的版本>`，安装指定的版本。
● `pip install -i <镜像源地址> django==<指定版本>`，从镜像站点安装。
下面让我们一起来完成 Django 的安装。

首先，选择进入一个 Python 虚拟环境，这里我们通过 `workon apitest` 命令进入前面创建成功的 apitest 虚拟环境。

确认进入虚拟环境后，就可以在该虚拟环境下安装 Django 了，此处我们选择从官网默认安装，输入 `pip install django` 命令，如图 5-15 所示。

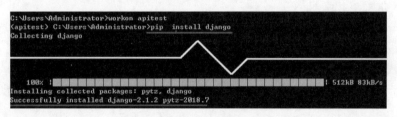

图 5-15 安装 Django

我们可以查看所安装的 Django 版本，通过 `python` 命令的 `-m` 选项指明第三方库名称，通过 `--version` 参数指明需要输出其版本号。

输入 `python -m django --version` 命令，查看 Django 版本，如图 5-16 所示。

Django 安装成功后，进入当前虚拟环境所在目录，在 Scripts 文件夹下可以找到 django-admin.exe 文件，用于完成 Django 项目的管理操作。另外，

```
(apitest) C:\Users\Administrator>python -m django --version
2.1.2
```

图 5-16 查看 Django 版本

在 Lib\site-packages 文件夹下，可以发现多了 Django 的同名子文件夹，该子文件夹用于存放 Django 自身的库文件，如图 5-17 所示。

python37
pyvirtualenv
apitest
Include
Lib
__pycache__
collections
distutils
encodings
importlib
site-packages
Scripts
tcl
名称
__pycache__
django
Django-2.1.2.dist-info
pip
pip-18.1.dist-info
pkg_resources
pytz
pytz-2018.7.dist-info
setuptools
setuptools-40.5.0.dist-info

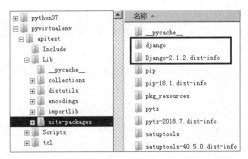

图 5-17 查看 Django 安装后的目录结构

5.1.4 安装 Django REST Framework

Django REST Framework 是一个用于构建 Web API 的强大而灵活的开发框架，我们在后面的案例中会使用 Django REST Framework 构建一个 RESTful 风格的接口。

我们选择安装 Django REST Framework 3.9 版本，这个版本支持的 Python 与 Django 版本分别为 Python 2.7、3.4、3.5、3.6、3.7 和 Django 1.11、2.0、2.1。

输入命令 `pip install djangorestframework`，安装 Django REST Framework，如图 5-18 所示。

(apitest) C:\Users\Administrator>pip install djangorestframework
Collecting djangorestframework
Installing collected packages: djangorestframework
Successfully installed djangorestframework-3.9.0

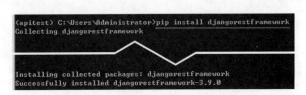

图 5-18 安装 Django REST Framework

5.1.5 安装 Django REST Framework JWT

Django REST Framework JWT 是一个提供 JSON Web 令牌（JSON Web Token，JWT）身份验证支持的第三方库，实现于 Django REST Framework 框架之上。我们在后面的案例中会分别解释并应用基于令牌和 JWT 的认证技术。

输入 `pip install djangorestframework-jwt` 命令，安装 Django REST Framework JWT，如图 5-19 所示。

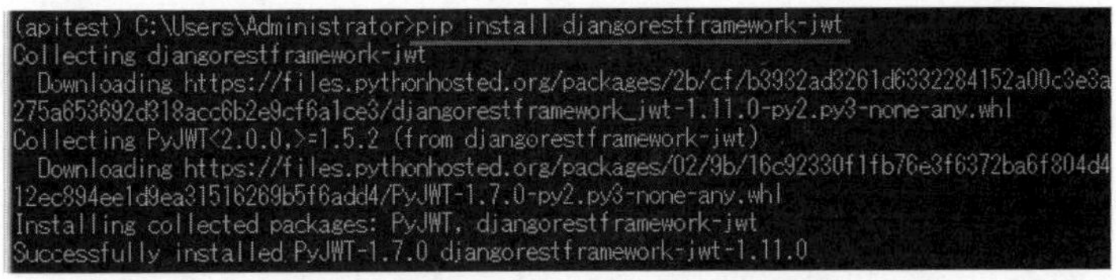

(apitest) C:\Users\Administrator>pip install djangorestframework-jwt
Collecting djangorestframework-jwt
Downloading https://files.pythonhosted.org/packages/2b/cf/b3932ad3261d6332284152a00c3e3a
275a653692d318acc6b2e9cf6a1ce3/djangorestframework_jwt-1.11.0-py2.py3-none-any.whl
Collecting PyJWT<2.0.0,>=1.5.2 (from djangorestframework-jwt)
Downloading https://files.pythonhosted.org/packages/02/9b/16c92330f1fb76e3f6372ba6f804d4
12ec894ee1d9ea31516269b5f6add4/PyJWT-1.7.0-py2.py3-none-any.whl
Installing collected packages: PyJWT, djangorestframework-jwt
Successfully installed PyJWT-1.7.0 djangorestframework-jwt-1.11.0

图 5-19 安装 Django REST Framework JWT

5.2　案例 1：Django 接口测试环境的搭建

本案例将通过命令行的方式实现一个 Django 接口，该接口的功能只是简单地返回一条 JSON 格式的数据，目的是让读者初步理解接口的工作方式。

接口说明如下。

- 访问地址：http://127.0.0.1:8000/test01/。
- 请求类型：GET。
- 返回数据：{"name": "Tom", "age": 30}。

为了使用 Django 创建一个项目，并实现一个接口的基本功能（访问指定的 URL，自动返回 JSON 格式数据），需要通过以下几个操作步骤来完成。

（1）为即将创建的项目新建一个空白的存储目录。

（2）通过 startproject 命令创建一个新的项目。

（3）通过 startapp 命令在项目中创建一个新的应用。

（4）查看 Django 项目默认的结构。

（5）编辑 settings.py 文件（也叫配置文件），将新建的应用注册到项目中。

（6）编辑 views.py 文件（也叫视图文件），编写用于处理业务逻辑的代码。

（7）编辑 urls.py 文件（也叫映射文件），实现接口访问地址和业务逻辑之间的映射关系。

（8）运行项目，启动服务。

（9）访问接口，查看返回的 JSON 格式响应数据。

5.2.1　新建项目目录

Django 项目会存储在一个单独的文件夹中，在创建项目之前我们应该先规划好其存储的目录，方便以后维护和查找。具体步骤如下。

（1）新建空文件夹 pyprojects，后续的所有 Django 项目都将存储在这个文件夹中。

（2）在命令行窗口中进入该文件夹，按下 Shift 键，同时右击，选择"在此处打开命令窗口"菜单项。

（3）为了查看当前存在的虚拟环境列表，输入 workon 命令。

（4）输入 workon apitest 命令，选择进入 apitest 虚拟环境，如图 5-20 所示。

图 5-20　进入指定的虚拟环境

5.2.2　创建项目

在命令行窗口中，可以通过 django-admin 提供的一系列命令来管理和维护 Django 项目，其中 startproject 命令可以用于创建一个新的 Django 项目。其他命令可以通过直接运行 django-admin 来查看，这里不再详述。

命令格式是 django-admin startproject <项目名称>。

输入 django-admin startproject apitestproject 命令，创建 Django 项目，如图 5-21 所示。

图 5-21 创建 Django 项目

5.2.3 创建应用

一个 Django 项目是由一个或多个应用组成的，这里的应用是个名词，可以理解成项目中的模块。每个项目都要根据实现的功能拆分成多个应用，例如，对于一个电商网站的管理后台，我们可以将用户信息管理、商品信息管理、交易信息管理这 3 个模块的开发分别封装到 3 个独立的应用中。

在创建应用的时候，我们需要先进入该项目所在目录。可以在命令行窗口中通过 cd 命令进入，也可以通过按下 Shift 并右击，选择"在此处打开命令窗口"菜单项的方式进入。

输入 cd apitestproject 和 python manage.py startapp appdemo1 命令，创建 Django 应用，如图 5-22 所示。

图 5-22 创建 Django 应用

5.2.4 查看项目结构

项目和应用创建成功后，我们来看一看 Django 项目的结构是怎样的。进入项目根目录中，通过 Windows 自带的 tree 命令，可以列出当前目录的树状结构，命令中间的句点是相对路径的表示方法，代表当前所在路径，参数 /f 代表显示每个文件夹中文件的名称。

输入 tree . /f 命令，列出 Django 项目的结构，如图 5-23 所示。

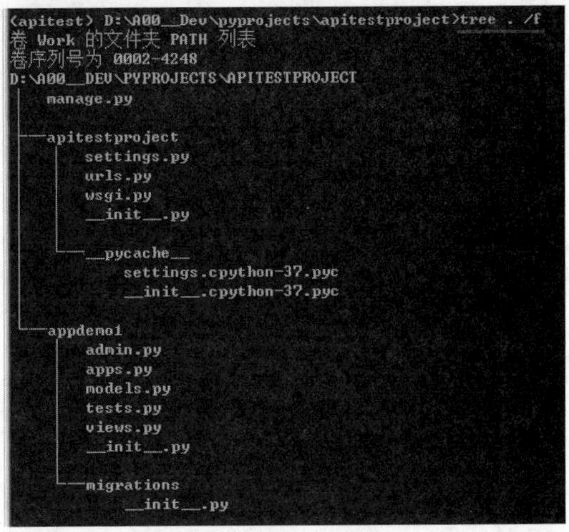

下面介绍 Django 项目中的部分文件。

- manage.py：一个命令行实用程序，与 Django 项目进行交互。
- apitestproject：与项目同名的文件夹，用于项目的全局配置。
  - settings.py：配置文件，对 Django 项目进行全局配置。
  - urls.py：映射文件，实现 URL 地址到视图的映射关系。

图 5-23 Django 项目的结构

- ■ wsgi.py：与 WSGI 兼容的 Web 服务器的入口。
- ● appdemo1：项目中的应用。
  - ■ admin.py：用于项目的后台管理。
  - ■ apps.py：进行应用的相关配置。
  - ■ models.py：模型文件，对应于数据库的相关操作。
  - ■ tests.py：测试文件，对本应用的内容进行测试。
  - ■ views.py：视图文件，用于处理业务逻辑。
  - ■ migrations：记录模型中数据库内容的变更。

5.2.5 注册应用

创建完 appdemo1 应用以后，我们需要把这个应用注册到 apitestproject 项目中才可以使用。打开项目根目录下的 apitestproject\settings.py 文件，找到 INSTALLED_APPS 项，在最后一行处添加上面新建的应用 appdemo1。注意，必须以逗号结尾。

apitestproject\apitestproject\settings.py 文件的内容如下。

```
1  INSTALLED_APPS = [
2      'django.contrib.admin',
3      'django.contrib.auth',
4      'django.contrib.contenttypes',
5      'django.contrib.sessions',
6      'django.contrib.messages',
7      'django.contrib.staticfiles',
8      'appdemo1'
9  ]
```

5.2.6 编写视图代码

Django 接口收到 HTTP 请求后，需要进行业务处理，这可以通过在 views.py 文件中定义的类或函数来实现。Django 处理请求有两种方式，即基于函数的视图（Function Based View，FBV）和基于类的视图（Class Based View，CBV）。FBV 在视图里使用函数来处理请求，CBV 在视图里使用类来处理请求。通过这种面向对象的方式处理请求，代码的复用性更高，这也是 Django 官方推荐的做法，在本章的案例中均使用 CBV。

apitestproject\appdemo1\views.py 文件的内容如下。

```
1  from django.shortcuts import render
2  from django.views.generic.base import View
3  from django.http import HttpResponse
4  import json
5
6  class DemoView(View):
7      def get(self,request):
8          product_dict = {"name":"Tom","age":30}
9          return HttpResponse(json.dumps(product_dict),content_type="application/json")
```

代码的解释如下。

第 6 行新建一个类 DemoView, 该类继承自 Django 提供的 View 类。

第 7 行重写 get() 函数。如果前端传来的是一个 GET 类型的 HTTP 请求, Django 会自动调用 get() 函数进行处理。同理, 也可以重写一个 post() 函数, 专门来处理 POST 类型的 HTTP 请求。参数 request 中自动封装了 HTTP 的请求对象。

第 8 行新建一个字典 (dict), 用于模拟一条简易数据, 作为响应的返回内容。

第 9 行设置 get() 函数的返回值作为 HTTP 的响应内容。json.dumps(product_ dict) 函数将 dict 数据转化为 JSON 格式数据, content_type 在响应标头中标明响应的内容类型为 JSON 格式数据。

5.2.7 实现 URL 映射

在使用浏览器访问一个页面的时候, 需要在地址栏中输入访问的 URL, 服务器收到对这个地址的请求后, 决定使用哪部分代码处理这个请求并产生响应。在 Django 中, 这个过程需要通过配置 urls.py 文件来实现。

apitestproject\apitestproject\urls.py 文件的内容如下。

```
1    from django.contrib import admin
2    from django.urls import path
3    from appdemo1.views import DemoView
4
5    urlpatterns = [
6        path('admin/', admin.site.urls),
7          path('test01/',DemoView.as_view(),name="demo01")
8    ]
```

代码的解释如下。

第 3 行导入我们前面编写好的视图文件中的 DemoView 类。

第 7 行完成请求 URL 到视图 (views.py) 的映射关系, test01 是我们定义的 URL, 这里可以自行命名。DemoView.as_view() 调用 DemoView 的基类 View 中的 view() 函数, 此函数可以避免对请求方法 (如 GET 和 POST) 的判断, 直接由视图文件中对应的函数处理不同类型的请求, 如对于 GET 请求会自动调用 get() 函数。

5.2.8 运行服务

项目运行之后就可以实现接口的访问了。项目的运行通过 runserver 命令来完成。runserver 是 Django 自带的 Web 服务器, 主要用于开发和调试, 部署到线上时可以采用诸如 Nginx + uWSGI 的常规环境搭配方式。注意, 项目成功启动后直到结束的这段时间里, 不要关闭命令行窗口。如果确实需要关闭 Django 服务, 直接按下 Ctrl + C 快捷键就可以了。项目运行成功后, 会提示用于访问的 URL, Django 默认使用本机 8000 端口, 也可以通过命令参数自行配置使用的端口号。

命令格式是 python manage.py runserver <IP 地址:端口号>。

输入 python manage.py runserver 命令, 运行 Django 服务, 如图 5-24 所示。

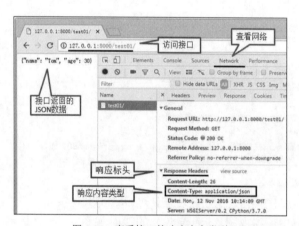

图 5-24 运行 Django 服务

5.2.9 访问接口

打开浏览器，输入"http://127.0.0.1:8000/test01/"。浏览器中显示的响应结果就是代码中指定的 JSON 格式数据。按 F12 键，打开"开发者工具"面板，在 Network 选项卡中，查看 Response Headers 区域，可以清楚地看到 content_type 一项中的值为 application/json，即返回的响应内容是 JSON 格式的数据，如图 5-25 所示。

图 5-25 查看接口的响应内容类型

5.2.10 原理分析

通过以上步骤完成了接口的定义和访问，那么这个过程是如何实现的？我们从请求开始到响应结束，把整个过程整理分析一下。

（1）当在浏览器中输入 URL 后，立即产生一个 GET 类型的 HTTP 请求。

（2）该请求到达 Django 服务后，自动从请求的地址（http://127.0.0.1:8000/test01/）中截取请求的目标，即/test01/部分。

（3）Django 继续查看 urls.py 文件，看是否有针对该目标的映射。此时会找到我们提前定义好的映射语句 path('test01/',DemoView.as_view(),name="demo01")，说明请求的目标 test01 可以通过 views.py 文件中的 DemoView 类来处理。

（4）由于请求类型是 GET，因此 Django 自动匹配到 DemoView 类中的 get() 函数进行处理。

（5）get() 函数的返回值就是 HTTP 的响应内容，会直接呈现到浏览器的页面中。

图 5-26 所示展示了 Django 接口的实现原理。

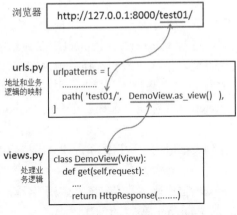

图 5-26　Django 接口的实现原理

5.3　案例 2：基于模型的 Django 接口测试环境的搭建

本案例会使用 Python 开发中常用的 IDE 工具 PyCharm 来完成，同时使用 Django 默认自带的 SQLite 数据库来存储数据，并从接口中以 JSON 格式返回响应。这个过程中会引入"模型"的概念，以对应数据库中的"数据表"进行操作。

接口说明如下。
- 访问地址：http://127.0.0.1:8000/test01/。
- 请求类型：GET。
- 返回数据：将数据表（appdemo01_car）中的所有记录以 JSON 格式返回。

本案例的开发过程主要包括以下几个步骤。

（1）通过 PyCharm 创建一个新的空白项目和应用。

（2）为项目选择 Python 解释器，并根据个人习惯进行快捷键设置。

（3）查看 settings.py 文件，PyCharm 会将新建的应用自动进行注册。

（4）运行服务，验证默认的 Django 项目配置是否成功。

（5）编写 models.py 文件（也叫模型文件），使每张数据表对应一个模型类。

（6）通过 makemigrations 命令生成数据库变更文件。

（7）通过 migrate 命令在 SQLite 中自动创建数据库和数据表。

（8）通过 SQLite Studio 客户端工具查看数据库及数据表。

（9）编辑 views.py 文件，编写用于处理业务逻辑的代码。

（10）编辑 urls.py 文件，实现接口访问地址和业务逻辑处理之间的映射关系。

（11）运行项目，启动服务。

（12）访问接口，查看数据库中以 JSON 格式返回的记录。

（13）访问 Django 自带的后台管理页面。

5.3.1 创建 Django 项目

创建 Django 项目的步骤如下。

（1）打开 PyCharm 工具，选择 File→New Project，在弹出的 New Project 对话框（见图 5-27）中选择 Django 项目类型，依次填入和选择以下内容，其他选项保持默认值即可。

（2）对于 Location，选择项目保存路径，并最后一部分中输入项目名称。

（3）选中 Existing interpreter 单选按钮，选择已存在的 Python 虚拟环境 apitest 作为本项目的解释器。

（4）单击 Interpreter 下拉列表框后的"…"按钮，找到虚拟环境，选中 Scripts 文件夹下的 python.exe 文件。

（5）在 Application name 文本框中输入即将创建的应用名称。

（6）单击 Create 按钮，完成 Django 项目的创建。

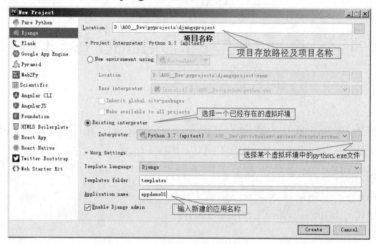

图 5-27　新建项目

项目创建成功后，PyCharm 在左侧的 Project 面板中显示当前项目，展开该项目的结构，可以发现它与通过命令行方式创建的项目的结构基本相同，如图 5-28 所示。

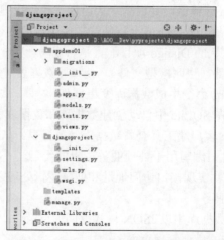

图 5-28　通过 PyCharm 建立的项目的结构

5.3.2　PyCharm 中的设置

1. 检查项目中已经安装成功的第三方库

在 PyCharm 中，选择 File→Settings，打开 Settings 界面，从左侧选择 Project Interpreter 选项，右侧会列出当前项目使用的 Python 解释器（见图 5-29）。此处显示的是自建的虚拟环境，列表中显示的是该虚拟环境中所有已安装的第三方库，可以看到 Django 和 Django REST Framework 已经成功安装。

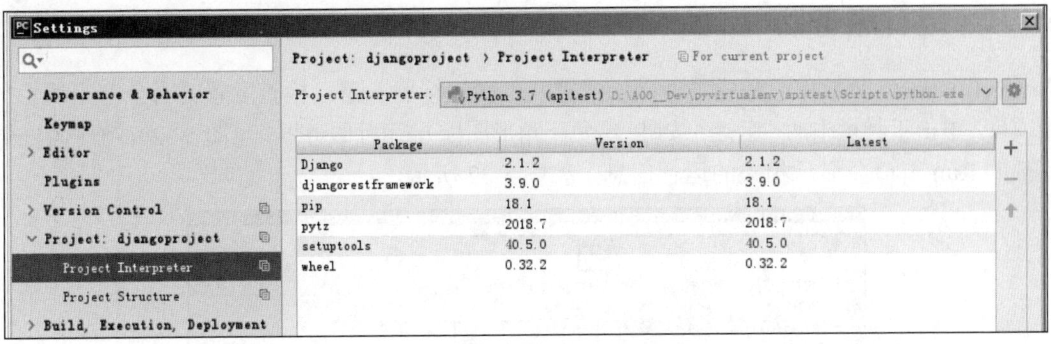

图 5-29　在 PyCharm 中查看 Python 解释器

2. 设置 PyCharm 的快捷键模板

在 PyCharm 中，选择 File→Settings，打开 Settings 界面，从左侧选择 Keymap 选项，右侧下拉列表中会列出供我们使用的快捷键模板，用户可以根据自己的使用习惯选择一种快捷键模板。如果以前习惯在 Eclipse 下进行开发，这里就可以选择 Eclipse 选项，这样在 PyCharm 中可以使用和 Eclipse 相同的快捷键，如图 5-30 所示。

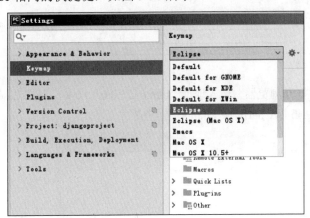

图 5-30　设置 PyCharm 的快捷键模板

5.3.3　检查应用注册信息

项目中的每个应用都必须在 settings.py 文件中进行注册，前面步骤中我们通过 PyCharm 创建项目的同时也创建了一个应用，这个应用已经自动注册，如图 5-31 所示。后续新添加的应用则需要我们手工进行注册。

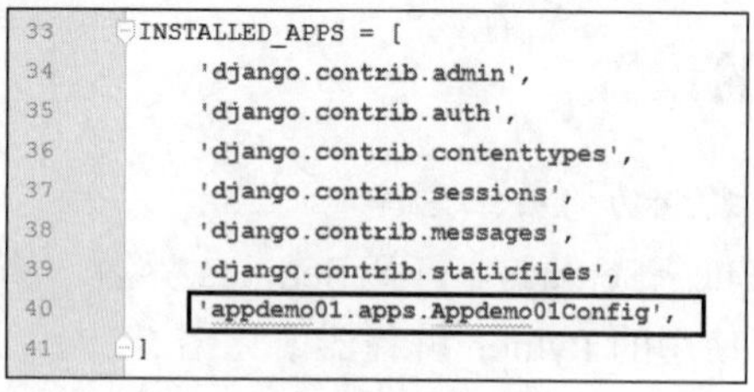

```
33      INSTALLED_APPS = [
34          'django.contrib.admin',
35          'django.contrib.auth',
36          'django.contrib.contenttypes',
37          'django.contrib.sessions',
38          'django.contrib.messages',
39          'django.contrib.staticfiles',
40          'appdemo01.apps.Appdemo01Config',
41      ]
```

图 5-31 项目中注册的新建应用

5.3.4 运行服务器

PyCharm 自动帮我们完成了基础的配置，下面运行服务器，检查配置是否全部正确。选中项目，单击工具栏中的"运行"按钮（绿色三角形图标），运行服务器（见图 5-32）。在 PyCharm 底部的 Run 窗口会显示相关的运行信息，如图 5-32 所示。

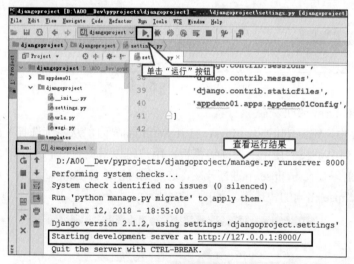

图 5-32 运行服务器

服务器运行后，打开浏览器，输入地址"http://127.0.0.1:8000"后按 Enter 键，若显示图 5-33 所示的首页，则证明在 PyCharm 中 Django 配置成功。

图 5-33 Django 提供的首页

5.3.5　建立模型

Django Web 框架通过对象关系映射（Object Relational Mapping，ORM）方式与数据库进行交互，这样可以通过面向对象的方法操纵数据库，而不需要编写 SQL 语句。Django 对各种常见数据库（包括 MySQL、SQLite、Oracle 等）都提供了支持，并且为这些数据库提供了统一的 API 调用。

Django 默认支持的是 SQLite 数据库，并且在 settings.py 文件中已经为我们配置好了，如图 5-34 所示，不需要进行额外配置即可使用。其他数据库类型可以在 settings.py 文件中单独进行配置。

```
DATABASES = {
    'default': {
        'ENGINE': 'django.db.backends.sqlite3',
        'NAME': os.path.join(BASE_DIR, 'db.sqlite3'),
    }
}
```

图 5-34　Django 默认的 SQLite 数据库连接配置

Django 模型的代码一般存放在每个应用自动生成的 models.py 文件中，模型中定义的每个类对应数据库中的一张同名表，在类中定义的属性对应表中的一个同名字段。

下面的代码定义了一个 Car 类，Django 会根据这个类自动在数据库中生成一张叫 appdemo01_car 的数据表（命名原则是应用名称_类名称），表中字段为 "名称" "型号" "颜色" "数量"，这些字段也一一对应了类中的 4 个属性。

djangoproject\appdemo01\models.py 文件的内容如下。

```
1    from django.db import models
2
3
4    class Car(models.Model):
5        car_name = models.CharField(null=False, max_length=50, verbose_name="名称")
6        car_type = models.CharField(null=False, max_length=50, verbose_name="类型")
7        car_color = models.CharField(max_length=40, verbose_name="颜色")
8        car_count = models.IntegerField(default=0, verbose_name="数量")
9
10       class Meta:
11           verbose_name = '汽车信息'
12           verbose_name_plural = verbose_name
13
14       def __str__(self):
15           return self.car_name
```

代码的解释如下。

第 4 行定义一个模型类 Car，该类继承自 Django 的 Model 类。

第 5 行定义属性 car_name，用于表示汽车的名称，属于字符串类型。models 模块提供了与数据库字段类型对应的类，如 CharField 代表字符串类型，IntegerField 代表整型，FloatField 代表浮点类型等。此处存储汽车名称，毫无疑问应该使用字符串类型。null=False 代表不允许为空约束，max_length=50 代表可使用的最大字符数量为 50，verbose_name="名称" 是对该字段的解释。

第 6~8 行与第 5 行类似，都用于定义模型属性字段，IntegerField 代表的是整型，用于存储汽车的数量。

第 10 行定义内嵌类 Meta。

在第 11 行中，verbose_name 为当前模型类指定一个更容易辨识的名字，此处指定为

"汽车信息"。

在第 12 行中，`verbose_name_plural` 指定该模型的复数形式描述，这里仍旧使用和 `verbose_name` 相同的名称。

在第 14～15 行中，`__str__` 函数相当于让对象有一个名字，类似于 Java 里的 `toString()` 方法。例如，在输出这个类的实例时，就会直接输出此处定义的返回值，此处的返回值使用保存汽车名称的 `car_name` 属性代替。

5.3.6　生成数据库变更文件

编辑完模型文件后，我们就开始着手让 Django 自动生成数据库及数据表了，这需要经过两步来完成，分别使用 `makemigrations`和 `migrate` 命令。在 PyCharm 中，选择菜单栏中的 Tools→Run manage.py Task，在控制台中运行 `makemigrations` 命令，如图 5-35 所示。

`makemigrations` 命令运行成功后，在每个应用的 migrations 子目录中会自动生成一个带序号（0001_）的 Python 脚本文件，该文件用于记录模型文件中每次变更了哪些信息。当修改模型文件的内

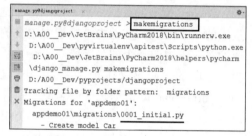

图 5-35　运行 makemigrations 命令

容后，应该再次运行 `makemigrations` 命令，同样会生成序号递增的 Python 脚本文件。打开该文件，可以看到数据表的内容（见图 5-36）。从文件中可以看到 Django 自动添加了一列 id 作为表的主键，而且是自增的。

```
12
13    operations = [
14        migrations.CreateModel(
15            name='Car',
16            fields=[
17                ('id', models.AutoField(auto_created=True, primary_key=True, seriali
18                ('car_name', models.CharField(max_length=50, verbose_name="名称")
19                ('car_type', models.CharField(max_length=50, verbose_name='类型")
20                ('car_color', models.CharField(max_length=40, verbose_name='颜色')),
21                ('car_count', models.IntegerField(default=0, verbose_name='数量')),
22            ],
23            options={
24                'verbose_name': '汽车信息',
25                'verbose_name_plural': '汽车信息',
26            },
```

图 5-36　查看数据表的内容

注意

该文件是 Django 自动生成的，可以查看，但不要更改里面的内容。

5.3.7　生成数据库和数据表

Django 总是先生成数据库变更文件，再创建数据库和数据表。如果后续模型文件的内容

发生改变了，也要遵从这样的步骤才能将修改同步到数据库中。

输入 `migrate` 命令，创建数据库和数据表，如图 5-37 所示。

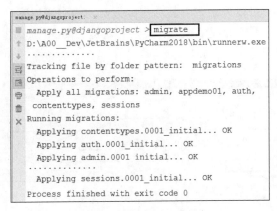

图 5-37 创建数据库和数据表

5.3.8 查看数据库

Django 默认使用 SQLite 数据库，要直接查看 SQLite 数据库的内容，需要使用相应的客户端工具，这里我们选择 SQLiteStudio 这款客户端工具。SQLiteStudio 是一款免费的 SQLite 可视化客户端工具，可以从其官方网站下载安装包，并直接安装。这里我们使用其 Windows 版本，具体的版本号为 3.2.1，如图 5-38 所示。

图 5-38 SQLiteStudio 客户端工具

在安装目录中找到 SQLiteStudio.exe 文件，双击该可执行文件即可安装。如图 5-39 所示，在 SQLiteStudio 中，从菜单栏中依次选择 Database→Add a database，弹出"数据库"对话框，单击"文件"选项后面的"浏览"按钮，找到项目自动生成的数据库文件（名称为 db.sqlite3，存储在项目根目录下），单击左下角的"测试连接"按钮，连接成功后，继续单击 OK 按钮，如图 5-39 所示。

图 5-39 添加项目的 SQLite 数据库

成功连接数据库后，进入 SQLiteStudio 的主界面（见图 5-40），左侧显示了当前项目中所有的数据表，其中表 appdemo01_car 由我们前面编写的模型文件（models.py）中的 Car 类生成，数据表名称中的前缀（appdemo01）是应用名称，下划线后面是模型中类的名称。双击该表名称，在右侧面板中可以分别查看其结构、数据、约束等内容。其中 id 列是 Django 自动添加的自增整型主键，不需要我们输入。其余的表是 Django 默认生成的，分别用于用户管理、权限管理、会话管理等。

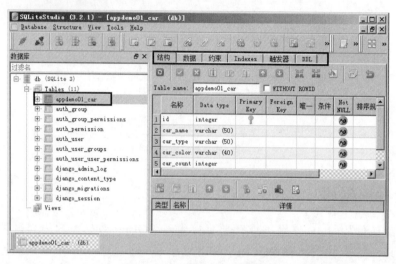

图 5-40　SQLiteStudio 的主界面

注意，可以通过 SQLiteStudio 为表添加或删除数据，但是不要在这里轻易修改表结构。如果确实要修改，需要先修改模型文件（models.py），再重新运行 makemigrations 和 migrate 命令。

选择"数据"选项卡后，可以手动向表中添加数据。当编辑完数据后（如添加记录），需要单击"提交"按钮才会生效，如图 5-41 所示。

图 5-41　在 SQLiteStudio 中编辑数据并提交

5.3.9　编写视图代码

模型（models.py）用于和数据库进行数据交互，视图（views.py）用于处理 HTTP 请求。当 HTTP 请求是 GET 类型的时候，Django 自动调用 get() 函数进行处理。当 HTTP 请求是 POST 类型的时候，Django 自动调用 post() 函数（本例中未定义）进行处理。

现在我们要查询并返回表 appdemo01_car 中的所有记录，这些记录将存储到一个列表中，而且列表中的每条记录都另存为一个 disc 类型，最后将此列表解析为 JSON 格式数据并封装到 HTTP 响应中。

djangoproject\appdemo01\views.py 文件的内容如下。

```
1    from django.views.generic.base import View
2    from django.http import HttpResponse
3    from appdemo01.models import Car
4    import json
```

```
5
6
7    class DemoView(View):
8        def get(self, request):
9            car_list = []
10           cars = Car.objects.all()
11           for car in cars:
12               car_dic = {}
13               car_dic["name"] = car.car_name
14               car_dic["type"] = car.car_type
15               car_dic["color"] = car.car_color
16               car_dic["count"] = car.car_count
17               car_list.append(car_dic)
18           return HttpResponse(json.dumps(car_list), content_type="application/json")
```

代码的解释如下。

第 7 行新建处理 HTTP 请求的类，该类继承自 View 类。

第 8 行定义 get() 函数，处理 GET 请求。

第 9 行定义一个空白的列表类型变量，准备存放所有查询到的数据记录。

第 10 行调用模型自带的 objects.all() 方法查询表 appdemo01_car 中的所有记录，每条记录被封装成一个 Car 对象。

第 11 行对返回的所有数据记录对象进行循环处理。

第 12 行定义一个空白的 disc 类型变量，用于存放一条数据记录。

第 13～16 行提取 Car 对象中各属性的内容，以键值对的方式保存成 disc 类型。

第 17 行将保存的 car_dic 添加到前面的 car_list 列表中。

第 18 行通过返回值设置 HTTP 的响应。其中 json.dumps() 函数将列表中保存的数据转化为 JSON 格式，content_type 用于在 HTTP 响应标头中标明响应内容类型为 JSON 格式。

5.3.10 实现 URL 映射

接下来我们需要将 HTTP 请求的地址和视图中的业务逻辑代码进行映射。

djangoproject\djangoproject\urls.py 文件的内容如下。

```
1    from django.contrib import admin
2    from django.urls import path
3    from appdemo01.views import DemoView
4
5    urlpatterns = [
6        path('admin/', admin.site.urls),
7        path('test01/',DemoView.as_view(),name="demo01"),
8    ]
```

代码的解释如下。

第 3 行导入视图模块。

在第 6 行中，Django 默认添加的 URL 用于访问管理后台。

在第 7 行中，使用 path() 函数，将对地址/test01/的访问映射到 DemoView 类。当访问 "http://127.0.0.1:8000/test01/" 的时候，Django 自动将请求转给 DemoView 类下的 get() 函数。

5.3.11 运行服务器

单击 PyCharm 工具栏中的"运行"按钮，提示服务器成功启动，如图 5-42 所示。

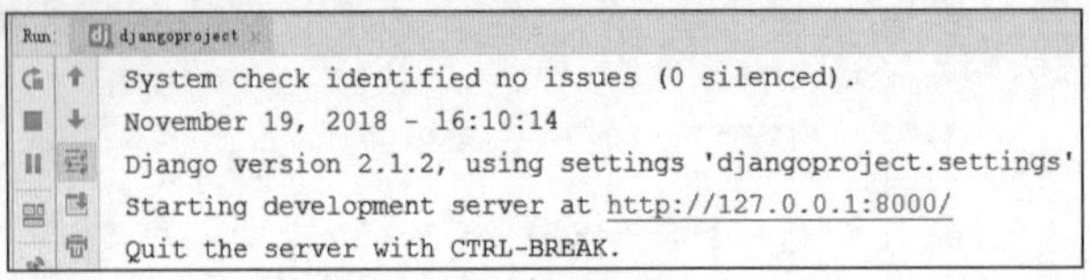

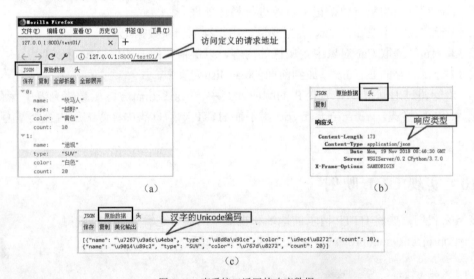

图 5-42 服务器成功启动

5.3.12 访问接口

如图 5-43（a）所示，打开浏览器，输入 test01 接口地址"http://127.0.0.1:8000/test01/"，页面将 appdemo01_car 表中的所有记录以 JSON 格式显示出来。在较新版本的 Firefox 浏览器中，可以自动解析 JSON 数据，如图 5-43（b）所示。如果选择"原始数据"选项卡，中文字符会以 Unicode 形式显示其编码，如图 5-43（c）所示。

(a)

(b)

(c)

图 5-43 查看接口返回的响应数据

5.3.13 Django 后台管理

Django 自带一个后台管理系统，可以方便地进行接口的管理和维护。首先，为了创建访问 Django 后台的超级用户，在 PyCharm 中，选择菜单栏中的 Tools→Run manage.py Task，输入 createsuperuser 命令，依次输入用户信息，包括用户名、邮箱、密码，并确认密码、确认生成用户，如图 5-44 所示。

建立超级用户后，不仅可以在数据库的 auth_user 数据表中查看新增的用户记录，而且可以看到加密的密码，如图 5-45 所示。

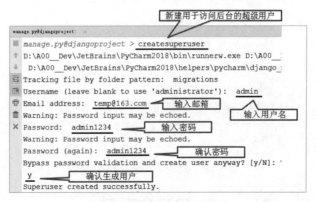

图 5-44　新建 Django 超级用户

打开浏览器，输入后台登录地址"http://127.0.0.1:8000/admin/login/"，弹出登录页面，输入刚才新建的用户名（admin）和密码（admin1234）即可登录后台，如图 5-46 所示。

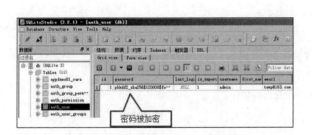

图 5-45　查看新增的用户记录

图 5-46　登录 Django 后台管理系统

登录成功后，进入 Django 自带的后台管理系统首页，如图 5-47 所示。在这里可以分别对用户与用户组中的记录进行添加和修改操作。

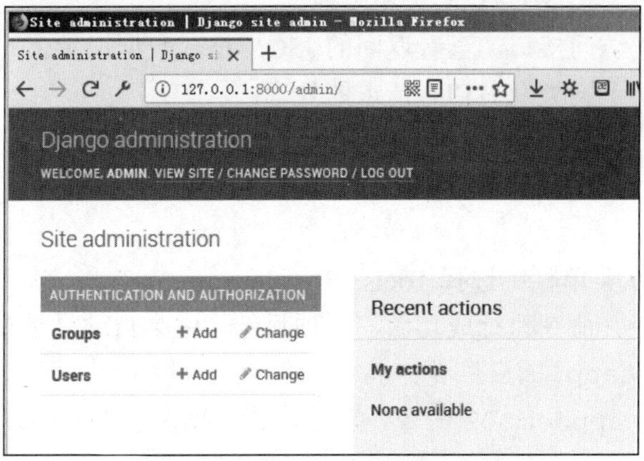

图 5-47　Django 后台管理系统首页

单击后台管理系统首页中的"Users"链接，可以查看当前用户表中所有存在的数据记录，

包括前面新增的 "admin" 用户, 如图 5-48 所示。

Select user to change

Q		Search

Action: ---------- Go   0 of 1 selected

	USERNAME	EMAIL ADDRESS	FIRST NAME	LAST NAME	STAFF STATUS
	admin	temp@163.com			⊘

1 user

图 5-48　显示用户记录的详细信息

5.4　案例 3: Django REST Framework 接口测试环境的搭建

在本案例中继续引入基于 Django 的 REST Framework 第三方库框架, 用于实现一个符合 RESTful 规范的接口。

接口说明如下。

- 访问地址 1: http://127.0.0.1:8000/ defects /。
- 请求类型 1: GET、POST。
- 功能描述 1: 将表 appdemo02_defect 中的所有记录以 JSON 格式返回, 以 POST 请求方式向表中添加一条记录。
- 访问地址 2: http://127.0.0.1:8000/ defects /001。
- 请求类型 2: PUT、DELETE。
- 功能描述 2: 返回数据库中的第一条记录并进行修改、删除操作。

本案例的开发过程主要包括以下几个步骤。

(1) 通过 startapp 命令创建一个新的应用, 并在 settings.py 文件中进行注册。

(2) 建立模型类, 并对其进行序列化处理, 完成数据变更。

(3) 编写视图代码, 实现 URL 的关系映射。

(4) 运行服务器, 访问接口, 查看返回的 JSON 格式数据记录。

(5) 验证该接口对不同类别 HTTP 请求的处理。

5.4.1　新建应用

在 PyCharm 中, 从菜单栏中选择 Tools→Run manage.py Task, 在下方弹出的命令行窗口中输入新建应用的命令。命令执行成功后, 在项目结构中会自动显示新建的应用目录。

命令格式是 startapp ＜应用名称＞。

输入 startapp appdemo02 命令, 新建应用, 如图 5-49 所示。

```
manage.py@djangoproject:  ×
  manage.py@djangoproject > startapp appdemo02
```

图 5-49　新建应用

5.4.2　注册应用

创建应用后，需要以手工方式在 settings.py 文件中进行注册，我们可以参照案例二中的方式注册新建的应用。另外，本案例中我们要用到的 Django REST Framework 也需要在此处进行注册。

djangoproject\djangoproject\settings.py 文件的内容如图 5-50 所示。

```
INSTALLED_APPS = [
    'django.contrib.admin',
    'django.contrib.auth',
    'django.contrib.contenttypes',
    'django.contrib.sessions',
    'django.contrib.messages',
    'django.contrib.staticfiles',
    'appdemo01.apps.Appdemo01Config',
    'appdemo02.apps.Appdemo02Config',
    'rest_framework',
]
```

图 5-50　settings.py 文件的内容

5.4.3　建立模型

在新建应用所在的目录下打开默认生成的 models.py 文件，定义一个模型类 Defect，此模型类将对应一张存储简易缺陷报告的数据表。该模型类包括的属性为"缺陷编号""缺陷标题""缺陷描述"和"缺陷状态"。其中，"缺陷状态"属性设置为可选择（choices）类型。

djangoproject\appdemo02\models.py 文件的内容如下。

```
1    from django.db import models
2
3
4    class Defect(models.Model):
5        bug_state_choice = (('New', '新建'), ('Open', '打开'),
6                            ('Fixed', '已修复'), ('Closed', '已关闭'))
7        bug_no = models.CharField(null=False, max_length=50, verbose_name="缺陷编号")
8        bug_name = models.CharField(null=False, max_length=50, verbose_name="缺陷标题")
9        bug_desc = models.CharField(max_length=500, verbose_name="缺陷描述")
10       bug_state = models.CharField(max_length=10, default="New",
11                            choices=bug_state_choice, verbose_name="缺陷状态")
12
13       class Meta:
14           verbose_name = '缺陷报告'
15           verbose_name_plural = verbose_name
16
17       def __str__(self):
18           return self.bug_name
```

代码的解释如下。

第 5～6 行为"缺陷状态"属性设计可供选择的选项，如('New', '新建')，'New'是用于在数据库中实际存储的值，'新建'是用于描述的文字。

第 7～9 行定义缺陷模型（表）的前 3 个属性（字段）。

第 10～11 行定义"缺陷状态"属性，choices=bug_state_choice 规定该属性是可

选择类型，从前面第 5 行定义的可选项 bug_state_choice 中进行选择，default="New" 设置该属性的默认值为 New。

5.4.4 模型序列化

在设计 RESTful 风格的接口时，要通过模型将数据库中保存的数据转化为 JSON 格式数据，这个过程称为序列化。Django REST Framework 框架封装并简化了这个过程。

在 PyCharm 中，右击 appdemo02，选择 New→Python File，新建一个空白的 Python 文件，如图 5-51 所示，然后将其命名为 serializers.py。

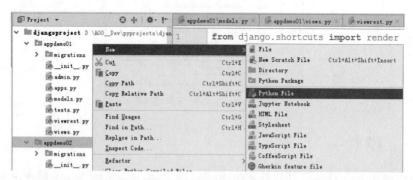

图 5-51　新建空白 Python 文件

djangoproject\appdemo02\serializers.py 文件的内容如下。

```
1    from rest_framework import serializers
2    from appdemo02.models import Defect
3
4
5    class DefectSerializer(serializers.ModelSerializer):
6        class Meta:
7            model = Defect
8            fields = ('bug_no', 'bug_name', 'bug_desc', 'bug_state')
```

代码的解释如下。

第 1 行导入 REST Framework 框架中的序列化模块。

第 2 行导入前面定义好的 Defect 模型类。

第 5 行新建一个序列化类 DefectSerializer，DefectSerializer 类继承自 serializers 模块中的 ModelSerializer 类，ModelSerializer 类是一个模型类序列化器，基于模型类可以自动完成相关字段的序列化任务。

第 7 行指明参考哪个模型类完成序列化任务，这里使用的是 Defect 模型类。

第 8 行列出模型类中有哪些字段允许使用。

5.4.5 变更数据

在 PyCharm 中，选择菜单栏中的 Tools→Run manage.py Task，依次输入 makemigrations 和 migrate 命令。命令运行成功后打开 SQLite Studio 客户端工具，找到新生成的 defect 表，

双击打开并提交多条数据用于后续验证和测试，如图 5-52 所示。

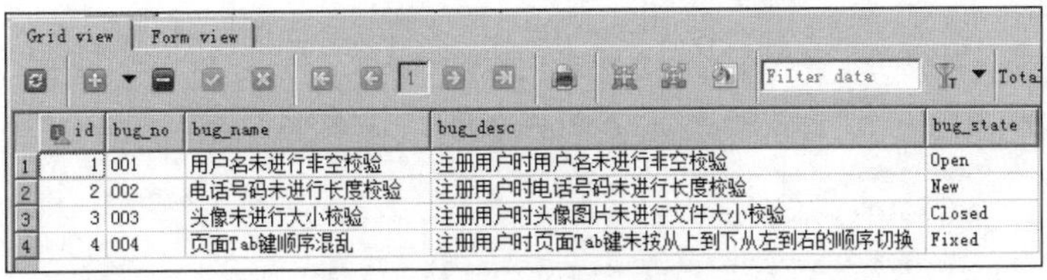

图 5-52　在 defect 表中提交数据记录

5.4.6　编写视图代码

在 views.py 视图文件中实现对 HTTP 请求的处理。分别编写 DefectList 类和 DefectDetail 类，DefectList 类用于从数据库返回多条数据记录，以列表形式存储，DefectDetail 类用于处理单条数据记录。

在 DefectList 类中定义 get() 函数以处理 GET 请求，查询 appdemo02_defect 表中的所有记录，以 JSON 格式返回。定义 post() 函数以处理 POST 请求，向缺陷表中添加一条新的记录。

在 DefectDetail 类中定义 get() 函数以处理 GET 请求，返回一条指定缺陷编号的记录。定义 put() 函数以处理 PUT 请求，修改一条指定缺陷编号的记录。定义 delete() 函数以处理 DELETE 请求，删除一条指定缺陷编号的记录。

djangoproject\appdemo02\views.py 文件的内容如下。

```
1    from appdemo02.models import Defect
2    from appdemo02.serializers import DefectSerializer
3    from django.http import Http404
4    from rest_framework.views import APIView
5    from rest_framework.response import Response
6    from rest_framework import status
7
8
9    class DefectList(APIView):
10       def get(self, request):
11           defects = Defect.objects.all()
12           serializer = DefectSerializer(defects, many=True)
13           return Response(serializer.data)
14
15
16       def post(self, request):
17           serializer = DefectSerializer(data=request.data)
18           if serializer.is_valid():
19               serializer.save()
20               return Response(serializer.data, status=status.HTTP_201_CREATED)
21           return Response(serializer.errors, status=status.HTTP_400_BAD_REQUEST)
22
23
24   class DefectDetail(APIView):
25       def get_object(self, request, bug_no):
26           try:
```

```
27                   return Defect.objects.get(bug_no=bug_no)
28              except Defect.DoesNotExist:
29                   raise Http404
30
31      def get(self, request, bug_no):
32          defect = self.get_object(self, bug_no)
33          serializer = DefectSerializer(defect)
34          return Response(serializer.data)
35
36      def put(self, request, bug_no):
37          defect = self.get_object(self, bug_no)
38          serializer = DefectSerializer(defect, data=request.data)
39          if serializer.is_valid():
40              serializer.save()
41              return Response(serializer.data)
42          return Response(serializer.errors, status=status.HTTP_400_BAD_REQUEST)
43
44      def delete(self, request, bug_no):
45          defect = self.get_object(self, bug_no)
46          defect.delete()
47          return Response(status=status.HTTP_204_NO_CONTENT)
```

代码的解释如下。

第 1～6 行导入需要用到的模块和类。

第 9 行新定义一个类 DefectList，该类继承自 APIView 类。APIView 是 REST Framework 提供的所有视图的基类，继承自 Django 的 View 父类。DefectList 类主要处理对缺陷列表的请求（GET 方式）和新增缺陷记录（POST 方式）。

第 10 行定义 GET 请求的处理函数。

第 11 行通过 Defect 模型获取表 appdemo02_defect 中的所有记录。

第 12 行将取得的缺陷记录进行 JSON 序列化，many=True 表示需要处理多条记录。

第 13 行返回序列化的 JSON 数据作为响应内容。

第 16 行定义 POST 请求的处理函数。

第 17 行从 POST 请求中获取提交的数据，并进行序列化。

第 18 行调用 is_valid() 方法对提交的数据进行验证，并判断验证是否成功。

在第 19 行中，如果验证成功，调用 save() 方法将数据保存到数据库中。

第 20 行将请求数据附加到响应中，同时返回 201 状态码，代表 POST 请求成功。

在第 21 行中，如果验证失败，返回错误消息，状态码为 400（代表错误的请求）。

第 24 行定义类 DefectDetail（该类继承自 APIView 类），用于完成单条记录的请求处理。

在第 25 行中，由于后续代码需要反复获取一条缺陷记录，因此将该操作定义为一个公共的函数，函数名称为 get_object()，bug_no 参数代表需要提取的缺陷编号。

在第 27 行中，如果找到了传入缺陷编号所对应的数据记录，将其返回。

在第 28～29 行中，如果没有找到该缺陷编号对应的记录，抛出状态码为 404 的异常。

第 31 行定义 GET 请求的处理函数，通过 bug_no 参数传入需要请求的缺陷编号。

第 32 行调用 get_object() 函数返回缺陷编号对应的一条缺陷记录对象。

第 33 行对缺陷记录对象进行序列化。

第 34 行将序列化的 JOSN 数据作为 HTTP 的响应内容返回。

第 36 行定义 PUT 请求的处理函数，通过 `bug_no` 参数传入请求的缺陷编号。

第 37 行调用 `get_object()` 函数返回缺陷编号对应的一条缺陷记录对象。

第 38 行对缺陷数据进行序列化处理。

第 39 行验证数据的有效性。

在第 40 行中，如果数据是有效的，则将数据保存到数据库中。

第 41 行将 JSON 格式的数据通过响应返回给客户端。

在第 42 行中，如果数据是无效的，返回错误消息，状态码为 400（错误请求）。

第 44 行定义 DELETE 请求的处理函数，通过 `bug_no` 参数传入缺陷编号。

第 45 行调用 `get_object()` 函数返回缺陷编号对应的一条缺陷记录对象。

第 46 行删除查询到的缺陷记录。

第 47 行对客户端进行响应，返回 204 状态码，代表无内容（因为已经被删除了）。

5.4.7 实现 URL 映射

接下来我们要完成两个 URL 的映射：一个是针对所有数据记录的请求处理，如查询缺陷表所有记录；另一个是针对单条记录的请求处理，如修改和删除某一条指定的数据记录。

djangoproject\djangoproject\urls.py 文件的内容如下。

```
1    ...
2    from appdemo02.views import DefectList
3    from appdemo02.views import DefectDetail
4
5    urlpatterns = [
6        ...
7        path('defects/', DefectList.as_view()),
8        path('defect/<str:bug_no>/', DefectDetail.as_view()),
9    ]
```

代码的解释如下。

第 2~3 行导入视图中定义的两个处理请求类。

第 7 行将针对 URL 中/defects/接口的 HTTP 请求转入 `DefectList` 类进行处理。此接口的作用是返回缺陷表中的全部记录。

第 8 行将针对 URL 中/defect/<缺陷编号>/的 HTTP 请求转入 `DefectDetail` 类进行处理。此接口的作用是对某条缺陷记录进行修改和删除，该缺陷记录是通过地址中的"缺陷编号"来指定的。在此行代码中，定义了一个字符串类型的参数`<str:bug_no>`，其作用是将传入的缺陷编号存入参数 `bug_no` 中，并传递到 `DefectDetail` 类相应的处理函数中，继而实现对某条缺陷记录的定位。

5.4.8 运行服务器

单击 PyCharm 工具栏中的"运行"按钮，提示服务器成功启动，如图 5-53 所示。

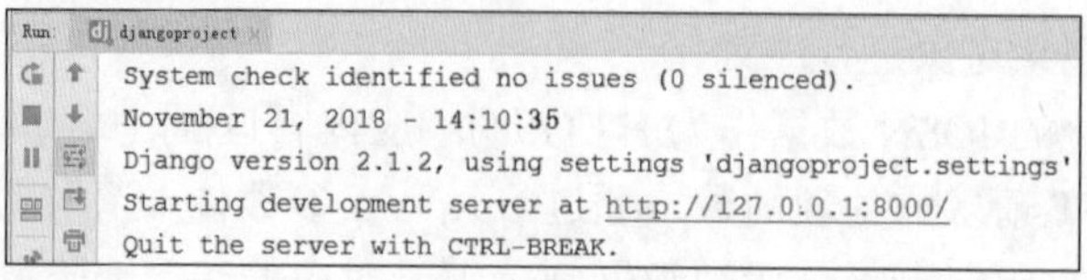

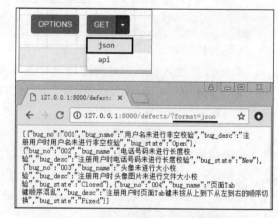

图 5-53　启动服务器

5.4.9　访问接口

接口设计成功后，我们就可以通过输入地址访问该接口了。打开浏览器，输入地址"http://127.0.0.1:8000/defects/"，可以看到 Django REST Framework 返回了数据库缺陷列表中的所有数据记录，而且以解析后的 JSON 格式展示出来，如图 5-54 所示。响应标头中指明了该接口可以接受的请求类型——GET、POST、HEAD、OPTIONS。

我们也可以通过原始的 JSON 格式查看该接口返回的数据。单击 GET 按钮旁边向下的箭头，选择 json 选项，页面会呈现原始的 JSON 数据信息，如图 5-55 所示。

图 5-54　JSON 格式的缺陷列表

图 5-55　查看原始 JSON 数据

5.4.10　实现 POST 请求

打开浏览器，输入接口地址"http://127.0.0.1:8000/defects/"，出现的页面会展示数据库缺陷列表中的所有记录信息，同时在页面下方提供了 POST 请求处理功能。在 Media type 下拉列表中选择 application/json，在 Content 文本框中填写一条 JSON 格式的新缺陷记录，如图 5-56 所示，然后单击 POST 按钮，提交缺陷。

接口返回 201 状态码，说明 POST 请求提交成功，此次 HTTP 请求的地址没有发生任何变化，但是请求类型由"GET"变为"POST"，这样做符合 RESTful 接口的设计风格，而且可以看到页面显示了提交的数据，如图 5-57 所示。重新刷新页面后，可以看到显示的缺陷列表中新增了一条数据。

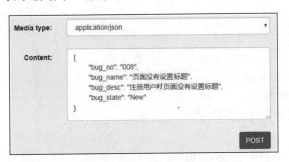

图 5-56　以 POST 方式提交一条新建缺陷

图 5-57　以 POST 方式提交请求的结果

5.4.11　实现 GET 请求

打开浏览器，输入接口地址"http://127.0.0.1:8000/defect/001/"，出现的页面会返回数据库中 001 号缺陷记录，以 JSON 格式呈现，如图 5-58 所示。

分析这个请求过程，浏览器请求地址中 defect/001/部分符合 urls.py 文件中设置的 path('defect/<str:bug_no>/', DefectDetail.as_view())接口访问原则，因此会自行匹配到 views.py 文件中 DefectDetail 类下的 get()函数，同时取出缺陷编号 001，存入 bug_no 参数中，再传递到 get()函数中，最终返回 001 号缺陷记录。访问地址和接口视图的映射关系如图 5-59 所示。

图 5-58　向接口请求 001 号缺陷记录

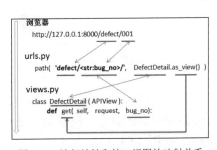

图 5-59　访问地址和接口视图的映射关系

5.4.12　实现 PUT 请求

　　提交 PUT 请求相当于修改数据库中的数据记录，类似于 SQL 语言中的 Update 功能。

　　打开浏览器，输入地址"http://127.0.0.1:8000/defect/001/"，出现的页面会显示请求的 001 号缺陷记录，单击 GET 按钮后面向下的箭头，选择以 JSON 格式显示返回的数据（见图 5-60），复制原始的 JSON 数据。同时我们提前记录一下，001 号缺陷记录的状态为 Open。

图 5-60　获取一条缺陷的 JSON 格式数据

　　再次输入地址"http://127.0.0.1:8000/defect/001/"，返回前页。如图 5-61 所示，在页面下方的 Media type 下拉列表中选择 application/json，代表将以 JSON 格式向服务器传输数据，在 Content 文本框中，将前面复制的 JSON 数据粘贴进来，并将缺陷状态由 Open 修改为 New，单击 PUT 按钮，向接口发送 PUT 类型的请求。

　　发送请求后自动显示结果页。可以清晰地看到此次 HTTP 请求的地址没有发生任何变化，但是请求类型由 GET 变为 PUT，这样做符合 RESTful 接口的设计风格，而且可以看到数据发生了变化，缺陷状态由 Open 变成了 New，如图 5-62 所示。

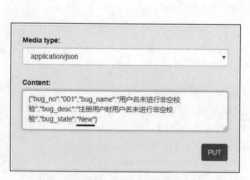

图 5-61　设置 PUT 请求

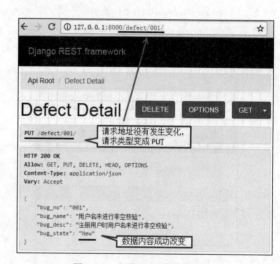

图 5-62　查看 PUT 请求的结果

　　我们再从数据库层面对 PUT 请求成功与否进行验证。进入本项目的 SQLite 数据库中，打开 appdemo02_defect 表，找到编号是 001 的缺陷记录，可以看到 bug_state 列中的状态已经变为 New，如图 5-63 所示。

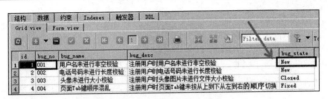

图 5-63 在数据库中检查修改是否成功

5.4.13 实现 DELETE 请求

提交 DELETE 请求相当于删除数据库中的某条记录，类似于 SQL 语言中的 Delete 功能。

打开浏览器，输入地址"http://127.0.0.1:8000/defect/001/"，出现的页面会显示请求的 001 号缺陷记录，单击 DELETE 按钮，页面询问是否确定要删除该缺陷记录，继续单击 Delete 按钮，如图 5-64 所示，发送 DELETE 请求到服务器。

请求结束后，自动显示结果页。在图 5-65 中可以清晰地看到此次 HTTP 请求的地址没有发生任何变化，但是请求类型由 GET 变为 DELETE，这样做符合 RESTful 接口的设计风格，而且页面中除了响应标头部分之外，没有显示其他任何数据信息，证明 DELETE 请求成功删除。

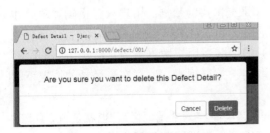

图 5-64 询问是否删除该缺陷记录

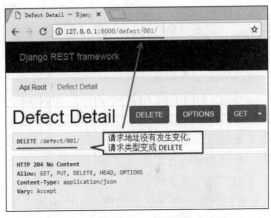

图 5-65 接口处理 DELETE 请求的结果

同样，再从数据库层面对 DELETE 请求成功与否进行验证。进入本项目的 SQLite 数据库中，打开 appdemo02_defect 表，发现编号是 001 的缺陷记录已经被删除。

5.4.14 原理分析

在本案例中，我们通过 Django REST Framework 框架实现了一个 RESTful 风格的接口，并对同一个地址使用不同类别的请求方式。实施过程如下。

（1）浏览器端（或者其他客户端）通过 URL（/test）向指定接口发起请求。该请求被 Django 框架接收，并在 urls.py 文件中查找是否存在该地址的映射。

（2）在 urls.py 文件中发现，test 地址映射到 views.py 文件中的 T 类上。在 T 类中定义了多个函数，其函数名称分别对应不同的请求方式，Django REST Framework 框架自动将请求转入相应的函数中进行处理。

（3）如果请求涉及数据库操作，要继续通过模型读取数据表。

（4）因为 RESTful 风格的接口要求返回 JSON 格式的数据，所以要对返回的数据进行序列化处理，转化成 JSON 格式。

（5）框架将转化好的 JSON 格式数据返回给浏览器（或者其他客户端）。

图 5-66 展示了 RESTful 风格的接口的实现原理。

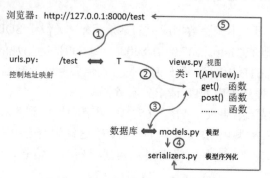

图 5-66　RESTful 风格的接口的实现原理

5.5　案例 4：实现令牌用户的认证

本案例从安全认证的角度出发，在接口中引入了令牌认证机制，这里使用 Django REST Framework 自带的表 auth_user 和表 authtoken_token 来提供实验数据，用户只有正确登录后才允许访问接口数据。关于令牌的验证过程，我们通过 Django REST Framework 的后台管理页面来获取用户数据列表，在未登录（未取得令牌）的情况下用户数据列表是禁止访问的。然后，通过 Postman 这款常用的接口测试工具来获取用户数据列表，同样在未登录的情况下用户数据列表是禁止访问的。

HTTP 是一种无状态的协议，所谓的"无状态"这里简称为"无记忆"。也就是说，HTTP 的两次请求之间没有任何关联，这意味着第一次请求中你告诉了服务器你是谁，但你进行第二次请求的时候，服务器又不知道你是谁了，如果每次请求都需要验证一次用户身份，这明显是不合理的。为了解决这个问题，使服务器可以分辨出请求是由哪个用户发送的，就出现了两种常见的认证机制，即基于会话的认证机制和基于令牌的认证机制。

对于基于会话的认证机制，服务器在内存（或数据库）中为每个用户开辟一块存储区域（称为会话），并为其分配一个 ID（称为 SessionID），用户登录成功后，可以将少量的用户信息（如用户 ID、用户名称等）存储到会话中。服务器将此 SessionID 传递给浏览器并保存在浏览器本地的 Cookie 中，每次浏览器发送请求的时候，都会将此 Cookie 一并传给服务器，服务器接收到保存在 Cookie 中的 SessionID 后，就可以从对应的会话里面找到存储的用户信息，继而判断出是哪个用户发送的请求。

基于令牌的认证机制是本案例中分析的重点。令牌实际也是由服务器生成的一串随机字符，Django REST Framework 会自动在数据库中创建一张 Token 表（字段包括"令牌值""建立时间"、"userid"），并通过外键（userid）关联到用户表。当用户登录成功后，服务器自动在 Token 表中生成一条记录，并把生成的令牌值返回给客户端（如浏览器）。客户端再次提交请求的时候，会将此令牌值放到请求的头域中一并传给服务器。服务器收到此令牌后，在 Token 表中进行查找，如果找到了该记录，则继续通过 userid 外键关系查找对应的用户，进而判断出是哪个用户发送的请求。

会话和令牌各有优缺点，会话中可以直接存储用户信息，速度快，但是会占用过多的存储空间，即以空间换时间。令牌需要通过 userid 外键再次执行查询用户的操作，速度慢，但是会节省空间，即以时间换空间，可谓鱼与熊掌不可兼得。

接口说明如下。

- 访问地址：http://127.0.0.1:8000/users/。
- 请求类型：GET。
- 功能描述：只有登录成功后（获取到令牌）才允许返回用户数据列表。

本案例的开发过程主要包括以下几个步骤。

（1）通过 startapp 命令创建一个新的应用，并在 settings.py 文件中进行注册。

（2）完成 URL 设置，引入 Django REST Framework 的用户认证机制。

（3）完成对表 auth_user 和表 auth_group 的序列化处理。

（4）分别在登录和未登录的情况下访问 REST Framework 的后台用户列表页面。

（5）获取令牌后使用 Postman 工具访问用户列表页面。

5.5.1 新建应用

创建一个新应用，名称叫 appdemo03。在 PyCharm 中，从菜单栏中选择 Tools→Run manage.py Task，输入 startapp appdemo03 命令完成创建应用的操作。

5.5.2 引入用户认证机制

本案例中，除要注册新建应用之外，还要引入 Django REST Framework 自带的一套用户认证机制。

djangoproject\djangoproject\settings.py 文件的内容如下。

```
1   INSTALLED_APPS = [
2       ...
3       'appdemo03.apps.Appdemo03Config',
4       'rest_framework',
5       'rest_framework.authtoken'
6   ]
7
8   ...
9   REST_FRAMEWORK = {
10      'DEFAULT_PERMISSION_CLASSES': (
11          'rest_framework.permissions.IsAuthenticated'
12      ),
13      'DEFAULT_AUTHENTICATION_CLASSES': (
14          'rest_framework.authentication.BasicAuthentication',
```

```
15                  'rest_framework.authentication.SessionAuthentication',
16                  'rest_framework.authentication.TokenAuthentication'
17          )
18      }
```

代码的解释如下。

第 3 行向项目中注册新建的 appdemo03 应用。

第 4 行向项目中注册 Django REST Framework 框架。

第 5 行向项目中注册 Django REST Framework 的用户认证机制。

第 10～11 行在 Django REST Framework 框架中启用全局性质的用户认证机制。

第 13～16 行开放支持 3 种形式的用户认证机制，分别是"基本认证类型""基于会话的认证类型"和"基于令牌的认证类型"。

5.5.3　实现序列化

在 appdemo03 应用中新建空白的 Python 文件，命名为 serializers.py，并编写序列化代码。djangoproject\appdemo03\serializers.py 文件的内容如下。

```
1    from django.contrib.auth.models import User, Group
2    from rest_framework import serializers
3
4
5    class UserSerializer(serializers.HyperlinkedModelSerializer):
6        class Meta:
7            model = User
8            fields = ('url', 'username', 'email', 'groups')
9
10
11   class GroupSerializer(serializers.HyperlinkedModelSerializer):
12       class Meta:
13           model = Group
14           fields = ('url', 'name')
15
```

代码的解释如下。

第 1 行导入 Django 自带的 User 和 Group 类。

第 2 行导入 Django REST Framework 自带的序列化模块。

第 5 行新建用户序列化类 User Serializer（该类继承自 HyperlinkedModelSerializer 类），可以自动实现模型的序列化，而不必手工处理每个字段的序列化工作。

第 7 行指明使用的模型将参考 User 类。

第 8 行列出需要导入的模型字段（Url、username、email、groups）。

第 11 行新建 GroupSerializer 类，该类继承自 HyperlinkedModelSerializer 类。

5.5.4　编写视图代码

在 views.py 文件中实现业务逻辑处理。Django REST Framework 提供的 ModelViewSet 类同时混合了 GET、PUT、DELETE 等多种请求处理方式，可以快速帮我们自动处理各类请求。

djangoproject\appdemo03\views.py 文件的内容如下。

```
1    from django.contrib.auth.models import User, Group
2    from rest_framework import viewsets
3    from appdemo03.serializers import UserSerializer, GroupSerializer
4
5
6    class UserViewSet(viewsets.ModelViewSet):
7        queryset = User.objects.all().order_by('-date_joined')
8        serializer_class = UserSerializer
9
10
11   class GroupViewSet(viewsets.ModelViewSet):
12       queryset = Group.objects.all()
13       serializer_class = GroupSerializer
```

代码的解释如下。

第 1～3 行导入需要用到的模块和类。

第 6 行新建类 UserViewSet，该类继承自 ModelViewSet 类。

第 7 行针对 GET 请求，取出用户表中所有数据，并按用户的创建时间逆序排列。

第 8 行指明用户表使用的序列化类。

5.5.5　URL 设置

首先，新建一个默认路由器，自动完成地址的映射，返回用户列表和用户组列表数据。然后，添加 Django REST Framework 自带的映射关系，实现登录和类似于首页的功能，同时映射获取令牌认证的地址。

djangoproject\djangoproject\urls.py 文件的内容如下。

```
1    ...
2    from django.conf.urls import include
3    from rest_framework import routers
4    from appdemo03 import views
5
6    router = routers.DefaultRouter()
7    router.register(r'users', views.UserViewSet)
8    router.register(r'groups', views.GroupViewSet)
9
10   urlpatterns = [
11       ...
12       path('', include(router.urls)),
13       path('api-auth/', include('rest_framework.urls')),
14       path('api-token-auth/', views.obtain_auth_token)
15   ]
```

代码的解释如下。

第 2～4 行导入必需的模块。

第 6 行新建一个默认的路由器（自动完成地址的映射）。

在第 7 行中，对于/users/地址的访问，自动路由（映射）到视图的 UserViewSet 类。

在第 8 行中，对于/groups/地址的访问，自动路由（映射）到视图的 GroupViewSet 类。

在第 12 行中，当直接访问根路径时，定位到 REST Framework 的后台列表页面。

第 13 行实现 REST Framework 后台管理的登录功能。

在第 14 行中，当访问/api-token-auth/地址时，会在数据库中自动生成一条令牌记录。

5.5.6 改变数据库

为了使对模型文件进行的任何改动生效，需要连续使用 makemigrations 和 migrate 命令。Django 自动生成用户表之后，就可以通过 createsuperuser 命令向表中添加超级用户了。通过这些超级用户，可以直接登录 Django 提供的后台管理系统。

在 PyCharm 中，首先从菜单栏中选择 Tools→ Run manage.py Task，输入 makemigrations 和 migrate 命令，生成数据库和数据表。然后，输入 createsuperuser --username jonah 命令，创建一个新用户，用户名为"jonah"，密码为"jonah1234"，如图 5-67 所示。

图 5-67 新建超级用户

新建超级用户后，打开 SQLite Studio 客户端工具，可以看到用户 jonah 已加入 auth_user 表中，如图 5-68 所示。

	id	password	last_login	is_supert	username	first_nam	email
1	1	pbkdf2_sha25···	2018-12-03 05:22:37.407966	1	admin		temp@163.com
2	2	pbkdf2_sha25···	NULL	1	jonah		

图 5-68 在数据库中查看新增用户是否成功

同时在数据库中会新生成一张 authtoken_token 表。该表一共有 3 个字段。其中，key 字段用于存放生成的令牌值；user_id 字段是外键，用于关联 auth_user 表，指出是哪个用户产生的令牌值；created 字段表示该令牌的创建时间。当需要设置令牌过期时间的时候，可以参考 created 字段的值，如图 5-69 所示。

图 5-69 查看 authtoken_token 表的字段

5.5.7 访问用户列表

在 PyCharm 中运行项目，启动服务器。打开浏览器，在地址栏中输入用户列表的接口地址"http://127.0.0.1:8000/users/"。可以看到由于启用了认证机制，在未登录的前提下，禁止返回接口数据，系统要求我们输入用户名和密码以完成登录，如图 5-70 所示。

此时单击"取消"按钮，不进行登录。页面返回状态码为 401 的错误。返回数据显示的详细信息为"没有提供身份验证凭证"，说明 REST Framework 用户认证机制已经启用，如图 5-71 所示。

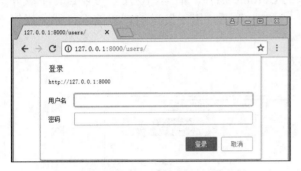

图 5-70　登录界面

图 5-71　无用户权限导致接口请求失败

刷新页面，或者单击页面右上角的 Log in 链接，重新进入登录界面，输入前面步骤中新建的用户名和密码（jonah/jonah1234），单击"登录"按钮，如图 5-72 所示。

登录成功后，再次输入访问用户列表中的接口地址"http://127.0.0.1:8000/users/"，可以看到访问成功，返回 JSON 格式数据（见图 5-73）。当前项目中有两个超级用户，分别是 admin 和 jonah。

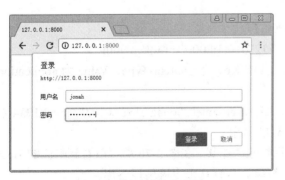

图 5-72　输入用户名和密码

图 5-73　返回 JSON 格式数据

5.5.8 通过 Postman 模拟请求

在前后端分离的项目中，采用 RESTful 风格设计的接口可以返回 JSON 格式数据。除了通过浏览器访问接口之外，还可以通过手机、Pad 等设备访问接口，这极大增加了项目开发的灵活性和便捷性。下面我们就借助 Postman 工具来模拟只有经过用户认证后才允许访问接口的情况。

Postman 是一款调试网页和发送请求的 Chrome 插件，简单、易用，可以自行下载并默认安装即可。打开 Postman 工具，新建一个 Tab 页面，用于发送 HTTP 请求，并完成以下操作。

（1）如图 5-74 所示，选择 GET 请求方式。

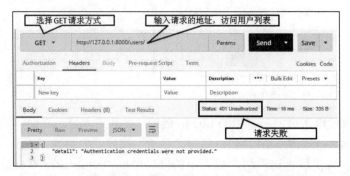

图 5-74　借助 Postman 模拟发送请求（用户身份验证失败）

（2）为了访问用户列表，输入请求地址"http://127.0.0.1:8000/users/"。

（3）单击 Send 按钮。

（4）查看页面下方返回的响应内容，可以清楚地看到返回状态码为 401 的错误。

5.5.9 获取令牌

在 Postman 中，可以向 urls.py 中定义的 api-token-auth 地址发送一个 POST 请求，并在其中附带 JSON 格式的用户名和密码，以获取服务器返回的令牌值。在 Postman 中再新建一个新的标签，完成以下操作。

（1）如图 5-75 所示，选择请求方式为 POST。

（2）输入 URL 中配置的请求地址"http://127.0.0.1:8000/api-token-auth/"。

（3）选择 Headers 选项卡，填写键值对。其中 Key 为 Content-Type，Value 为 application/json。

（4）选择 Body 选项卡，填写请求内容，即{"username":"jonah","password":"jonah1234"}。

（5）单击 Send 按钮，发送请求，如图 5-75 所示。

（6）请求发送成功后，窗口下方自动显示响应的结果，在图 5-76 中可以看到响应的 Body 中出现了返回的令牌值，这是一串随机的字符串。复制这个令牌值以备用。

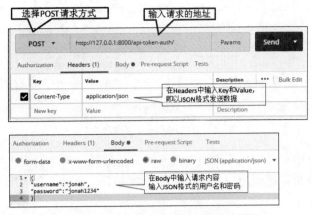

图 5-75　通过发送 POST 请求模拟登录操作

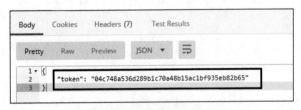

图 5-76　查看服务器返回的令牌值

（7）打开 authtoken_token 表，可以看到新生成了一条令牌记录，令牌值和我们通过 Postman 返回的相同，如图 5-77 所示。

图 5-77　查看数据库中存储的令牌

5.5.10　模拟身份认证

成功获取到令牌值以后，我们将此令牌值附加到发送的请求标头中，服务器收到此令牌值后在数据库中进行查找。如果找到了，就说明这个用户是成功登录的，继续通过 user_id 这个外键就可以确认当前请求是哪个用户发送的。在 Postman 中再次新建一个标签页，完成以下操作。

（1）选择 GET 请求方式。

（2）输入 URL 中配置的请求地址"http://127.0.0.1:8000/users/"。

（3）选择 Headers 选项卡，填写键值对。其中，Key 为 Authorization，Value 为 Token ＜前面获取到的 Token 字符串＞。注意，Token 名称和字符串之间有一个空格。

（4）单击 Send 按钮，发送请求，如图 5-78 所示。

图 5-78　附加令牌后向接口发送请求

　　（5）请求发送成功后，窗口下方自动显示响应的结果，可以看到接口返回的 JSON 数据中包括了数据库中的两条超级用户记录，如图 5-79 所示。至此，我们用第三方工具成功模拟了带令牌认证的请求。

```
Body    Cookies    Headers (7)    Test Results        Status: 200 OK    Time: 42 ms

Pretty    Raw    Preview    JSON  ▼

 1 ▾ [
 2 ▾     {
 3             "url": "http://127.0.0.1:8000/users/2/",
 4             "username": "jonah",
 5             "email": "",
 6             "groups": []
 7         },
 8 ▾     {
 9             "url": "http://127.0.0.1:8000/users/1/",
10             "username": "admin",
11             "email": "temp@163.com",
12             "groups": []
13         }
14     ]
```

图 5-79　请求发送成功后返回的用户数据列表

5.6　案例 5：实现 JWT 用户的认证

　　无论是令牌还是会话技术，都将用户信息保存到服务器端，这样会增加数据库查询和存储的开销，加大服务器端的存储压力，那么我们能否把一些不敏感的用户信息直接以令牌的形式存储在客户端，并且对这些信息进行签名，以防止被盗用？这就是我们在本案例中要解决的问题。

　　JSON Web 令牌（JSON Web Token，JWT）是一个开放标准（RFC 7519），它利用简洁且自包含的 JSON 对象形式安全传递信息。JWT 的构成简单，且传输的信息中已经包含了用户的信息，JWT 由 3 个部分组成，分别是头部、负载和签名，三者之间以点号隔开，如图 5-80 所示。

```
{
    "token": "eyJ0eXAiOiJKV1QiLCJhbGciOiJIUzI1NiJ9
            .eyJ1c2VyX21kIjoyLCJ1c2VybmFtZSI6ImpvbmFoIiwiZXhwIjoxNTQzODQ5OTA4LCJlbWFpbCI6IiJ9
            .ZrKyBIGBuf9j1lLoezAG2487A0MLGCAcKQXIXqMcbS4"
}
```

图 5-80　JWT 样例

　　JWT 的第一部分是头部，包括两部分内容，分别指明令牌的类型和签名部分使用何种签名算法，这些内容需要经过 Base64 编码。JWT 的第二部分是负载，就是该令牌的有效载荷，可以存储用户信息，最常见的就是存储用户 ID。另外，还可以保存签发者、过期时间等，这部分内容同样需要经过 Base64 编码。JWT 的第三部分是签名，使用头部规定的签名算法，对头部和负载中的 Base64 编码进行签名，如图 5-81 所示。

接口说明如下。

● 访问地址：http://127.0.0.1:8000/users/。

● 请求类型：GET。

● 功能描述：只有登录成功后（获取到 JWT）才允许返回用户数据列表。

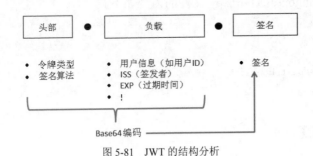

图 5-81　JWT 的结构分析

本案例将在上一个案例的基础上进行扩展，主要包括以下几个步骤。

（1）在 settings.py 文件中启用 Django REST Framework 中 JWT 的配置。

（2）在 urls.py 文件中配置获取 JWT 的 URL。

（3）通过 Postman 工具模拟以 POST 请求方式获取 JWT。

（4）通过 Postman 工具附加 JWT 后，模拟以 GET 请求方式获取用户数据列表。

（5）验证 JWT 的过期时间以增强安全性。

5.6.1　启用 Django REST Framework 中 JWT 的配置

在 setting.py 文件中，找到 REST_Framework 项，为其添加默认的用户认证类，该类属于 Django REST Framework JWT 包。

djangoproject\djangoproject\settings.py 文件的内容如下。

```
1    ...
2    REST_FRAMEWORK = {
3        ...
4        'DEFAULT_AUTHENTICATION_CLASSES': (
5            ...
6            'rest_framework_jwt.authentication.JSONWebTokenAuthentication'
7        )
8    }
9
10   JWT_AUTH = {
11       'JWT_EXPIRATION_DELTA': datetime.timedelta(seconds=300),
12       'JWT_REFRESH_EXPIRATION_DELTA': datetime.timedelta(days=7)
13   }
```

代码的解释如下。

● 第 6 行添加默认的 JWT 处理方式。

● 第 10～12 行设置 JWT 的过期时间是 300s（5min），JWT 刷新时的过期时间是 7 天。

5.6.2 获取 URL

在 setting.py 文件中，重新对令牌的分配地址进行映射，以指向 Django REST Framework JWT 包的 `ObtainJSONWebToken` 类。

djangoproject\djangoproject\urls.py 文件的内容如下。

```
1    ...
2    urlpatterns = [
3        ...
4        path('api-token-auth/', obtain_jwt_token)
5    ]
```

5.6.3 获取 JWT

打开 Postman 工具，新建一个标签页用于发送 HTTP 请求，并完成以下操作。

（1）如图 5-82 所示，选择 POST 请求方式。

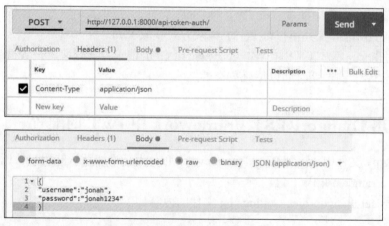

图 5-82　通过 Postman 发送 POST 请求

（2）输入请求的接口地址"http://127.0.0.1:8000/api-token-auth/"。

（3）选择 Headers 选项卡，填写键值对。其中，Key 为 Content-Type，Value 为 application/json。

（4）选择 Body 选项卡，填写请求内容，即{"username":"jonah","password":"jonah1234"}。

（5）单击 Send 按钮，发送请求。

（6）查看页面下方返回的响应内容，可以清楚地看到返回的 JWT 数据。

（7）请求返回的数据是 JSON 格式的 JWT，由三部分构成，每部分之间用句点分隔，前两部分是 Base64 的编码形式，最后一部分是签名的内容，如图 5-83 所示。

图 5-83　查看返回的 JWT

由于 Base64 并不完全算一种加密算法，因此它可以看成一种数据的表示方法，可以在网上搜索并找到一个 Base64 的在线加密/解密站点，将我们获取到的 JWT 中的前两部分内容进行在线解码。我们将上述捕获的 JWT 进行解码。

● 在头部，令牌类型是 JWT，签名算法是 HS256。

● 在负载中，用户 ID 是 2，当前登录（发送请求）的用户名是 jonah，过期时间是 1543849908，无邮箱地址。

对 JWT 中 Base64 数据解码，如图 5-84 所示。

图 5-84　对 JWT 中 Base64 数据解码

另外，过期时间 1543849908 是 UNIX 系统中的时间戳。为了设置 JWT 的过期时间，在网上搜索并找到一个在线的时间戳转换工具，将解码后得到的时间戳填入，单击"转换"按钮就可以转换为我们平时所用的日期格式，如图 5-85 所示。

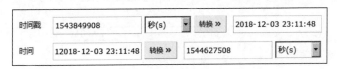

图 5-85　转换时间戳

5.6.4　模拟请求

获取到 JWT 后，相当于用户登录成功。接下来，我们就可以用 JWT 来访问指定页面了。新建一个标签页，用于发送 HTTP 请求，并完成以下操作。

（1）如图 5-86 所示，选择 GET 请求方式。

（2）输入请求的接口地址"http://127.0.0.1:8000/users/"。

（3）选择 Headers 选项卡，填写键值对。其中，Key 为 Authorization，Value 为 JWT <前面获取到的 JWT 字符串>。注意，JWT 名称和字符串之间有一个空格。

（4）单击 Send 按钮，发送请求，如图 5-86 所示。

（5）请求发送成功后，窗口下方自动显示响应的结果。接口返回的 JSON 数据中包括了数据库中的两条超级用户记录信息，如图 5-87 所示。至此，我们用第三方工具成功模拟了带 JWT 认证的请求。

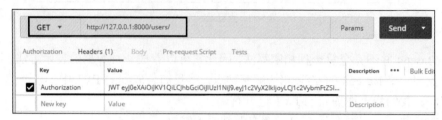

图 5-86　附加 JWT 后再次发送请求

图 5-87　身份验证成功后返回 JSON 格式的用户数据列表

5.6.5　过期验证

由于设置了 JWT 的过期时间，如果超过其过期时间后再访问同样的地址，会报出 401 错误，提示当前认证已经过期了，如图 5-88 所示。这时需要重新提交用户名和密码，获取新的 JWT。

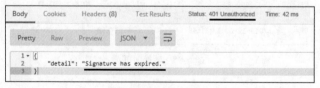

图 5-88　JWT 过期提示

5.7　本章小结和习题

5.7.1　本章小结

本章介绍了如何通过 Django 这个当前流行的 Web 框架实现接口测试环境的搭建。我们本着探究本源的目的，了解接口、学习接口、开发接口，其中既包括和数据库相关的模型处理，又包括令牌和 JWT 身份验证机制，还结合了 RESTful 风格接口的设计理念，实现了 GET、POST、DELETE、PUT 等多种 HTTP 请求方式，从接口中返回 JSON 格式数据。相信有了这些知识，在接下来的接口测试中我们会更加得心应手，游刃有余。

5.7.2 习题

1. 为什么要建立 Python 虚拟环境？
2. 请说出 Django 框架的特点以及进行 Web 开发的基本流程。
3. 请说出 Django 框架中 urls.py 文件的作用和意义。
4. 请说出 GET、POST、PUT、DELETE 这些请求方式的区别。
5. 如何通过令牌技术进行接口的用户身份认证？

第 6 章

接口测试案例

6.1 项目架构的演变

在传统的 Web 开发中，设计了由浏览器和服务器组成的架构，将浏览器（browser）叫前端，将服务器（server）叫后端，因此将这种设计架构统称为 B/S 架构，如图 6-1 所示。最早的项目都是由多个静态资源文件组成的，如 HTML 文件、图片文件等，这些项目文件被部署到 Web 服务器上。常见的 Web 服务器有 IIS、Apache 等，当用户从浏览器中发送请求后，服务器将请求的资源文件传输到浏览器端，由浏览器解释并执行这些 HTML 文件，读取图片文件，最终以页面形式呈现给用户。

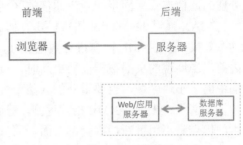

图 6-1 B/S 架构

接下来，出现了可以进行动态页面开发的语言，如 ASP.NET、PHP、JSP 等开发语言。于是，业务逻辑就可以变得更复杂了，不仅可以进行数据库的读写操作，这些由动态语言编写的代码被部署到应用服务器上，还可以在服务器端环境下解释和执行（而静态 HTML 语言是在浏览器端环境中执行的）。

然而，这时候的页面开发有一个令人头疼的问题，一个页面中既有用于展示的 HTML、CSS 静态代码，又有控制页面行为的 JavaScript 代码，还有用于业务处理的逻辑判断、循环分支以及数据读取等动态代码，简直就像一个大杂烩，代码结构杂乱无章，高度耦合，难以维护。此时的架构虽然区分了前端和后端，但是属于在物理层上的区分，而不是从工作职责上进行区分，开发人员既要熟悉后端开发语言，又要懂得前端语言，简直就是一个全能的角色。当然，现在还有一个更炫的名字与之对应，叫作"全栈开发工程师"，该取位显然是好听不好做的。

从架构的角度出发，为了实现解耦及功能分隔，提出了模型-视图-控制器（Model View Controller，MVC）设计模式，即将界面、业务和数据区分开来，各司其职。其中，模型用于数据的封装，视图用于数据的展示（简单说就是界面），控制器用于业务处理。MVC 框架的实现主要基于后端，渲染视图的过程是在服务端完成的，最终呈现给浏览器的是带模型的视图页面。例如，若用户发出一个 HTTP 请求，该请求首先会到达控制器，然后由控制器读取数据并封装为模型，最后将模型传递到视图中进行展现（见图 6-2）。MVC 设计模式一种典型的应用是 Java 的 SSH 框架，其中整合了 Struts 2、Spring 和 Hibernate，以帮助开发人员在短期内搭建结构清晰、可复用性高、维护方便的 Web 应用程序。

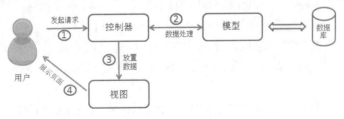

图 6-2 MVC 设计模式

随着 AJAX 技术的兴起，开发重心又开始逐渐前移了。AJAX 的全称是 Asynchronous

JavaScript And XML，即"异步 JavaScript 和 XML"，它并非特指一门语言或者一个框架，而是一种编程方法。同步（synchronized）和异步（asynchronized）是一对相对的概念。同步是指浏览器发出请求后，要等待服务器接收并发回响应以后，才可以发送下一个请求的通信方式，在这种方式下请求和响应必须一来一回，按顺序执行。异步是指浏览器发出请求后，不用等待服务器发回响应，就可以发送下一个请求，浏览器可以随时监控响应的到达并进行处理的通信方式。同步和异步通信的区别如图 6-3（a）与（b）所示。

AJAX 通过 JavaScript 语言操作文档对象模型（Document Object Model，DOM）来实现动态效果，通过 XML 语言进行数据交互，使用 XMLHttpRequest 进行异步数据接收。在 AJAX 之前，当展现的页面数据需要更新时，页面将作为一个整体重新加载，即使要更新的只是页面中的一小块区域，也要重新加载整个页面，速度慢且效果差。而 AJAX 利用 JavaScript 异步发起请求，结果以 XML 格式返回，随后通过 JavaScript 可以更新局部页面，所以 AJAX 最大的优点是不用重新加载全部页面，而只是进行局部更新即可。例如，我们打开百度首页，输入搜索关键词后，在搜索框下方会弹出一个搜索建议词列表，于是只有局部的一小块区域更新了，而不是整个百度首页重新加载一次，如图 6-4 所示。

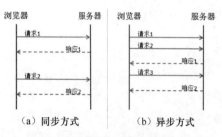

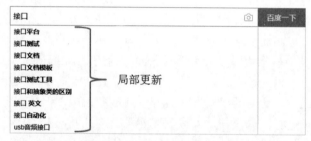

图 6-3　同步和异步通信的区别　　　　图 6-4　在百度首页中通过 AJAX 实现搜索词列表

技术和用户需求都在不断更新。用户可使用的前端设备越来越多样化，如传统的浏览器、手机 App、手持 Pad 等，同时在激烈的市场竞争环境中，既要求应用的发布时间尽可能缩短，又要给用户带来尽善尽美的使用体验，继而开发模式也从传统的瀑布模式向敏捷迭代模式转变。系统开发的难度和成本越来越高，对开发人员的要求也不断攀升，如果针对不同的终端环境分别开发和维护一套单独的应用版本，这个工作量将非常庞大，那么为了提升开发效率，使业务逻辑和数据尽量实现复用，前后端分离的需求就会越来越迫切。

为了实现前后端分离的模式，当前一种主流的做法是前端 HTML 页面通过 AJAX 技术调用后端提供的 RESTful API 接口，并使用 JSON 数据进行交互。

REST 的全称是 Representational State Transfer，可以翻译为表现性状态转移，是 Roy Thomas Fielding（HTTP 规范的主要设计者之一、Apache HTTP Server 项目的联合创始人）在 2000 年写的一篇关于软件架构风格的论文中首次提出的。而后许多知名互联网公司纷纷开始采用这种轻量级的 Web 服务，并习惯将其称为 RESTful Web Service，或简称 REST 服务。

如图 6-5 所示，在前后端分离的架构中，后端只需要负责按照约定的数据格式向前端提供可调用的 API 服务即可。前后端之间通过 HTTP 请求进行交互，前端获取到数据后，进行页面的组装和渲染，最终呈现到浏览器中。

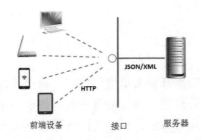

图 6-5　前后端分离的架构

6.2　接口测试

进行软件测试，有两个主要步骤，明确测试对象和设计测试方法。毫无疑问，接口测试的对象是后端提供的接口，接口就是前后端产生的数据交互的地方，这个说法比较抽象。如图 6-6 所示，电器接线板的插孔就是一个接口，它是电器设备和电源之间交互的地方，无论是电视机、电冰箱还是洗衣机，都可以使用这些接口，而且这些接口都提供相同的输出电压。因此，我们就需要对这个接口进行功能测试、安全测试、可靠测试、依从性（规范）测试、兼容测试等。

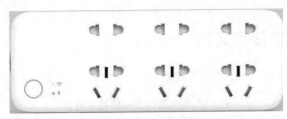

图 6-6　生活中的接口案例

接口测试是整个测试环节中不可或缺的一部分，它抛开了前端的干扰，直接对后端的功能和逻辑进行测试。无论前端代码是否开发完，都不影响后端的测试工作，甚至还可以利用接口管理平台返回的模拟数据进行模拟测试。

针对接口的测试角度可以有多种，例如下面的接口测试。

- 接口功能测试：功能测试的重点是被测对象的输入和输出校验，既要考虑针对接口的输入参数校验，又要检查接口返回数据的正确性。
  - 针对输入参数校验，可以使用等价类法、边界值法等传统的用例设计方法进行测试，可以使用正交试验法对多个参数进行组合。
  - 针对响应输出的内容，要考虑 HTTP 响应状态码或错误编码的使用是否合理，返回的数据格式和内容是否正确。
  - 针对接口中的业务逻辑，可以通过流程或状态的方式设计测试用例，尽量遍历业务的处理路径，甚至针对多个接口组成一个符合业务流程的调用。
- 接口安全测试：测试是否存在安全隐患和漏洞，测试是否可以有效地进行身份验证等。
- 接口性能测试：当面临大并发访问的时候，测试接口的响应是否及时，带宽和硬件资源是否引起瓶颈等。这类测试可以利用 JMeter 等开源工具实现。

6.3 接口文档

在前后端分离的系统中，后端开发人员提供接口，前端开发人员调用接口，接口是前后端开发人员之间的一个重要桥梁，因此接口的维护就显得至关重要了。公司一般会编写专门的接口说明文档，前后端开发人员都依据这个文档进行编码工作。

接口说明文档可以使用多种文件形式，如 Word、Excel、HTML 页面等，文件格式不同，但是内容基本相同，一般包括以下几部分。

- 接口地址：接口发布的 URL 地址。
- 接口类型：该接口使用的请求类型（如 GET、POST、PUT、DELETE 等）。
- 接口说明：接口功能的描述信息。
- 请求标头：规范请求中标头部分的内容。
- 请求参数：请求参数的名称、类型及说明。
- 返回内容：描述访问接口后返回内容的字段名称、类型及其说明。
- 错误码：接口调用失败要返回相应的错误编码和对应的错误消息。

这里举两个接口文档的例子，一个是 PM2.5 查询接口，一个是腾讯云提供的人脸比对接口。

6.3.1 PM2.5 查询接口文档

PM2.5 查询接口文档的相关内容见表 6-1。

表 6-1   PM2.5 查询接口文档的相关内容

地址	***pm25***/api/querys/pm2_5.json
方法	GET
参数	• city：城市名称，必选参数。 • avg：表示是否返回一个城市中所有监测点数据均值的标识，可选参数，默认值是 true，不需要均值时传递这个参数并设置为 false • stations：表示是否只返回一个城市中监测点信息的标识，可选参数，默认值是 yes，不需要监测点信息时传递这个参数并设置为 no
返回	一个数组，里面的每一项是一个监测点的 PM2.5 信息，其中每一项包括以下内容。 • aqi：空气质量指数（AQI）。 • area：城市名称。 • pm2_5：1 小时平均的颗粒物（粒径小于或等于 2.5μm）浓度。 • pm2_5_24h：24 小时滑动平均的颗粒物（粒径小于或等于 2.5μm）浓度。 • position_name：监测点名称。 • primary_pollutant：首要污染物。 • quality：空气质量指数类别。 • station_code：监测点编码。 • time_point：数据发布的时间

请求示例如下。

- ***pm25***/api/querys/pm2_5.json?city=珠海&token=xxxxxx

- ***pm25***/api/querys/pm2_5.json?city=zhuhai&token=××××××

所有的 API 调用必须附带 token 参数，即申请的 AppKey。网站提供了一个公共的 AppKey。公共的 AppKey 为 5j1znBVAsnSf5xQyNQyq，这里需要特别说明的是，在使用的时候直接替换掉地址中的 token 参数即可。

成功返回的示例如下。

```
1    [
2        {
3            "aqi": 82,
4            "area": "珠海",
5            "pm2_5": 31,
6            "pm2_5_24h": 60,
7            "position_name": "吉大",
8            "primary_pollutant": "颗粒物(PM2.5)",
9            "quality": "良",
10           "station_code": "1367A",
11           "time_point": "2013-03-07T19:00:00Z"
12       },
13       ...
14       ...
15       {
16           "aqi": 108,
17           "area": "珠海",
18           "pm2_5": 0,
19           "pm2_5_24h": 53,
20           "position_name": "斗门",
21           "primary_pollutant": "臭氧8小时",
22           "quality": "轻度污染",
23           "station_code": "1370A",
24           "time_point": "2013-03-07T19:00:00Z"
25       },
26       {
27           "aqi": 99,
28           "area": "珠海",
29           "pm2_5": 39,
30           "pm2_5_24h": 67,
31           "position_name": null,
32           "primary_pollutant": null,
33           "quality": "良",
34           "station_code": null,
35           "time_point": "2013-03-07T19:00:00Z"
36       }
37   ]
```

可能返回的错误消息如下。

```
1    {"error": "参数不能为空"}
2    {"error": "该城市还未有 PM2.5 数据"}
3    {"error": "Sorry, 您这个小时内的 API 请求次数用完了，休息一下吧！"}
4    {"error": "You need to sign in or sign up before continuing."}
```

打开浏览器，输入接口访问地址***pm25***/api/querys/pm2_5.json?city=珠海&token=5j1znBVAsnSf5xQyNQyq，即可查看珠海市的 PM2.5 数据。

6.3.2　腾讯云人脸比对接口文档

腾讯云人脸比对接口用于计算两个人脸的相似性以及五官相似度。本接口按实际使用量计费,支持 HTTP 和 HTTPS 两种协议。

腾讯云人脸比对接口文档的相关内容见表 6-2～表 6-5。

表 6-2　　　　　　　　　　　　腾讯云人脸比对接口文档中的请求标头

参数名	必选	值	描述
host	是	recognition.image.myqcloud.com	腾讯云人脸识别服务器域名
content-length	否	包体总长度	请求标头的总长度,单位为字节
content-type	是	application/json 或 multipart/form-data	根据不同接口,选择以下两种格式。 ● 使用 application/json 格式,参数为 url,其值为图片的 URL。 ● 使用 multipart/form-data 格式,参数为 image,其值为图片的二进制内容
authorization	是	鉴权签名	多次有效签名,用于鉴权

表 6-3　　　　　　　　　　　　腾讯云人脸比对接口文档中的请求参数

参数名	必选	类型	参数说明
appid	是	String	接入项目的唯一标识,可在"账号信息"或"云 API 密钥"中查看
imageA	否	Binary	A 图片的内容
imageB	否	Binary	B 图片的内容
urlA	否	String	A 图片的 URL,图片和 URL 只需提供一个;如果二者都提供,只使用 URL
urlB	否	String	B 图片的 URL,图片和 URL 只需提供一个;如果二者都提供,只使用 URL

表 6-4　　　　　　　　　　　　腾讯云人脸比对接口文档中的响应

字段	类型	说明
data.session_id	String	相应请求的会话标识符
data.similarity	Float	两个人脸的相似度
data.fail_flag	Int	失败标志的图片,1 为第一张,2 为第二张(失败时返回)
code	Int	返回码
message	String	返回错误消息

为了便于理解,这里举一个例子。

请求信息如下。

```
1    POST /face/compare HTTP/1.1
2    Authorization: FCHXdPTEwMDAwMzc5Jms9QUtJRGVRZDBrRU1yM2J4ZjhRckJi==
3    Host: recognition.image.myqcloud.com
4    Content-Length: 123
5    Content-Type: application/json
6
7    {
8      "appid":"123456",
9      "urlA":"http://test-123456.image.myqcloud.com/testA.jpg",
10     "urlB":"http://test-123456.image.myqcloud.com/testB.jpg"
11   }
```

响应信息如下。

```
1   HTTP/1.1 200 OK
2   Connection: keep-alive
3   Content-Length: 109
4   Content-Type: application/json
5
6   {
7     "data":{
8       "similarity":100.0,
9       "session_id":""
10    },
11    "code":0,
12    "message":"OK"
13  }
```

表 6-5　　　　　　　　　腾讯云人脸比对接口文档中的错误码

错误码	含义
3	错误的请求
4	签名为空
−1101	人脸检测失败
−1102	图片解码失败
−1200	特征存储错误
−1300	图片为空
−1301	参数为空
−1313	参数不合法（特殊字符，如空格、斜线、制表符、换行符）
−1400	非法的图片格式
−1403	图片下载失败

6.4　接口测试

6.4.1　实现接口测试案例

为了增强测试的全面性，现在我们重新调整一下 5.4 节的案例，增加了一些针对模型（数据表）的约束关系（如唯一性约束、默认值约束），增加了整型的"缺陷优先级"字段，减少了"缺陷编号"中可输入的最大字符数量等。同时为该案例引入了基于 JWT 的身份验证方式。

为了便于理解，下面展示各个 Python 脚本文件的相关内容。

djangoproject\djangoproject\settings.py 文件的内容如下。

```
1   import datetime
2   ...
3   INSTALLED_APPS = [
4       ...
5       'appdemo02.apps.Appdemo02Config',
6       'rest_framework',
```

```
7        'rest_framework.authtoken'
8    ]
9    ...
10   REST_FRAMEWORK = {
11       'DEFAULT_PERMISSION_CLASSES': (
12           'rest_framework.permissions.IsAuthenticated'
13       ),
14       'DEFAULT_AUTHENTICATION_CLASSES': (
15           'rest_framework.authentication.BasicAuthentication',
16           'rest_framework.authentication.SessionAuthentication',
17           'rest_framework.authentication.TokenAuthentication',
18           'rest_framework_jwt.authentication.JSONWebTokenAuthentication'
19       )
20   }
21
22
23   JWT_AUTH = {
24       'JWT_EXPIRATION_DELTA': datetime.timedelta(seconds=300),
25       'JWT_REFRESH_EXPIRATION_DELTA': datetime.timedelta(days=7)
26   }
```

djangoproject\djangoproject\urls.py 文件的内容如下。

```
1    from django.contrib import admin
2    from django.urls import path
3    from appdemo02.views import DefectList
4    from appdemo02.views import DefectDetail
5    from django.conf.urls import include
6    from rest_framework import routers
7    from rest_framework.authtoken import views
8    from rest_framework_jwt.views import obtain_jwt_token
9
10   router = routers.DefaultRouter()
11   router.register(r'users', UserViewSet)
12   router.register(r'groups', GroupViewSet)
13
14   urlpatterns = [
15       path('admin/', admin.site.urls),
16       path('defects/', DefectList.as_view()),
17       path('defect/<str:bug_code>/', DefectDetail.as_view()),
18       path('api-auth/', include('rest_framework.urls')),
19       path('', include(router.urls)),
20       path('api-token-auth/', obtain_jwt_token)
21   ]
```

djangoproject\appdemo02\models.py 文件的内容如下。

```
1    from django.db import models
2
3
4    class Defect(models.Model):
5        bug_state_choice = (('New', '新建'), ('Open', '打开'),
6                            ('Fixed', '已修复'), ('Closed', '已关闭'))
7        bug_code = models.CharField(max_length=10, unique=True, verbose_name="缺陷编号")
8        bug_name = models.CharField(max_length=50, verbose_name="缺陷标题")
9        bug_desc = models.CharField(null=True, max_length=500, verbose_name="缺陷描述")
10       bug_priority = models.IntegerField(null=True, verbose_name="缺陷优先级", default=1)
11       bug_state = models.CharField(max_length=10, default="New",
```

```
12                              choices=bug_state_choice, verbose_name="缺陷状态")
13
14          class Meta:
15              verbose_name = '缺陷报告'
16              verbose_name_plural = verbose_name
17
18          def __str__(self):
19              return self.bug_name
```

djangoproject\appdemo02\serializers.py 文件的内容如下。

```
1    from rest_framework import serializers
2    from appdemo02.models import Defect
3
4
5    class DefectSerializer(serializers.ModelSerializer):
6        class Meta:
7            model = Defect
8            fields = ('bug_code', 'bug_name', 'bug_desc',
9                            'bug_priority', 'bug_state')
```

djangoproject\appdemo02\views.py 文件的内容如下。

```
1    from appdemo02.models import Defect
2    from appdemo02.serializers import DefectSerializer
3    from django.http import Http404
4    from rest_framework.views import APIView
5    from rest_framework.response import Response
6    from rest_framework import status
7
8
9    class DefectList(APIView):
10       def get(self, request):
11           defects = Defect.objects.all()
12           serializer = DefectSerializer(defects, many=True)
13           return Response(serializer.data)
14
15       def post(self, request):
16           serializer = DefectSerializer(data=request.data)
17           if serializer.is_valid():
18               serializer.save()
19               return Response(serializer.data, status=status.HTTP_201_CREATED)
20           return Response(serializer.errors, status=status.HTTP_400_BAD_REQUEST)
21
22
23   class DefectDetail(APIView):
24       def get_object(self, request, bug_code):
25           try:
26               return Defect.objects.get(bug_code=bug_code)
27           except Defect.DoesNotExist:
28               raise Http404
29
30       def get(self, request, bug_code):
31           defect = self.get_object(self, bug_code)
32           serializer = DefectSerializer(defect)
33           return Response(serializer.data)
34
35       def put(self, request, bug_code):
```

```
36              defect = self.get_object(self, bug_code)
37              serializer = DefectSerializer(defect, data=request.data)
38              if serializer.is_valid():
39                  serializer.save()
40                  return Response(serializer.data)
41              return Response(serializer.errors, status=status.HTTP_400_BAD_REQUEST)
42
43          def delete(self, request, bug_code):
44              defect = self.get_object(self, bug_code)
45              defect.delete()
46              return Response(status=status.HTTP_204_NO_CONTENT)
```

以上代码编写完成后，登录 Django 后台并确保至少存在一个超级用户（本章统一使用 admin/admin1234 进行身份验证）。另外，要使数据库变更生效，还需要执行数据修改操作，选择 PyCharm 菜单栏中的 Tools→Run manage.py Task，在控制台中输入 makemigrations 和 migrate 命令。最后运行项目，启动服务器，打开浏览器，输入地址 http://127.0.0.1:8000，登录后可以访问成功。

6.4.2 接口设计文档

基于上一节实现的接口测试实例，编写接口设计文档，如表 6-6～表 6-10 所示，该文档用于指导后续接口测试用例的设计和编写。

表 6-6　　　　　　　　　　　返回所有记录的接口相关信息

接口说明	返回缺陷表中的所有记录
请求地址	http://127.0.0.1:8000/defects/
请求方法	GET
请求参数	无
身份验证	使用基于 JWT 的身份验证方式。 需要在请求中添加标头字段"Authorization": "JWT ×××××××××"。 其中，×××××××××代表获取到的 JWT 类型的令牌值
返回响应	JSON 格式数据，其中，bug_code 表示缺陷编号；bug_name 表示缺陷名称；bug_desc 表示缺陷描述；bug_priority 表示缺陷优先级；bug_state 表示缺陷状态

接口返回的示例数据如下。

```
[
    {
        "bug_code":"001",
        "bug_name":"注册用户名未进行非空校验",
        "bug_desc":"注册用户名未进行非空校验",
        "bug_priority":3,
        "bug_state":"New"
    },
    {
        "bug_code":"002",
        "bug_name":"注册电话号码未进行长度校验",
        "bug_desc":"注册电话号码未进行长度校验",
        "bug_priority":2,
        "bug_state":"New"
    }
]
```

表 6-7	提交一条新建缺陷记录的接口相关信息
接口说明	提交一条新的缺陷记录并保存到缺陷列表中
请求地址	http://127.0.0.1:8000/defects/
请求方法	POST
请求参数	JSON 格式数据，其中，bug_code 表示缺陷编号（字符串类型、非空、唯一，最大长度为 10）；bug_name 表示缺陷名称（字符串类型、非空，最大长度为 50）；bug_desc 表示缺陷描述（字符串类型，最大长度为 500）；bug_priority 表示缺陷优先级（整型，默认值为 1）；bug_state 表示缺陷状态（字符串类型、非空，最大长度为 50）。 bug_state 的值必须从列表中选择，可以是 New、Open、Fixed、Closed
身份验证	使用基于 JWT 的身份验证方式。 需要在请求中添加标头字段"Authorization": "JWT ××××××××"。 其中，××××××××代表获取到的 JWT 类型的令牌值
返回的响应	● 响应正常请求：HTTP 201 Created。 ● 请求失败：400 Bad Request。 可能返回的错误消息如下。 　　{"缺陷字段": ["This field may not be blank."]} 　　{"缺陷字段": ["This field is required."]} 　　{"缺陷字段": ["NONE" is not a valid choice."]} 　　{"缺陷字段": [Not a valid string.]} 　　{"缺陷字段": ["A valid integer is required."]} 　　{"缺陷字段": ["Ensure this field has no more than ××× characters."]} 　　{"缺陷字段": ["缺陷报告 with this 缺陷编号 already exists."]} "缺陷字段"表示实际出现错误的缺陷字段名称

表 6-8	获取一条指定的缺陷记录的接口相关信息
接口说明	获取一条指定的缺陷记录
请求地址	http://127.0.0.1:8000/defect/×××/，×××代表请求要获取的缺陷记录编号
请求方法	GET
请求参数	无
身份验证	使用基于 JWT 的身份验证方式。 需要在请求中添加标头字段"Authorization": "JWT ××××××××"。 其中，××××××××代表获取到的 JWT 类型的令牌值
返回的响应	请参考返回所有记录的接口

表 6-9	修改一条缺陷记录的接口相关信息
接口说明	修改一条指定缺陷记录的内容
请求地址	http://127.0.0.1:8000/defect/×××/，×××代表请求要修改的缺陷记录编号
请求方法	PUT
请求参数	请参考提交一条新建缺陷记录的接口
身份验证	使用基于 JWT 的身份验证方式。 需要在请求中添加标头字段"Authorization": "JWT ××××××××"。 其中，××××××××代表获取到的 JWT 类型的令牌值
返回的响应	请参考提交一条新建缺陷记录的接口

表 6-10　　　　　　　　　　　删除一条缺陷记录的接口相关信息

接口说明	删除一条指定缺陷记录的内容
请求地址	http://127.0.0.1:8000/defect/×××/，×××代表请求要删除的缺陷记录编号
请求方法	DELETE
请求参数	无
身份验证	使用基于 JWT 的身份验证方式。 需要在请求中添加标头字段"Authorization": "JWT ×××××××"。 其中，×××××××代表获取到的 JWT 类型的令牌值
返回的响应	HTTP 204 No Content

6.4.3　设计测试用例

测试用例的样式和字段可以根据公司的不同需求自行定制，使用 Excel、Word、专用的用例生成工具及平台等进行设计。由于篇幅所限，本节以表格形式设计测试用例，只包括了必备的重要字段，编写时间、优先级、作者等字段可以自行定义和添加。

本节设计的测试用例按类型选取，同一类型的测试用例只取一条，例如，对于字符串类型的请求参数，要考虑其允许输入的最大字符长度，这里针对 bug_code 参数设计了小于最大长度、等于最大长度、超出最大长度的测试用例，针对 bug_name、bug_desc 等参数就不再编写类似的测试用例了。以下的测试用例不仅涵盖了常见的 GET、POST、DELETE、PUT 请求方式，还包括了有效和无效参数输入的测试用例。

本节选取的测试用例主要从功能角度进行测试，未考虑安全、性能等其他因素。相关参数验证的实现都源自 Django 和 REST Django Framework 框架本身，在代码中并未自行添加验证功能。每个公司设计的接口参数校验功能不尽相同，有些公司会借助可靠的第三方框架实现，从而简化针对参数校验功能的测试工作。但有些公司会自行设计拦截器或者校验函数，因此就需要测试人员对这些参数进行更加详细的测试了。

以下所有测试用例均使用 Python 自带的 unittest 单元测试框架生成，用例名称即 unittest 测试用例类中定义的测试方法名称。

为了保证运行的效果，必须要做好以下准备工作。

（1）确保 Django 服务运行成功。

（2）确保存在 admin/admin1234 超级用户。

（3）清空 SQLite 数据库中 appdemo02_defect 表里面的所有记录。

（4）通过客户端工具向 appdemo02_defect 表中添加 3 条初始数据，如图 6-7 所示。

bug_code	bug_name	bug_desc	bug_priority	bug_state
001	用户名未进行非空校验	注册时用户名未进行非空校验	3	New
002	电话号码未进行长度校验	注册时电话号码未进行长度校验	2	New
003	上传的头像未进行大小校验	注册时上传的头像未进行大小校验	2	New

图 6-7　appdemo02_defect 表中的记录

用例 1～用例 14 分别见表 6-11～表 6-24。

表 6-11   用例 1：获取所有缺陷记录（有效）

用例编号	API_TEST_001
用例名称	test_get_defects
用例描述	获取缺陷表中所有记录数据，验证响应的状态码、返回的记录条数、第一条缺陷记录的"缺陷编号"字段
用例输入	● 访问地址：http://127.0.0.1:8000/defects/。 ● 请求类型：GET。 ● 验证类型：JWT({"Authorization": ×××××××})

预期输出	● 状态码：200。
	● 响应内容：
	{
	"bug_code":"001",
	"bug_name":"用户名未进行非空校验",
	"bug_desc":"注册时用户名未进行非空校验",
	"bug_priority":3,
	"bug_state":"New"
	},
	{
	"bug_code":"002",
	"bug_name":"电话号码未进行长度校验",
	"bug_desc":"注册时电话号码未进行长度校验",
	"bug_priority":2,
	"bug_state":"New"
	},
	{
	"bug_code":"003",
	"bug_name":"上传的头像未进行大小校验",
	"bug_desc":"注册时上传的头像未进行大小校验",
	"bug_priority":2,
	"bug_state":"New"
	}

表 6-12   用例 2：新增一条缺陷记录（有效）

用例编号	API_TEST_002
用例名称	test_post_defect
用例描述	向缺陷表中新增一条数据记录，验证响应的状态码、新提交记录的"缺陷编号"字段

用例输入	● 访问地址：http://127.0.0.1:8000/defects/。
	● 请求类型：POST。
	● 验证类型：JWT({"Authorization": ×××××××××××××})
	● 请求参数：
	{
	"bug_code": "201",
	"bug_name": "页面缺少标题",
	"bug_desc": "注册页面缺少标题",
	"bug_priority": 1,
	"bug_state": "New"
	}

续表

预期输出	● 状态码：201 Created。
	● 响应内容：Django REST Framework 框架中，接口在处理 POST 请求时，如果请求成功，将请求中提交的数据保存后再通过响应返回，这里对返回数据记录的内容进行断言，判断数据保存到数据库中是否成功（当然，后续测试中还会通过 GET 方式再次请求提交的数据记录，以验证是否成功保存到数据库中）。
	
	{
	"bug_code": "201",
	"bug_name": "页面缺少标题",
	"bug_desc": "注册页面缺少标题",
	"bug_priority": 1,
	"bug_state": "New"
	}

表 6-13　　　　　　　　　　用例 3：获取指定编号缺陷记录（有效）

用例编号	API_TEST_003
用例名称	test_get_defect
用例描述	通过缺陷编号获取前一个用例新增的一条缺陷记录，验证响应的状态码、返回的数据字段数量、"缺陷编号"字段
用例输入	● 访问地址：http://127.0.0.1:8000/defect/201/。 ● 请求类型：GET。 ● 验证类型：JWT({"Authorization": ××××××××××××})

预期输出	● 状态码：200。
	● 响应内容：
	
	{
	"bug_code": "201",
	"bug_name": "页面缺少标题",
	"bug_desc": "注册页面缺少标题",
	"bug_priority": 1,
	"bug_state": "New"
	}

表 6-14　　　　　　　　　　用例 4：修改一条缺陷记录（有效）

用例编号	API_TEST_004
用例名称	test_put_defect
用例描述	通过缺陷编号修改一条缺陷记录，验证响应的状态码、修改各字段内容是否成功

用例输入	● 访问地址：http://127.0.0.1:8000/defect/201/。
	● 请求类型：PUT。
	● 验证类型：JWT({"Authorization": ××××××××××××})
	● 请求参数：
	
	{
	"bug_code": "201",
	"bug_name": "验证码未更新",
	"bug_desc": "注册时验证码未更新",
	"bug_priority": 3,
	"bug_state": "Open"
	}

预期输出	● 状态码：200。
	● 响应内容：
	　{
	　"bug_code": "201",
	　"bug_name": "验证码未更新",
	　"bug_desc": "注册时验证码未更新",
	　"bug_priority": 3,
	　"bug_state": "Open"
	　}

表 6-15　　　　　　　　　　用例 5：删除一条缺陷记录（有效）

用例编号	API_TEST_005
用例名称	test_del_defect
用例描述	通过缺陷编号删除一条缺陷记录，验证响应的状态码
用例输入	● 访问地址：http://127.0.0.1:8000/defect/201/。 ● 请求类型：DELETE。 ● 验证类型：JWT({"Authorization": ××××××××××××})
预期输出	● 状态码：204。 ● 响应内容：无

表 6-16　　　　　　　　　用例 6：获取一条非法编号的缺陷记录（无效）

用例编号	API_TEST_006
用例名称	test_get_nonexistent_code
用例描述	通过一个不存在的缺陷编号获取一条缺陷记录，验证响应的状态码、返回的错误消息
用例输入	● 访问地址：http://127.0.0.1:8000/defect/888/。 ● 请求类型：GET。 ● 验证类型：JWT({"Authorization": ××××××××××××})

预期输出	● 状态码：404。
	● 响应内容：
	　{
	　"detail": "Not found."
	　}

表 6-17　　　　　　　用例 7：提交的请求中参数值为空的字符串（无效）

用例编号	API_TEST_007
用例名称	test_post_blank_code
用例描述	新增一条缺陷记录，但是 bug_code 参数的值为空字符串，验证响应的状态码、返回的错误消息

用例输入	● 访问地址：http://127.0.0.1:8000/defects/。
	● 请求类型：POST。
	● 验证类型：JWT({"Authorization": ××××××××××××})
	● 请求参数：
	　{
	　"bug_code": "",
	　"bug_name": "注册用户失败",
	　"bug_desc": "注册用户失败",
	　"bug_priority": 3,
	　"bug_state": "New"
	　}

预期输出	<ul><li>状态码：400 Bad Request。</li><li>响应内容： { "bug_code": ["This field may not be blank."] }</li></ul>

表 6-18　　　　　　　用例 8：提交的请求中缺少参数（违反非空约束，无效）

用例编号	API_TEST_008
用例名称	test_post_missing_code
用例描述	新增一条缺陷记录，请求中缺少 bug_code 和 bug_name 参数（违反非空约束），验证响应的状态码、返回的错误消息
用例输入	<ul><li>访问地址：http://127.0.0.1:8000/defects/。</li><li>请求类型：POST。</li><li>验证类型：JWT({"Authorization": ×××××××××××})</li><li>请求参数： { "bug_desc": "注册用户失败", "bug_priority": 3, "bug_state": "New" }</li></ul>
预期输出	<ul><li>状态码：400 Bad Request。</li><li>响应内容： { "bug_code": ["This field is required."] "bug_name": ["This field is required."] }</li></ul>

表 6-19　　　　　　　用例 9：提交的请求中缺少参数（不违反非空约束，有效）

用例编号	API_TEST_009
用例名称	test_post_missing_desc
用例描述	新增一条缺陷记录，请求中缺少 bug_desc 参数（不违反非空约束），验证响应的状态码、缺陷编号，验证 bug_desc 为空值
用例输入	<ul><li>访问地址：http://127.0.0.1:8000/defects/。</li><li>请求类型：POST。</li><li>验证类型：JWT({"Authorization": ×××××××××××})</li><li>请求参数： { "bug_code": "301", "bug_name": "注册用户失败", "bug_priority": 3, "bug_state": "New" }</li></ul>
预期输出	<ul><li>状态码：201 Created。</li><li>响应内容： { "bug_code": "301", "bug_name": "注册用户失败", "bug_desc": null, "bug_priority": 3, "bug_state": "New" }</li></ul>

表 6-20　　　　用例 10：bug_state 参数的值不是可供选择的值（无效）

用例编号	API_TEST_010
用例名称	test_post_wrong_state
用例描述	新增一条缺陷记录，`bug_state` 参数的取值非数据模型中可以选用的值。 缺陷状态可选值有 New、Open、Fixed、Closed。 验证响应的状态码、返回的错误消息

用例输入	● 访问地址：http://127.0.0.1:8000/defects/。
	● 请求类型：POST。
	● 验证类型：JWT({"Authorization": ××××××××××××})
	● 请求参数：
	{
	"bug_code": "401",
	"bug_name": "退出功能失效",
	"bug_desc": "退出功能失效",
	"bug_priority": 3,
	"bug_state": "NONE"
	}

预期输出	● 状态码：400 Bad Request。
	● 响应内容：
	{
	"bug_state": ["NONE" is not a valid choice.]
	}

表 6-21　　　　用例 11：提交的请求中参数类型错误（无效）

用例编号	API_TEST_011
用例名称	test_post_error_type
用例描述	新增一条缺陷记录，`bug_desc` 参数、`bug_prionty` 参数的类型错误。 `bug_desc` 的类型是 String，`bug_prionty` 的类型是 Integer。 验证响应的状态码、返回的错误消息

用例输入	● 访问地址：http://127.0.0.1:8000/defects/。
	● 请求类型：POST。
	● 验证类型：JWT({"Authorization": ××××××××××××})
	● 请求参数：
	{
	"bug_code": "401",
	"bug_name": "退出功能失效",
	"bug_desc": ["Error01", "Error02"],
	"bug_priority": "SOS",
	"bug_state": "New"
	}

预期输出	● 状态码：400 Bad Request。
	● 响应内容：
	{
	"bug_desc": ["Not a valid string."],
	"bug_priority": ["A valid integer is required."]
	}

表 6-22　　　　　　　　　　用例 12：缺陷编号达到最大长度（有效）

用例编号	API_TEST_012
用例名称	test_post_max_code
用例描述	向缺陷表中新增一条数据记录，bug_code 使用最大长度的字符串。 模型中设置 bug_code 的最大长度为 10。 验证响应的状态码、新提交记录的 bug_code 参数

用例输入	● 访问地址：http://127.0.0.1:8000/defects/。
	● 请求类型：POST。
	● 验证类型：JWT({"Authorization"：××××××××××××})
	● 请求参数：
	{
	"bug_code": "0123456789",
	"bug_name": "首页轮播图失效",
	"bug_desc": "首页轮播图失效",
	"bug_priority": 3,
	"bug_state": "New"
	}

预期输出	● 状态码：201 Created。
	● 响应内容：
	{
	"bug_code": "0123456789",
	"bug_name": "首页轮播图失效",
	"bug_desc": "首页轮播图失效",
	"bug_priority": 3,
	"bug_state": "New"
	}

表 6-23　　　　　　　　　　用例 13：缺陷编号超出最大长度（无效）

用例编号	API_TEST_013
用例名称	test_post_toolong_code
用例描述	新增一条缺陷记录，缺陷编号超出模型限制的最大长度。 bug_code 参数的最大长度为 10。 验证响应的状态码、返回的错误消息

用例输入	● 访问地址：http://127.0.0.1:8000/defects/。
	● 请求类型：POST。
	● 验证类型：JWT({"Authorization"：××××××××××××})
	● 请求参数：
	{
	"bug_code": "0123456789A",
	"bug_name": "重置密码功能失效",
	"bug_desc": "重置密码功能失效",
	"bug_priority": 3,
	"bug_state": "New"
	}

预期输出	● 状态码：400 Bad Request。
	● 响应内容：
	{
	"bug_code": ["Ensure this field has no more than 10 characters."]
	}

表 6-24 用例 14：缺陷编号违反唯一性约束（无效）

用例编号	API_TEST_014
用例名称	test_post_unique_code
用例描述	新增一条缺陷记录，输入已经存在的缺陷编号， 验证响应的状态码、返回的错误消息

用例输入	• 访问地址：http://127.0.0.1:8000/defects/。
	• 请求类型：POST。
	• 验证类型：JWT({"Authorization": ×××××××××××})
	• 请求参数：
	{
	"bug_code": "001",
	"bug_name": "重置密码功能失效",
	"bug_desc": "重置密码功能失效",
	"bug_priority": 3,
	"bug_state": "New"
	}

预期输出	• 状态码：400 Bad Request。
	• 响应内容：
	{
	"bug_code": ["缺陷报告 with this 缺陷编号 already exists."]
	}

6.4.4 编写测试脚本

基于上一节设计的测试用例，在本节中我们将其转化为基于 Python unittest 单元测试框架的测试脚本。

1. 测试类的整体结构

我们将前面设计的所有测试用例的实现都写到了一个测试类 TestAPI 中，每个测试用例对应其中的一个测试方法（或者叫测试函数）。TestAPI 类整体的结构如下。

```python
class TestAPI(unittest.TestCase):
    #提前获取 JWT
    def setUp(self)

    #获取所有缺陷记录
    def test_get_defects(self)

    #新增一条缺陷记录
    def test_post_defect(self)

    #获取指定编号的缺陷记录
    def test_get_defect(self)

    #修改一条缺陷记录
    def test_put_defect(self)

    #删除一条缺陷记录
    def test_del_defect(self)

    #获取一条非法编号的缺陷记录
```

```
    def test_get_nonexistent_code(self)

    #提交的请求中参数值为空字符串
    def test_post_blank_code(self)

    #提交的请求中缺少参数（违反非空约束）
    def test_post_missing_code(self)

    #提交的请求中缺少参数（不违反非空约束）
    def test_post_missing_desc(self)

    #bug_state 参数提的值不是可供选择的值
    def test_post_wrong_state(self)

    #提交的请求中参数类型错误
    def test_post_error_type(self)

    #缺陷编号达到最大长度
    def test_post_max_code(self)

    #缺陷编号超出最大长度
    def test_post_toolong_code(self)

    #缺陷编号违反唯一性约束
    def test_post_unique_code(self)

#控制测试用例的执行顺序
def set_suite()
#调用 set_suite()
if __name__ == '__main__'
```

2. 主要函数

获取 JWT 的函数如下。

```
1    #提前获取 JWT
2    def setUp(self):
3        url = "http://127.0.0.1:8000/api-token-auth/"
4        r = requests.post(url, data={"username": "admin", "password": "admin1234"})
5        data = json.loads(r.text)
6        self.token = data["token"]
```

代码的解释如下。

在第 2 行中，unittest 框架下每执行一个测试函数之前都要先调用一次 setUp() 函数。

第 3 行获取框架实现 JWT 的接口地址。

第 4 行向该接口发送一个 POST 请求，同时提交超级用户的用户名和密码。

在第 5 行中，该接口返回的响应内容是 JSON 格式数据，此处将其转化为字典格式。

第 6 行从字典中取出令牌值，即 JWT 的值。

控制测试用例是否执行及执行顺序的函数如下。

```
1    #控制测试用例的执行顺序
2    def set_suite():
3        suite = unittest.TestSuite()
4        suite.addTest(TestAPI("test_get_defects"))    # 获取所有缺陷记录
5        suite.addTest(TestAPI("test_post_defect"))    # 新增一条缺陷记录
6        suite.addTest(TestAPI("test_get_defect"))     # 获取指定编号的缺陷记录
```

```
7         suite.addTest(TestAPI("test_put_defect"))         # 修改一条缺陷记录
8         suite.addTest(TestAPI("test_del_defect"))         # 删除一条缺陷记录
9         suite.addTest(TestAPI("test_get_nonexistent_code")) # 获取一条非法编号的缺陷记录
10        suite.addTest(TestAPI("test_post_blank_code"))      # 提交的请求中参数值为空字符串
11        suite.addTest(TestAPI("test_post_missing_code"))    # 提交的请求中缺少参数(违反非空约束)
12        suite.addTest(TestAPI("test_post_missing_desc"))    # 提交的请求缺少参数(不违反非空约束)
13        suite.addTest(TestAPI("test_post_wrong_state"))     # bug_state 参数可供选择的值
14        suite.addTest(TestAPI("test_post_error_type"))      # 提交的请求中参数类型错误
15        suite.addTest(TestAPI("test_post_max_code"))        # 缺陷编号达到最大长度
16        suite.addTest(TestAPI("test_post_toolong_code"))    # 缺陷编号超出最大长度
17        suite.addTest(TestAPI("test_post_unique_code"))     # 缺陷编号违反唯一性约束
18        return suite
19
20    #调用 set_suite()
21    if __name__ == '__main__':
22        runner = unittest.TextTestRunner(verbosity=2)
23        runner.run(set_suite())
```

在 Python 的 unittest 单元测试框架下，默认情况下以测试方法的名称排序后再执行测试用例。当有些业务需要自行指定测试用例的执行顺序的时候，可以通过 unittest 中的测试套件来重新组织用例的执行顺序。

以上代码中单独定义了一个 set_suite() 函数，将所有需要执行的测试方法依次添加进去，unittest 会按照添加的顺序从上到下依次执行，而且暂时不需要执行的测试方法可以不添加进去。最后在文件的 main 方法中调用 set_suite() 函数。

另外，有以下两个需要注意的地方。

- set_suite() 函数不属于前面定义的 TestAPI 类，它们是并列关系。
- 由于 PyCharm 默认的设置，有时候会不执行 set_suite() 函数，而要按照默认顺序调用测试方法，从 Run 菜单中选择 Run→test02 即可，如图 6-8 所示。

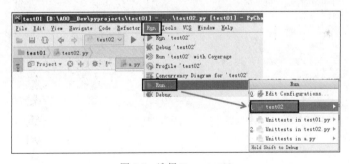

图 6-8 选择 Run→test02

设计的整个测试类中，一共包含了 14 个具体的测试方法，每个测试方法对应一条测试用例，这里就不再逐一详细进行解释了。我们选取一个代表性的测试方法来分析，此测试方法通过 GET 方式访问接口，获取缺陷表中的全部记录，并以 JSON 格式返回。在该测试方法最后分别对返回响应的 HTTP 状态码、数据记录的数量以及数据的内容，以进行断言。

以 GET 方式获取全部缺陷记录的函数如下。

```
1    # 获取所有缺陷记录
2    def test_get_defects(self):
```

```
3        url = "http://127.0.0.1:8000/defects/"
4        jwt = "JWT " + self.token
5        r = requests.get(url, headers={"Authorization": jwt})
6        data = json.loads(r.text)
7        # 验证响应的状态码
8        self.assertEqual(200, r.status_code)
9        # 验证返回列表中元素（记录）的个数
10       self.assertEqual(3, len(data))
11       # 验证第一条数据的缺陷编号是否为 001
12       self.assertEqual("001", data[0]["bug_code"])
```

代码的解释如下。

第 3 行定义访问的接口地址。

第 4 行将从 setUp() 函数中获取的 JWT 值与"JWT"前缀拼接成一个符合 HTTP 标头取值规范的字符串。

第 5 行向接口发送 GET 请求，同时附带一个 Authorization 请求标头字段用于身份验证。

第 6 行将返回的 JSON 格式数据转化为字典格式。

第 8 行对返回的 HTTP 状态码进行断言，如果接口返回的响应正常，应该返回 200 状态码。

第 10 行对返回的数据库记录数量进行断言，由于在执行测试用例之前，已经在缺陷表中添加了 3 条测试数据，因此接口返回的数据一定是 3 条。

在第 12 行中，由于返回的数据较多，且每条数据又有多个字段，因此这里简化为只判断第一条记录的 bug_code 是否正确，即获取的第一条记录的 bug_code 是否为 001。

3. 全部代码

全部测试代码如下。

```
1    import unittest
2    import requests
3    import json
4
5
6    class TestAPI(unittest.TestCase):
7        # 提前获取 JWT
8        def setUp(self):
9            url = "http://127.0.0.1:8000/api-token-auth/"
10           r = requests.post(url, data={"username": "admin", "password": "admin1234"})
11           data = json.loads(r.text)
12           self.token = data["token"]
13
14       # 获取所有缺陷记录
15       def test_get_defects(self):
16           url = "http://127.0.0.1:8000/defects/"
17           jwt = "JWT " + self.token
18           r = requests.get(url, headers={"Authorization": jwt})
19           data = json.loads(r.text)
20           # 验证响应的状态码
21           self.assertEqual(200, r.status_code)
22           # 验证返回列表中元素（记录）的个数
23           self.assertEqual(3, len(data))
24           # 验证第一条数据的缺陷编号是否为 001
```

```
25              self.assertEqual("001", data[0]["bug_code"])
26
27       #新增一条缺陷记录
28       def test_post_defect(self):
29              url = "http://127.0.0.1:8000/defects/"
30              jwt = "JWT " + self.token
31              bug = {"bug_code": "201",
32                     "bug_name": "页面缺少标题",
33                     "bug_desc": "注册页面缺少标题",
34                     "bug_priority": 1,
35                     "bug_state": "New"}
36              r = requests.post(url, json=bug, headers={"Authorization": jwt})
37              data = json.loads(r.text)
38              #验证响应的状态码
39              self.assertEqual(201, r.status_code)
40              #验证新提交的记录中，缺陷编号是否为 201
41              self.assertEqual("201", data["bug_code"])
42
43       #获取指定编号的缺陷记录
44       def test_get_defect(self):
45              url = "http://127.0.0.1:8000/defect/201/"
46              jwt = "JWT " + self.token
47              r = requests.get(url, headers={"Authorization": jwt})
48              data = json.loads(r.text)
49              #验证响应的状态码
50              self.assertEqual(200, r.status_code)
51              #验证该记录是否由 5 个字段组成
52              self.assertEqual(5, len(data))
53              #验证返回的记录缺陷编号是否为 201
54              self.assertEqual("201", data["bug_code"])
55
56       #修改一条缺陷记录
57       def test_put_defect(self):
58              url = "http://127.0.0.1:8000/defect/201/"
59              jwt = "JWT " + self.token
60              bug = {"bug_code": "201",
61                     "bug_name": "验证码未更新",
62                     "bug_desc": "注册时验证码未更新",
63                     "bug_priority": 3,
64                     "bug_state": "Open"}
65              r = requests.put(url, json=bug, headers={"Authorization": jwt})
66              data = json.loads(r.text)
67              #验证响应的状态码
68              self.assertEqual(200, r.status_code)
69              #验证返回的记录中缺陷编号是否为 201
70              self.assertEqual("201", data["bug_code"])
71              #验证缺陷标题是否修改成功
72              self.assertEqual("验证码未更新", data["bug_name"])
73              #验证缺陷描述是否修改成功
74              self.assertEqual("注册时验证码未更新", data["bug_desc"])
75              #验证缺陷优先级是否为 3
76              self.assertEqual(3, data["bug_priority"])
77              #验证缺陷状态是否修改成功
78              self.assertEqual("Open", data["bug_state"])
79
```

```
80          #删除一条缺陷记录
81          def test_del_defect(self):
82              url = "http://127.0.0.1:8000/defect/201/"
83              jwt = "JWT " + self.token
84              r = requests.delete(url, headers={"Authorization": jwt})
85              # 验证响应的状态码
86              self.assertEqual(204, r.status_code)
87
88          #获取一条非法编号的缺陷记录
89          def test_get_nonexistent_code(self):
90              url = "http://127.0.0.1:8000/defect/888/"
91              jwt = "JWT " + self.token
92              r = requests.get(url, headers={"Authorization": jwt})
93              data = json.loads(r.text)
94              # 验证响应的状态码
95              self.assertEqual(404, r.status_code)
96              # 验证返回的错误消息
97              self.assertEqual("Not found.", data["detail"])
98
99          #提交的请求中参数值为空字符串
100         def test_post_blank_code(self):
101             url = "http://127.0.0.1:8000/defects/"
102             jwt = "JWT " + self.token
103             bug = {"bug_code": "",
104                    "bug_name": "注册用户失败",
105                    "bug_desc": "注册用户失败",
106                    "bug_priority": 3,
107                    "bug_state": "New"}
108             r = requests.post(url, json=bug, headers={"Authorization": jwt})
109             data = json.loads(r.text)
110             #验证响应的状态码
111             self.assertEqual(400, r.status_code)
112             # 验证返回的错误消息
113             self.assertEqual("This field may not be blank.", data["bug_code"][0])
114
115         #提交的请求中缺少参数（违反非空约束）
116         def test_post_missing_code(self):
117             url = "http://127.0.0.1:8000/defects/"
118             jwt = "JWT " + self.token
119             bug = {"bug_desc": "注册用户失败",
120                    "bug_priority": 3,
121                    "bug_state": "New"}
122             r = requests.post(url, json=bug, headers={"Authorization": jwt})
123             data = json.loads(r.text)
124             #验证响应的状态码
125             self.assertEqual(400, r.status_code)
126             #验证返回的错误消息
127             self.assertEqual("This field is required.", data["bug_code"][0])
128             #验证返回的错误消息
129             self.assertEqual("This field is required.", data["bug_name"][0])
130
131         #提交的请求中缺少参数（不违反非空约束）
132         def test_post_missing_desc(self):
133             url = "http://127.0.0.1:8000/defects/"
134             jwt = "JWT " + self.token
```

```
135          bug = {"bug_code": "301",
136                 "bug_name": "注册用户失败",
137                 "bug_priority": 3,
138                 "bug_state": "New"}
139          r = requests.post(url, json=bug, headers={"Authorization": jwt})
140      data = json.loads(r.text)
141          #验证响应的状态码
142          self.assertEqual(201, r.status_code)
143          #验证新提交的记录中缺陷编号是否为301
144          self.assertEqual("301", data["bug_code"])
145          # 验证新提交的记录中缺陷描述是否为空
146          self.assertEqual(None, data["bug_desc"])
147
148      #bug_state参数的值不是可供选择的值
149      def test_post_wrong_state(self):
150          url = "http://127.0.0.1:8000/defects/"
151          jwt = "JWT " + self.token
152          bug = {"bug_code": "401",
153                 "bug_name": "退出功能失效",
154                 "bug_desc": "退出功能失效",
155                 "bug_priority": 3,
156                 "bug_state": "NONE"}
157          r = requests.post(url, json=bug, headers={"Authorization": jwt})
158          data = json.loads(r.text)
159          #验证响应的状态码
160          self.assertEqual(400, r.status_code)
161          #验证返回的错误消息
162          self.assertEqual(["\"NONE\" is not a valid choice."], data["bug_state"])
163
164      #提交的请求中参数类型错误
165      def test_post_error_type(self):
166          url = "http://127.0.0.1:8000/defects/"
167          jwt = "JWT " + self.token
168          bug = {"bug_code": "401",
169                 "bug_name": "退出功能失效",
170                 "bug_desc": ["Error01", "Error02"],
171                 "bug_priority": "SOS",
172                 "bug_state": "New"}
173          r = requests.post(url, json=bug, headers={"Authorization": jwt})
174          data = json.loads(r.text)
175          #验证响应的状态码
176          self.assertEqual(400, r.status_code)
177          #验证返回的错误消息
178          self.assertEqual("Not a valid string.", data["bug_desc"][0])
179          #验证返回的错误消息
180          self.assertEqual("A valid integer is required.", data["bug_priority"][0])
181
182      #缺陷编号达到最大长度
183      def test_post_max_code(self):
184          url = "http://127.0.0.1:8000/defects/"
185          jwt = "JWT " + self.token
186          bug = {"bug_code": "0123456789",
187                 "bug_name": "首页轮播图失效",
188                 "bug_desc": "首页轮播图失效",
189                 "bug_priority": 3,
```

```
190                          "bug_state": "New"}
191             r = requests.post(url, json=bug, headers={"Authorization": jwt})
192             data = json.loads(r.text)
193             # 验证响应的状态码
194             self.assertEqual(201, r.status_code)
195             # 验证缺陷编号
196             self.assertEqual("0123456789", data["bug_code"])
197
198         #缺陷编号超出最大长度
199         def test_post_toolong_code(self):
200             url = "http://127.0.0.1:8000/defects/"
201             jwt = "JWT " + self.token
202             bug = {"bug_code": "0123456789A",
203                          "bug_name": "重置密码功能失效",
204                          "bug_desc": "重置密码功能失效",
205                          "bug_priority": 3,
206                          "bug_state": "New"}
207             r = requests.post(url, json=bug, headers={"Authorization": jwt})
208             data = json.loads(r.text)
209             #验证响应的状态码
210             self.assertEqual(400, r.status_code)
211             # 验证返回的错误消息
212             self.assertEqual(["Ensure this field has no more than "
213                               "10 characters."], data["bug_code"])
214
215         #缺陷编号违反唯一性约束
216         def test_post_unique_code(self):
217             url = "http://127.0.0.1:8000/defects/"
218             jwt = "JWT " + self.token
219             bug = {"bug_code": "001",
220                          "bug_name": "重置密码功能失效",
221                          "bug_desc": "重置密码功能失效",
222                          "bug_priority": 3,
223                          "bug_state": "New"}
224             r = requests.post(url, json=bug, headers={"Authorization": jwt})
225             data = json.loads(r.text)
226             #验证响应的状态码
227             self.assertEqual(400, r.status_code)
228             #验证返回的错误消息
229             self.assertEqual(["缺陷报告 with this 缺陷编号 already exists."], data["bug_code"])
230
231
232     #控制测试用例的执行顺序
233     def set_suite():
234         suite = unittest.TestSuite()
235         suite.addTest(TestAPI("test_get_defects"))
236         suite.addTest(TestAPI("test_post_defect"))
237         suite.addTest(TestAPI("test_get_defect"))
238         suite.addTest(TestAPI("test_put_defect"))
239         suite.addTest(TestAPI("test_del_defect"))
240         suite.addTest(TestAPI("test_get_nonexistent_code"))
241         suite.addTest(TestAPI("test_post_blank_code"))
242         suite.addTest(TestAPI("test_post_missing_code"))
243         suite.addTest(TestAPI("test_post_missing_desc"))
244         suite.addTest(TestAPI("test_post_wrong_state"))
```

```
245        suite.addTest(TestAPI("test_post_error_type"))
246        suite.addTest(TestAPI("test_post_max_code"))
247        suite.addTest(TestAPI("test_post_toolong_code"))
248        suite.addTest(TestAPI("test_post_unique_code"))
249        return suite
250
251   #调用 set_suite()
252   if __name__ == '__main__':
253        runner = unittest.TextTestRunner(verbosity=2)
254        runner.run(set_suite())
```

6.5　本章小结和习题

6.5.1　本章小结

　　本章介绍了如何实现接口测试。随着软件设计架构的更迭，接口测试的重要性不断提高，要求测试人员需要熟悉接口说明文档，并从中获取测试对象和测试思路，进而对接口的输入、处理和输出环节进行用例设计。本章提供了多个接口测试案例，从测试数据的多样性、接口参数校验、约束关系处理等方面着手考虑，并对接口返回的状态码和响应数据内容进行断言。

6.5.2　习题

1. 请说出前后端分离的模式下进行接口测试的意义。
2. 接口文档都包括哪些字段？如何参考接口文档进行测试设计？
3. 通过 unittest 进行接口测试时，如何设置测试方法的执行顺序？
4. 在设计接口测试时，如何进行接口的身份认证？

第 7 章

接口 Mock 的应用

7.1 接口 Mock 技术

相信学习过程序设计的读者一定对"桩"（stub）这个概念不陌生，它是指用来替换一部分功能的程序代码段。桩程序代码段可以用来模拟已有程序的某些功或者是对实现的系统代码的一种临时替代方法。插桩方法被广泛应用于开发和测试工作中。在接口测试中也需要使用这种处理方式来应用 Mock 技术。Mock 的意思是模拟，就是针对发出的请求，通过某种技术手段模拟测试对象的行为，返回预先设计的结果。在真实系统并没有实现对应功能的情况下，只根据前后端给出的接口设计规范、示例文档来设计接口测试用例及实现对应脚本，待系统实现对应的接口功能后再进行替换，从而实现测试与开发并行或测试先行的目的。目前针对不同的语言有很多现成的 Mock 工具可以帮助我们完成接口测试工作，如针对 Java 语言有 EasyMock，针对 C++语言有 GoogleMock 等。JSON（JavaScript Object Notation，JS 对象简谱）是一种轻量级的数据交换格式。简洁和清晰的层次结构使得 JSON 成为理想的数据交换语言。它易于阅读、编写、解析，并能有效地提升网络传输效率。鉴于以上特点，JSON 被广泛地应用于系统应用开发中。本章介绍如何应用 JSON Server 中的这款 Mock 工具来实现 Restful 风格的 API，较应用 Django、Flask 实现这些 API，JSON Server 的实现是如此简单、快捷，相信你一定会喜欢上它。

7.2 关于 JSON Server 工具的实例

7.2.1 JSON Server

可以在 Github 上搜索"JSON Server"获得这款工具的相关信息，如图 7-1 所示。

图 7-1　JSON Server 的相关信息

JSON Server 可以在 30s 的时间内且零编码的情况下完整模拟 REST API，适合需要快速后端原型设计和模拟前端开发团队人员。

7.2.2　安装 JSON Server

首先，需要下载 Node.js，由于作者使用的是 64 位的 Windows 10 操作系统，这里下载"10.15.3 LTS"版本，如图 7-2 所示。

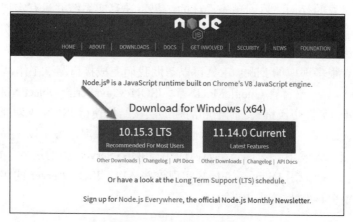

图 7-2　选择下载 10.15.3 LTS 版本

node-v10.15.3-x64.msi 文件下载以后，单击该文件，打开 Node.js 安装向导，如图 7-3 所示。

单击 Next 按钮，勾选 I accept the terms in the License Agreement 复选框，同意许可协议，如图 7-4 所示。

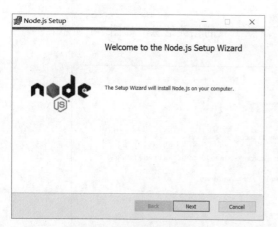

图 7-3　打开 Node.js 安装向导

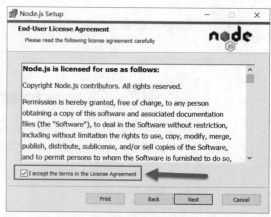

图 7-4　同意许可协议

单击 Next 按钮，选择安装路径，这里我们不做更改，如图 7-5 所示。

单击 Next 按钮，选择要安装的功能，这里我们仍然不需要进行任何更改，如图 7-6 所示。

单击 Next 按钮，进入准备安装 Node.js 的界面，如图 7-7 所示。

单击 Install 按钮，开始安装 Node.js。安装完成后，将会出现图 7-8 所示的界面。

单击 Finish 按钮，完成 Node.js 的安装过程。为了验证其是否正确安装，可以通过输入 `node --version` 命令查看其版本信息，如图 7-9 所示。

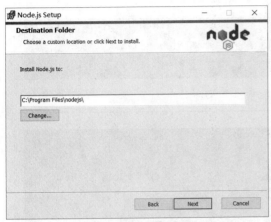

图 7-5 选择安装路径

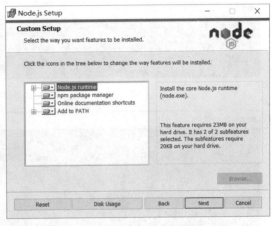

图 7-6 选择要安装的功能

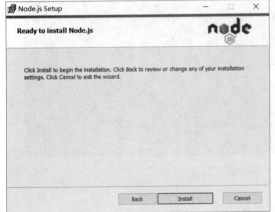

图 7-7 准备安装的界面

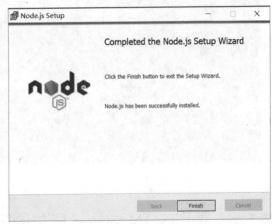

图 7-8 安装完成的界面

npm 是随同 Node.js 一起安装的包管理工具，使用 npm 能够解决 Node.js 代码部署上的很多问题。我们在后续安装 JSON Server 时也会使用到 npm，所以要验证一下 npm 是否正确安装。可以应用 `npm -v` 命令来查看其对应的版本信息，如图 7-10 所示。

图 7-9 Node.js 版本信息

图 7-10 npm 版本信息

由图 7-9 和图 7-10 我们知道，Node.js 和 npm 都已经成功安装。接下来，我们就可以使用 npm install -g json-server 命令来安装 JSON Server 了，如图 7-11 所示。JSON Server 安装完成后，可以使用 json-server -h 命令来查看它是否安装成功。若出现对应的帮助信息，则说明它已正确地安装，如图 7-12 所示。

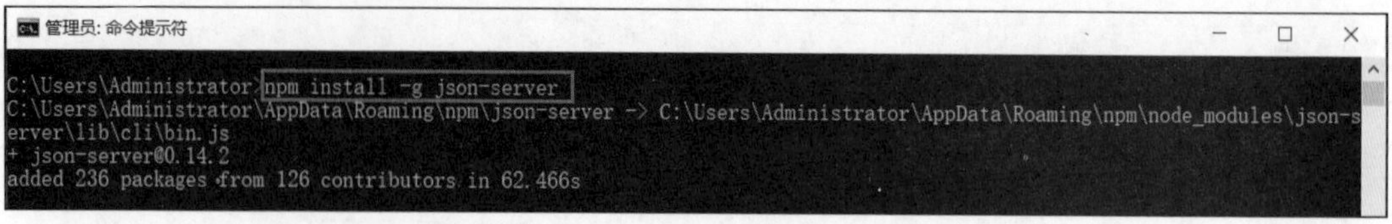

图 7-11　安装 JSON Server 的相关命令

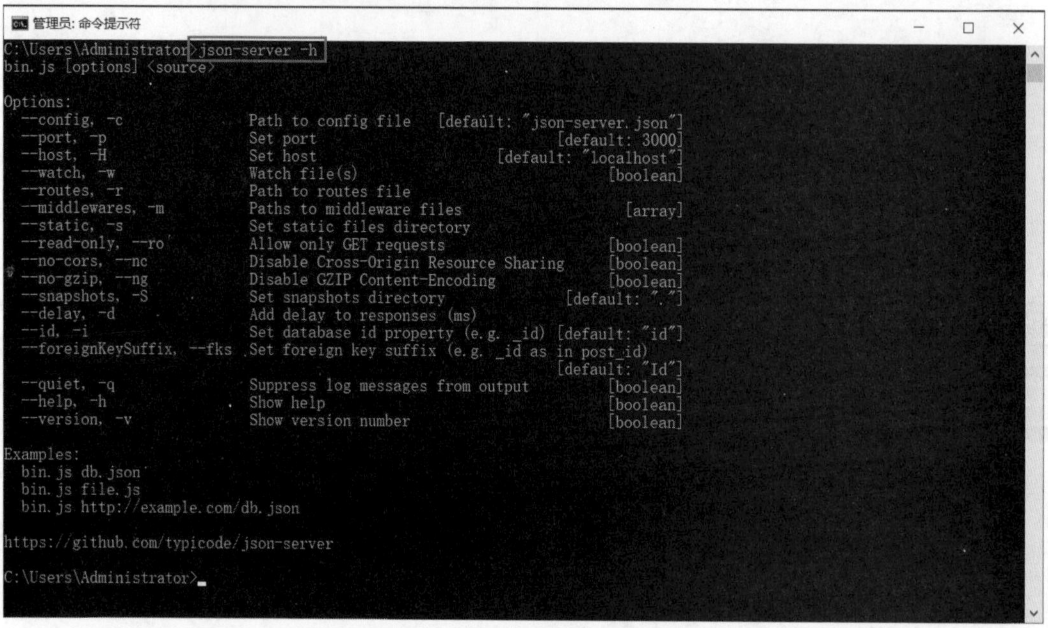

图 7-12　JSON Server 的相关帮助信息

7.2.3　关于 JSON Server 应用的简要说明

第 5 章介绍了如何应用 Django REST Framework 接口实现 REST 风格的接口，在本章中我们将应用 JSON Server 实现同样的 REST 风格的接口。

这里准备了一个 JSON 格式的文件，即 mytest.json 文件，其内容如下所示。

```json
{
    "books": [{
            "id": 1,
            "title": "软件性能测试与 LoadRunner 实战教程",
            "author": "于涌"
        },
        {
            "id": 2,
            "title": "精通移动 App 测试实战",
            "author": "于涌"
        }
    ],
```

```
    "comments": [{
            "id": 1,
            "content": "性能测试图书",
            "postId": 1
        },
        {
            "id": 2,
            "content": "App 测试图书",
            "postId": 2
        }
    ],
    "press": {
        "name": "出版社"
    }
}
```

上面的 JSON 文件主要包含 3 类信息，即图书、评论和出版社信息。

5.4 节用很大篇幅来描述如何实现基于 JSON 文件的增删改查操作。这里，为了应用 JSON Server 来实现基于 JSON 文件的增删改查操作，我们应该怎样做呢？

首先，创建一个 Python 项目，这里我们把该项目命名为"APITest"。在该项目中，新建一个 JSON 文件（文件名为 mytest.json），文件内容就是上面的 JSON 文件内容，如图 7-13 所示。

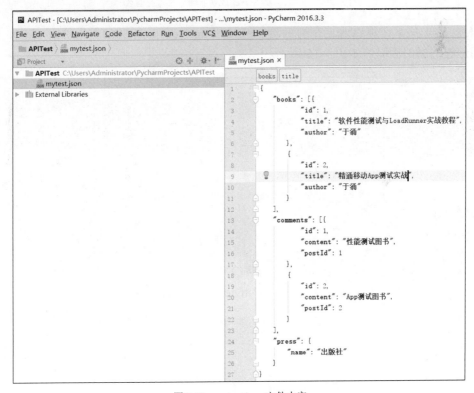

图 7-13　mytest.json 文件内容

接下来，通过 json-server --watch C:\Users\Administrator\PycharmProjects\APITest\mytest.json 命令来启动 JSON Server，这样就创建了一个基于 mytest.json 文件内容的 REST 风格的增删改查接口服务。如果 JSON Server 成功启动，则将显示图 7-14 所示

的信息。

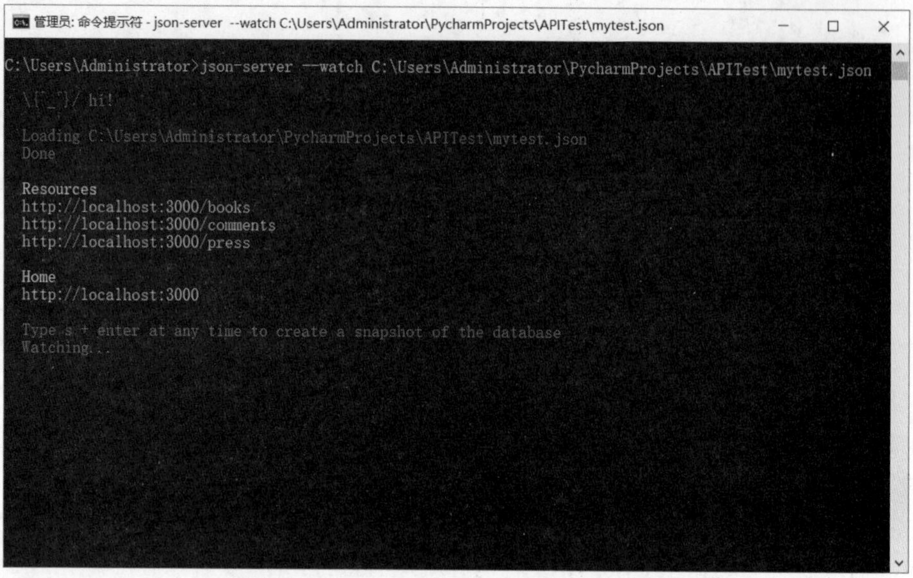

图 7-14 启动 JSON Server 成功启动后显示的信息

如图 7-14 所示，可以通过在浏览器中输入"http://localhost:3000"来访问 JSON Server 为我们创建的相关接口，如图 7-15 所示。

图 7-15 访问相关接口

如图 7-15 所示，在标号为"2"的区域，我们可以看到 JSON Server 支持 GET、POST、PUT、PATCH、DELETE 和 OPTIONS 等 HTTP 方法。在标号为"1"的区域，可以单击对应的链接来查看对应 mytest.json 文件内的数据信息。这里以查看图书信息为例，单击"/books"
链接，将出现图 7-16 所示的信息。

可以使用"http://localhost:3000/books?id=1"或者"http://localhost:3000/books/1"来查找
或者过滤出对应 id 的图书信息，如图 7-17 所示。

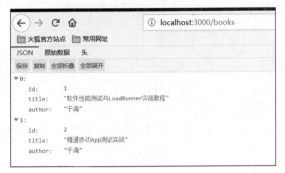

图 7-16　mytest.json 文件中的图书信息

图 7-17　id 为 1 的图书相关信息

7.2.4　案例 1：向图书中添加数据接口验证

这里我们应用 Python 来往图书中添加一条"id 为 3，title 为接口测试，author 为于涌"
的数据。

对应的代码如下。

```python
import requests
url = "http://localhost:3000/books"
payload = "id=3&title=接口测试&author=于涌"
headers = {
    'Content-Type': "application/x-www-form-urlencoded"
    }
response = requests.request("POST", url, data=payload.encode(encoding='utf-8'), headers=headers)
print(response.text)
```

运行 test.py 后，得到图 7-18 所示的结果。

图 7-18　运行 test.py 的结果

从图 7-18 所示的执行结果来看，脚本应该执行成功了。但做事严谨的我们还需要再次访问一下"http://localhost:3000/books"来查看对应数据是否成功添加，并且汉字的显示是否正确。

如图 7-19 所示，"接口测试"图书的相关信息成功添加并且正确展示。

图 7-19 "接口测试"图书的相关信息成功添加并且正确展示

7.2.5 案例 2：图书数据信息查询接口验证

前面，我们通过在浏览器中手动输入 URL 的方式，对图书信息进行了查询，那么如何通过 Python 对所有图书和指定图书进行查询呢？

查询所有图书的代码如下。

```
import requests
url = "http://localhost:3000/books"
headers = {
    'Content-Type': "application/x-www-form-urlencoded"
    }
response = requests.request("GET", url, headers=headers)
print(response.text)
```

执行结果如图 7-20 所示，可以看到 3 本图书的信息都显示出来了。

在前面我们使用 id 来查询某本图书的信息，这里我们尝试应用 title 来进行图书的查询，比如，查询以"精通移动 App 测试实战"为书名的图书。

查询这本图书的代码如下。

```
import requests
url = "http://localhost:3000/books?title=精通移动 App 测试实战"
headers = {
    'Content-Type': "application/x-www-form-urlencoded"
    }
response = requests.request("GET", url, headers=headers)
print(response.text)
```

执行结果如图 7-21 所示。其中只显示了《精通移动 App 测试实战》图书的相关信息。

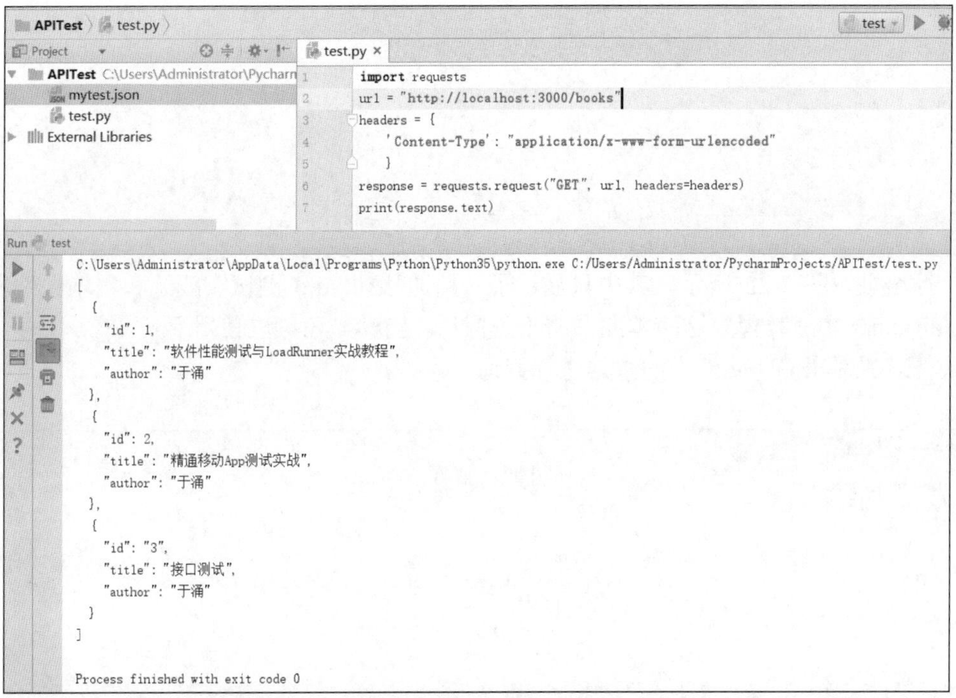

图 7-20 查询所有图书的代码及其执行结果

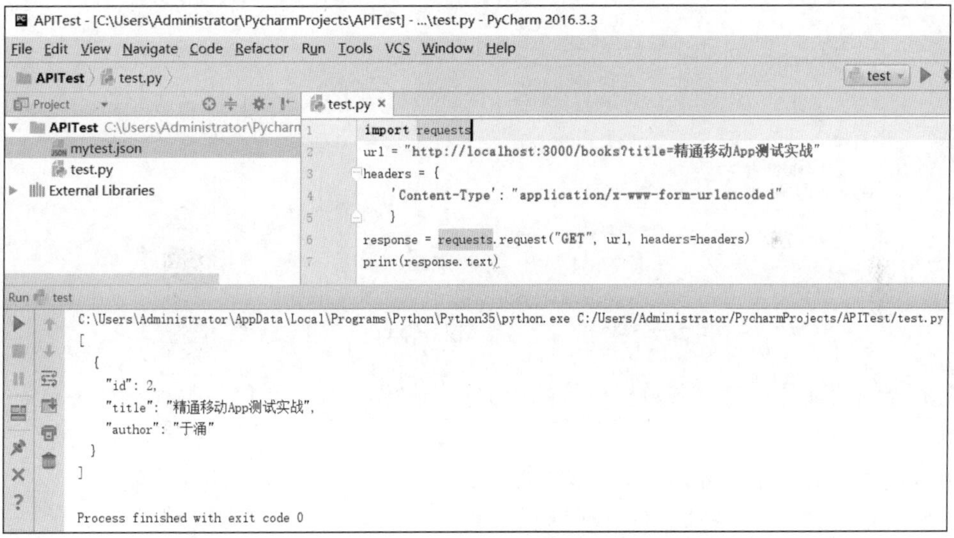

图 7-21 查询《精通移动 App 测试实战》这本图书的代码及其执行结果

我们在使用 SQL 语句进行查询的时候，可以使用"like"进行模糊查询。在 Python 中对 JSON 文件中的数据也可以使用 key_like 这种形式进行模糊查询。目前在 JSON 文件中，有 3 本书的信息，即《软件性能测试与 LoadRunner 实战教程》《精通移动 App 测试实战》《接口测试》。如果要查询包含"实战"两个字的图书，则应该返回"软件性能测试与 LoadRunner 实战教程"和"精通移动 App 测试实战"。对应的代码应该如何实现呢？

代码如下。

```
import requests
url = "http://localhost:3000/books?title_like=实战"
headers = {
    'Content-Type': "application/x-www-form-urlencoded"
    }
response = requests.request("GET", url, headers=headers)
print(response.text)
```

执行结果如图 7-22 所示。其中只显示了《精通移动 App 测试实战》和《软件性能测试与 LoadRunner 实战教程》这两本图书的相关信息。当然，还可以使用 key_gte、key_lte 和 key_ne 来对 JSON 文件中的数据进行查询。

图 7-22　模糊查询 "实战" 图书的代码及其执行结果

前面介绍的都是针对图书数据进行的相关查询操作，如果我们想得到整个 JSON 文件中的数据又该怎么办呢？

可以使用 "http://localhost:3000/db" 来获得 JSON 文件中的所有数据信息。

查看 JSON 文件中所有数据的代码如下。

```
import requests
url = "http://localhost:3000/db"
headers = {
    'Content-Type': "application/x-www-form-urlencoded"
    }
response = requests.request("GET", url, headers=headers)
print(response.text)
```

执行结果如图 7-23 所示。其中显示了图书、评论和出版社信息。

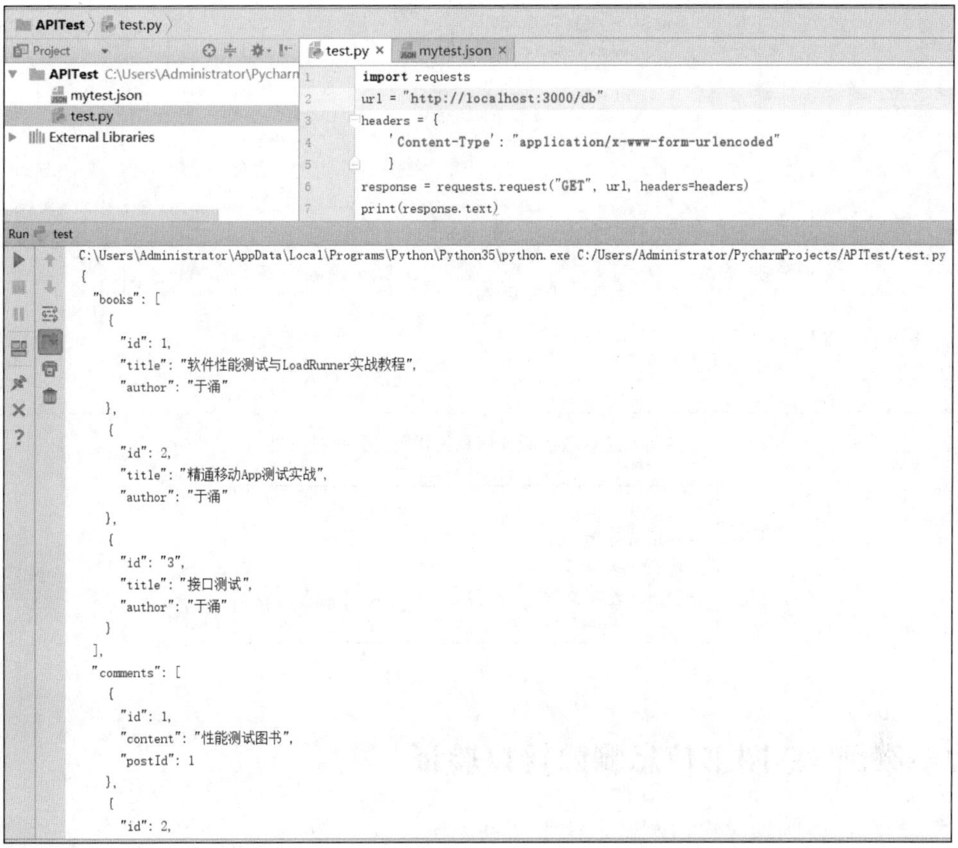

图 7-23　查询 JSON 文件中所有数据的代码及其执行结果

7.2.6　案例 3：出版社信息修改接口验证

前面操作的数据都基于图书数据，这里我们发现在出版社信息中，需要将"name"关键字对应的值由"出版社"改为"人民邮电出版社"。

代码如下。

```
import requests

url = "http://localhost:3000/press"
payload = "name=人民邮电出版社"
headers = {
    'Content-Type': "application/x-www-form-urlencoded"
    }
response = requests.request("PUT", url, data=payload.encode(encoding='utf-8'), headers=
headers)
print(response.text)
```

执行结果如图 7-24 所示。

当再次查询出版社信息时，你会发现其对应的值已经由"出版社"变为"人民邮电出版社"，如图 7-25 所示。

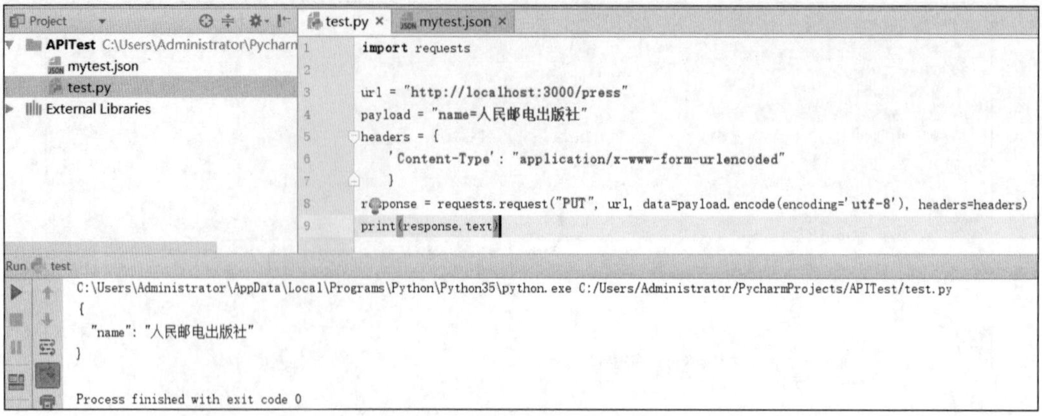

图 7-24 修改出版社信息的代码及其执行结果

图 7-25 出版社信息

7.2.7 案例 4：图书信息删除接口验证

这里，我们以删除《接口测试》这本图书为例。

代码如下。

```
import requests

url = "http://localhost:3000/books/3"
headers = {
    'Content-Type': "application/x-www-form-urlencoded"
    }
response = requests.request("DELETE", url, headers=headers)
print(response.text)
```

执行结果如图 7-26 所示。

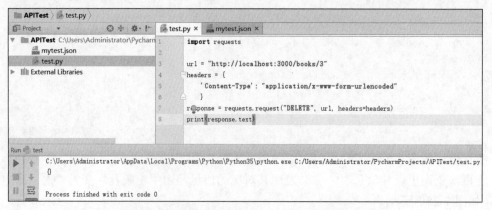

图 7-26 删除《接口测试》图书信息的代码及其执行结果

至此，我们使用 JSON Server 实现了创建一套 REST 风格的 API，是不是觉得很简单、很方便呢？在本章只使用 JSON Server 实现了创建一套 REST 风格的 API 的模拟过程。当然，你还可以通过使用 Mock 模块，在 Python 中模拟被测试对象。Postman、Fiddler 工具也提供了 Mock 的功能，它们使你能够依据一些文档规则提前介入接口测试。"工欲善其事，必先利其器"，JSON Server 极大地减轻了基于 JSON 文件格式传输相关项目的工作，减轻了测试人员对开发人员的依赖，也在一定程度上减轻了前、后端开发人员的相互依赖，使得大家都能够各司其职，缩短项目周期。

7.3 本章小结和习题

7.3.1 本章小结

本章介绍了接口 Mock 技术的相关内容，JSON 作为一种轻量级的数据交换格式，被广泛应用于软件系统开发中。本章详细地介绍了如何应用 JSON Server 这款 Mock 工具来实现 REST 风格的 API。结合作者自行创建的 JSON 文件，本章详细地介绍了如何应用 JSON Server 来加载该文件，启动对应服务，针对 REST 风格的关键接口（即增删改查相关接口）的调用方式，用 4 个案例进行了详细的介绍。

7.3.2 习题

1. 请说出查看 Node.js 版本信息的相关命令。
2. 请说出查看 npm 版本信息的相关命令。
3. 请写出完整地应用 npm 安装 JSON Server 的命令。
4. 请说出启动 JSON Server 的完整过程及中间需要输入的相关命令。
5. 请说出在 REST 风格的 API 中，向接口中添加数据时应用的 HTTP 方法。
6. 请说出在 REST 风格的 API 中，查询数据接口时应用的 HTTP 方法。
7. 请说出在 REST 风格的 API 中，修改数据接口时应用的 HTTP 方法。
8. 请说出在 REST 风格的 API 中，删除数据接口时应用的 HTTP 方法。
9. 有一个名称为 test.json 的文件，文件内容如下。

```json
{
    "Tools": [{
        "id": 1,
        "name": "LoadRunner"
    },
    {
        "id": 2,
        "name": "QTP"
    },
    {
        "id": 3,
        "name": "Selenium"
```

```
        },
        {
            "id": 4,
            "name": "C 语言"
        }
    ],
    "Languages": [{
            "id": 1,
            "name": "汉语"
        },
        {
            "id": 2,
            "name": "英语"
        },
        {
            "id": 3,
            "name": "法语"
        }
    ]
}
```

请结合该 JSON 文件，应用 JSON Server，编写对应的 Python 脚本，至少应用两种不同的查询方式得到图 7-27 所示的输出结果。

```
C:\Users\Administrator\AppData\Local\Programs\Python\Python35\python.exe C:/Users/Administrator/PycharmProjects/APITest/test.py
[
  {
    "id": 1,
    "name": "汉语"
  },
  {
    "id": 2,
    "name": "英语"
  },
  {
    "id": 3,
    "name": "法语"
  }
]
```

图 7-27 输出结果

10．请结合 test.json 文件的内容，实现一个 Python 脚本，使其输出结果如图 7-28 所示。

```
C:\Users\Administrator\AppData\Local\Programs\Python\Python35\python.exe C:/Users/Administrator/PycharmProjects/APITest/test.py
[
  {
    "id": 2,
    "name": "英语"
  },
  {
    "id": 3,
    "name": "法语"
  }
]
```

图 7-28 输出结果

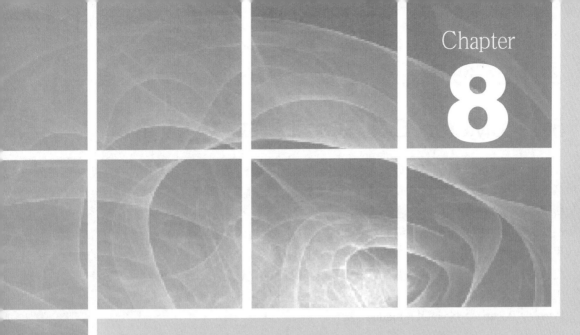

第 8 章

接口测试工具

8.1　JMeter 工具在接口测试中的应用

越来越多的研发团队开始转型为敏捷团队。在敏捷开发中，软件项目在构建初期被切分成多个子项目，各个子项目的成果都会经过测试且具备可集成和可运行使用的特征。研发团队的转型中，对测试人员的要求越来越高，我们可能没有更多的时间去进行测试，面对需求的变更、快速的版本更换和不断被压缩的测试时间，你需要通过不断提升测试技能、自身综合素质并使用先进的测试思想来适应团队转型的痛苦过程，快速、全面地提升项目或者产品的质量。接口测试是很重要的一个测试类型，它是一种性价比高的测试分类。那么如何高效地完成接口测试工作呢？接口测试工具就成为你必须掌握的内容了。目前用于做接口测试的工具有很多，如 JMeter、Postman、SoapUI、Fiddler 等。

8.1.1　JMeter

相信阅读本书的很多读者都已做过性能测试。做过性能测试的读者一定对两款主流的性能测试工具并不陌生，这两款主流的性能测试工具就是大名鼎鼎的 LoadRunner 和 JMeter。LoadRunner 是商用工业级性能测试利器，多用于金融、保险等行业。而 JMeter 是开源的、免费的性能测试工具。因为功能强大且开源，同时又提供了很多插件，可以拿来即用，方便项目或产品的持续集成，所以 JMeter 被很多互联网企业使用。如何使用 JMeter 进行接口测试呢？本节将进行详细的介绍。

下面，简单地对 JMeter 这款工具进行介绍。

下面这段话摘抄自 JMeter 官网。

The Apache JMeter application is open source software, a 100% pure Java application designed to load test functional behavior and measure performance. It was originally designed for testing Web Applications but has since expanded to other test functions.

Apache JMeter may be used to test performance both on static and dynamic resources, Web dynamic applications.It can be used to simulate a heavy load on a server, group of servers, network or object to test its strength or to analyze overall performance under different load types.

我们能看到 JMeter 是由 Apache 组织开发的。它是一款开源软件，一款 100%纯 Java 的应用程序，设计目的就是进行功能行为负载和性能度量。它最初是为测试 Web 应用程序而设计的，但后来扩展到其他测试，比如接口测试。

JMeter 可用于测试静态和动态资源，以及测试 Web 动态应用程序的性能。它可用于模拟服务器、服务器组、网络或对象上的重负载，以测试其强度或分析不同负载类型下的整体性能。

8.1.2　搭建 JMeter 的安装环境

JMeter 既然是一款 100%纯 Java 的应用程序，那么它肯定需要 Java 运行环境。我们可以从其官网下载最新版本的 JMeter，如图 8-1 所示。

在写作本书时，JMeter 的最新版本为 5.1.1 版本，这里我们下载 apache-jmeter-5.1.1.zip

文件。从图 8-1 中你能看到，运行 JMeter 需要 Java 8 以上的版本。

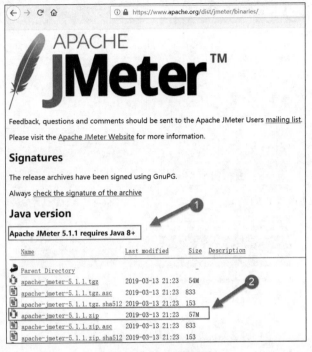

图 8-1　JMeter 下载页面

Java 可以到 Oracle 官网下载，这里因为作者使用的是 64 位的 Windows 10 操作系统，所以我们下载 JDK 11.0.3 版本（你可以依据自己的情况下载对应版本）。对于 64 位的 Windows 操作系统，文件名称为 jdk-11.0.3_windows-x64_bin.exe，如图 8-2 所示。

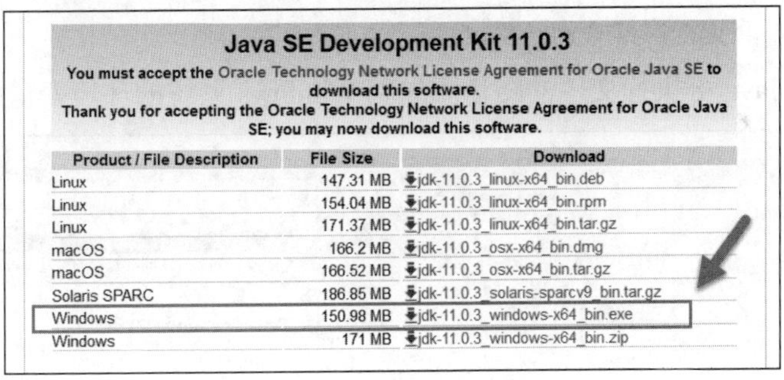

图 8-2　下载对应版本的 JDK

8.1.3　安装 JDK

双击已成功下载的 jdk-11.0.3_windows-x64_bin.exe 文件，将弹出图 8-3 所示的界面。

单击"下一步"按钮，选择要安装到哪个目录，这里我们选择默认的路径，不更改，单击"下一步"按钮，如图 8-4 所示。

接下来，安装程序将向硬盘中复制文件，这里不再赘述。当安装完成后，会出现图 8-5 所示的界面，单击"关闭"按钮，完成 JDK 的安装。

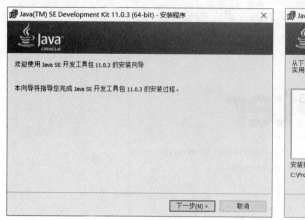

图 8-3　JDK 安装界面

图 8-4　选择默认路径并单击"下一步"按钮

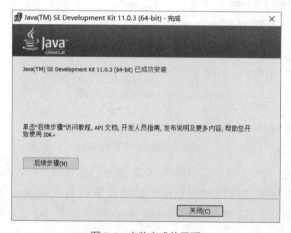

图 8-5　安装完成的界面

而后，需要将 Java 可执行文件的路径添加到 Windows 系统的环境变量中，如图 8-6 所示。

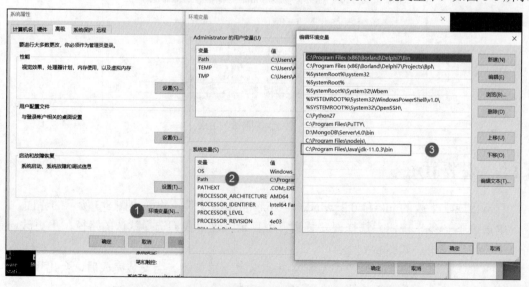

图 8-6　添加 Java 可执行文件的路径到 Windows 系统的环境变量中

最后，打开命令行控制台，输入 `java -version`，如果显示图 8-7 所示的版本信息，则说明你已经成功安装了 JDK 11.0.3 版本。

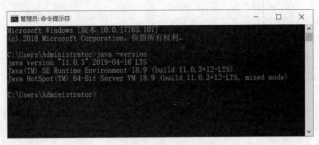

图 8-7　JDK 版本信息

8.1.4　安装 JMeter

双击已成功下载的 apache-jmeter-5.1.1.zip 文件，将弹出图 8-8 所示的信息。

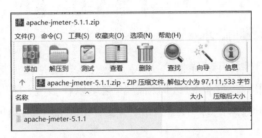

图 8-8　apache-jmeter-5.1.1.zip 文件的信息

这里将 apache-jmeter-5.1.1.zip 文件夹解压到 C 盘根目录，解压后的信息如图 8-9 所示。

图 8-9　apache-jmeter-5.1.1 文件夹解压后的信息

接下来，需要进入 C:\apache-jmeter-5.1.1\bin 目录下，找到 jmeter.bat 文件，双击该文件，运行 JMeter。

JMeter 运行后，将显示图 8-10 所示的主界面。

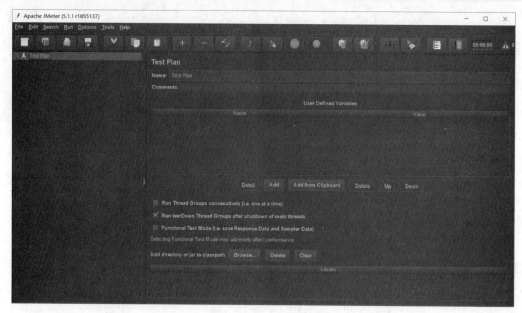

图 8-10　JMeter 主界面

8.1.5　JMeter 的录制需求

很多读者可能已经习惯使用"录制"方式，让工具自动帮我们捕获客户端和服务器端交互的过程——客户端和服务器之间的接口信息。这里以在百度中搜索"API"的操作过程为例详细介绍录制与后续相关操作的完整过程，以便你能快速掌握 JMeter 的使用。

8.1.6　创建线程组

JMeter 的任务必须由线程来处理，任务都必须在线程组下创建。所以，先在测试计划（test plan）下，创建一个线程组（thread group）。线程组的创建方法是，在 JMeter 主界面中，右击 Test Plan，在弹出的快捷菜单中依次选择 Add→Threads(Users)→Thread Group，如图 8-11 所示。

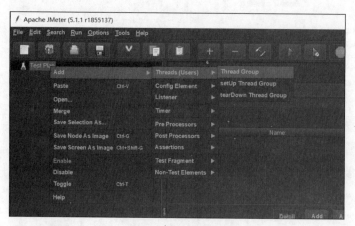

图 8-11　创建线程组

　　线程组创建完成后，将出现图 8-12 所示的界面。下面简单介绍一下相关项的含义，具体参见表 8-1。

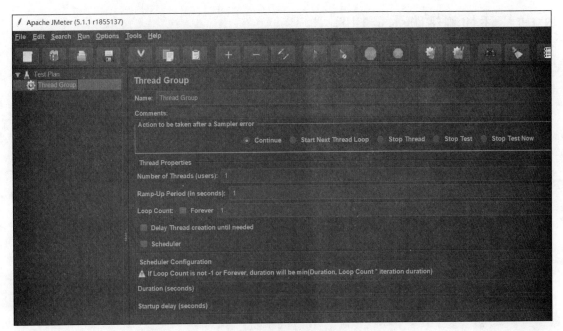

图 8-12　线程组相关项信息

表 8-1 　　　　　　　　　　　　　线程组的相关项的说明

相关项	简要说明
Name	线程组名称，最好起一个有意义的名字
Comments	注释信息，如果需要可以填写
Action to be taken after a Sampler error	当 Sampler 元件模拟用户请求出错后该怎样进行处理？ ● Continue：继续运行。 ● Start Next Thread Loop：启动下一个线程，即本线程的后续操作将不执行。 ● Stop Thread：停止出错线程。 ● Stop Test：停止测试，即执行完本次迭代后，停止所有线程。 ● Stop Test Now：立刻停止，即马上终止所有线程的执行
Number of Threads(users)	运行线程数，每一个线程相当于一个虚拟用户。每个虚拟用户模拟一个真实的用户行为
Ramp-Up Period(in seconds)	线程开始运行的时间间隔，以秒为单位。如果线程数设置为 20，此处设置为 10，那么就会每秒加载 20/10=2 个虚拟用户。如果设置为 0，则表示 20 个线程（虚拟用户）同时运行
LoopCount	LoopCount 为循环次数。若选中 Forever，则一直执行，除非终止执行。 在需要的情况下可以设置线程创建延时。若勾选 Delay Thread creation until needed，它是指线程在指定的"Rame-Up Period"的时间间隔启动并运行 若勾选 Scheduler，可以指定何时开始运行测试
Duration(seconds)	设置持续运行时间
Startup delay(seconds)	设置等待多少秒以后开始运行

这里，结合我们的需求进行一个简单的录制。只针对线程组的名称进行修改，将线程组名称更名为"搜索关键字"，其他项不变。

8.1.7 添加测试脚本录制器

在 JMeter 主界面中，右击 Test Plan，在弹出的快捷菜单中依次选择 Add→Non-Test Elements→HTTP(S) Test Script Recorder，添加测试脚本录制器，如图 8-13 所示。

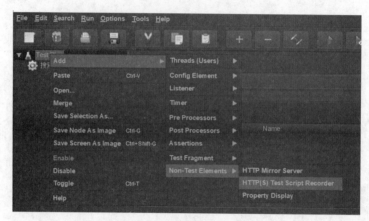

图 8-13　添加测试脚本录制器

测试脚本录制器创建完成后，将出现图 8-14 所示的录制界面。下面简单介绍一下相关项的含义，具体参见表 8-2。

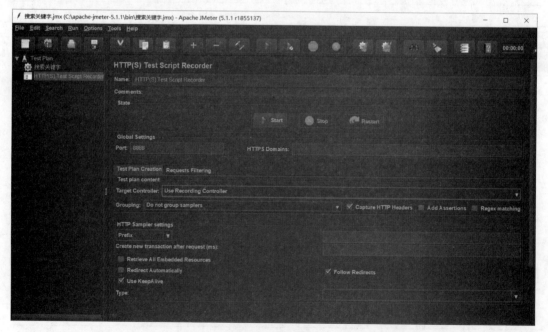

图 8-14　录制界面

表 8-2　　　　　　　　　　　　关于录制界面中相关项的说明

相关项	简要说明
Name	测试脚本录制器名称
Comments	注释信息，Start、Stop、Restart 按钮分别用于启动录制器、停止录制器、重启录制器
Port	端口，默认为 8888，如果和已有端口号冲突可以更改
HTTPS Domains	HTTPS 域
Target　Controller	目标控制器。这里我们选择刚才新建的线程组（搜索关键字），后续产生的脚本将都存放在该线程组下
Grouping	分组。脚本录制后将产生很多节点信息，为了方便查看这些节点，可以给它们分组，默认不进行分组。 ● Capture HTTP Headers：录制请求头 ● Add Assertions：添加断言，可以理解为性能测试中的检查点 ● Regex matching：正则表达式匹配内容

　　JMeter 测试脚本录制器通过代理方式录制浏览器的操作，所以还需要在浏览器中设置对应一致的端口号，这样它们才能够正常通信并产生脚本信息。

　　这里应用的是 360 浏览器，选择"设置"，在"选项"界面中，单击左侧的"高级设置"，单击"代理服务器设置"按钮，设置代理服务器，如图 8-15 所示。

图 8-15　设置代理服务器

　　在弹出的界面中，在"代理服务器列表"中输入"localhost:8888"，即本机和 8888 端口。请务必记住，该端口号一定要和 JMeter 的端口号一致，如图 8-16 所示。

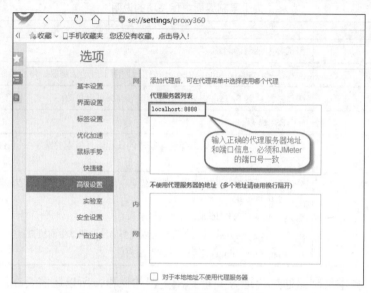

图 8-16 设置代理服务器的端口号

8.1.8 配置证书

随着信息技术的蓬勃发展，人们的安全意识与日俱增，基于 HTTP 的网站已经越来越少，而基于 HTTPS 的网站越来越多。那么 HTTP 和 HTTPS 有什么差异呢？HTTPS（HyperText Transfer Protocol over Secure Socket Layer 或 HyperText Transfer Protocol Secure，超文本传输安全协议）是以安全为目标的 HTTP 通道，是 HTTP 的安全版。HTTPS 的安全基础是 SSL，因此加密内容时就需要 SSL。SSL 依靠证书来验证服务器的身份，并为浏览器和服务器之间的通信加密。

HTTPS 和 HTTP 主要有以下几点区别。

- HTTPS 需要从 CA 申请证书。这个证书能够证明服务器用途。只有把该证书用于对应的服务器，客户端才信任服务器。
- HTTP 是超文本传输协议，是明文传输的协议，而 HTTPS 是具有安全性的 SSL 加密传输协议。
- HTTP 和 HTTPS 使用的端口也不同。HTTP 应用的是 80 端口，而 HTTPS 应用的是 443 端口。
- HTTP 是无状态的协议，HTTPS 协议是由 SSL+HTTP 构建的可进行身份认证和加密传输的协议。

从 HTTPS 和 HTTP 的区别我们不难发现，HTTPS 的安全性更高。那么如何对基于 HTTPS 的应用进行脚本录制呢？你需要配置一个 JMeter 自带的临时证书，使得客户端和服务器端都信任它，从而才能正确录制到脚本；否则，录制过程中可能会产生很多问题，这里不再赘述。

下面详细介绍如何配置证书。在 360 浏览器的"选项"界面中，单击"安全设置"选项，并单击"管理 HTTPS/SSL 证书"按钮，在弹出的"证书"对话框中，单击"导入"按钮，如图 8-17 所示。

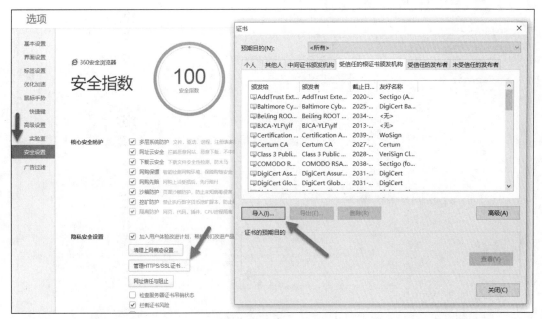

图 8-17　单击"导入"按钮

在弹出的"证书导入向导"对话框中，单击"下一步"按钮，如图 8-18 所示。

图 8-18　单击"下一步"按钮

接下来，选择证书文件，这里我们选择 JMeter 提供的临时证书（ApacheJMeterTemporary RootCA）。该证书存放在 JMeter 安装路径的 bin 目录下，它的有效期为 7 天，如图 8-19 所示，选中该文件，单击"打开"按钮。

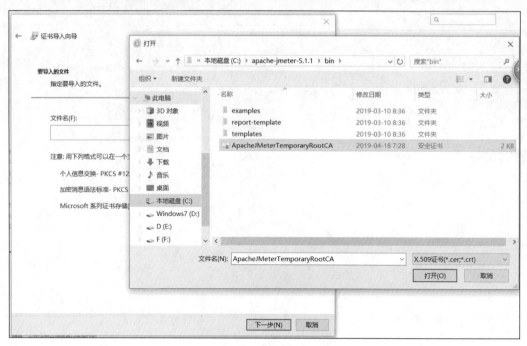

图 8-19　选择要导入的证书文件

　　证书选择完成后，单击"下一步"按钮，如图 8-20（a）所示。在弹出的对话框中，需要选择证书的存储位置，这里，我们选择"受信任的根证书颁发机构"（见图 8-20（b）），并单击"下一步"按钮。

（a）单击"下一步"按钮

图 8-20

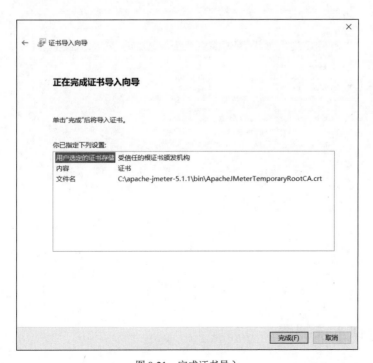

（b）选择证书的存储位置

图 8-20（续）

在图 8-21 所示的对话框中，单击"完成"按钮。

图 8-21　完成证书导入

在图 8-22 所示的对话框中，单击"是"按钮，安装证书。证书安装完成后，将弹出图 8-23 所示的对话框，单击"确定"按钮。

图 8-22 单击"是"按钮   图 8-23 "证书导入向导"对话框

这时，你将会在"证书"对话框（见图 8-24）中发现，"受信任的根证书颁发机构"选项卡中多了一个与 JMeter 相关的证书。截止日期为"2019-04-25"，相对于"2019-04-18"，有 7 天的有效期。

图 8-24 "证书"对话框

8.1.9 运行脚本录制器

证书安装完成后，接下来，我们就可以启动脚本录制器，结合录制需求进行操作了。首先，要启动脚本录制器，选中 HTTP(S) Test Script Recorder 元件，单击 Start 按钮，如图 8-25 所示。

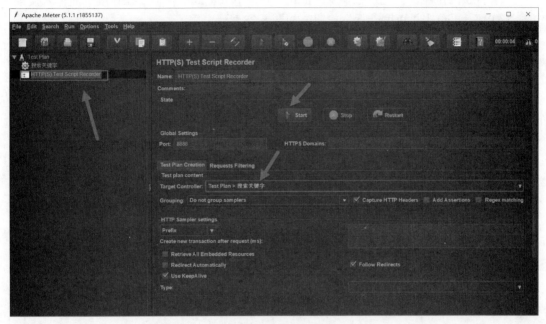

图 8-25　启动脚本录制器

脚本录制器启动后，将弹出图 8-26 所示的对话框，其中列出了关于根证书的说明，这里我们不需要关注太多。

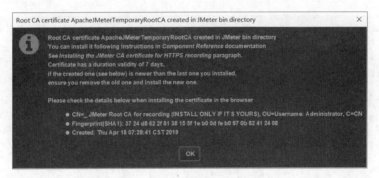

图 8-26　关于证书的相关说明

可以单击 OK 按钮。若不予处理，这个对话框在不久后会自动关闭。接下来，会在计算机屏幕的左上方出现 Recorder: Transactions Control 对话框，如图 8-27 所示。

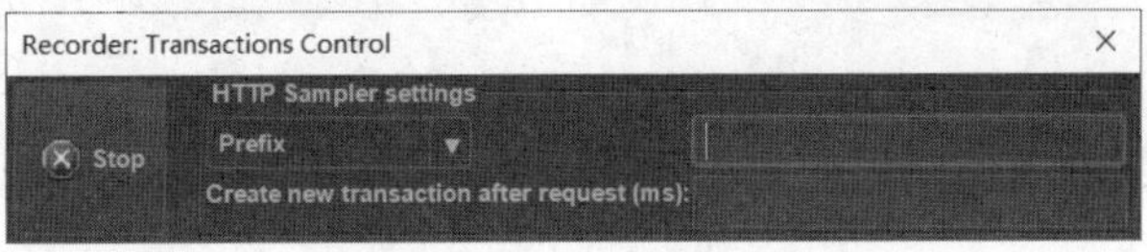

图 8-27　Recorder: Transactions Control 对话框

图 8-27 是一个关于事务前缀的定义等内容的对话框，这里它不是我们关心的内容，所以不予处理。

打开 360 浏览器，在地址栏输入 "https://www.baidu.com"，而后在百度页面输入搜索关键词 "API"，再单击 "百度一下" 按钮，如图 8-28 所示。

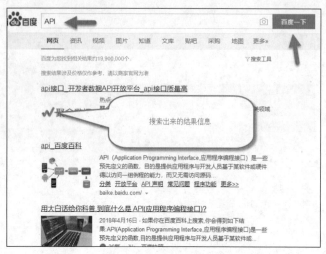

图 8-28 搜索 "API" 关键词

接下来，单击图 8-27 所示的界面中的 Stop 按钮，停止录制，并返回 JMeter 主界面，如图 8-29 所示。

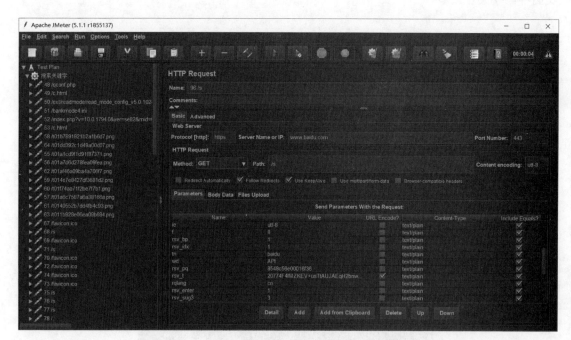

图 8-29 返回 JMeter 主界面

从图 8-29 可以看到，在"搜索关键字"线程组下产生了很多录制的脚本信息，可以粗略地看到图片、PHP、ICO 文件等。其中不仅有百度中的相关内容，还有 360 浏览器的安全扫描等一些其他信息，这些信息显然不是我们想要录制到 JMeter 脚本中的内容。有两种方式来处理这种情况，一种是自己将不需要的脚本内容剪切掉，另外一种方式是在脚本录制前，设置过滤条件，在录制时自动忽略掉不录制的内容。后一种方式不一定能剔除你想要过滤掉的所有内容，但起码能减轻很大的工作量。

我们不妨来对比一下，当前录制的脚本数量为 81（从序号 48 开始到 128 结束），如图 8-30 所示。

接下来，单击 HTTP(S) Test Script Recorder 元件，选择 Requests Filtering 选项卡，在 URL Patterns to Exclude 中添加一条信息，用于排除以 js、css、PNG、jpg、ico、png、gif、php、dat、svg 为扩展名的文件。这里我们用了一个正则表达式，其内容为 ".*\.(js|css|PNG|jpg|ico|png|gif|php|dat|svg).* "，如图 8-31 所示。

图 8-30 查看录制的脚本数量

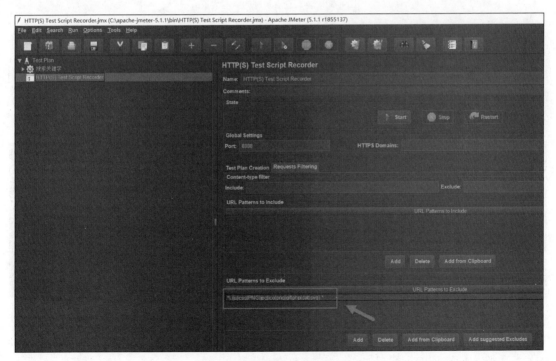

图 8-31 设置过滤内容的正则表达式

而后，可以将产生的所有脚本内容删除，针对相同的操作再次录制脚本，来查看生成的脚本数量是否会发生变化。

我们发现这次录制的脚本数量为24，如图8-32所示。

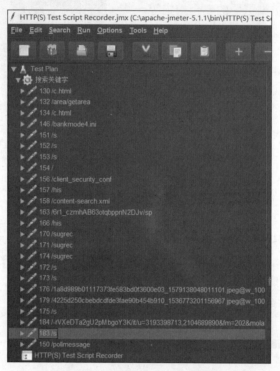

图8-32　再次查看录制的脚本数量

较上一次的81条脚本信息，简单的一个设置就减少了很多的工作量，这是不是很值得呢？当然，你还可以继续设置过滤条件来减少无用脚本的录制。而有一些脚本信息是无法剔除的，如图8-33所示。这是因为在搜索时关键字会自动匹配，发送请求来产生结果。事实上，我们需要的只有标识号为183的脚本，其他的内容可以删掉。我们只关注最终搜索"API"这个关键词产生的脚本信息，如图8-34所示。

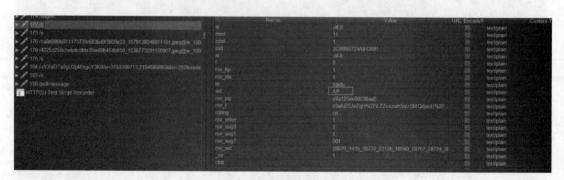

图8-33　无法剔除的脚本信息

现在又有了一个新的问题，我们如何再次执行脚本并验证按照之前的预测删掉其他无关脚本后，脚本能够正确执行呢？

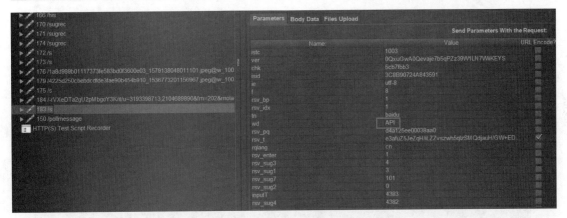

图 8-34　搜索"API"关键字产生的脚本信息

8.1.10　添加监听器

剪切掉无用的脚本后，在 JMeter 主界面中，右击"搜索关键字"线程组，选择 Add→
Listener→View Results Tree，添加 View Results Tree 监听器，如图 8-35 所示。

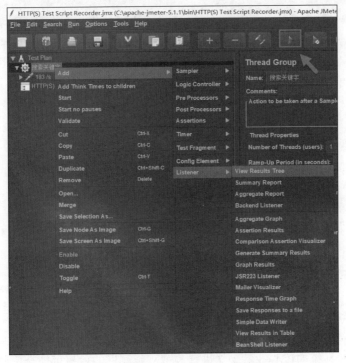

图 8-35　添加 View Results Tree 监听器

接下来，单击工具栏中的运行（即绿色的三角形）按钮，开始回放脚本。运行完成后，
如图 8-36 所示，单击 View Results Tree，查看相关信息。

默认情况下，结果信息是以 Text 方式进行展现的。为了查看更加直观，你可以切换成
"HTML"方式，而后单击 Response data 选项，就可以看到页面的展示效果了，如图 8-37

所示。

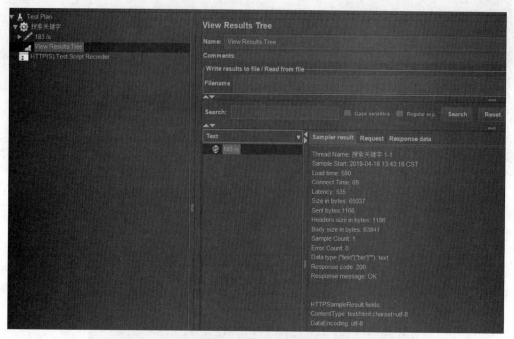

图 8-36　单击 View Results Tree

图 8-37　以 HTML 方式展现响应数据的相关结果信息

　　我们可以看到，这个显示结果和真正在百度中手动执行产生的结果是完全一致的。当你掌握了接口测试后，你就会发现也许在大量的请求中真正有意义的核心请求可能就是某一条请求。若你能抓住系统的核心业务功能进行测试，则测试的效果可能会更好。

8.1.11　添加检查点

　　如果你是一名开发者或者接口测试人员，则每天可能要验证几百条接口测试用例。如果让你逐条查看响应数据，之后和实际搜索结果进行对比，那是不是要很麻烦呢？在自动化测试或者性能测试工具中都有检查点这个概念，在单元测试中也有对应的一个方法，它就是断言。我们能不能在 JMeter 中加入一个类似的元件，从而直观地知道哪些结果是对的，哪些又是错的呢？答案是能。

可以添加一个断言元件来实现这个目的。右击"搜索关键字"线程组，选择 Add→Assertions→Response Assertion，添加响应断言，如图 8-38 所示。

图 8-38　添加响应断言

添加响应断言后，可以添加一个文本响应断言，如图 8-39 所示。如果响应数据中包含了某个文本，我们就认为它成功执行了；否则，它就是错误的。这里，我们在 Pattern Matching Rules 选项组中选择 Contains，在 Patterns to Test 选项组中输入 Application Programming Interface，设置文本响应断言的模式，如图 8-40 所示。

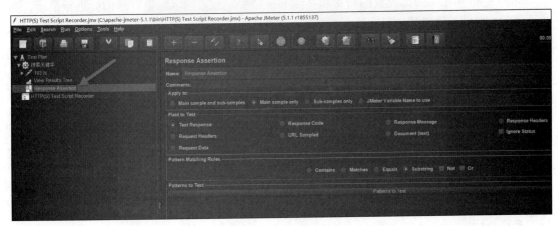

图 8-39　添加文本响应断言

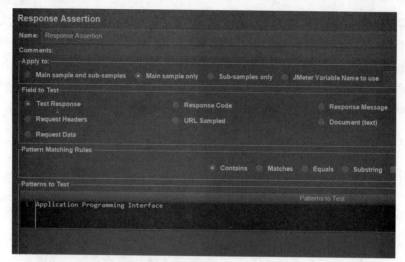

图 8-40 设置文本响应断言的模式

在设置包含的文本的时候，必须要确认有这个文本，并且这个文本应尽量唯一，以防止结果不对却包含该文本的情况发生。如图 8-41 所示，通过搜索关键字"API"后的响应数据可知，Application Programming Interface 存在且在结果信息中唯一。

接下来，需要调整一下 Response Assertion 元件的位置，拖动该元件将其放置到"搜索关键字"请求后，如图 8-42 所示。

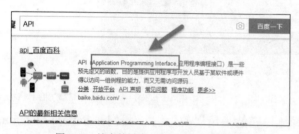

图 8-41 搜索关键字"API"后的响应数据

图 8-42 调整 Response Assertion 的位置

如图 8-43 所示，如果设置的断言和实际响应结果一致，则以绿色对号图标进行显示；如果不一致，则以红色的叉号图标显示，并告诉你为什么失败。本例中，作者故意在"Application Programming Interface"中添了两个"啊"字，因为响应数据中没有包含这个文本，所以断言失败了。

图 8-43 失败的断言

这样就很直观地知道哪些接口正确执行了，哪些执行失败了。对于失败的脚本，你肯定还需要检查原因。

8.1.12 分析结果

如果你希望了解接口测试执行过程中一些性能（如响应时间、吞吐量等）的相关内容或者更加直观地查看执行结果，可以添加 Summary Report 或 View Results in Table 监控元件，如图 8-44 所示。

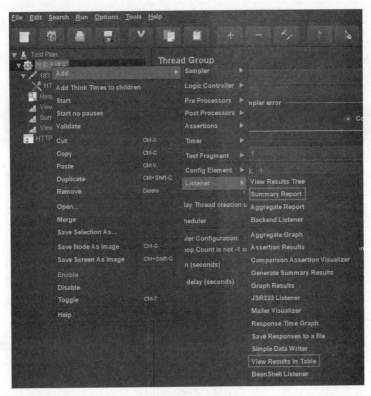

图 8-44 添加监控元件

添加 Summary Report 后，当再次回放 JMeter 脚本时，将产生 Summary Report，如图 8-45 所示。表 8-3 展示了 Summary Report 中相关项的含义。

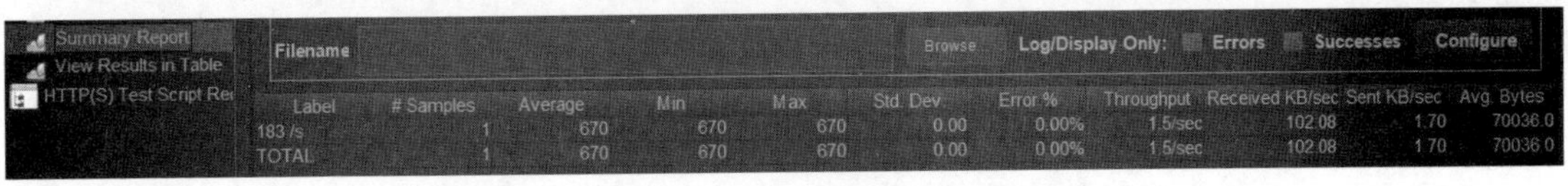

图 8-45 Summary Report

表 8-3　　　　　　　　　　　Summary Report 中相关项的含义

相关项	简要说明
Label	取样器别名
#Samples	取样器运行次数
Average	请求的平均响应时间
Min	最短响应时间

续表

相关项	简要说明
Max	最长响应时间
Std. Dev	响应时间的标准偏差
Error %	业务（事务）错误百分比
Throughput	吞吐量
KB/sec	每秒的流量，单位为 KB
Avg. Bytes	平均流量，单位为字节（byte）

添加 View Results in Table 后，当再次回放 JMeter 脚本时，将产生表格形式的结果信息，如图 8-46 所示。表 8-4 展示了相关项的含义。

图 8-46 表格形式的结果信息

表 8-4　　　　　　　　　View Results in Table 中相关项的含义

相关项	简要说明
#Samples	取样器编号
Start Time	当前取样器开始的运行时间
Thread Name	线程名称
Label	取样器别名
SampleTime(ms)	服务器的响应时间，单位为毫秒
Status	状态（成功对应绿色图标，失败对应红色图标）
Bytes	响应数据的大小
Sent Bytes	发送数据的大小
Latency	等待服务器响应耗费的时间
Connect Time(ms)	与服务器建立连接耗费的时间

JMeter 工具提供了很多元件和很多功能。因为本书主要讲解接口测试的相关内容，所以仅对接口测试用到的内容进行较详细讲解，如果你想深入掌握其他内容，请阅读相应书籍，这里不再赘述。

8.2　基于 JMeter 工具的接口测试项目实战

前面介绍了 JMeter 工具录制脚本的方式以及 JMeter 的基本使用方法。实际工作中，通常我们不会以录制方式来编写脚本，而更多地依据接口文档直接编写脚本。本节以极速数据网站提供的火车查询接口为实例介绍使用 JMeter 工具进行接口测试的方法。

8.2.1　火车查询接口

首先，可以到极速数据网站申请一个免费账号。这里作者已经申请了一个账号，成功登录后,可以看到账号信息下有一个 appkey,如图 8-47 所示。它非常重要,后续在调用火车查询接口时,它将是一个必填参数。

图 8-47 账号相关信息

接下来,为了申请火车查询接口的调用权限,单击"申请 API",再单击"交通出行"按钮,而后单击"火车查询"下方的"立即申请"按钮,如图 8-48 所示。

图 8-48 申请火车查询接口的调用权限

申请火车查询接口的调用权限后,单击"我的 API",会发现你具有了火车查询接口的100 次调用权限(见图 8-49),这对于我们掌握如何使用 JMeter 进行接口测试已经足够了。

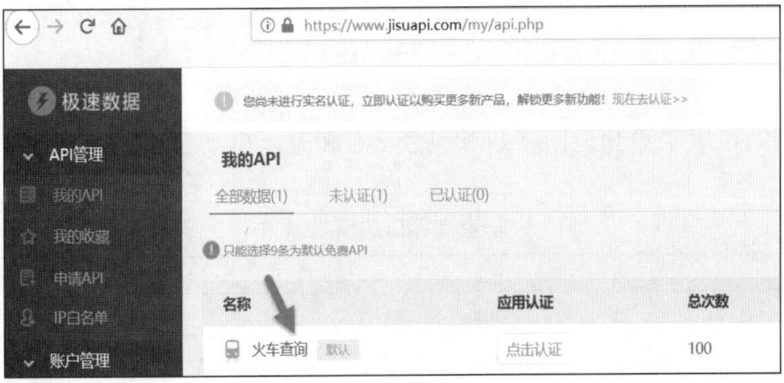

图 8-49 查看火车查询接口的调用权限

可以单击图 8-49 中的"火车查询"链接来查看其对应的文档信息。通常情况下，在实际工作中，类似的接口文档信息是研发人员肯定会提交给测试人员的内容。作为测试人员，你必须要认真阅读这些文档并设计相应的接口测试用例。你不仅要保证接口实现正常的业务功能，还要保证在输入异常数据的情况下，不会由于接口的问题，导致系统崩溃等严重事故的发生。

图 8-50 展示了极速数据官方提供的火车查询接口的相关文档信息，其中包括接口地址、支持格式、请求方法、请求示例、请求参数。图 8-51 展示了基于 Python 的示例请求代码以及 JSON 返回示例。

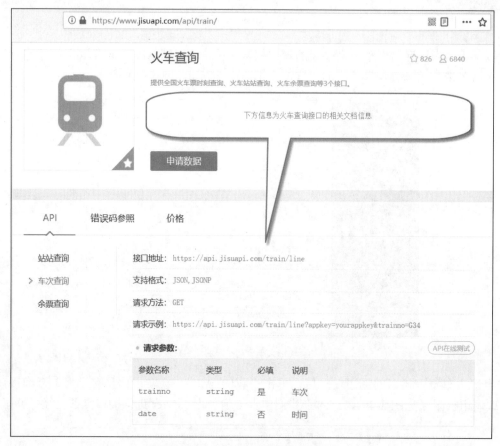

图 8-50 火车查询接口的相关文档信息

该接口对应的请求参数和返回参数参见表 8-5 和表 8-6。

表 8-5 火车查询接口的请求参数

参数名称	类型	必填	说明
trainno	string	是	车次
date	string	否	时间

表 8-6   火车查询接口的返回参数

参数名称	类型	说明
trainno	string	车次
type	string	类型
sequenceno	string	序号
station	string	车站
day	string	天数
arrivaltime	string	到达时间
departuretime	string	出发时间
stoptime	string	停留时间
costtime	string	用时
distance	string	距离
isend	int	是否是终点
pricesw	string	商务座票价
pricetd	string	特等座票价
pricegr1	string	高级软卧上铺的票价
pricegr2	string	高级软卧下铺的票价
pricerw1	string	软卧上铺的票价
pricerw2	string	软卧下铺的票价
priceyw1	string	硬卧上铺的票价
priceyw2	string	硬卧中铺的票价
priceyw3	string	硬卧下铺的票价
priceyd	string	一等座票价
priceed	string	二等座票价
pricerz	string	软座票价
priceyz	string	硬座票价
trainno	string	车次
type	string	类型
sequenceno	string	序号
station	string	车站
day	string	天数
arrivaltime	string	到达时间

火车查询接口提供两类错误码——火车查询接口的错误码和火车查询系统的错误码，分别如表 8-7 和表 8-8 所示。这里针对火车查询接口的测试，只需要重点关注表 8-7 中的错误码，系统错误码不是我们重点关注和测试的内容。

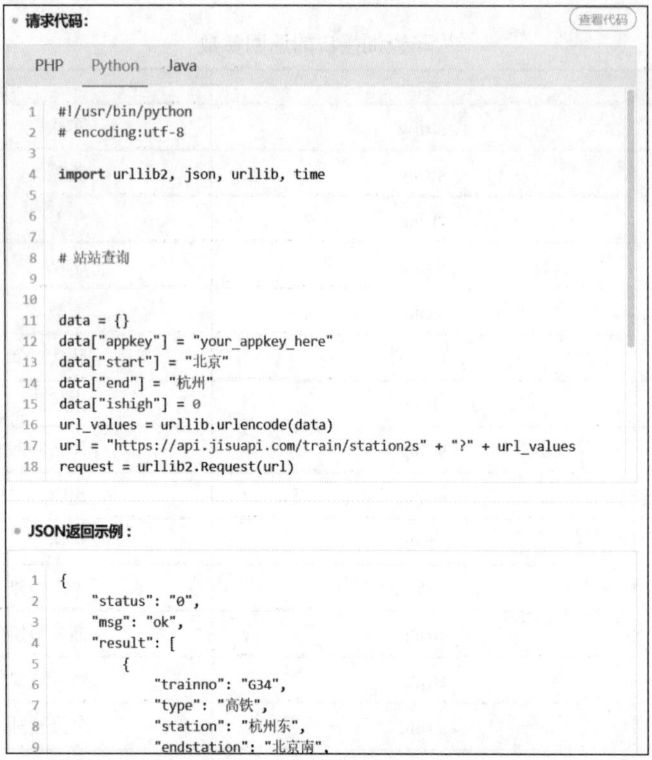
请求代码：
查看代码
PHP Python Java
#!/usr/bin/python
# encoding:utf-8
import urllib2, json, urllib, time
# 站站查询
data = {}
data["appkey"] = "your_appkey_here"
data["start"] = "北京"
data["end"] = "杭州"
data["ishigh"] = 0
url_values = urllib.urlencode(data)
url = "https://api.jisuapi.com/train/station2s" + "?" + url_values
request = urllib2.Request(url)
JSON返回示例：
{
"status": "0",
"msg": "ok",
"result": [
{
"trainno": "G34",
"type": "高铁",
"station": "杭州东",
"endstation": "北京南",

图 8-51 基于 Python 的示例请求代码和返回示例

表 8-7 火车查询接口的错误码

代号	说明
201	车次为空
202	始发站或到达站为空
203	没有信息

表 8-8 火车查询系统的错误码

代号	说明
101	appkey 为空或不存在
102	appkey 已过期
103	appkey 无请求数据权限
104	请求超过次数限制
105	IP 被禁止
106	IP 请求超过限制
107	接口维护中
108	接口已停用

8.2.2 火车查询接口测试用例设计

假设上面的文档就是公司研发人员提供的接口文档，现在要测试该接口，作为接口测试人员，你如何保证测试覆盖全面呢？

　　首先，你需要了解关于火车票的一些分类信息，如 C 字头代表城际动车组列车，D 字头代表动车组列车，G 字头代表高速铁路动车组（也就是高铁），Z 字头代表直达特快旅客列车，T 字头代表特快旅客列车，K 字头代表快速旅客列车，由纯数字构成的车次一般代表普快列车。只有知道了这些信息才能全面覆盖正常列车的查询。

　　这里我们针对这些不同分类的列车，分别准备对应的列车数据，如表 8-9 所示。

表 8-9　　　　　　　　　　　　　　　列车数据

序号	分类	车次	出发站 到达站
1	高铁	G5	北京南 上海
2	动车	D701	北京 上海
3	直达	Z281	北京 上海南
4	特快	T109	北京 上海
5	快列	K215	北京 吉林
6	城际	C1001	长春 吉林
7	其他	4375	长春 吉林

　　接下来，我们设计针对该接口的正常测试用例，如表 8-10 所示。由于测试用例很多，这里只列出一部分用例内容，请读者自行补充。

表 8-10　　　　　　　　　　　　　　　正常用例设计

序号	输入	预期输出	相应测试的输入数据
1	正确输入包含必填高铁参数的相关内容（必填参数包括高铁列车车次和 appkey）	正确输出对应高铁列车车次的相关信息（即包括所有输出参数），并与 12306 网站对应测试进行比对，二者需完全一致	https://api.jisuapi.com/train/line?appkey=35062409 367ad***&trainno=G5
2	正确输入包含必填动车参数的相关内容（必填参数包括动车列车车次和 appkey）	正确输出对应动车列车车次的相关信息（即包括所有输出参数），并与 12306 网站对应测试进行比对，二者需完全一致	https://api.jisuapi.com/train/line?appkey=35062409 367ad***&trainno= D701
3	正确输入包含必填直达列车参数的相关内容（必填参数包括直达列车车次和 appkey）	正确输出对应直达列车车次的相关信息（即包括所有输出参数），并与 12306 网站对应测试进行比对，二者需完全一致	https://api.jisuapi.com/train/line?appkey=35062409 367ad***&trainno= Z281
4	正确输入包含必填特快参数的相关内容（必填参数包括特快列车车次和 appkey）	正确输出对应特快列车车次的相关信息（即包括所有输出参数），并与 12306 网站对应测试进行比对，二者需完全一致	https://api.jisuapi.com/train/line?appkey=35062409 367ad***&trainno= T109

续表

序号	输入	预期输出	相应测试的输入数据
5	正确输入包含必填快列参数的相关内容（必填参数包括：快列车次和 appkey）	正确输出对应快列车次的相关信息（即包括所有输出参数），并与 12306 网站对应测试进行比对，二者需完全一致	https://api.jisuapi.com/train/line?appkey=35062409 367ad***&trainno= K215
6	正确输入包含必填城际列车参数的相关内容（必填参数包括城际列车车次和 appkey）	正确输出对应城际列车车次的相关信息（即包括所有输出参数），并与 12306 网站对应测试进行比对，二者需完全一致	https://api.jisuapi.com/train/line?appkey=35062409 367ad***&trainno= C1001
7	正确输入包含必填其他列车参数的相关内容（必填参数包括其他列车车次和 appkey）	正确输出对应其他列车车次的相关信息（即包括所有输出参数），并与 12306 网站对应测试进行比对，二者需完全一致	https://api.jisuapi.com/train/line?appkey=35062409 367ad***&trainno= 4375
8	正确输入包含必填高铁参数的相关内容（必填参数包括高铁列车车次、appkey 和可选参数日期）	正确输出对应高铁列车车次的相关信息（即包括所有输出参数），并与 12306 网站对应测试进行比对，二者需完全一致	https://api.jisuapi.com/train/line?appkey=35062409 367ad***&trainno=G5&date=2019-05-20
⋮	⋮	⋮	⋮

接下来，设计针对该接口的异常测试用例，如表 8-11 所示。由于测试用例很多，这里只列出一部分用例内容，请读者自行补充。

表 8-11　　　　　　　　　　　　　异常用例设计

序号	输入	预期输出	相应测试的输入数据
1	不输入任何参数	返回错误码 101	https://api.jisuapi.com/train/line?
2	不输入必填参数，不输入必填的 appkey 参数	返回错误码 101	https://api.jisuapi.com/train/line?appkey=&trainno= G5&date=2019-05-20
3	不输入必填参数，不输入必填的车次参数	返回错误码 201	https://api.jisuapi.com/train/line?appkey=35062409 367ad***&trainno=
4	必填参数输入不存在的值，车次输入非法值	返回错误码 203	https://api.jisuapi.com/train/line?appkey=35062409 367ad***&trainno=G22222223334
5	日期输入非法值或者已过日期	待验证，文档未描述	https://api.jisuapi.com/train/line?appkey=35062409 367ad***&trainno=G5&date=2019-15-20
⋮	⋮	⋮	⋮

8.2.3　首个接口测试用例的 JMeter 脚本实现

这里，我们先按照表 8-10 来实现第 1 个接口测试用例，即"正确输入包含必填高铁参数的相关内容（必填参数包括高铁列车车次和 appkey）"这条测试用例。

首先，创建一个新的 JMeter 测试脚本，添加一个线程组，将其名称变更为"火车车次查询接口测试"，如图 8-52 所示。

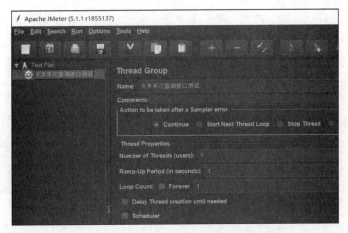

图 8-52 添加"火车车次查询接口测试"线程组

然后，添加一个 HTTP 请求取样器元件，如图 8-53 所示。

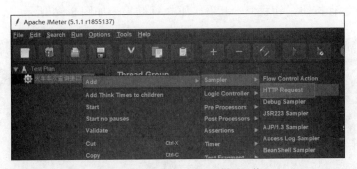

图 8-53 添加 HTTP 请求取样器元件

接着，配置新添加的 HTTP 请求取样器元件，如图 8-54 所示。

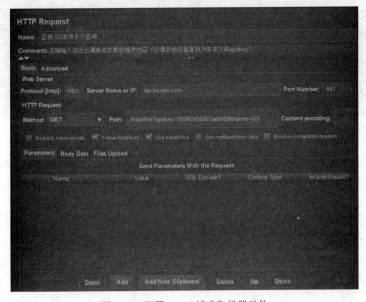

图 8-54 配置 HTTP 请求取样器元件

从图 8-54 可以看到，对 HTTP 请求取样器的名称进行了重命名，命名为"正例-G5 高铁车次查询"。在 Comments 中我们填写了用例的内容，即"正确输入包含必填高铁参数的相关内容（必填参数包括高铁列车车次和 appkey）"。Protocol 中填写的是"https"，服务器名字为"api.jisuapi.com"，端口号为"443"，请求方式为发送"GET"请求，路径为"/train/line?appkey=35062409367ad442&trainno=G5"，这样就完成了第一个用例的实现。为了能够看到执行结果，这里又加入了两个监听器元件，即 View Results Tree 和 View Results in Table 元件，如图 8-55 所示，并将脚本保存为"huocheapitest.jmx"。

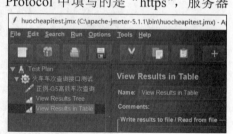

图 8-55　添加两个监听器元件

8.2.4　首个接口测试用例的 JMeter 脚本执行与结果分析

现在，单击运行按钮，让我们一起看一下执行结果，如图 8-56 所示。

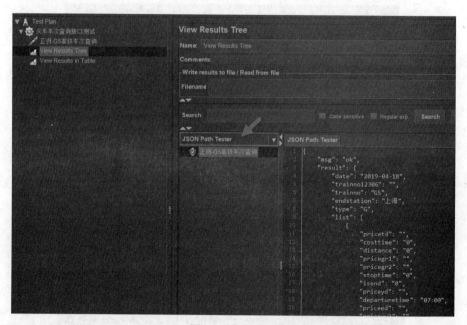

图 8-56　执行结果

为了便于查看 JSON 格式的输出数据，我们将响应结果数据的展示方式调整为 JSON Path Tester，但是看到的输出信息仍然不完整。为了便于查看，下面列出了整理后的输出结果，供大家参考。

```
{
    "msg": "ok",
    "result": {
        "date": "2019-04-18",
        "trainno12306": "",
        "trainno": "G5",
```

```
"endstation": "上海",
"type": "G",
"list": [
    {
        "pricetd": "",
        "costtime": "0",
        "distance": "0",
        "pricegr1": "",
        "pricegr2": "",
        "stoptime": "0",
        "isend": "0",
        "priceyd": "",
        "departuretime": "07:00",
        "priceed": "",
        "priceyw2": "",
        "sequenceno": "1",
        "priceyw1": "",
        "pricesw": "",
        "priceyw3": "",
        "station": "北京南",
        "arrivaltime": "----",
        "pricerw1": "",
        "day": "1",
        "pricerw2": ""
    },
    {
        "pricetd": "",
        "costtime": "31",
        "distance": "0",
        "pricegr1": "",
        "pricegr2": "",
        "stoptime": "2",
        "isend": "0",
        "priceyd": "94.5",
        "departuretime": "07:33",
        "priceed": "54.5",
        "priceyw2": "",
        "sequenceno": "2",
        "priceyw1": "",
        "pricesw": "174.5",
        "priceyw3": "",
        "station": "天津南",
        "arrivaltime": "07:31",
        "pricerw1": "",
        "day": "1",
        "pricerw2": ""
    },
    {
        "pricetd": "",
```

```
        "costtime": "90",
        "distance": "0",
        "pricegr1": "",
        "pricegr2": "",
        "stoptime": "2",
        "isend": "0",
        "priceyd": "314.5",
        "departuretime": "08:32",
        "priceed": "184.5",
        "priceyw2": "",
        "sequenceno": "3",
        "priceyw1": "",
        "pricesw": "589.5",
        "priceyw3": "",
        "station": "济南西",
        "arrivaltime": "08:30",
        "pricerw1": "",
        "day": "1",
        "pricerw2": ""
    },
    {
        "pricetd": "",
        "costtime": "210",
        "distance": "0",
        "pricegr1": "",
        "pricegr2": "",
        "stoptime": "2",
        "isend": "0",
        "priceyd": "748.5",
        "departuretime": "10:32",
        "priceed": "443.5",
        "priceyw2": "",
        "sequenceno": "4",
        "priceyw1": "",
        "pricesw": "1403.5",
        "priceyw3": "",
        "station": "南京南",
        "arrivaltime": "10:30",
        "pricerw1": "",
        "day": "1",
        "pricerw2": ""
    },
    {
        "pricetd": "",
        "costtime": "280",
        "distance": "0",
        "pricegr1": "",
        "pricegr2": "",
        "costtimetxt": "4 时 40 分",
```

```
                    "stoptime": "0",
                    "isend": "1",
                    "priceyd": "939.0",
                    "departuretime": "11:40",
                    "priceed": "558.0",
                    "priceyw2": "",
                    "sequenceno": "5",
                    "priceyw1": "",
                    "pricesw": "1762.5",
                    "priceyw3": "",
                    "station": "上海",
                    "arrivaltime": "11:40",
                    "pricerw1": "",
                    "day": "1",
                    "pricerw2": ""
                }
            ],
            "startstation": "北京南",
            "typename": "高铁"
        },
        "status": "0"
}
```

接下来，登录 12306 网站，查看一下对应的输出是否与 G5 车次的列车信息一致，如图 8-57 所示。你还可以查询不同类别座位车票的售价信息，如图 8-58 所示。

图 8-57　12306 网站上 G5 次高铁的途经站　　　图 8-58　12306 网站中 G5 次高铁不同类别座位车票的售价信息

经过细心的比对你会发现，JMeter 脚本的执行结果与 12306 网络上的信息完全匹配，所以"正确输入包含必填高铁参数的相关内容（必填参数包括高铁列车车次和 appkey）"这条测试用例测试通过。

8.2.5　所有接口测试用例的 JMeter 脚本实现

接下来，我们继续实现所有接口测试用例（包括正常和异常的接口测试用例）的 JMeter

脚本。为了能够更加直观地了解接口用例执行后是否和我们预期的结果一致，需要为每一个接口测试用例设计一个断言。这里，我们简单地进行处理，因为所有正例输出都包含车次信息，所以对于正例我们就可以以是否包含车次数据为检查点。这里仅以第一个正例中加入的断言为例，如图 8-59 所示，其他正例的断言设置类似，不再赘述。

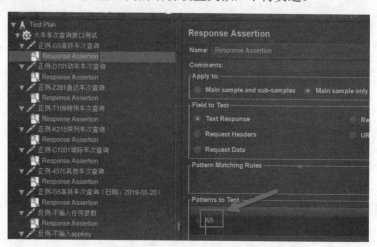

图 8-59 "正例-G5 次高铁车次查询"的断言设置

通常情况下，异常用例都有一个明确的输出，如果 appkey 参数缺失，则应该返回错误码"101"，所以就可以以是否包含这个错误码作为断言的依据，如图 8-60 所示，其他类似，不再赘述。

但一种情况下不能确定到底会输出什么。日期参数是一个可选参数。当输入非法格式的日期或者已经过去的日期时，会输出什么样的结果，这在文档中未提及，所以我们不确定到底会输出什么。这里，先给其断言赋值为是否包含"999"或者设置成一个其他肯定不存在的值，如图 8-61 所示。这样执行结果必定失败，从而可以提醒你查看该种情况下接口的输出结果，补充需求不完善的地方和提升测试用例覆盖率，以防止漏测情况的发生。

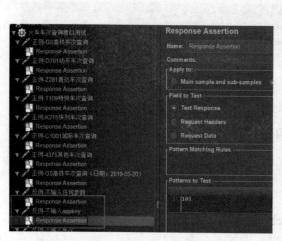

图 8-60 "反例-不输入 appkey"的断言设置

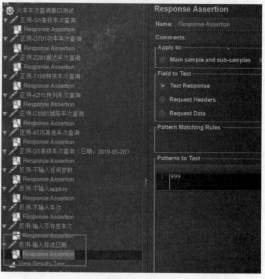

图 8-61 "反例-输入非法日期"的断言设置

最终，针对前面我们设计的正常和异常的测试用例，实现的 JMeter 脚本信息如图 8-62 所示。

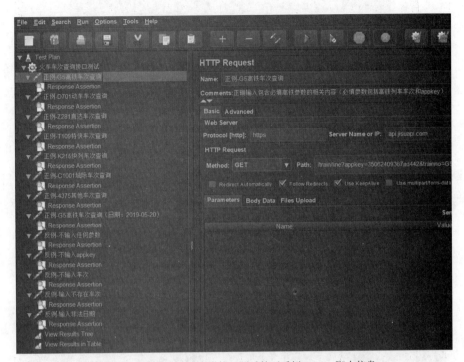

图 8-62　针对火车车次查询接口测试的正反例 JMeter 脚本信息

8.2.6　所有接口测试用例的 JMeter 脚本执行与结果分析

执行火车车次查询接口的全部测试用例，执行后的结果树如图 8-63 所示。

图 8-63　结果树

如图 8-63 所示，最后一个输入了非法日期参数的用例执行失败了。这是我们意料之中的事情，因为其返回值不可能包含"999"，断言失败的详细信息如图 8-64 所示。

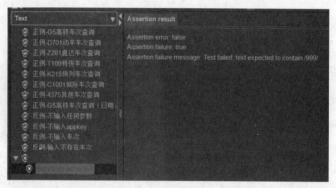

图 8-64　断言失败的详细信息

从断言失败的用例响应数据（见图 8-65）来看，它忽略了日期参数，即没有对日期参数进行任何校验，而只对 appkey 参数和车次信息参数进行了输入以及输入内容的校验。

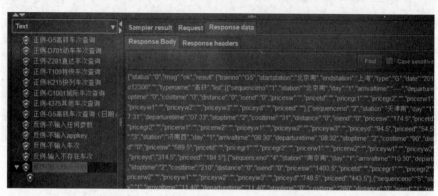

图 8-65　断言失败的用例的响应数据

从测试的角度来看，这应该是一个问题。如果一个参数加与不加都不能被程序判断出来，并且该参数不能改变代码内部的业务逻辑，那它就没有意义了这样的参数完全可以省略。

当然，如果你觉得文本方式查看起来不方便，可以把展示方式切换成 JSON Path Tester，如图 8-66 所示。

图 8-66　以 JSON 格式显示响应数据的详细信息

以表格形式显示执行结果就更加直观了，如图 8-67 所示。

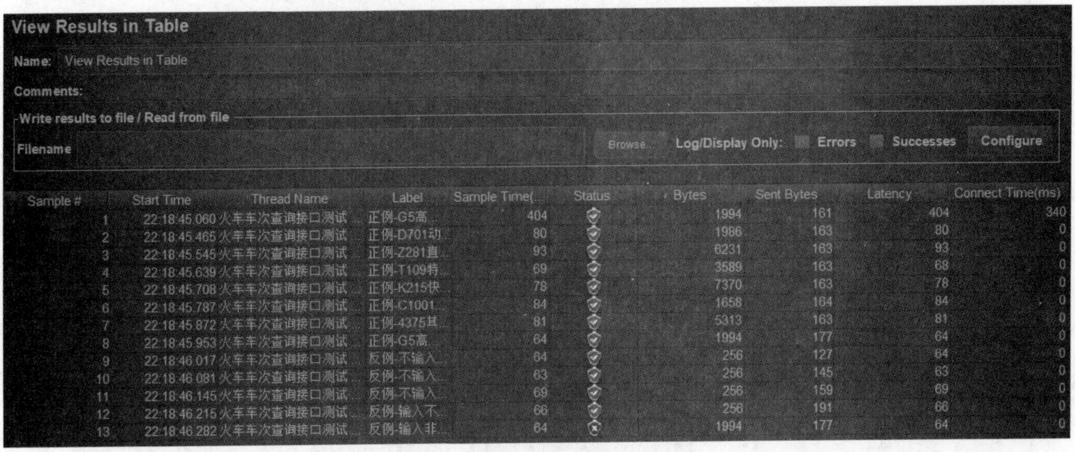

图 8-67　以表格形式显示执行结果

从图 8-67 可以看到，共执行了 13 个接口测试用例，其中 12 个的实际执行结果和预期结果一致，而只有最后一个测试用例和预期不一致。对于最后一个用例上面已经介绍过，文档未提及日期参数格式错误，这是由作者故意设置的一个错误返回值断言引起的。事实上，接口忽略了日期参数，所以测试人员可认为它就是一个无用的参数，这是一个缺陷。

8.3　Postman 工具的应用

8.3.1　Postman 的安装及介绍

Postman 是 API 开发中最完整的工具链之一，是全球使用最多的 REST 客户端之一，支持 API 开发人员使用直观的用户界面来发送请求、保存响应、添加测试，并创建工作流。

进行接口测试时，我们可以通过 Postman 工具针对被测接口模拟各种复杂类型的请求（如 GET、POST、PUT 等请求），查看其响应内容是否正确。

Postman 有 3 个版本，本节介绍的是 Postman 免费版，这里针对各版本进行一个简单的介绍。

● Postman：免费版本，包括完整的 API 开发环境，适用于个人和小型团队。

● Postman Pro：付费版本，最多允许 50 个用户协作，允许对扩展特性进行完全访问。

● Postman Enterprise：付费版本，适合任何规模的团队，更多高级特性的支持。

建议结合需求，选择相应版本。各版本的对比如图 8-68 所示。

另外，Postman 还有一款集成于 Chrome 浏览器的版本，作为 Chrome App 来使用。这个版本现在已经被弃用，其原因是 Google 宣布终止了对使用 Windows、Mac 和 Linux 操作系统用户的 Chrome App 支持，这意味着对 Postman Chrome App 的支持也会消失。曾经许多用户认为，Postman 只能作为一个 Chrome App 来使用。虽然它最初被设计为是一个使用 Chrome 浏览器进行扩展的拦截器，但后来在 Mac、Windows 和 Linux 操作系统上分别引入了本地应用程序，因此 Postman 官网上推荐大家使用本地应用程序版本。

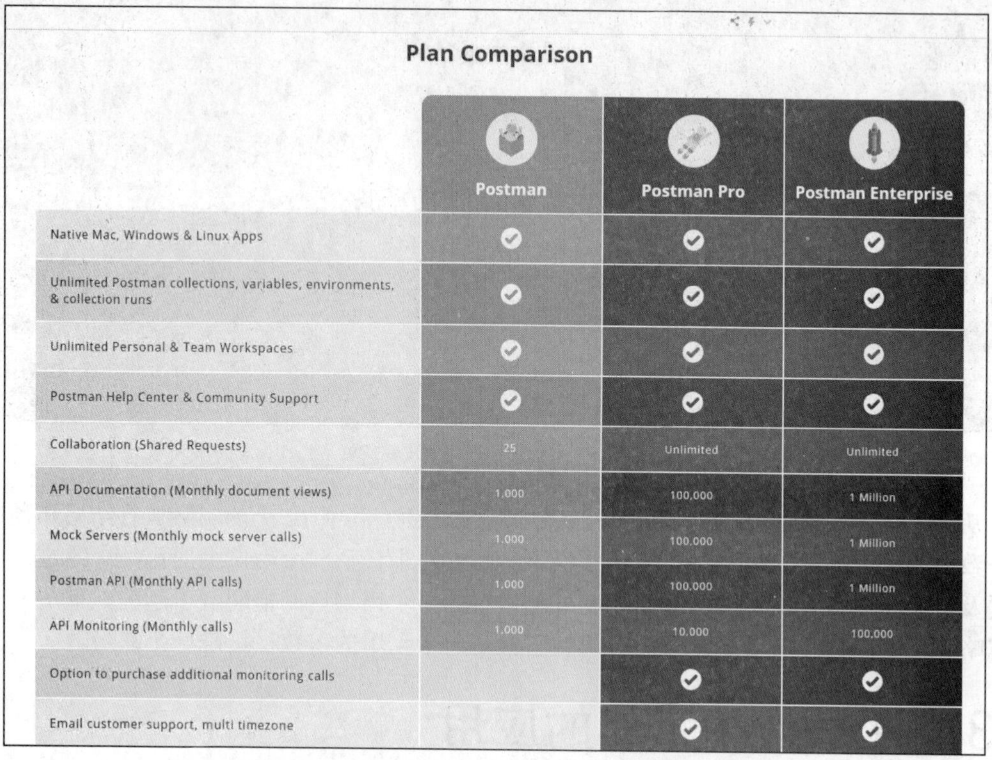

Plan Comparison	Postman	Postman Pro	Postman Enterprise
Native Mac, Windows & Linux Apps	✓	✓	✓
Unlimited Postman collections, variables, environments, & collection runs	✓	✓	✓
Unlimited Personal & Team Workspaces	✓	✓	✓
Postman Help Center & Community Support	✓	✓	✓
Collaboration (Shared Requests)	25	Unlimited	Unlimited
API Documentation (Monthly document views)	1,000	100,000	1 Million
Mock Servers (Monthly mock server calls)	1,000	100,000	1 Million
Postman API (Monthly API calls)	1,000	100,000	1 Million
API Monitoring (Monthly calls)	1,000	10,000	100,000
Option to purchase additional monitoring calls		✓	✓
Email customer support, multi timezone		✓	✓

图 8-68　Postman 各版本的对比（图片源自 getpostman 网站）

本地应用程序版本和 Chrome App 版本的不同之处主要有以下几点。

- Cookie：本地应用程序允许直接使用 Cookie，不需要单独的 Chrome 扩展。
- 内置代理：本地应用程序附带一个内置代理，可以使用它捕获网络流量。
- 受限标头：本地应用程序允许发送 Origin 和 User-Agent 等请求标头，但是这些在 Chrome 版本中不允许使用。
- 不必自动重定向：在本地应用程序中实现了这个功能，以防止返回的 300 系列响应的请求被自动重定向。以前需要在 Chrome App 中使用拦截器扩展来实现这一点。
- 菜单栏：本地应用程序不受关于 Chrome 菜单栏的标准的限制，可以更加丰富。
- Postman 控制台：本地应用程序有一个内置控制台，它允许查看 API 调用中网络请求的详细信息。

本节中我们选择安装的是支持 64 位 Windows 操作系统的 6.6.1 版本的 Postman。可以从 Postman 的官方网站获取并下载安装包。下载后选择默认安装即可。其下载界面如图 8-69 所示。

安装成功后运行并打开 Postman 工具，其界面主要由 3 部分构成，如图 8-70 所示。

- 菜单部分：主要包括新建、编辑请求、选择查看视图、帮助及相关设置等功能。
- 导航部分：主要包括测试集合列表和查看历史记录功能。
- 构建部分：主要包括请求的构建和查看响应结果等功能。

图 8-69 Postman 下载界面

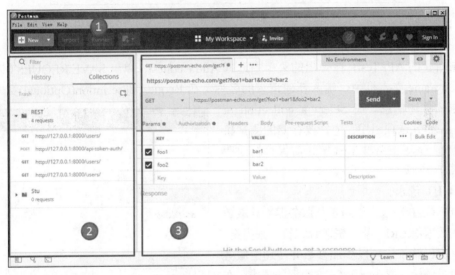

图 8-70 Postman 界面

8.3.2 通过 Postman 发送请求

HTTP 协议具有多种请求方式，如 GET、PUT、POST、DELETE、PATCH、HEAD 等。Postman 支持所有 HTTP 请求方式，甚至包括一些很少使用的请求方式，如 PROPFIND、UNLINK 等（有关 HTTP 详细信息请参阅 RFC 2616）。

Postman 官方提供了一个用于测试的 API 服务器（即 postman-echo.com）。它由 Postman 托管，可以试验各种类型的请求，同时它将提取请求中的部分数据作为返回的响应内容。本节会以这个服务器作为实验环境。

1. 创建集合

接口测试用例一般由多个 HTTP 请求构成，在 Postman 中，可以将相关的请求打包成一个集合，便于集中保存和管理。在左侧导航栏中选中 Collections 选项卡，下面有一个创建集合的按钮（把鼠标指针悬停上去会显示 New collection 提示信息），单击此按钮，弹出一个新建集合的页面。如图 8-71 所示，自行定义输入集合的名称（本案例使用的集合名称为 API Test）与描述信息，单击页面下方的 Create 按钮。

图 8-71　新建集合

2.　创建请求

右击新建的 API Test，在弹出的菜单中选择 Add Request，弹出 SAVE REQUEST 对话框。在 Request name 文本框中，输入新建请求的名称。在 Request description(Optional)文本框中，

输入请求的描述信息。在 Select a collection or folder to save to 选项组中，选择要存储的测试集名称，单击 Save to API Test 按钮，保存新建请求，如图 8-72 所示。

3.　GET 请求

HTTP GET 请求方法用于从服务器中获取数据，这些数据由 URI（统一资源标识符）来指定。同时在 GET 请求中可以添加参数并传递给服务器。下面我们模拟发送一个 GET 类型的请求，在构建部分完成以下步骤，如图 8-73 所示。

（1）从下拉列表中选择请求类型为 GET 类型。

图 8-72　保存请求

（2）输入请求地址 https://postman-echo.com/get?name=Jonah&age=12，Postman 会自动识别此地址中附带的两个参数（name 和 age），提取后自动显示到参数列表中。也可以直接在参数列表中添加参数，Postman 会自动将其更新到请求地址中。

（3）单击 Send 按钮，发送请求。

（4）请求发送成功后，在页面下方查看响应结果。postman-echo.com 服务器会提取请求内容，并将其作为响应体内容返回给请求发送方。本例中默认以 JSON 数据格式作为响应体的格式。

根据响应的类型，可以选择不同的显示方式。本案例中返回的响应的显示方式为 JSON。默认情况下，Postman 自动以 Pretty 形式显示，即 JSON 数据被格式化为更加美观易读的形式。

另外，还分别提供了 JSON、XML、HTML、Test 显示方式。用户可以手动指定一种显示方式，也可以选择 Auto 方式让 Postman 自行选择。另外，还可以使用 Raw 和 Preview 两种方式来分别以"原始数据格式"和"预览模式"查看响应，如图 8-74 所示。

图 8-73　发送 GET 类型的请求要完成的操作

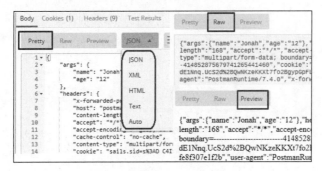

图 8-74　选择不同的响应查看方式

4. POST 请求

HTTP POST 请求方法的目的是将数据传输到服务器（并引发响应）。相对于 GET 方法，它略微复杂一些，除了可以像 GET 方法一样在地址中附加参数，它还可以同时在请求体中加入数据。新建一个请求页面，要发送 POST 类型的请求，在构建部分，需要完成以下操作，如图 8-75 所示。

（1）请求方式选择 POST。

（2）输入请求地址 https://postman-echo.com/post?name=Esther。

（3）选择 Body 选项卡，单击 form-data 单选按钮，在表单列表中任意输入一条或多条数据。

（4）单击 Send 按钮，提交请求。

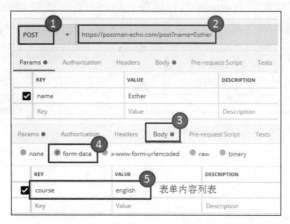

图 8-75 发送 POST 类型的请求要完成的操作

在请求体中可以选择不同的数据格式——none、form-data、x-www-form-urlencoded、raw、binary，这些格式中封装的数据内容分别显示在响应正文的各个区域，如"args"{}、"data"{}、"files"{}、"form"{}、"json"{}。另外，不同的请求数据格式会在请求头部 content-type 字段中体现。

例如，本案例的请求 Body 中选择的是 form-data 数据格式，因此"headers"区域中content-type 字段的值为 multipart/form-data，输入的请求数据会显示在"form"{}区域中，POST请求的响应如图 8-76 所示。可以切换请求体的格式，观察请求头的变化。

```
Pretty   Raw   Preview    JSON

1 ▾ {
2 ▾    "args": {
3          "name": "Esther"
4       },
5       "data": {},
6       "files": {},
7 ▾    "form": {
8          "course": "english"
9       },
10 ▾   "headers": {
11         "x-forwarded-proto": "https",
12         "host": "postman-echo.com",
13         "content-length": "168",
14         "accept": "*/*",
15         "accept-encoding": "gzip, deflate",
16         "cache-control": "no-cache",
17         "content-type": "multipart/form-data; boundary=-----------------1
18         "cookie": "sails.sid=s%3A8bdzgtmJgaoqmEhhcLfKGPdN041AqLtc.ApgSht80AuSZ6mhb
19         "postman-token": "28041c3d-b2d9-461f-8d42-6e88ba953178",
20         "user-agent": "PostmanRuntime/7.4.0",
21         "x-forwarded-port": "443"
22      },
23      "json": null,
24      "url": "https://postman-echo.com/post?name=Esther"
25 }
```

图 8-76 POST 请求的响应内容

5. 发送其他类型请求

在 HTTP 请求中，GET 和 POST 是常见的两种请求类型。除了这两种类型，Postman 还支持其他的 HTTP 请求类型。单击页面中的请求类型，下拉列表中列出了当前版本支持的所有请求类型，如图 8-77 所示。可以切换不同的请求类型。需要注意的是，在请求地址最后一项输入请求类型名称。示例如下。

● 要发送 PUT 类型请求，请求地址为 https://postman-echo.com/**put**。
● 要发送 Delete 类型请求，请求地址为 https://postman-echo.com/**delete**。
● 要发送 PATCH 类型请求，请求地址为 https://postman-echo.com/**patch**。

6. 查看历史记录

在 Postman 中每次发送的请求会自动保存到历史记录中，单击 History 选项卡，会自动列出请求的历史记录，如图 8-78 所示。随便选中一条记录，Postman 会自动在构建部分将其打开，此时可以编辑里面的内容，单击 Send 按钮，重新发送请求。

图 8-77　Postman 支持的请求类型

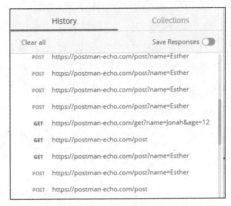

图 8-78　查看请求的历史记录

7. 查看控制台

Postman 提供了控制台功能，可以在控制台中监控请求和响应的具体内容。在 Postman 窗口的底部状态栏，有一个打开控制台的按钮（从左向右第 3 个图标，如图 8-79（a）所示）。单击此按钮即可打开控制台，如图 8-79（b）所示。若此时发送请求，控制台会自动捕获请求和响应的内容。

图 8-79　打开控制台的按钮与控制台

8.3.3　执行脚本

Postman 集成了一个基于 Node.js 的强大引擎。通过该引擎，可以向请求和集合中添加动态行为的 JavaScript 脚本，这样我们在进行测试时，可以方便地在请求之间传递数据，甚至可由多个请求构成一个"业务流"。Postman 支持两种类型的 JavaScript 脚本。

- 预请求脚本：此脚本在请求发送之前执行。
- 测试脚本：此脚本在接收到响应之后执行，可以完成测试中断言的任务。

执行脚本的流程如图 8-80 所示。

1. 环境管理

在使用 API 时，常常需要为本地计算机、服务器等进行不同的环境设置。Postman 提供了环境管理功能，允许使用变量自定义请求，这样就可以在不同的设置之间轻松切换，而无须更改请求。比如，在进行接口测试时，可以随时切换测试环境、生产环境等，这非常方便。

单击 Postman 主界面右上角的齿轮图标，在弹出的界面中继续单击 Add 按钮，出现新建环境的界面。在此界面中为新建的环境指定名称，在变量列表中新建多个变量，如图 8-81 所示。

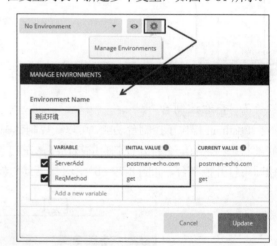

图 8-81　命名环境并新建变量

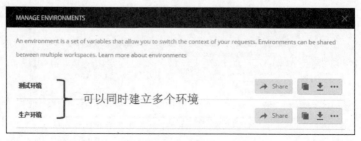

图 8-80　执行脚本的流程

第一个变量指定为 ServerAdd，保存接口服务器地址，初始值为 postman-echo.com。

第二个变量指定为 ReqMethod，保存请求地址的最后部分、用户描述、请求的接口类型。

根据测试需求，通过类似方法同时建立多个环境，以便后续测试的时候可以随时进行切换，环境列表如图 8-82 所示。

图 8-82　环境列表

新建一个 GET 类型的请求，从环境列表中选取前面创建的"测试环境"（见图 8-83），此时就可以使用"测试环境"中定义的变量了。

在请求地址栏中输入 https://{{ServerAdd}}/{{ReqMethod}}。

其中两对大括号（{{}}）的作用是读取变量内容，将变量名称填入即可。上面的地址同时读取了环境中定义的两个变量，分别是 ServerAdd 和 ReqMethod。从响应内容中可以发现，实际请求的地址是 https://postman-echo.com/get，这说明环境和变量设置成功了。

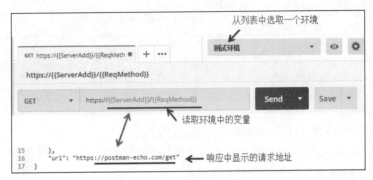

图 8-83 选择"测试环境"

2. 执行测试脚本

在 Postman 中可以使用 JavaScript 语言为每个请求编写和运行测试，其本质是在发送请求并接收到响应后，执行指定的 JavaScript 代码。

新建一个 POST 请求，具体设置如图 8-84 所示。

● 请求地址指定为 https://postman-echo.com/post。

● 在 Body 选项卡中单击 form-data 单选按钮，设置 KEY 与 VALUE。

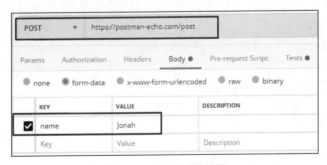

图 8-84 POST 请求的设置

切换到 Tests 选项卡，右侧 SNIPPETS 区域中显示了多个测试项（见图 8-85）。单击不同测试项，会自动生成与测试相关的代码片段。我们分别选中以下 3 个代码片段作为测试内容。

● 单击"Status code：Code name has string"，可以判断返回的响应代码描述的内容。

● 单击"Status code：Code is 200"，可以判断返回的响应码是否为 200。

● 单击"Response body：Contains string"，可以判断响应中是包含指定字符串。

Postman 会在代码区中自动生成 JavaScript 代码，我们在此基础上进行适当修改即可，修改后的代码内容如下。

```javascript
1  pm.test("Status code name has string", function () {
2      pm.response.to.have.status("OK");
3  });
4
5  pm.test("Status code is 200", function () {
6      pm.response.to.have.status(200);
7  });
8
9  pm.test("Body matches string", function () {
10     pm.expect(pm.response.text()).to.include("Jonah");
11 });
```

代码解释如下。

第 2 行判断响应中的 HTTP 状态码描述是否为 OK。

第 6 行判断响应中的 HTTP 状态码编码是否为 200。

第 10 行判断响应中是否包含字符串 Jonah。

测试脚本编写完成后，单击 Send 按钮发送请求。返回响应后，切换到 Test Results 选项卡，可用看到 3 项测试全部成功执行。

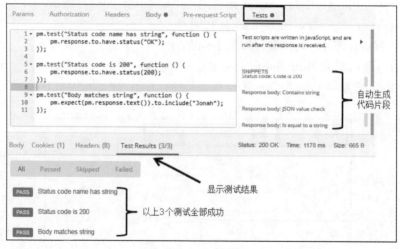

图 8-85　执行测试脚本

3. 执行预请求脚本

预请求脚本是在发送请求之前执行的 JavaScript 代码。在第 5 章中，我们曾经开发了一个含有 JWT 认证的 REST 接口，当访问某个接口的时候，需要提前获得 JWT 才可以正确返回数据库中的数据。因此提前获取 JWT 的工作就可以放在预请求脚本中。下面我们来实现这个操作。

首先，运行 5.6 节中的案例，启动服务。

然后，新建一个 GET 类型的请求，请求地址为 http://127.0.0.1:8000/users/。

接下来，切换到 Pre-request Script 选项卡，输入获取 JWT 的代码，如图 8-86 所示。

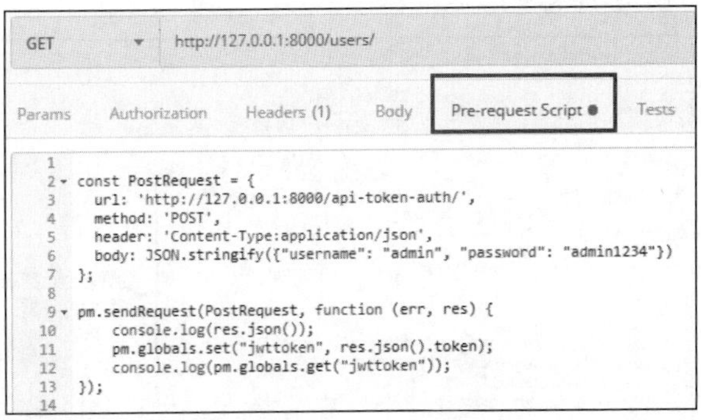

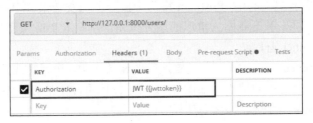

图 8-86 获取 JWT 的代码

整理后的代码如下。

```
1   const PostRequest = {
2       url: 'http://127.0.0.1:8000/api-token-auth/',
3       method: 'POST',
4       header: 'Content-Type:application/json',
5       body: JSON.stringify({"username": "admin", "password": "admin1234"})
6   };
7
8   pm.sendRequest(PostRequest, function (err, res) {
9       console.log(res.json());
10      pm.globals.set("jwttoken", res.json().token);
11      console.log(pm.globals.get("jwttoken"));
12  });
```

代码解释如下。

第 2 行定义获取 JWT 的 URL 地址。

第 3 行表示请求方式为 POST。

第 4 行为请求头添加字段，指明请求内容为 JSON 格式。

第 5 行将用户名和密码转换为 JSON 格式的请求体。

第 8 行发送以上定义的 POST 请求。

第 9 行在控制台中输出获取到的 JWT。

第 10 行从返回的响应体中取出 JWT 值，存入全局变量 jwttoken 中。

第 11 行在控制台中输出全局变量 jwttoken 的值。

切换到 Headers 选项卡，为实现用户认证，添加键–值对（见图 8-87）。由于在脚本中已经将 JWT 保存在全局变量 jwttoken 中了，因此这里需要从该变量中取出。

图 8-87 添加键–值对

单击 Send 按钮，发送请求。查看响应结果，返回正确的数据库记录，如图 8-88 所示。这说明我们前面实现的预请求脚本已执行成功。

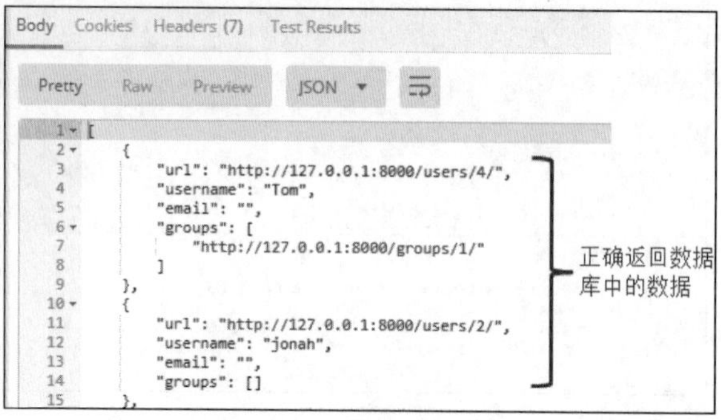

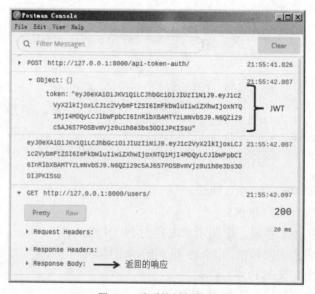

图 8-88　查看响应结果

打开控制台，可以看到我们自定义输出的 JWT 值，还可以查看整个请求和响应的过程，如图 8-89 所示。

图 8-89　查看控制台输出

8.3.4　运行测试集合

一个集合中包括一组请求，这些请求可以一起运行在相应的环境之中。当希望自动完成 API 测试时，运行集合非常有用，Postman 将一个接一个地发送集合中的所有请求。

选中某个集合名称，单击右侧三角形的展开按钮，并单击 Run 按钮，如图 8-90 所示，可以打开 Collection Runner 窗口。

在 Collection Runner 窗口中，可以设置运行的相关参数。设置完成后，直接单击 Run API Test 按钮，开始执行集合中的请求，如图 8-91 所示。此页面中的相关参数说明如下。

- Environment：选择本次运行使用的环境。
- Iterations：设置迭代的次数。本次的迭代次数设置为3，即集合中所有请求会执行 3 次。

- Delay：设置延迟时间，即每次迭代之间的间隔时间。
- Log Responses：设置响应日志的级别。默认情况下，所有响应都会被记录下来，以便调试。对于请求数量很多的大型集合，可以更改这个设置以提高性能。它有 3 个选项。
  - For all requests：对于所有请求，将记录所有请求的响应。
  - For failed requests：对于失败的请求，才记录响应。
  - For no requests：若没有请求，不会记录响应。

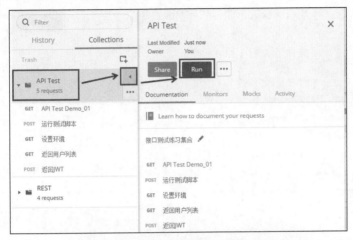

图 8-90 打开 Collection Runner 窗口的方法

图 8-91 Collection Runner 窗口

集合运行时会持续显示运行结果，如图 8-92 所示。右侧数字区域显示当前迭代次数，单击某个数字就可以看到相对应的运行情况。中间区域显示每个请求的运行情况，红色表示运行失败，绿色表示运行成功。

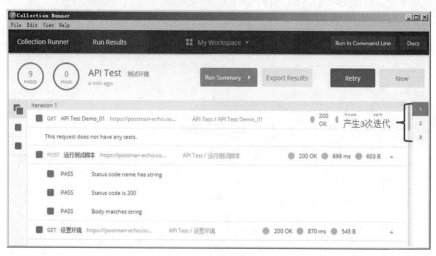

图 8-92　运行结果

单击 Run Summary 按钮，可以显示运行结果的摘要，如图 8-93 所示。单击 Export Results 按钮，可以将运行结果导出为文件。

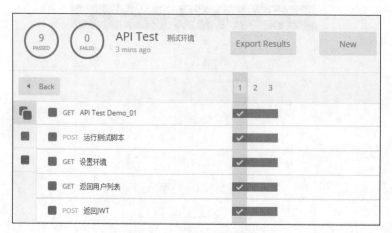

图 8-93　查看运行结果的概要

8.4　基于 Postman 工具的接口测试项目实战

这里仍以火车查询接口为例。如果你对该接口的相关内容不是很清楚，建议阅读本书相关章节的内容，以增加对该接口的理解。

8.4.1 接口测试用例的 Postman 脚本实现

在 Postman 中，要新建集合，单击 New 按钮，在弹出的界面中，单击 Collection 链接，如图 8-94 所示。

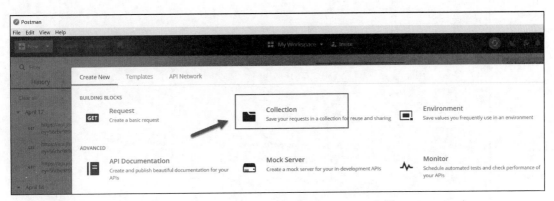

图 8-94 新建集合

这里，集合可以理解为一个由测试用例构成的用例集合，或者简称为用例集。

在图 8-95 所示界面中，把新建的用例集命名为"火车车次查询接口测试用例集"，单击 Create 按钮。

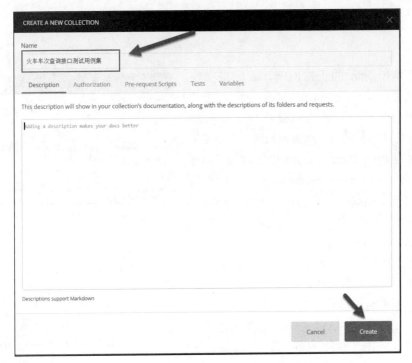

图 8-95 命名集合

接下来，要添加请求，在图 8-96 所示的界面中，单击标识号为"1"的区域中的"…"按钮，从弹出的快捷菜单中选择 Add Request 菜单项。

图 8-96   添加请求

结合表 8-10 所示的正常用例，我们来实现第一个测试用例，即正确输入包含必填高铁参数的相关内容（必填参数包括高铁列车车次和 appkey）。这里以 G5 高铁车次查询为例。在 SAVE REQUEST 对话框中，Request name 设置为"正例-G5 高铁车次查询"，Request description(Optional)设置为"正确输入包含必填高铁参数的相关内容（必填参数包括高铁列车车次和 appkey）"。当然，在实际工作中你可以依据自己的需要决定请求的名称和是否需要填写请求描述。单击"Save to 火车车次查询接口测试用例集"按钮，将这个请求保存到用例集中，如图 8-97 所示。

我们在 GET 请求方法后，填写 HTTP 请求的路径和参数信息，具体内容为"https://api.jisuapi.com/train/line?appkey=35062409367ad***&trainno=G5"。你将看到参数被自动添加到了 Postman 工具的参数列表中，如图 8-98 所示。

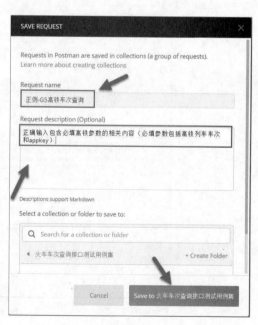

图 8-97   保存请求

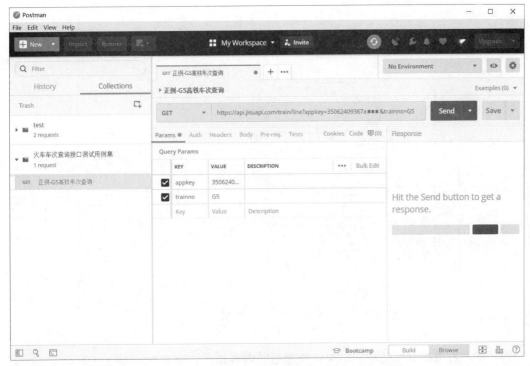

图 8-98 自动添加参数

第一个测试用例的请求脚本编写完成了。接下来，可以单击 Send 按钮来看一下响应结果，如图 8-99 所示。

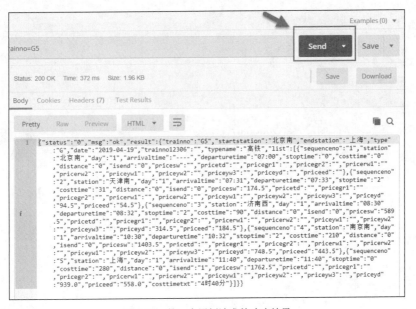

图 8-99 第一个用例请求的响应结果

以 HTML 方式显示的响应结果看起来密密麻麻，不便于我们阅读，所以可以以 JSON 格式显示响应结果。这样看起来就舒服多了，如图 8-100 所示。

图 8-100　经过格式化的响应结果

为了能够看清楚具体的响应结果，整理后的内容如下。

```
{
    "status": "0",
    "msg": "ok",
    "result": {
        "trainno": "G5",
        "startstation": "北京南",
        "endstation": "上海",
        "type": "G",
        "date": "2019-04-19",
        "trainno12306": "",
        "typename": "高铁",
        "list": [
            {
                "sequenceno": "1",
                "station": "北京南",
                "day": "1",
                "arrivaltime": "----",
                "departuretime": "07:00",
                "stoptime": "0",
                "costtime": "0",
                "distance": "0",
                "isend": "0",
                "pricesw": "",
                "pricetd": "",
                "pricegr1": "",
                "pricegr2": "",
                "pricerw1": "",
                "pricerw2": "",
```

```
            "priceyw1": "",
            "priceyw2": "",
            "priceyw3": "",
            "priceyd": "",
            "priceed": ""
        },
        {
            "sequenceno": "2",
            "station": "天津南",
            "day": "1",
            "arrivaltime": "07:31",
            "departuretime": "07:33",
            "stoptime": "2",
            "costtime": "31",
            "distance": "0",
            "isend": "0",
            "pricesw": "174.5",
            "pricetd": "",
            "pricegr1": "",
            "pricegr2": "",
            "pricerw1": "",
            "pricerw2": "",
            "priceyw1": "",
            "priceyw2": "",
            "priceyw3": "",
            "priceyd": "94.5",
            "priceed": "54.5"
        },
        {
            "sequenceno": "3",
            "station": "济南西",
            "day": "1",
            "arrivaltime": "08:30",
            "departuretime": "08:32",
            "stoptime": "2",
            "costtime": "90",
            "distance": "0",
            "isend": "0",
            "pricesw": "589.5",
            "pricetd": "",
            "pricegr1": "",
            "pricegr2": "",
            "pricerw1": "",
            "pricerw2": "",
            "priceyw1": "",
            "priceyw2": "",
            "priceyw3": "",
            "priceyd": "314.5",
            "priceed": "184.5"
        },
```

```
                        {
                            "sequenceno": "4",
                            "station": "南京南",
                            "day": "1",
                            "arrivaltime": "10:30",
                            "departuretime": "10:32",
                            "stoptime": "2",
                            "costtime": "210",
                            "distance": "0",
                            "isend": "0",
                            "pricesw": "1403.5",
                            "pricetd": "",
                            "pricegr1": "",
                            "pricegr2": "",
                            "pricerw1": "",
                            "pricerw2": "",
                            "priceyw1": "",
                            "priceyw2": "",
                            "priceyw3": "",
                            "priceyd": "748.5",
                            "priceed": "443.5"
                        },
                        {
                            "sequenceno": "5",
                            "station": "上海",
                            "day": "1",
                            "arrivaltime": "11:40",
                            "departuretime": "11:40",
                            "stoptime": "0",
                            "costtime": "280",
                            "distance": "0",
                            "isend": "1",
                            "pricesw": "1762.5",
                            "pricetd": "",
                            "pricegr1": "",
                            "pricegr2": "",
                            "pricerw1": "",
                            "pricerw2": "",
                            "priceyw1": "",
                            "priceyw2": "",
                            "priceyw3": "",
                            "priceyd": "939.0",
                            "priceed": "558.0",
                            "costtimetxt": "4 时 40 分"
                        }
                    ]
                }
            }
```

　　在应用 JMeter 时，可以加入一个断言来验证响应结果是否包含指定的字符串，从而判断其是否正确执行。在 Postman 中也可以加入这样的一段脚本来验证响应信息的正确性，这里我们保留通常自动化测试中的叫法，即称为检查点。先单击 Tests 选项卡，再单击 Response body：Contains　string 链接，你会发现一段脚本自动被加入富文本区域。这里，我们添加上要查询的高铁车次（即 G5），如图 8-101 所示。

添加了检查点之后，当再次发送该请求时，你会发现因为"G5"已存在于响应结果中，所以它执行成功，并在 Test Results 后显示"1/1"，（这表示执行了一个用例，并且该用例执行成功），下方区域也以"PASS"图标显示，如图 8-102 所示。

为了看一下执行失败时的效果，这里修改了一下检查点内容，将检查点修改为是否包含"G51"。因为我们查询的是 G5 次高铁，不可能出现 G51 的信息，所以执行肯定是失败的。检查点检测失败后，在 Test Results 后的数字以红色来显示，并且显示执行了 1 个用例。因为它是失败的，所以为 0/1，同时以显眼的红色"FAIL"图标展现出来，并且在它后面给出了具体的响应结果和设置的检查点，如图 8-103 所示。

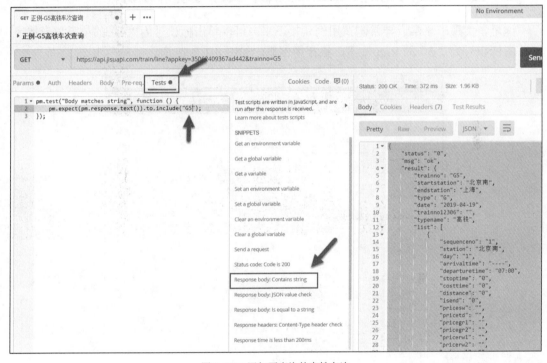

图 8-101　添加要查询的高铁车次

图 8-102　检查点检测成功时显示的信息

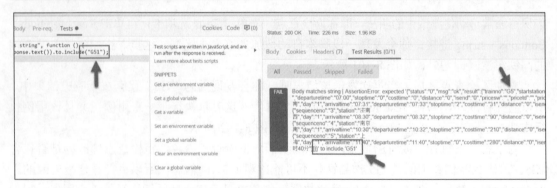

图 8-103　检查点检测失败时显示的信息

8.4.2　接口测试用例的 Postman 脚本执行与结果分析

这里，实现了正常、异常测试用例。接下来，可以单击标识号为"1"的小三角形按钮，再单击标识号为"2"的 Run 按钮，执行用例集，如图 8-104 所示。

图 8-104　执行用例集

在弹出的 Collection Runner 对话框（见图 8-105）中，单击"Run 火车车次查询…"按钮，如图 8-105 所示。

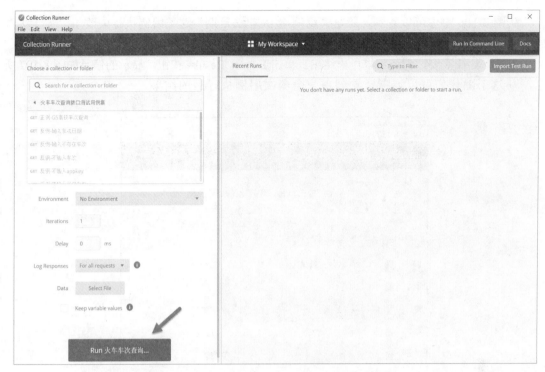

图 8-105　Collection Runner 对话框

你会发现火车车次查询接口测试用例集的接口测试用例很快就执行完了。用例执行完后，运行结果如图 8-106 所示。

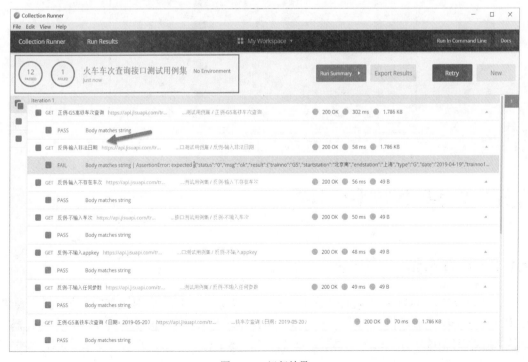

图 8-106　运行结果

从图 8-106 中你可以看到，还是"反例-输入非法日期"这条用例执行失败了。关于失败原因在前面章节已经比较详细地介绍过，这里不再赘述。

当然，如果需要，你还可以导出结果。单击 Export Results 按钮，显示的信息如图 8-107 所示。从这个图我们可以清晰地看到每一个测试用例执行后的结果。

图 8-107　导出的结果

8.5　本章小结和习题

8.5.1　本章小结

本章，介绍了 JMeter 和 Postman 这两款目前市场上主流的接口测试工具的下载、安装、使用，并结合极速数据提供的火车查询接口讲述了项目实战。"工欲善其事，必先利其器"，请读者在学习完这两款主流接口测试工具后，一定要结合工作中的项目实际去应用这些工具，学以致用，不断强化实战能力。

8.5.2　习题

1. 请说出 HTTPS 和 HTTP 主要的区别。
2. 请说出通过哪两种方式可以创建测试脚本。
3. 请说出在应用 JMeter 脚本录制器进行脚本录制时，需要配置哪些内容。
4. 在 JMeter 工具中，为了不录制以 ".jpg" 为扩展名的内容，该怎么做？
5. 如何在 Postman 中添加一个针对响应数据包含某文本内容的操作方法？

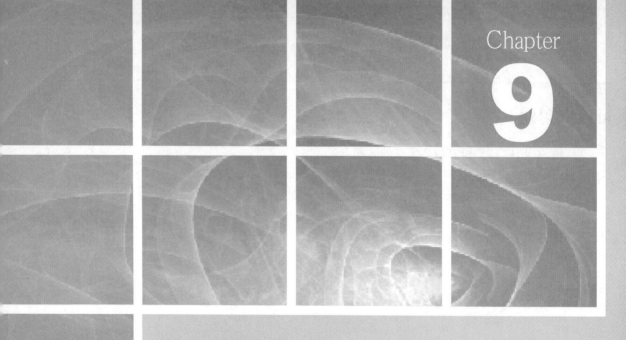

Chapter

9

第9章

基于接口的
性能测试实战

9.1　性能测试的基本概念

随着互联网的蓬勃发展，软件的性能测试已经越来越受到软件开发商、用户的重视。一个网站前期可能用户较少，随着使用用户的逐步增长和宣传力度的加强，软件的用户可能会呈几倍、几十倍甚至几百倍数量级的增长。如果不经过性能测试，软件系统可能会该情况下崩溃，所以性能测试还是非常重要的。

9.1.1　典型的性能测试场景

下面是一些需要进行性能测试的场景。

- 用户提出性能测试需求。例如，首页响应时间在 3s 内、主要的业务操作时间短于 10s、支持 300 个用户在线操作等相关语言描述。
- 某个产品要发布了，需要对全市的用户进行集中培训。通常在进行培训的时候，老师讲解完一个业务以后，被培训用户会按照老师讲解的实例同步完成前面讲过的业务操作。这样存在用户并发的问题，我们在培训之前需要考虑被培训用户的人数，所以在场景中要酌情设置并发用户数量。
- 同一系统可以采用两种构架——Java、.NET，需要决定用哪个。如果同样的系统用不同的语言、框架，实现效果也会有所不同。为了系统能够有更好的性能，在系统实现前期，可以考虑设计一个小的 Demo，设计同样的场景，实际考查在不同语言、不同框架之间的性能差异，而后选择性能好的语言、框架开发软件产品。
- 编码完成后，总觉得某部分存在性能问题，但是又说不清楚到底是什么地方存在性能瓶颈。一个优秀的软件系统是需要开发人员、测试人员以及数据管理员、系统管理员等角色协同工作才能完成的。开发人员遇到性能问题以后会提出需求，性能测试人员需要设计相应的场景，分析系统瓶颈，定位出问题以后，将分析后的测试结果以及意见反馈给开发人员等相关人员。而后开发人员等相关人员进行相应调整，再次进行同环境、同场景的测试，直到系统能够达到预期的目标为止。
- 判断一个门户网站能够支持多少用户并发操作（注册、写博客、看照片、灌水……）。一个门户网站应该是经得起考验的。门户网站栏目众多，我们在进行性能测试的时候，应该考虑实际用户应用的场景，将注册用户、写博客、看照片、看新闻等用户操作设计成相应的场景。根据预期的用户量设计相应的并发量，对于一个好的网站，随着用户的逐渐增长以及推广的深入，访问量可能会呈数量级的增长。考虑到门户网站这些方面的特点，在进行性能测试的时候需要考虑可靠性测试、失败测试以及安全性测试等。

9.1.2　性能测试的概念及其分类

系统性能是一个很大的概念，覆盖面非常广泛。对于一个软件系统而言，它包括执行效率、资源占用率、系统稳定性、安全性、兼容性、可靠性、可扩展性等。性能测试是为描述测试对象与性能相关的特征并对其进行评价而实施和执行的一类测试。它主要通过自动化测试工具模拟多种正常、峰值以及异常负载条件来对系统的各项性能指标进行测试。通常把性能测试、负载测试、压力测试统称为性能测试。

相关测试的含义如下。

- 负载测试：通过逐步增加系统负载，测试系统性能的变化，并最终确定在满足系统性能指标的情况下，系统所能够承受的最大负载量的测试。简而言之，负载测试是通过逐步加压的方式来确定系统的处理能力和系统能够承受的各项阈值的。例如，通过逐步加压，从而得到"响应时间不超过 10s""服务器平均 CPU 利用率低于 85%"等指标的阈值。
- 压力测试：通过逐步增加系统负载，测试系统性能的变化，最终确定在什么负载条件下系统性能处于失效状态，并获得系统能提供的最大服务级别的测试。压力测试中逐步增加负载，使系统的某些资源达到饱和甚至失效。
- 配置测试：主要通过对被测试软件的软硬件配置进行测试，找到系统各项资源的最优分配原则。
- 并发测试：测试多个用户同时访问同一个应用、同一个模块或者数据记录时是否存在死锁或者其他性能问题，几乎所有的性能测试都会涉及一些并发测试。
- 容量测试：测试系统的最大会话能力，以确定系统可同时处理在线的最大用户数，通常这和数据库有关。
- 可靠性测试：在给系统加载一定的业务压力（如 CPU 资源的使用率在 70%~90%）的情况下，运行一段时间，检查系统是否稳定。因为运行时间较长，所以通常可以测试出系统是否有内存泄漏等问题。
- 失败测试：对于有冗余备份和负载均衡的系统，通过这样的测试来检验如果系统局部发生故障用户是否能够继续使用该系统，用户会受到多大的影响。如几台机器进行均衡负载，一台或几台机器垮掉后系统能够承受的压力。

9.1.3 性能测试工具的引入

综上所述，性能测试是软件测试的重中之重。它包括的种类、范围也很广，掌握并灵活应用性能测试工具的使用是软件企业的必经之路。目前市场上已经有很多性能测试工具，主流的性能测试工具有 LoadRunner、JMeter、Apache ab、Locust 等。在这些工具中，由于界面友好、方便易用、支持协议众多、功能强大等优势，很多用户将 LoadRunner 应用于商业的产品中，并取得了很好的效果。尽管 LoadRunner 出类拔萃，但因为该产品较贵且产品本身越来越庞大，所以越来越多的用户选择了开源的、免费的、小巧的性能测试工具 JMeter 或者 Locust。当然，如果你更愿意使用 LoadRunner，可以参看作者的《精通软件性能测试与 LoadRunner 最佳实战》一书。Locust 是一个开源的性能测试工具，它使用 Python 开发，基于事件，支持分布式部署并且提供 Web 和控制台两种测试执行策略，以丰富的图表展示结果。其最大的一个亮点是，在模拟虚拟用户的负载时，使用的资源要明显少于 LoadRunner 和 JMeter，这是为什么呢？因为 LoadRunner 和 JMeter 使用进程或者线程来模拟虚拟用户，而 Locust 借助 gevent 库对协程进行支持，以 greenlet 来实现对用户行为的模拟。协程占用的资源很少，所以在相同配置的情况下 Locust 能模拟更多的虚拟用户数量。

Locust 使用 Python 来编写对应的性能测试脚本，可以在脚本中指定性能测试的场景，即各业务以及它们的占比。同时，Locust 提供了一个 Web 管理页面，可以在该页面中指定模拟用户的数量及用户加载的速度，执行测试后，Locust 将给出请求数量、响应时间等一些关键性能指标数据并提供相关的一些图表。后续章节将详细介绍这款性能测试工具的使用方法。

9.1.4 性能测试的基本过程

典型的性能测试过程如图 9-1 所示。

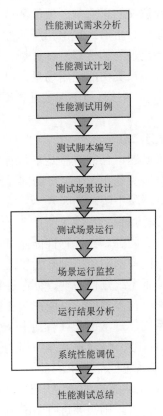

图 9-1 典型的性能测试过程

 注意

图 9-1 中的方框区域为可能多次进行的操作部分。

下面针对性能测试过程的每个部分进行详细的描述。当测试人员拿到"用户需求规格说明书"以后，文档中将会包含功能、性能以及其他方面的一些要求，性能测试人员最关心的内容就是性能测试相关部分的内容描述。

1. 性能测试需求分析

性能测试的目的就是把客户的真正需求搞清楚，这是性能测试最关键的部分。很多客户对性能测试是不了解的，可能你会为客户提出的"我们需要对所有的功能进行性能测试""系统用户登录响应时间短于 3s""系统支持 10 万级用户并发访问"等要求所困扰。不知道你是不是看出了上面几个要求存在的问题，下面让我们逐一分析一下这几句话。

● 我们需要对所有的功能进行性能测试。

每位用户都希望自己公司应用的系统有良好的性能。从客户的角度讲，肯定都希望所有的系统应用有好的系统性能表现，那么是不是所有的功能都要经过性能测试呢？答案当然是否定的，通常性能测试周期较长。首先，对全部功能模块都进行性能测试需要有非常长的时间。其次，根据 80-20 原则，系统用户经常使用的功能模块大概占系统整个功能模块数目的 20%，像"参数设置"等功能模块仅需要在应用系统时由管理员进行一次性设置，因此针对这类设置进行性能测试是没有任何意义的。通常，性能测试是由客户提出需求，性能测试人员针对客户的需求进行系统和专业的分析后，提出相应的性能测试计划、解决方案、性能测试用例等，然后与用户共同分析确定最终的性能测试计划、解决方案、性能测试用例等。性能测试的最终测试内容通常会结合客户真实的应用场景，以及客户应用最多和使用最频繁的功能。所以，"对所有的功能进行性能测试"是不切实际、不科学的做法，性能测试人员必须清楚这一点。

● 系统用户登录响应时间短于 3s。

从表面看这句话似乎没有什么问题，仔细看看是不是看出点门道呢？其实这句话更像是一个功能测试的需求，因为它没有指明是在多少用户访问时系统的响应时间短于 3s。性能测试人员必须清楚客户的真实需求，消除不明确的因素。

● 系统支持 10 万级用户并发访问。

从表面看这句话似乎也没有什么问题。在进行性能测试时，系统的可扩展性是需要我们考虑的一个重要内容。例如，一个门户网站由于刚开始投入市场上，目前只有几百个用户，随着广告、推荐等措施的实施推动了系统宣传力度，你在进行系统性能测试的时候，需要对未来两三年内的系统应用用户有一个初步预期，以便在两三年后系统仍然能够提供给用户好的性能体验。但是，倘若对于该系统，日常每天只有几十个用户，在未来的 5～10 年内，也仅有几百个用户，这是不是需要进行 10 万级用户并发访问的性能测试呢？建议把这种情况向客户表达清楚，在满足当前和未来系统性能要求的前提下进行测试。这能够节省客户的投入，客户也会觉得你更加专业，真正从客户的角度出发，一定会取得更好的效果。如果系统用户量很大，应考虑到可扩展性需求，则需要进行 10 万级用户这种情况的性能测试。我们也需要搞清楚 10 万级用户的典型应用场景，以及不同操作的人员比例，这样的性能测试才会更有意义。

2. 性能测试计划

性能测试计划是性能测试的重要过程。在对客户提出的需求认真分析后，性能测试管理人员需要编写的第一份文档就是性能测试计划。性能测试计划非常重要，在性能测试计划中，需要阐述产品、项目的背景，将前期需要的测试性能需求明确，并落实到文档中。指出性能测试可参考的一些文档，并将这些文档的作者、编写时间、获取途径逐一列出，形成一个表格。这些文档包括用户需求规格说明书、会议纪要（内部讨论、与客户讨论等最终确定的关于性能测试的内容）等与性能测试相关的需求内容文档。因为性能测试依赖于系统正式上线的软、硬件环境，所以测试计划还包括网络的拓扑结构、操作系统、应用服务器、数据库等软件的版本信息，以及数据库服务器、应用服务器等具体硬件配置，如CPU、内存、硬盘、网卡、网络环境等信息也应该进行描述。系统性能测试的环境要尽量和客户上线的环境条件相似，在软、硬件环境相差巨大的情况下，性能测试的结果与系统上线后的性能会有一定偏差，有时偏差甚至更大。为了能够得到需要的性能测试结果，性能测试人员需要认真评估在本次性能测试中应用哪个工具，该工具是否能够对需求中描述的相关指标进行监控，并得到相关的数据信息。性能测试的结果是否有良好的表现形式，并且可以方便地输出，项目组中的性能测试人员是否会使用该工具，工具是否简单易用等。当然，在条件允许的情况下，把复杂的性能测试交给第三方专业测试机构也是一个不错的选择。对于人力资源和进度的控制，需要性能测试管理人员认真考虑。很多失败的案例告诉我们，由于项目前期的研发周期过长，项目开发周期延长，为了保证系统能够按时发布，不得不缩短测试周期，甚至取消测试，这样的项目质量是得不到保证的，通常，其结果也必将以失败而告终。因此要合理安排测试时间和人员，监控并及时修改测试计划，使管理人员和项目组成员及时了解项目测试的情况，及时地修正在测试过程中遇到的问题。除了在计划中考虑上述问题，还应该考虑在性能测试过程中有可能会遇到的一些风险，并考虑如何去规避这些风险。在性能测试过程中，有可能会遇见一些将会发生的问题，为了保证后期在实施过程中有条不紊，应该考虑如何尽量避免这些风险的发生。当然，性能测试计划中还应该包括性能测试的准入、准出标准以及性能测试人员的职责等。一份好的性能测试计划为性能测试成功打下了坚实的基础。所以请读者认真分析测试需求，将不明确的内容搞清楚，制订出一份好的性能测试计划。然后，按照此计划执行。如果在执行过程中结果与预期不符，请及时修改计划，不要仅仅将计划作为一份文档，而要将之作为性能测试行动的指导性文件。

3. 性能测试用例

客户的性能测试需求最终要体现在性能测试用例设计中，性能测试用例应结合用户应用系统的场景，设计出相应的性能测试用例，用例应能覆盖到测试需求。性能测试人员可能会遇到客户需求不明确，对客户应用业务不清楚等情况。这时，你就需要同公司内部负责需求、业务的专家和客户进行询问、讨论，把不明确的内容搞清楚。最重要的是明确用户期望的相关性能指标。在进行用例设计时，通常需要包括测试用例名称、测试用例标识、测试覆盖的需求（测试性能特性）、应用说明、（前置/假设）条件、用例间依赖、用例描述、关键技术、操作步骤、期望结果（明确的指标内容）、记录的实际运行结果等内容。当然，上面的内容可以依据需要适当进行裁减。

4. 测试脚本编写

性能测试用例编写完成以后，接下来就需要结合用例的需求，进行测试脚本的编写了。

在编写测试脚本的时候，你还需要注意编码的规范和代码的编写质量问题。软件性能测试不是简单的录制与回放。作为一名优秀的性能测试人员，你可能经常需要自行编写脚本。这一方面需要你提高自己的编码水平，不要使你编写的脚本成为性能测试的瓶颈。很多测试人员由于不是程序员出身，对程序的理解不够深入，经常会发现申请的内存不释放、打开的文件不关闭等情况，却不知这些情况下会产生内存泄漏。因此我们要加强编程语言的学习，努力使自己成为一名优秀的"高级程序员"。另一方面，要加强编码的规范。测试团队少则几人，多则几十人、上百人，如果大家编写脚本的时候标新立异，脚本的可读性一定很差，加之 IT 行业的人员流动性很大，所以测试团队必须有一套标准的脚本编写规范。同时在多人修改维护同一个脚本的情况下，应该在脚本中记录修改历史。好的脚本不仅自己能看懂，别人也能看懂。

经常听到很多同事追悔莫及地说："我的脚本哪儿去了？这次性能测试的内容和以前的一模一样啊！""以前便写过类似脚本，可惜被我删掉了！"因为企业编写的软件在一定程度上有着类似的功能，所以脚本的复用情况会经常发生，历史脚本的维护同样是很重要的一项工作。建议将脚本纳入配置管理，配置管理工具有很多，Visual Source Safe、Firefly、PVCS、CVS、Havest 等都是不错的。

5. 测试场景设计

性能测试场景设计是以性能测试用例、测试脚本编写为基础的。脚本编写完成后，需要在脚本中进行一些处理，若需进行并发操作，则加入集合点；若要考查某一部分的业务处理响应时间，则需要插入事务；若要检查系统是否正确执行了相应功能，则要设置检查点；若要输入不同的业务数据，则需要进行参数化。测试场景设计的一个重要原则就是依据测试用例，把测试用例设计的场景展现出来。

6. 测试场景运行

测试场景运行是关系到测试结果是否准确的一个重要过程。经常很多测试人员花费了大量的时间和精力去进行性能测试，可是测试结果不理想。原因是什么呢？关于测试场景的设计在这里着重强调以下几点。

- 性能测试工具都是用进程或者线程来模拟多个虚拟用户的，每个进程或者线程都需要占用一定内存，所以要保证负载的测试机能够承受设定的虚拟用户数。如果内存不够，请用多台负载机进行负载测试。

- 在进行性能测试之前，需要先将应用服务器"预热"，即先运行一下应用服务器的功能。这是为什么呢？高级语言翻译成机器语言后，计算机才能执行高级语言编写的程序。翻译的方式有两种，一种是编译，一种是解释。两种方式只是翻译的时间不同。以编译型语言编写的程序在执行之前，需要专门的编译过程，把程序编译成为机器语言的文件（比如可执行文件）。这样以后要运行的话就不用重新翻译了，直接使用编译的结果文件执行就行了。因为翻译只做一次，运行时不需要翻译，所以编译型语言的程序执行效率高。使用解释型语言编写的程序不需要编译，省了一道工序，解释型语言在运行程序的时候才翻译。解释型语言 JSP、ASP.NET、Python 等专门有一个解释器，能够直接执行程序，每个语句都是执行的时候才翻译。解释型语言每执行一次程序就要翻译一次，效率比较低。这是有很多测试系统的响应时间很长的一个原因。若没有实际运行测试的系统，第一次执行编译需要较长时间，从而影响了性能测试结果。

- 在有条件的情况下，尽量模拟用户的真实环境。一些测试同行经常询问："于老师，为什么我们性能测试的结果每次都不一样啊？"经过询问得知，性能测试环境竟与开发环境为同一环境，且同时应用。很多软件公司为了节约成本，开发与测试应用同一环境进行测试，这种模式有很多弊端。在做性能测试时，若研发和测试共用系统，性能测试周期通常少则几小时，多则几天，这不仅给研发和测试人员使用系统资源带来了一定的麻烦，而且容易导致测试与研发的数据相互影响。所以尽管经过多次测试，但每次测试结果各不相同。随着软件行业的蓬勃发展，市场竞争日益增加，希望软件企业能够从长远角度出发，为测试部门购置一些与客户群基本相符的硬件设备，如果买不起服务器，可以买一些配置较高的 PC 来代替，但是环境的部署一定要类似。如果条件允许，也可以在客户的实际环境中进行性能测试。总之，一定要注意测试环境的独立性，以及网络、软硬件测试环境与用户实际环境的一致性，这样测试结果才会更贴近真实情况，性能测试才会有意义。

● 测试工作并不是单一的工作，测试人员应该和各个部门保持良好的沟通。例如，在需求不明确的时候，就需要和需求人员、客户以及设计人员进行沟通，把需求搞清楚。在测试过程中碰到新问题以后，可以跟同组的测试人员、开发人员进行沟通，及时明确问题产生的原因，之后解决问题。点滴的工作经验积累对于测试人员很有帮助，这些经验也是日后推测问题的重要依据。在测试过程中，需要部门之间相互配合，在这里就需要开发人员和数据库管理人员同测试人员相互配合完成 1 年业务数据的初始化工作。所以，测试工作并不是孤立的，需要和各部门及时进行沟通，在需要帮助的时候，一定要及时提出，否则可能会影响项目工期，甚至导致项目的失败。在测试中，提倡"让最擅长的人做最擅长的事"，在项目开发周期短且人员不是很充足的情况下，这非常重要。不要浪费大量的时间在自己不擅长的东西上。

● 在时间充裕的情况下，最好同样一个性能测试用例执行 3 次，然后分析结果，结果相接近才可以证明此次测试是成功的。

7. 场景运行监控

可以在场景运行时决定要监控哪些数据，便于后期分析性能测试结果。应用性能测试工具的重要目的就是提取到本次测试关心的数据指标。性能测试工具利用应用服务器、操作系统、数据库等提供的接口，在测试过程中取得相关计数器的性能指标。关于场景的监控，有几点需要注意。

● 性能测试负载机可能有多台，负载机的时钟要一致，保证监控过程中的数据是同步的。场景的运行监控会给系统造成一定的负担，因为在操作过程中需要收集大量的数据，且存储到数据库中，所以尽量收集与系统测试目标相关的参数信息，无关内容不必进行监控。

● 通常，只有管理员才能够对系统资源等进行监控，所以很多朋友经常问："为什么我监控不到数据？为什么提示我没有权限？"建议以管理员的身份登录后，如果监控不到相关指标，再去查找原因，不要耗费过多精力做无用功。

● 运行场景的监控是一门学问，需要你对监控的数据指标有非常清楚的认识，同时还要求你对性能测试工具非常熟悉。当然，这不是一朝一夕的事情，性能测试人员应该不断努力，深入学习这些知识，不断积累经验，才能做得更好。

8. 运行结果分析

性能测试执行过程中，性能测试工具收集相关的性能测试数据，会把这些数据存储到数据表或者其他文件中。为了定位系统性能问题，我们需要系统地分析这些性能测试结果。性能测试工具自然能帮助我们生成很多图表，可以进一步通过合并图表等操作来定位性能问题。是不是在没有专业的性能测试工具的情况下，就无法完成性能测试呢？

答案是否定的，其实在很多种情况下，性能测试工具可能会受到一定的限制。这时，需要编写一些测试脚本来完成数据的收集工作。当然，数据通常存储在数据库或者其他格式的文件中。为了便于分析数据，需要对这些数据进行整理、分析。目前，广泛应用的性能分析方法就是"拐点分析"。"拐点分析"方法是一种利用性能计数器曲线图上的拐点进行性能分析的方法。它的基本思想是性能产生瓶颈的主要原因就是某个资源的使用达到了极限，此时表现为随着压力的增大，系统性能却急剧下降，这样就产生了"拐点"现象。得到"拐点"附近的资源使用情况后，就能定位出系统的性能瓶颈。如系统随着用户的增多，事务响应时间缓慢增加，当达到 100 个虚拟用户时，系统响应时间会急剧增加，表现为一条明显的"折线"。这就说明了系统承载不了如此多的用户操作这个事务，也就是存在性能瓶颈。

9. 系统性能调优

性能测试分析人员对结果进行分析以后，有可能提出系统存在性能瓶颈。这时相关的开发人员、数据库管理员、系统管理员、网络管理员等就需要根据性能测试分析人员提出的意见同性能分析人员共同分析以确定更详细的内容，相关人员对系统进行调整以后，性能测试人员继续进行第二轮、第三轮……的测试。在与以前的测试结果进行对比后，确定经过调整后系统的性能是否有提升。注意，在进行性能调整的时候，最好一次只调整一项内容或者一类内容，避免一次调整多项内容而引起性能提高却不知道是由于调整哪项指标而改善的。在进行系统调优的过程中，好的策略是按照由易到难的顺序对系统性能进行调优的。系统调优由易到难的先后顺序如下：

- 硬件问题；
- 网络问题；
- 应用服务器、数据库等配置问题；
- 源代码、数据库脚本问题；
- 系统构架问题。

硬件发生问题是最显而易见的，如果 CPU 不能满足复杂的数学逻辑运算，可以考虑更换 CPU。如果硬盘容量很小，承受不了很多的数据，可以考虑更换高速、大容量硬盘等。如果网络带宽不够，可以考虑对网络进行升级和改造，将网络更换成高速网络。另外，还可以将系统应用与平时公司日常应用进行隔离以达到提高网络传输速率的目的。很多情况下，系统性能不是十分理想的一个重要原因就是，没有对应用服务器、数据库等软件进行调优和设置，如对 Tomcat 系统调整堆内存和扩展内存的大小，数据库中引入了连接池技术等。对于源代码、数据库脚本，在上述调整无效的情况下，可以选择一种调优方式。但是由于对源代码的改变有可能会引入缺陷，因此在调优以后，不仅需要性能测试，还要对功能进行验证。这种方式需要对数据库建立适当的索引，并运用简单的语句替代复杂的语句，从而达到提高 SQL 语句运行效率的作用。另外，还可以在编码过程中选择好的算法，缩短响应时间，引入缓存等技术。最后，在上述方法都不见效的情况下，就需要考虑现行的构架是否合适，选择效率高的构架，但因为构架的改动比较大，所以应该慎重对待。

10. 性能测试总结

性能测试工作完成以后，需要编写性能测试总结报告。性能测试总结使我们能够了解到性能测试需求覆盖情况，性能测试过程中出现的问题，针对性能问题我们如何分析、调优，衡量进度偏差，性能测试过程中遇到的各类风险是如何控制的，还能描述经过该产品/项目性能测试后有哪些经验和教训等。随着国内软件企业的发展、壮大，越来越多的企业更加重视软件产品的质量，而好的软件无疑和良好的软件生命周期控制密不可分。在这个过程中不断规范软件生命周期中各个过程、文档的写作，以及各个产品和项目测试经验的总结是极其重要的一件事情。

9.2 安装与应用 Locust 性能测试工具

9.2.1 安装 Locust 性能测试工具

Locust 的安装非常简单，这里我们应用 `pip install locustio` 命令来安装 Locust，如图 9-2 所示。

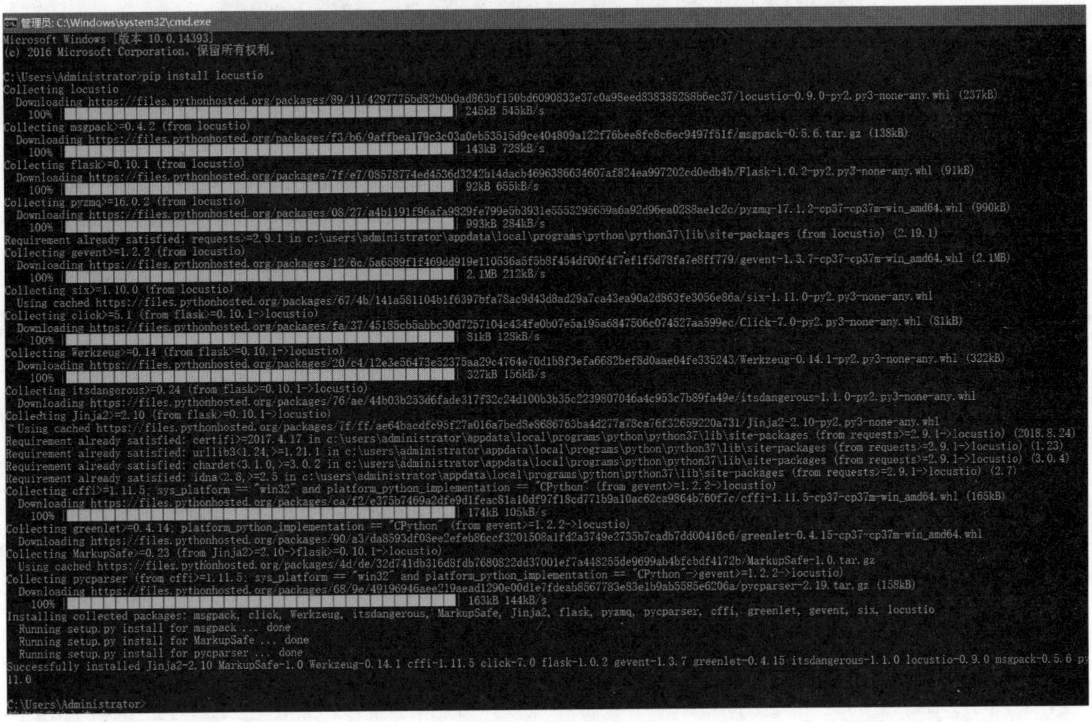

图 9-2　Locust 安装过程

Locust 安装完成后，可以在命令行窗口中输入 `Locust -help` 命令来看一下其是否正确安装，如图 9-3 所示。若显示了相关帮助信息，则说明该工具已经正确安装。

如果你后续在工作中要进行分布式多机联合负载，则需要安装 pyzmq，如图 9-4 所示。

图 9-3　Locust 相关帮助信息

图 9-4　pyzmq 安装过程

9.2.2　接口性能测试需求

当我们在进行接口性能测试时，首先要了解系统的性能测试需求。这里要在一个拥有 2 万名注册用户的瘦身类网站中嵌入一个标准体重计算器的接口应用。这就需要考查第三方提供的标准体重计算器接口的性能。如果它能快速响应用户请求，用户体验会非常好，但如果在用户访问页面时，标准体重计算器的接口长时间不能响应，则页面就会出现一块空白区域。特别是在多用户并发访问时，有可能会有更长时间的等待，用户体验就会更差。根据木桶原理，一个网站性能的好坏是由最短的那块板决定的。因此我们必须要对第三方提供的标准体重计算器接口进行性能测试，以评估它是不是系统的短板，以便为我们是否选用该标准体重计算器接口提供依据。

这里我们应用的第三方标准体重计算器接口为极速数据网站提供的接口。读者可以先自行注册一个账号，申请免费使用。普通用户可以免费调用 100 次，这对于我们考查和评估接口的性能基本够用了，相关说明信息如图 9-5 所示。

图 9-5　极速数据中标准体重计算器的说明信息

注册极速数据网站的用户非常简单，在极速数据首页中，单击"注册"按钮，然后按照页面要求，填写信息即可，这里不再赘述这部分内容。

图 9-6　极速数据首页

用户注册完成后，登录极速数据网站，可以看到一个 appkey，如图 9-7 所示。这个 appkey 非常重要，在后续调用接口时会用到它。

图 9-7　查看 appkey

通过查看系统日志，了解到每天高峰期用户的在线数量为 500 左右，而首页高峰期访问量为 50 左右。标准体重计算器通常放置在网站的首页，这里并发用户数简单地取该业务在线用户数的 1/10，即以 5 个用户作为首页的并发用户。考虑到未来近 1 年内用户数量的增长，这里明确的需求就是标准体重计算器接口允许 50 个用户并发访问（即 10 倍的并发量）且平均响应时间不能长于 500ms（0.5s）。

申请"标准体重计算器"API 后，可以在"我的 API"中看到对应的信息，如图 9-8 所示。

图 9-8 在"我的 API"查看对应信息

这里我们将调用标准体重计算器 API，其文档信息（包括 API、错误码参照等），如图 9-9 所示。

图 9-9 标准体重计算器 API 的文档信息

该文档的具体内容如下。

- 标准体重计算器接口介绍。
- 接口地址。
- 返回格式。
- 请求方法。
- 请求示例。
- 请求参数，如表 9-1 所示。

表 9-1 请求参数

参数	说明	必填	示例值
sex	性别，字符串类型，其可选值为 male、female、男、女	是	sex="男"
height	身高，字符串类型，单位为厘米	是	height="175"
weight	体重，字符串类型，单位为千克	是	weight="100"
appkey	用户认证 key，字符串类型	是	appkey=xxxxxxxxxxxxxx

- 返回参数说明（见表 9-2）。

表 9-2 返回参数说明

参数名称	类型	说明
bmi	string	BMI
normbmi	string	正常 BMI
idealweight	string	理想体重
level	string	水平
danger	string	相关疾病发病的危险
status	string	是否正常

- API 错误码说明（见表 9-3）。

表 9-3 API 错误码说明

API 错误码	说明
201	身高为空
202	体重为空
203	身高有误
204	体重有误
205	没有信息

- 系统错误码说明（见表 9-4）。

表 9-4 系统错误码说明

系统错误码	说明
101	appkey 为空或不存在
102	appkey 已过期
103	appkey 无请求相关数据的权限

续表

系统错误码	说明
104	请求超过次数限制
105	IP 被禁止
106	IP 请求超过限制
107	接口维护中
108	接口已停用

● 数据返回示例，如下所示。

```
{
    "status": 0,
    "msg": "ok",
    "result": {
        "bmi": "21.6",
        "normbmi": "18.5~23.9",
        "idealweight": "68",
        "level": "正常范围",
        "danger": "平均水平",
        "status": "1"
    }
}
```

结合上面的接口文档，我们先试一下 API 是否可以成功运行，即输入访问地址和必填参数，是否能正确响应并返回结果。我们输入 "https://api.jisuapi.com/weight/bmi?appkey=56cbc9896b26a8ab&sex=%E5%A5%B3&height=170&weight=60"，响应的信息如图 9-10 所示。

{"status":0,"msg":"ok","result":{"bmi":20.800000000000001,"normbmi":"18.5 ~ 23.9","idealweight":66,"level":"正常范围","danger":"平均水平","status":1}}

图 9-10　标准体重计算器接口响应的 JSON 信息

从上面的 JSON 响应信息来看，因为代码没有经过格式化，所以混为一团，不便于阅读。我们在线对上面的 JSON 数据进行格式化，结果如图 9-11 所示。

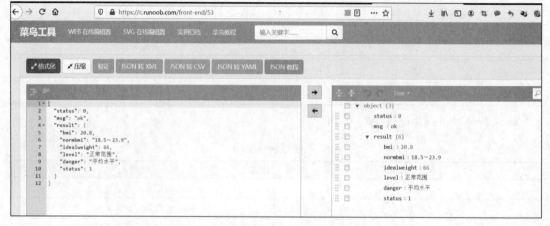

图 9-11　JSON 数据经过在线格式化后的结果

9.2.3 接口测试的功能性用例设计

下面，我们一起对标准体重计算器接口进行接口测试功能性用例设计，以检验该接口是否能够正确处理正常、异常参数的输入。

为便于阅读和理解，这里将用例整理成一个列表，供大家参考，如表 9-5 和表 9-6 所示。

表 9-5　　　　　　　　　　正常用例设计（接口功能性测试）

序号	输入	预期输出	相应测试输入数据
1	正确输入包含必填参数的相关内容（必填参数包括 sex、height、weight 和 appkey）	正确输出对应性别、身高、体重的人员 BMI 等数据并且 level 值为"正常范围"	https://api.jisuapi.com/weight/bmi?appkey=yourappkey&sex=男&height=175&weight=70 https://api.jisuapi.com/weight/bmi?appkey=yourappkey&sex=女&height=170&weight=60
2	正确输入包含必填参数的相关内容（必填参数包括 sex（英文）、height、weight 和 appkey）	正确输出对应性别、身高、体重的人员 BMI 等数据并且 level 值为"正常范围"	https://api.jisuapi.com/weight/bmi?appkey=yourappkey&sex=male&height=175&weight=70 https://api.jisuapi.com/weight/bmi?appkey=yourappkey&sex=female&height=170&weight=60
3	正确输入包含必填参数的相关内容（必填参数包括 sex、height、weight 和 appkey）	正确输出对应性别、身高、体重的人员 BMI 等数据并且 level 值为"Ⅱ度肥胖"	https://api.jisuapi.com/weight/bmi?appkey=yourappkey&sex=男&height=175&weight=110
4	正确输入包含必填参数的相关内容（必填参数包括 sex、height、weight 和 appkey）	正确输出对应性别、身高、体重的人员 BMI 等数据并且 level 值为"体重过低"	https://api.jisuapi.com/weight/bmi?appkey=yourappkey&sex=女&height=170&weight=40
⋮	⋮	⋮	⋮

表 9-6　　　　　　　　　　异常用例设计（接口功能性测试）

序号	输入	预期输出	相应测试输入数据
1	不输入任何参数	返回异常的 JSON 信息（格式为{"status":"101","msg":"APPKEY 为空","result":""}）	https://api.jisuapi.com/weight/bmi
2	不输入必填参数（appkey 参数）	返回异常的 JSON 信息（格式为{ {"status":"101","msg":"APPKEY 不存在","result":""}}	https://api.jisuapi.com/weight/bmi? sex=男&height=172&weight=60
3	不输入必填参数（sex 参数）	返回异常的 JSON 信息（格式为{ {"status":"101","msg":"sex 不存在","result":""}）	https://api.jisuapi.com/weight/bmi?appkey=yourappkey&height=170&weight=40
4	输入体重超出正常数值范围（weight=20000000000）	返回异常的 JSON 信息（格式为{{"status":"204","msg":"体重有误","result":""}）	https://api.jisuapi.com/weight/bmi?appkey=yourappkey&sex=女&height=170&weight=20000000000
⋮	⋮	⋮	⋮

由于本书并不是一本介绍用例设计的图书，这里只针对该标准体重计算器接口进行了部分正常、异常情况下的用例设计，即各给出了 4 条用例。在实际工作中需要读者结合各自业务需求，自行设计用例，这里不再过多赘述。

9.2.4 测试用例的脚本实现（接口功能性验证）

下面我们就一起应用 Python 实现正常、异常情况下的用例，以验证需求文档和接口实现是一致的。

基于 Python 的脚本实现如下（正常情况）。

```python
import unittest
import requests
import json
class bmi_test(unittest.TestCase):
    def setUp(self):
        self.url="https://api.jisuapi.com/weight/bmi?"

    def test_succ1(self):
        params='appkey=56cbc9896b26a8ab&sex=男&height=175&weight=70'
        r=requests.get(self.url+params)
        data=json.loads(r.text)
        print(data)
        self.assertEqual("正常范围",data["result"]["level"])

    def test_succ2(self):
        params='appkey=56cbc9896b26a8ab&sex=male&height=175&weight=70'
        r=requests.get(self.url+params)
        data=json.loads(r.text)
        print(data)
        self.assertEqual("正常范围",data["result"]["level"])

    def test_succ3(self):
        params='appkey=56cbc9896b26a8ab&sex=男&height=175&weight=110'
        r=requests.get(self.url+params)
        data=json.loads(r.text)
        print(data)
        self.assertEqual("II 度肥胖",data["result"]["level"])

    def test_succ4(self):
        params='appkey=56cbc9896b26a8ab&sex=女&height=170&weight=40'
        r=requests.get(self.url+params)
        data=json.loads(r.text)
        print(data)
        self.assertEqual("体重过低",data["result"]["level"])

def suite():
    bmitest =unittest.makeSuite(bmi_test,"test")
    return bmitest

if __name__ == "__main__":
    runner =unittest.TextTestRunner()
    runner.run(suite())
```

从上面的脚本我们可以看出，这里按照正常用例的序号依次实现了对应的脚本。根据测试用例设计中的不同身高、性别、体重，有明确的预期结果，所以以 level 参数的返回值作为断言的内容。从 unittest 的执行结果来看，所有正常用例均执行成功，如图 9-12 所示。

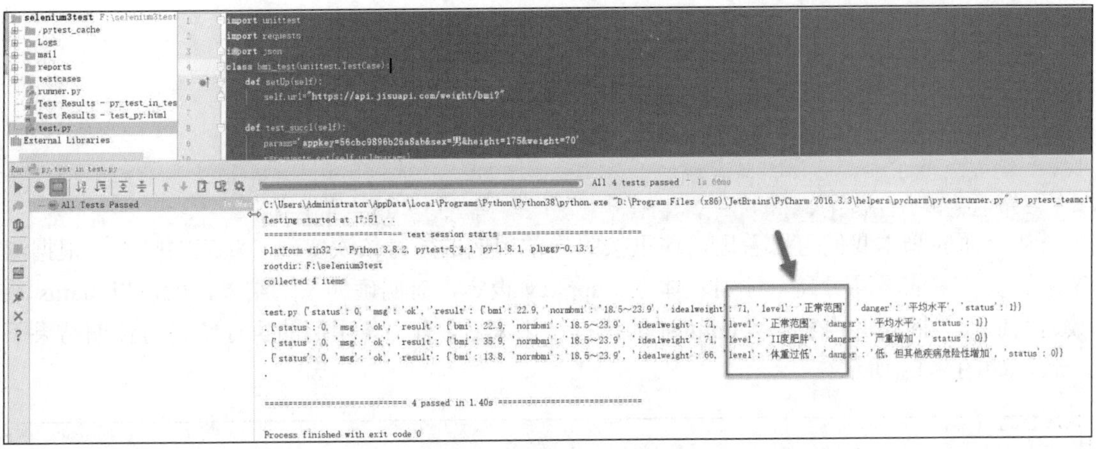

图 9-12　正常用例的执行结果

基于 Python 的脚本实现如下（异常情况）。

```python
import unittest
import requests
import json
class bmierr_test(unittest.TestCase):
    def setUp(self):
        self.url="https://api.jisuapi.com/weight/bmi?"

    def test_err1(self):
        r=requests.get(self.url)
        data=json.loads(r.text)
        print(data)
        self.assertEqual("101" ,data["status"])

    def test_err2(self):
        params='sex=男&height=172&weight=60'
        r=requests.get(self.url+params)
        data=json.loads(r.text)
        print(data)
        self.assertEqual("101" ,data["status"])

    def test_err3(self):
        params='appkey=56cbc9896b26a8ab&height=170&weight=40'
        r=requests.get(self.url+params)
        data=json.loads(r.text)
        print(data)
        self.assertEqual("101", data["status"])

    def test_err4(self):
        params='appkey=56cbc9896b26a8ab&sex=女&height=170&weight=20000000000'
        r=requests.get(self.url+params)
        data=json.loads(r.text)
        print(data)
        self.assertEqual("204" , data["status"])
```

```
def suite():
    bmitest =unittest.makeSuite(bmierr_test,"test")
    return bmitest


if __name__ == "__main__":
    runner =unittest.TextTestRunner()
    runner.run(suite())
```

　　从上面的脚本我们可以看出，这里按照异常用例的序号依次实现了对应的脚本，根据测试用例设计中的不同身高、性别、体重、appkey 设定，有明确的预期结果，所以以 status 参数返回值作为断言的内容。从 unittest 的执行结果来看，有 1 条用例的执行结果与预期结果不一致，如图 9-13 所示。

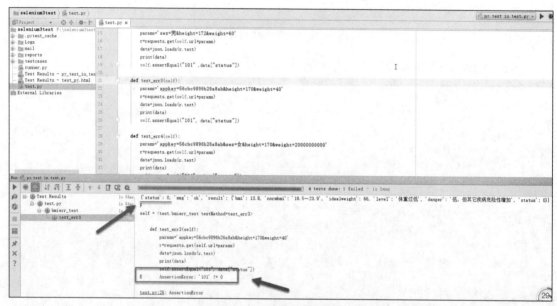

图 9-13　异常用例的执行结果

　　让我们分别看一下这条执行失败的用例的预期输出和实际输出分别是什么。

　　先让我们来看一下 test_err3 用例，它预期的状态输出是"101"，而实际的状态输出是"0"，实际的执行结果与预期的执行结果不一致。这是标准体重计算器接口的一个 Bug，它未对 sex 必填参数进行校验，但在接口文档中明确指出该参数为必填项。

　　根据上面的标准体重计算器接口的正常、异常情况下部分用例的执行情况，是不是可以判断该接口文档和实现不一致呢？答案是肯定的，并不是一个上线的产品就没有问题，Bug 无处不在。产品设计人员或者开发人员需修复这个问题，保持产品需求文档和接口代码相互一致。

9.2.5　接口测试的性能用例设计

　　9.2.2 节已经给出了明确的标准体重计算器接口性能要求，要求标准体重计算器接口允许 50 个用户并发访问且平均响应时间不能长于 0.5s。

性能用例设计如表 9-7 所示。

表 9-7　　　　　　　　　　　　　　　性能用例设计

序号	性能场景	性能指标要求
1	考查系统初始阶段用户较少情况下10个用户并发访问标准体重计算器接口，每秒加载 1 个虚拟用户，压测时长为 1min，相关性能指标是否能够满足以及不出现异常情况	10个用户并发访问标准体重计算器接口，系统平均响应时间短于 0.5s，业务成功率为 100%
2	考查系统初始阶段用户较少情况下20个用户并发访问标准体重计算器接口，每秒加载 5 个虚拟用户，压测时长为 1min，相关性能指标是否能够满足以及不出现异常情况	20个用户并发访问标准体重计算器接口，系统平均响应时间短于 0.5s，业务成功率为 100%
3	考查系统有 30 个用户并发访问标准体重计算器接口，每秒加载 5 个虚拟用户，压测时长为 1min，相关性能指标是否能够满足以及不出现异常情况	30个用户并发访问标准体重计算器接口，系统平均响应时间短于 0.5s，业务成功率为 100%
4	考查系统有 40 个用户并发访问标准体重计算器接口，每秒加载 5 个虚拟用户，压测时长为 1min，相关性能指标是否能够满足以及不出现异常情况	40个用户并发访问标准体重计算器接口，系统平均响应时间短于 0.5s，业务成功率为 100%
5	考查系统有 50 个用户并发访问标准体重计算器接口，每秒加载 5 个虚拟用户，压测时长为 1min，相关性能指标是否能够满足以及不出现异常情况	50个用户并发访问标准体重计算器接口，系统平均响应时间短于 0.5s，业务成功率为 100%

注：只考虑标准体重计算器接口要求指标，如服务器资源、其他业务性能及业务交互情况等暂不考虑。

9.2.6　测试用例的脚本实现

经过上一节的功能性验证后，我们发现了 1 个 Bug，主要是产品设计文档和代码实现不一致的问题，需调整一致。从标准体重计算器的接口来看，其正常业务功能并没有问题，而性能测试主要关注的就是正常情况下，在有多个用户访问时是否会导致系统、接口出现异常（如服务器不响应、系统崩溃、性能指标超出预期等）。

下面就让我们一起应用 Locust 来实现一个业务场景下的脚本。这里我们想创建这样一个业务场景：根据网站日常在线用户信息的统计可知，70%的用户属于肥胖型用户，20%的用户属于正常体态的用户，10%的用户属于偏瘦的用户。该业务场景下的性能脚本、场景实现如下。

```python
from locust import HttpLocust, TaskSet, task
import random
class getBMI(TaskSet):

    def on_start(self):
        self.url='/weight/bmi?'

    @task(7)
    def getBMIFat(self):
        self.client.get(self.url,params={'sex':'女',
                        'height':'170','weight':'90','appkey':'56cbc9896b26a8ab'})
        print('胖子')
    @task(2)
    def getBMINor(self):
        self.client.get(self.url,params={'sex':'男
                        ','height':'175','weight':'75','appkey':'56cbc9896b26a8ab'})
        print('正常')
```

```
    @task(1)
    def getBMIThin(self):
        i = random.randint(0, len(self.locust.heights) - 1)
        sg=self.locust.heights[i]
        i = random.randint(0, len(self.locust.sex) - 1)
        xb=self.locust.sex[i]
        print(sg)

        self.client.get(self.url,params={'sex':xb,'height':sg,'weight':'75','appkey':'5
6cbc9896b26a8ab'})

class WebsiteUser(HttpLocust):
    task_set = getBMI
    sex=['男','女','male','female']
    heights=['165','163','162','167','163','170','177','165','160','163','160','166'
            ,'163','158']
    min_wait = 1000
    max_wait = 3000
```

对于上面的脚本代码应用 Locust 时，我们需要导入 HttpLocust、TaskSet 和 task
模块。因为在脚本中会取随机整数，所以导入了 random 模块。

接下来，我们定义了一个业务场景类 getBMI，它继承了 TaskSet 类，用于描述用
户行为。

on_start() 方法类似于 UnitTest 的 setUp() 方法，它负责 Locust 的初始化工作。
这里我们定义了一个 url 属性，并给该属性赋了初始值 "/weight/bmi?"。

@task(7) 装饰器方法为一个事务，其后面的数字表示权重（也就是在该场景中发送请
求所占的比例，也就是业务占比）。然后，我们定义了一个 getBMIFat() 方法，该方法用于
获取属于肥胖型的标准体重计算信息。为便于查看其访问接口的日志信息，这里故意添加了
一个输出函数（即 print('胖子')），在实际进行性能测试时，不必填写该语句。后面我们
又创建了一个 getBMINor () 方法，该方法用于获取属于正常型的标准体重计算信息，其
业务占比权重为 2。此外，还创建了一个 getBMIThin() 方法，该方法用于随机获取身高和
性别信息，其权重为 1。也许大家有疑问的就是第 3 个方法——getBMIThin ()。这里的
self.locust.heights[i] 和 self.locust.sex[i] 是怎么来的？

在 WebsiteUser 类中有这样的两个列表参数 heights（身高）和 sex（性别），参见
下面的脚本内容。

```
class WebsiteUser(HttpLocust):
    task_set = getBMI
    sex=['男','女','male','female']
    heights=['165','163','162','167','163','170','177','165','160','163','160',
            '166','163','158']
    min_wait = 1000
    max_wait = 3000
```

当定义了 heights 列表参数后，我们就可以通过 self.locust. heights 来引用它
了。i= random.randint(0, len(self.locust. heights) - 1)用于随机从 0 到
heights 列表长度中随机取一个整数赋给 i。sg=self.locust. heights [i]用于取得
heights 列表中第 i 个元素并赋给 sg。print(sg)输出对应 heights 列表中第 i 个身高

的值，目的是想让其输出到 Locust 的执行日志中，以方便我们查看。性别和身高的处理方式类似，不再赘述。`self.url,params={'sex':xb,'height': sg,'weight':'75', 'appkey':'56cbc9896b26a8ab'}`向指定的 url("/weight/bmi?")发送一个 get 请求，请求的参数通过 params 参数来指定。这里我们传了 4 个参数，即 `sex`、`height`、`weight` 和 `appkey`。`sex` 参数的值为 xb 变量的值，而 `appkey` 参数的值指定为 56cbc9896b26a8ab（就是极速数据提供的 `appkey`），`weight` 参数的值进行了统一处理，指定为 75（即 75 公斤），`height` 参数的值为 sg 变量的值。

`WebsiteUser` 类用于设置性能测试的相关执行、参数化、配置等内容。

`task_set` 用来指定一个已经定义的用户行为类，这里我们指定其为前面已经定义好的 `getWeather` 类。

`min_wait` 表示在执行事务的时候，用户等待时间的下限，其单位为毫秒，本例中为 1000ms。

`max_wait` 表示在执行事务的时候，用户等待时间的上限，其单位为毫秒，本例中为 3000ms。

`heights`、`sex` 为我们定义的参数，它们都是一个列表类型的参数。

9.2.7 Locust 中性能测试脚本的两种执行方式

实现业务场景脚本后，我们就可以执行这个脚本了。Locust 中，性能测试脚本的执行有两种方式，这里我们先介绍第一种执行方式，即"控制台+Web 设置"执行方式。

首先，打开控制台，Locust 执行性能测试脚本时通常是使用"`locust -f` 脚本所在绝对路径 `--host` 指定被测试应用的 URL"这种命令格式的，这里我们输入 `locust -f test.py --host https://api.jisuapi.com`，如图 9-14 所示。

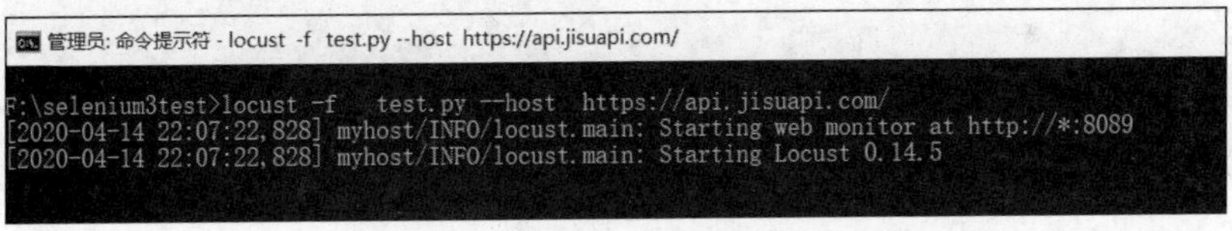

图 9-14 性能测试脚本及其执行结果

该命令执行完成后，我们能看到 Locust 输出两行信息。

```
[2020-04-14 22:07:22,828] myhost/INFO/locust.main: Starting web monitor at *:8089
[2020-04-14 22:07:22,828] myhost/INFO/locust.main: Starting Locust 0.14.5
```

通过第一行信息我们能知道 Locust 启动了 Web 监控，其监控的端口号为 8089。如果相关的应用已经开启了该端口，为避免冲突，则需要关闭其他应用。

通过第二行信息我们可以知道，目前应用的 Locust 版本号信息为"0.14.5"。

接下来，我们就可以打开浏览器（如 Firefox、Chrome 等），访问"http://localhost:8089"地址以启动监控页面，如图 9-15 所示。在该页面中，可以指定 Number of total users to simulate（即模拟的虚拟用户数量）为 10，指定 Hatch rate (users spawned/second)（即每秒产生/启动的虚拟用户数量）为 1。而后单击 Start swarming 按钮，开始执行性能测试。

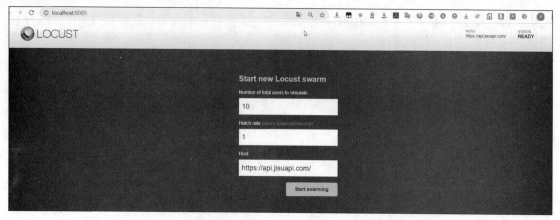

图 9-15 Locust 监控页面的相关信息

Locust 开始执行性能测试脚本，这里我们运行一会儿后强制其终止，执行结果如图 9-16 所示。

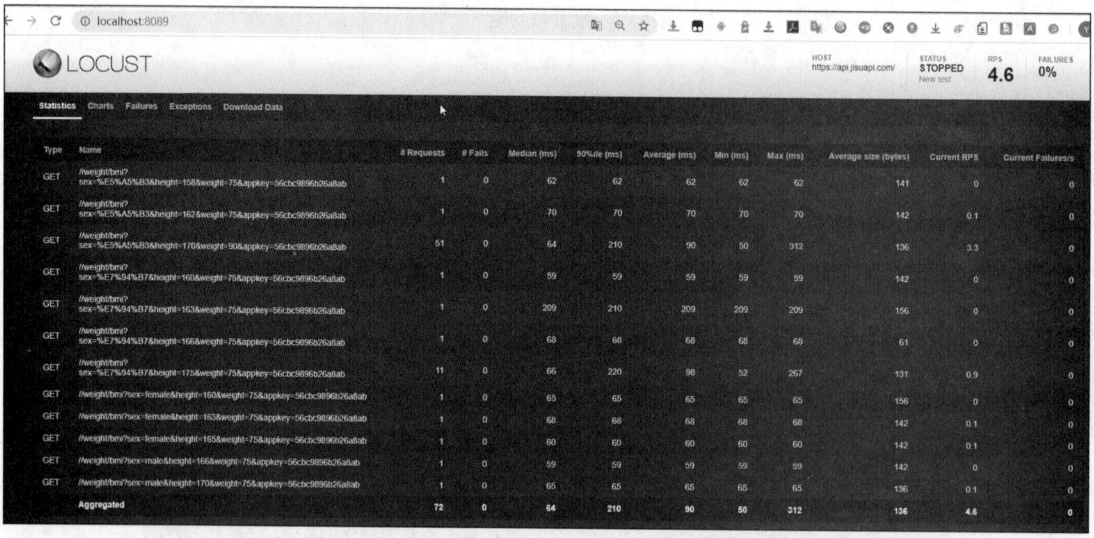

图 9-16 执行结果

如图 9-16 所示，/weight/bim?sex=%E5%A5%B3&height=170&weight=90&appkey= 56cbc9896b26a8ab 是执行次数最多的，在这段时间共执行了 51 次，那么它执行的是什么 呢？我们可以通过 URL 解码来查看“%E5%A5%B3”是什么，通过解码我们可以知道其对应 的是“女”，其他的不再赘述。如果你希望查看每一个 sex 参数经 URL 解码后的值，请自行 使用 URL 解码工具。

下面让我们一起来看一下，这个近似实时展示的监控报告的相关项的内容。

● Type（类型）：表示发送请求的类型，这里我们发送的都是“GET”请求。

● Name（请求路径）：表示请求的路径，即 URL + 参数信息。

● Requests（请求数）：表示当前请求的数量。

● Fails（失败数）：表示发送的请求中，有多少个请求是失败的。

- Median（中间值）：表示发送的请求中，有一半的服务器响应时间低于该值，而另一半的服务器响应时间高于该值，其单位为毫秒。
- Average（平均值）：表示发送的所有请求的平均响应时间，单位为毫秒。
- Min（最小值）：表示发送的请求的最短响应时间，单位为毫秒。
- Max（最大值）：表示发送的请求的最长响应时间，单位为毫秒。
- Content Size（内容大小）：表示单个请求的大小，单位为字节。
- reqs/sec（每秒请求数）：表示每秒发送的请求的数量。

这里，我们能清楚地看到在执行的这一小段时间中，Locust 共发送了 72 个请求，其中 51 个请求是/weight/bim?sex=%E5%A5%B3&height=170&weight=90&appkey=56cbc9896b26a8ab，有 11 个请求是/weight/bim?sex=男&height=175&weight=75&appkey=56cbc9896b26a8ab，而有 10 个是随机取身高和性别拼接而成的请求。脚本运行的时间较短，肥胖人群、正常人群、偏瘦人群发出的标准体重计算请求的大致比例接近于 7:2:1。访问标准体重计算器接口的响应时间未高于 500ms，平均响应时间为 90ms，业务成功率为 100%，符合我们的预期指标。

此外，在监控页还提供了一些其他信息，如"Failures"选项卡，因为本次没有错误信息，故此选项卡中没有相关数据，如图 9-17 所示。

图 9-17　Failures 选项卡

因为本次没有异常信息，故 Exceptions 选项卡中没有相关数据，如图 9-18 所示。

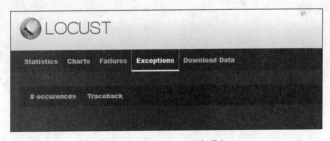

图 9-18　Exceptions 选项卡

在 Download Data 选项卡中，可以下载本次执行的相关数据，如图 9-19 所示。这里仅以单击 Download request statistics CSV 链接为例，文件下载后，可以打开该文件，里面包含了本次执行的相关数据，如图 9-20 所示。

如果你喜欢更直观的图表信息，则可以单击 Charts 选项卡，查看本次执行中每秒的请求数（Total Requests per Second）、响应时间（Response Time）等，如图 9-21 所示。

另外，也可以切换到控制台，实时显示每一次访问接口的输出。当在监控页面中强制停止（即在控制台中按 Ctrl+C 快捷键）后，将显示执行结果，如图 9-22 所示。

图 9-19　Download Data 选项卡

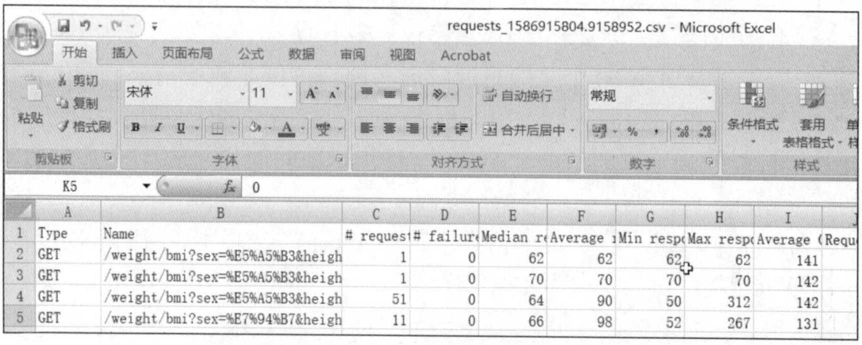

图 9-20　request statistics 数据文件的相关信息

图 9-21　Charts 选项卡

　　在标号为"1"的区域中的内容和 Web 监控的结果的含义相同，这里不再赘述。在标号为"2"的区域，分别显示了服务器响应 50%、66%、75%、80%、90%、98%、99%、100% 的用户请求的时间。仅以请求数最多 51 次的那个请求为例，50% 是指 50% 的用户发送请求后，服务器的响应时间都会低于 64ms，其他类似，不再赘述。

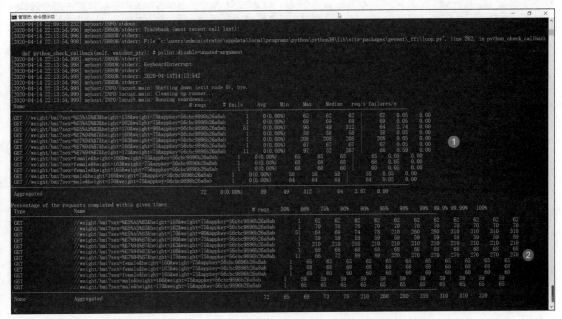

图 9-22　执行结果

另外一种是控制台方式。这种方式完全不依赖 Web 设置运行的虚拟用户数和用户加载的策略，只需要在命令中指定这些参数即可。

这里假设我们要以控制台方式使用每秒加载 1 个用户的策略模拟 10 个虚拟用户，运行 1 分钟时间，那么可以在控制台中输入如下命令。

```
locust -f test.py --host https://api.jisuapi.com --no-web -c 10 -r 1 -t 1m
```

针对上面的命令让我们一起来看一下相关参数的含义。

- --no-web 参数：表示以非 Web 方式运行 Locust 脚本。
- -c NUM_CLIENTS, --clients=NUM_CLIENTS 参数：表示需要模拟的虚拟用户数量。
- -r HATCH_RATE, --hatch-rate=HATCH_RATE 参数：表示用户加载的策略，即每秒加载多少个虚拟用户，默认值为 1（表示每秒加载 1 个虚拟用户）。
- -t RUN_TIME, --run-time=RUN_TIME 参数：表示脚本运行的时间，其单位可以是时（h）、分（min）或者秒（s）。如果你希望得到 Locust 中更多参数的详细解释，请使用 locust -help 命令查看帮助信息，这里不再赘述。

如图 9-23 所示，在脚本所在目录执行 locust -f test.py --host https://api.jisuapi.com --no-web -c 10 -r 1 -t 1m 命令，可查看输出信息。

图 9-23　输入命令

如图 9-24 所示，从结果可知在这 1min 的时间里共发送了 272 个请求，失败率为 0%，标准体重计算器接口服务器的平均响应时间为 84ms，90% 以上的响应时间都短于 110ms。

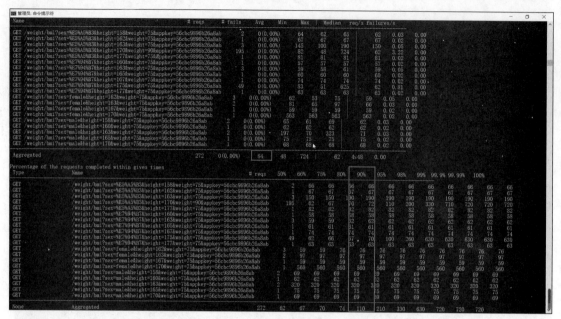

图 9-24 输出结果

在这里，如果你不希望每次在命令行中添加--host 参数，可以将其放在继承自 HttpLocust 的类中，如下所示。

```python
from locust import HttpLocust, TaskSet, task
import random
class getBMI(TaskSet):

    def on_start(self):
        self.url='/weight/bmi?'

    @task(7)
    def getBMIFat(self):
        self.client.get(self.url,params={'sex':'女',
                    'height':'170','weight':'90','appkey':'56cbc9896b26a8ab'})
        print('胖子')
    @task(2)
    def getBMINor(self):
        self.client.get(self.url,params={'sex':'男
                    ','height':'175','weight':'75','appkey':'56cbc9896b26a8ab'})
        print('正常')
    @task(1)
    def getBMIThin(self):
        i = random.randint(0, len(self.locust.heights) - 1)
        sg=self.locust.heights[i]
        i = random.randint(0, len(self.locust.sex) - 1)
        xb=self.locust.sex[i]
        print(sg)

        self.client.get(self.url,params={'sex':xb,'height':sg,'weight':'75','appkey':'5
6cbc9896b26a8ab'})

class WebsiteUser(HttpLocust):
    task_set = getBMI
    sex=['男','女','male','female']
```

```
heights=['165','163','162','167','163','170','177','165','160','163','160','166'
        ,'163','158']
min_wait = 1000
max_wait = 3000
host = "https://api.jisuapi.com"
```

这样的话，在命令行执行时，你将不用再输入--host 参数的内容。这里假设我们仍要使用控制台方式每秒加载 1 个用户的策略，模拟 10 个虚拟用户，运行 1min 时间，那么可以在控制台中输入如下命令。

```
locust -f test.py --no-web -c 10 -r 1 -t 1m
```

9.2.8 Locust 分布式压测方法

在模拟大量的虚拟用户时，1 台机器的相关内存、CPU 等资源可能会出现一些瓶颈。当碰到这种情况时该怎么办呢？Locust 支持多台机器联合负载和分布式压测，它可以指定 1 台主控机（master）和多台从属机（slave）。为了实现分布式压测的目的，你必须准备多台机器，并规划好哪台机器作为主控机，哪些又是从属机。应该在主控机上应用--master 参数来标记它是一个主控机，它将负责收集、统计相关的测试数据。必须使用--slave 参数来标记一台或者多台从属机，与此同时还需要应用--master-host 参数来指出主控机的 IP 地址。

这里举一个实例，我们现在有 3 台机器，它们的 IP 地址分别为 192.168.1.103、192.168.1.104 和 192.168.1.105。这里我们将"192.168.1.103"作为主控机，将另两台机器作为从属机。

在主控机上打开控制台，输入 locust -f test.py --host https://api.jisuapi.com --master。而后在另外两个从属机上也打开控制台，输入 locust -f test.py --host https://api.jisuapi.com --slave --master-host 192.168.1.103（这里每台从属机的安装路径和脚本路径均和主控机路径一致）。

接下来，可以在主控机的地址栏中输入"localhost:8089"并输入要进行负载测试的用户数和用户加载的速率，这里我们分别输入 10 和 1，配置相关策略，如图 9-25 所示。其实在这个页面中，我们已经能看到右上角"SLAVES"下方为 2。也就是说，监控页已经探测到目前有两台从属机。单击 Start swarming 按钮，开始执行性能测试，如图 9-25 所示。

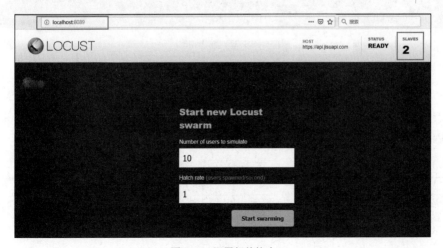

图 9-25 配置相关策略

　　进入监控页后，我们可以看到这和单机执行并无差异，唯一的区别是"SLAVES"下方为 2。它是单机负载时没有出现过的内容，同时我们能看到主控机自动收集从属机负载的相关数据并展示在监控页上，如图 9-26 所示。

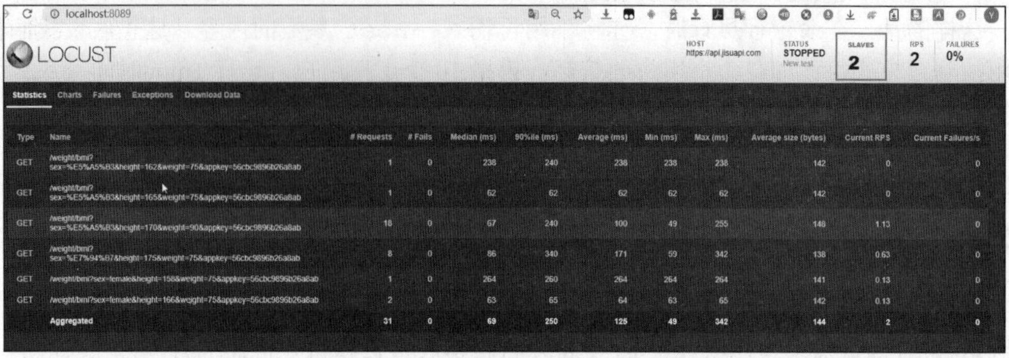

图 9-26　从属机负载的相关数据

　　同样，在其他两台从属机上，会根据主控机的指令自动执行测试，输出信息如图 9-27 所示。

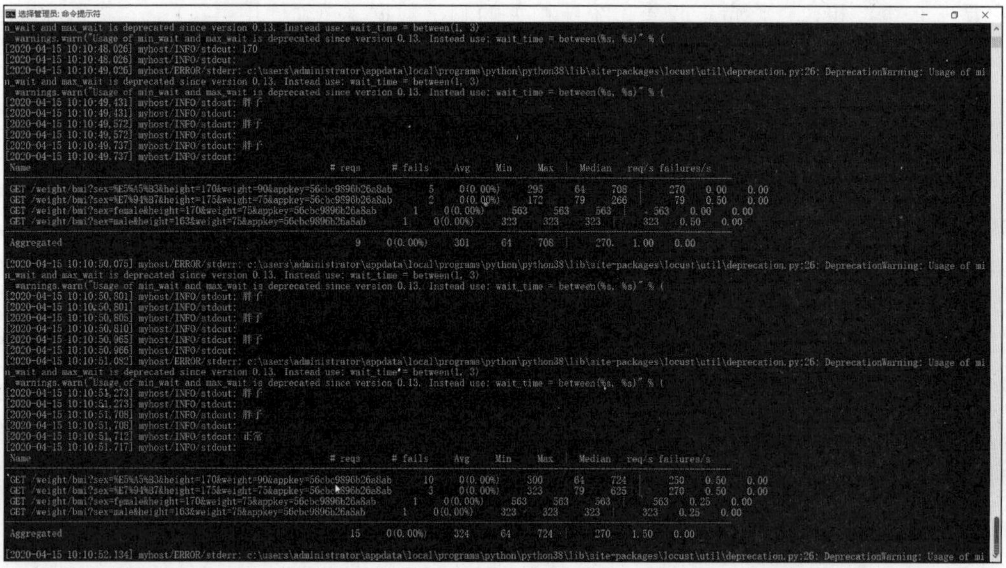

图 9-27　输出信息

9.2.9　性能测试场景的执行

　　当我们掌握了 Locust 的两种运行方式后，就可以执行性能测试脚本了。现在再次一起来看一下我们设计的性能测试场景，如表 9-8 所示。

表 9-8　　　　　　　　　　　　　　性能测试场景设计

序号	性能场景	性能指标要求
1	系统初始阶段，10 个用户并发访问标准体重计算器接口，每秒加载 1 个虚拟用户，压测时长为 1min 的情况下，考查相关性能指标是否能够满足以及不出现异常情况	10 个用户并发访问标准体重计算器接口，系统平均响应时间短于 0.5s，业务成功率为 100%

续表

序号	性能场景	性能指标要求
2	系统初始阶段，20 个用户并发访问标准体重计算器接口，每秒加载 5 个虚拟用户，压测时长为 1min 的情况下，考查相关性能指标是否能够满足以及不出现异常情况	20 个用户并发访问标准体重计算器接口，系统平均响应时间短于 0.5s，业务成功率为 100%
3	30 个用户并发访问标准体重计算器接口，每秒加载 5 个虚拟用户，压测时长为 1min 的情况下，考查相关性能指标是否能够满足以及不出现异常情况	30 个用户并发访问标准体重计算器接口，系统平均响应时间短于 0.5s，业务成功率为 100%
4	40 个用户并发访问标准体重计算器接口，每秒加载 5 个虚拟用户，压测时长为 1min 的情况下，考查相关性能指标是否能够满足以及不出现异常情况	40 个用户并发访问标准体重计算器接口，系统平均响应时间短于 0.5s，业务成功率为 100%
5	50 个用户并发访问标准体重计算器接口，每秒加载 5 个虚拟用户，压测时长为 1min 的情况下，考查相关性能指标是否能够满足以及不出现异常情况	50 个用户并发访问标准体重计算器接口，系统平均响应时间短于 0.5s，业务成功率为 100%

注：只考虑标准体重计算器接口要求指标，如服务器资源、其他业务性能及业务交互情况等暂不考虑。

看了这些性能测试场景的用例设计后，我们是不是可以使用 Locust 的控制台来执行这些场景了呢？每个场景下的指令如表 9-9 所示。

表 9-9　　　　　　　　　　　性能测试场景下的对应指令

序号	指令
1	locust　-f　test.py　--host　https://api.jisuapi.com　--no-web　-c　10　-r　1　-t　1m
2	locust　-f　test.py　--host　https://api.jisuapi.com　--no-web　-c　20　-r　5　-t　1m
3	locust　-f　test.py　--host　https://api.jisuapi.com　--no-web　-c　30　-r　5　-t　1m
4	locust　-f　test.py　--host　https://api.jisuapi.com　--no-web　-c　40　-r　5　-t　1m
5	locust　-f　test.py　--host　https://api.jisuapi.com　--no-web　-c　50　-r　5　-t　1m

下面给出性能测试场景 1～5 的执行结果，如图 9-28～图 9-32 所示。

图 9-28　10 个用户并发访问标准体重计算器接口输出的结果信息

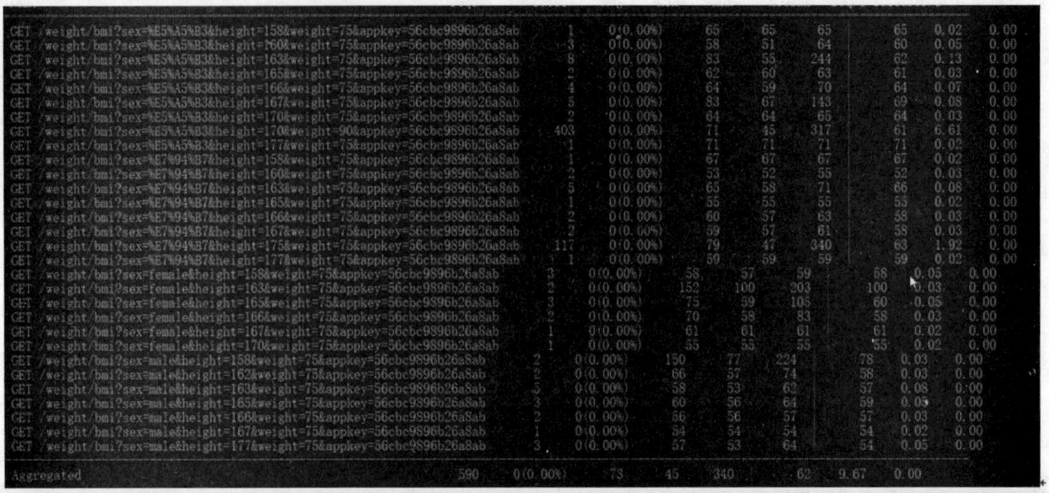

GET /weight/bmi?sex=%E5%A5%B3&height=158&weight=75&appkey=56cbc9896b26a8ab	1	0(0.00%)	65	65	65	65	0.02	0.00
GET /weight/bmi?sex=%E5%A5%B3&height=160&weight=75&appkey=56cbc9896b26a8ab	3	0(0.00%)	58	51	64	60	0.05	0.00
GET /weight/bmi?sex=%E5%A5%B3&height=163&weight=75&appkey=56cbc9896b26a8ab	8	0(0.00%)	83	55	244	62	0.13	0.00
GET /weight/bmi?sex=%E5%A5%B3&height=165&weight=75&appkey=56cbc9896b26a8ab	2	0(0.00%)	62	60	63	61	0.03	0.00
GET /weight/bmi?sex=%E5%A5%B3&height=166&weight=75&appkey=56cbc9896b26a8ab	4	0(0.00%)	64	59	70	64	0.07	0.00
GET /weight/bmi?sex=%E5%A5%B3&height=167&weight=75&appkey=56cbc9896b26a8ab	5	0(0.00%)	83	67	143	69	0.08	0.00
GET /weight/bmi?sex=%E5%A5%B3&height=170&weight=75&appkey=56cbc9896b26a8ab	2	0(0.00%)	64	64	65	64	0.03	0.00
GET /weight/bmi?sex=%E5%A5%B3&height=170&weight=90&appkey=56cbc9896b26a8ab	403	0(0.00%)	71	45	317	61	6.61	0.00
GET /weight/bmi?sex=%E5%A5%B3&height=177&weight=75&appkey=56cbc9896b26a8ab	1	0(0.00%)	71	71	71	71	0.02	0.00
GET /weight/bmi?sex=%E7%94%B7&height=158&weight=75&appkey=56cbc9896b26a8ab	1	0(0.00%)	67	67	67	67	0.02	0.00
GET /weight/bmi?sex=%E7%94%B7&height=160&weight=75&appkey=56cbc9896b26a8ab	2	0(0.00%)	53	52	55	52	0.03	0.00
GET /weight/bmi?sex=%E7%94%B7&height=163&weight=75&appkey=56cbc9896b26a8ab	5	0(0.00%)	65	58	71	66	0.08	0.00
GET /weight/bmi?sex=%E7%94%B7&height=165&weight=75&appkey=56cbc9896b26a8ab	1	0(0.00%)	55	55	55	55	0.02	0.00
GET /weight/bmi?sex=%E7%94%B7&height=166&weight=75&appkey=56cbc9896b26a8ab	2	0(0.00%)	60	57	63	58	0.03	0.00
GET /weight/bmi?sex=%E7%94%B7&height=167&weight=75&appkey=56cbc9896b26a8ab	2	0(0.00%)	59	57	61	58	0.03	0.00
GET /weight/bmi?sex=%E7%94%B7&height=175&weight=75&appkey=56cbc9896b26a8ab	117	0(0.00%)	79	47	340	63	1.92	0.00
GET /weight/bmi?sex=%E7%94%B7&height=177&weight=75&appkey=56cbc9896b26a8ab	1	0(0.00%)	59	59	59	59	0.02	0.00
GET /weight/bmi?sex=female&height=158&weight=75&appkey=56cbc9896b26a8ab	3	0(0.00%)	58	57	59	58	0.05	0.00
GET /weight/bmi?sex=female&height=163&weight=75&appkey=56cbc9896b26a8ab	2	0(0.00%)	152	100	203	100	0.03	0.00
GET /weight/bmi?sex=female&height=165&weight=75&appkey=56cbc9896b26a8ab	3	0(0.00%)	75	59	105	60	0.05	0.00
GET /weight/bmi?sex=female&height=166&weight=75&appkey=56cbc9896b26a8ab	2	0(0.00%)	70	58	83	58	0.03	0.00
GET /weight/bmi?sex=female&height=167&weight=75&appkey=56cbc9896b26a8ab	1	0(0.00%)	61	61	61	61	0.02	0.00
GET /weight/bmi?sex=female&height=170&weight=75&appkey=56cbc9896b26a8ab	1	0(0.00%)	55	55	55	55	0.02	0.00
GET /weight/bmi?sex=male&height=158&weight=75&appkey=56cbc9896b26a8ab	2	0(0.00%)	150	77	224	78	0.03	0.00
GET /weight/bmi?sex=male&height=162&weight=75&appkey=56cbc9896b26a8ab	2	0(0.00%)	66	57	74	58	0.03	0.00
GET /weight/bmi?sex=male&height=163&weight=75&appkey=56cbc9896b26a8ab	5	0(0.00%)	58	53	62	57	0.08	0.00
GET /weight/bmi?sex=male&height=165&weight=75&appkey=56cbc9896b26a8ab	3	0(0.00%)	60	56	64	59	0.05	0.00
GET /weight/bmi?sex=male&height=166&weight=75&appkey=56cbc9896b26a8ab	2	0(0.00%)	56	56	57	57	0.03	0.00
GET /weight/bmi?sex=male&height=167&weight=75&appkey=56cbc9896b26a8ab	1	0(0.00%)	54	54	54	54	0.02	0.00
GET /weight/bmi?sex=male&height=177&weight=75&appkey=56cbc9896b26a8ab	3	0(0.00%)	57	53	64	54	0.05	0.00
Aggregated	590	0(0.00%)	73	45	340	62	9.67	0.00

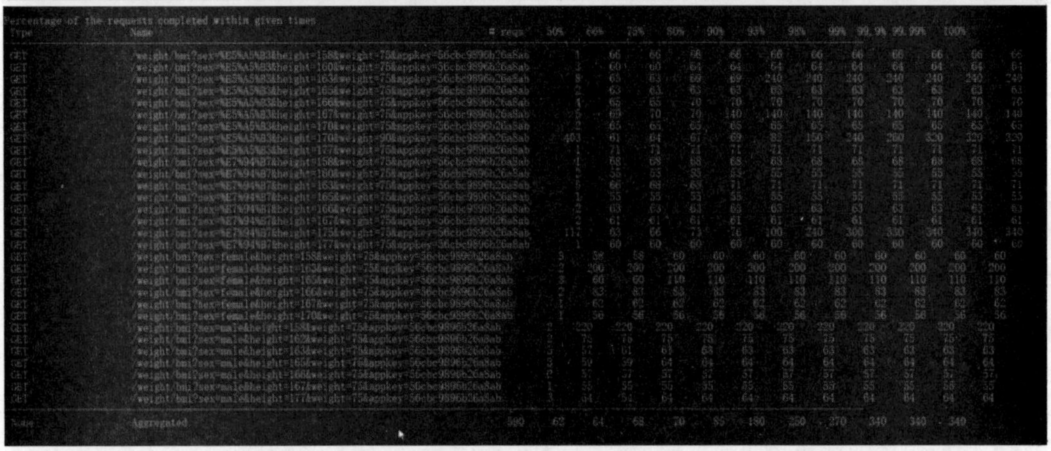

Percentage of the requests completed within given times

Type	Name	# reqs	50%	66%	75%	80%	90%	95%	98%	99%	99.9%	99.99%	100%
GET	/weight/bmi?sex=%E5%A5%B3&height=158&weight=75&appkey=56cbc9896b26a8ab	1	66	66	66	66	66	66	66	66	66	66	66
GET	/weight/bmi?sex=%E5%A5%B3&height=160&weight=75&appkey=56cbc9896b26a8ab	3	60	60	64	64	64	64	64	64	64	64	64
GET	/weight/bmi?sex=%E5%A5%B3&height=163&weight=75&appkey=56cbc9896b26a8ab	8	63	63	69	69	240	240	240	240	240	240	240
GET	/weight/bmi?sex=%E5%A5%B3&height=165&weight=75&appkey=56cbc9896b26a8ab	2	63	63	63	63	63	63	63	63	63	63	63
GET	/weight/bmi?sex=%E5%A5%B3&height=166&weight=75&appkey=56cbc9896b26a8ab	4	65	65	70	70	70	70	70	70	70	70	70
GET	/weight/bmi?sex=%E5%A5%B3&height=167&weight=75&appkey=56cbc9896b26a8ab	5	69	70	70	140	140	140	140	140	140	140	140
GET	/weight/bmi?sex=%E5%A5%B3&height=170&weight=75&appkey=56cbc9896b26a8ab	2	65	65	65	65	65	65	65	65	65	65	65
GET	/weight/bmi?sex=%E5%A5%B3&height=170&weight=90&appkey=56cbc9896b26a8ab	403	61	64	67	69	82	150	240	260	320	320	320
GET	/weight/bmi?sex=%E5%A5%B3&height=177&weight=75&appkey=56cbc9896b26a8ab	1	71	71	71	71	71	71	71	71	71	71	71
GET	/weight/bmi?sex=%E7%94%B7&height=158&weight=75&appkey=56cbc9896b26a8ab	1	68	68	68	68	68	68	68	68	68	68	68
GET	/weight/bmi?sex=%E7%94%B7&height=160&weight=75&appkey=56cbc9896b26a8ab	2	55	55	55	55	55	55	55	55	55	55	55
GET	/weight/bmi?sex=%E7%94%B7&height=163&weight=75&appkey=56cbc9896b26a8ab	5	66	68	68	71	71	71	71	71	71	71	71
GET	/weight/bmi?sex=%E7%94%B7&height=165&weight=75&appkey=56cbc9896b26a8ab	1	55	55	55	55	55	55	55	55	55	55	55
GET	/weight/bmi?sex=%E7%94%B7&height=166&weight=75&appkey=56cbc9896b26a8ab	2	63	63	63	63	63	63	63	63	63	63	63
GET	/weight/bmi?sex=%E7%94%B7&height=167&weight=75&appkey=56cbc9896b26a8ab	2	61	61	61	61	61	61	61	61	61	61	61
GET	/weight/bmi?sex=%E7%94%B7&height=175&weight=75&appkey=56cbc9896b26a8ab	117	63	66	71	76	100	240	300	330	340	340	340
GET	/weight/bmi?sex=%E7%94%B7&height=177&weight=75&appkey=56cbc9896b26a8ab	1	60	60	60	60	60	60	60	60	60	60	60
GET	/weight/bmi?sex=female&height=158&weight=75&appkey=56cbc9896b26a8ab	3	58	58	60	60	60	60	60	60	60	60	60
GET	/weight/bmi?sex=female&height=163&weight=75&appkey=56cbc9896b26a8ab	2	200	200	200	200	200	200	200	200	200	200	200
GET	/weight/bmi?sex=female&height=165&weight=75&appkey=56cbc9896b26a8ab	3	60	60	110	110	110	110	110	110	110	110	110
GET	/weight/bmi?sex=female&height=166&weight=75&appkey=56cbc9896b26a8ab	2	83	83	83	83	83	83	83	83	83	83	83
GET	/weight/bmi?sex=female&height=167&weight=75&appkey=56cbc9896b26a8ab	1	62	62	62	62	62	62	62	62	62	62	62
GET	/weight/bmi?sex=female&height=170&weight=75&appkey=56cbc9896b26a8ab	1	56	56	56	56	56	56	56	56	56	56	56
GET	/weight/bmi?sex=male&height=158&weight=75&appkey=56cbc9896b26a8ab	2	220	220	220	220	220	220	220	220	220	220	220
GET	/weight/bmi?sex=male&height=162&weight=75&appkey=56cbc9896b26a8ab	2	75	75	75	75	75	75	75	75	75	75	75
GET	/weight/bmi?sex=male&height=163&weight=75&appkey=56cbc9896b26a8ab	5	57	61	61	63	63	63	63	63	63	63	63
GET	/weight/bmi?sex=male&height=165&weight=75&appkey=56cbc9896b26a8ab	3	59	59	64	64	64	64	64	64	64	64	64
GET	/weight/bmi?sex=male&height=166&weight=75&appkey=56cbc9896b26a8ab	2	57	57	57	57	57	57	57	57	57	57	57
GET	/weight/bmi?sex=male&height=167&weight=75&appkey=56cbc9896b26a8ab	1	55	55	55	55	55	55	55	55	55	55	55
GET	/weight/bmi?sex=male&height=177&weight=75&appkey=56cbc9896b26a8ab	3	64	64	64	64	64	64	64	64	64	64	64
None	Aggregated	590	62	64	68	70	85	180	250	270	340	340	340

图 9-29　20 个用户并发访问标准体重计算器接口输出的结果信息

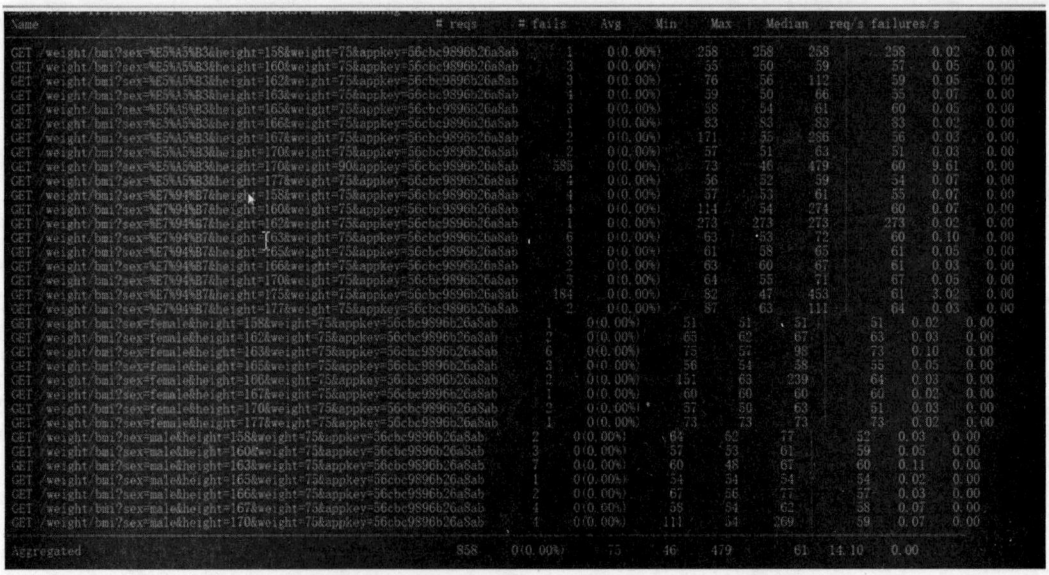

Name	# reqs	# fails	Avg	Min	Max	Median	req/s	failures/s
GET /weight/bmi?sex=%E5%A5%B3&height=158&weight=75&appkey=56cbc9896b26a8ab	1	0(0.00%)	258	258	258	258	0.02	0.00
GET /weight/bmi?sex=%E5%A5%B3&height=160&weight=75&appkey=56cbc9896b26a8ab	3	0(0.00%)	55	50	59	57	0.05	0.00
GET /weight/bmi?sex=%E5%A5%B3&height=162&weight=75&appkey=56cbc9896b26a8ab	3	0(0.00%)	76	56	112	59	0.05	0.00
GET /weight/bmi?sex=%E5%A5%B3&height=163&weight=75&appkey=56cbc9896b26a8ab	4	0(0.00%)	59	50	66	55	0.07	0.00
GET /weight/bmi?sex=%E5%A5%B3&height=165&weight=75&appkey=56cbc9896b26a8ab	3	0(0.00%)	58	54	61	60	0.05	0.00
GET /weight/bmi?sex=%E5%A5%B3&height=166&weight=75&appkey=56cbc9896b26a8ab	1	0(0.00%)	83	83	83	83	0.02	0.00
GET /weight/bmi?sex=%E5%A5%B3&height=167&weight=75&appkey=56cbc9896b26a8ab	2	0(0.00%)	171	55	286	56	0.03	0.00
GET /weight/bmi?sex=%E5%A5%B3&height=170&weight=75&appkey=56cbc9896b26a8ab	2	0(0.00%)	57	51	63	51	0.03	0.00
GET /weight/bmi?sex=%E5%A5%B3&height=170&weight=90&appkey=56cbc9896b26a8ab	585	0(0.00%)	73	46	479	60	9.61	0.00
GET /weight/bmi?sex=%E5%A5%B3&height=177&weight=75&appkey=56cbc9896b26a8ab	4	0(0.00%)	56	52	59	54	0.07	0.00
GET /weight/bmi?sex=%E7%94%B7&height=158&weight=75&appkey=56cbc9896b26a8ab	4	0(0.00%)	57	53	61	55	0.07	0.00
GET /weight/bmi?sex=%E7%94%B7&height=160&weight=75&appkey=56cbc9896b26a8ab	4	0(0.00%)	114	54	274	60	0.07	0.00
GET /weight/bmi?sex=%E7%94%B7&height=162&weight=75&appkey=56cbc9896b26a8ab	1	0(0.00%)	273	273	273	273	0.02	0.00
GET /weight/bmi?sex=%E7%94%B7&height=163&weight=75&appkey=56cbc9896b26a8ab	6	0(0.00%)	63	53	72	60	0.10	0.00
GET /weight/bmi?sex=%E7%94%B7&height=165&weight=75&appkey=56cbc9896b26a8ab	3	0(0.00%)	61	58	65	61	0.05	0.00
GET /weight/bmi?sex=%E7%94%B7&height=166&weight=75&appkey=56cbc9896b26a8ab	2	0(0.00%)	63	60	67	61	0.03	0.00
GET /weight/bmi?sex=%E7%94%B7&height=170&weight=75&appkey=56cbc9896b26a8ab	3	0(0.00%)	64	55	71	67	0.05	0.00
GET /weight/bmi?sex=%E7%94%B7&height=175&weight=75&appkey=56cbc9896b26a8ab	184	0(0.00%)	82	47	453	61	3.02	0.00
GET /weight/bmi?sex=%E7%94%B7&height=177&weight=75&appkey=56cbc9896b26a8ab	2	0(0.00%)	87	63	111	64	0.03	0.00
GET /weight/bmi?sex=female&height=158&weight=75&appkey=56cbc9896b26a8ab	1	0(0.00%)	51	51	51	51	0.02	0.00
GET /weight/bmi?sex=female&height=162&weight=75&appkey=56cbc9896b26a8ab	2	0(0.00%)	65	62	67	63	0.03	0.00
GET /weight/bmi?sex=female&height=163&weight=75&appkey=56cbc9896b26a8ab	6	0(0.00%)	75	57	98	73	0.10	0.00
GET /weight/bmi?sex=female&height=165&weight=75&appkey=56cbc9896b26a8ab	3	0(0.00%)	56	54	58	55	0.05	0.00
GET /weight/bmi?sex=female&height=166&weight=75&appkey=56cbc9896b26a8ab	2	0(0.00%)	151	63	239	64	0.03	0.00
GET /weight/bmi?sex=female&height=167&weight=75&appkey=56cbc9896b26a8ab	1	0(0.00%)	60	60	60	60	0.02	0.00
GET /weight/bmi?sex=female&height=170&weight=75&appkey=56cbc9896b26a8ab	2	0(0.00%)	57	50	63	51	0.03	0.00
GET /weight/bmi?sex=female&height=177&weight=75&appkey=56cbc9896b26a8ab	1	0(0.00%)	73	73	73	73	0.02	0.00
GET /weight/bmi?sex=male&height=158&weight=75&appkey=56cbc9896b26a8ab	2	0(0.00%)	64	62	77	52	0.03	0.00
GET /weight/bmi?sex=male&height=160&weight=75&appkey=56cbc9896b26a8ab	3	0(0.00%)	57	53	61	59	0.05	0.00
GET /weight/bmi?sex=male&height=163&weight=75&appkey=56cbc9896b26a8ab	7	0(0.00%)	60	48	67	60	0.11	0.00
GET /weight/bmi?sex=male&height=165&weight=75&appkey=56cbc9896b26a8ab	1	0(0.00%)	54	54	54	54	0.02	0.00
GET /weight/bmi?sex=male&height=166&weight=75&appkey=56cbc9896b26a8ab	2	0(0.00%)	67	56	77	57	0.03	0.00
GET /weight/bmi?sex=male&height=167&weight=75&appkey=56cbc9896b26a8ab	4	0(0.00%)	58	54	62	58	0.07	0.00
GET /weight/bmi?sex=male&height=170&weight=75&appkey=56cbc9896b26a8ab	4	0(0.00%)	111	54	269	59	0.07	0.00
Aggregated	858	0(0.00%)	75	46	479	61	14.10	0.00

图 9-30　30 个用户并发访问标准体重计算器接口输出的结果信息

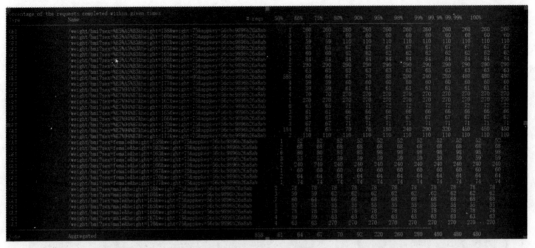

图 9-30　30 个用户并发访问标准体重计算器接口输出的结果信息（续）

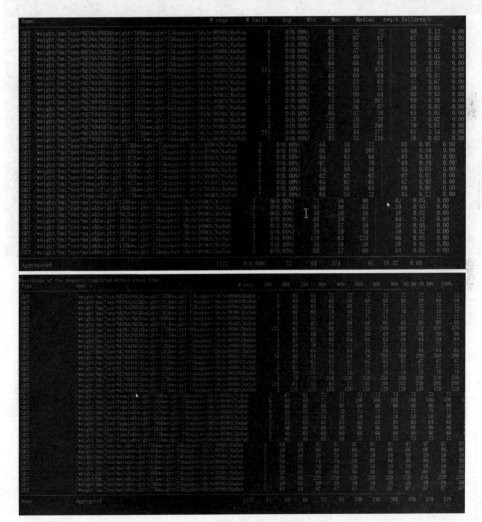

图 9-31　40 个用户并发访问标准体重计算器接口输出的结果信息

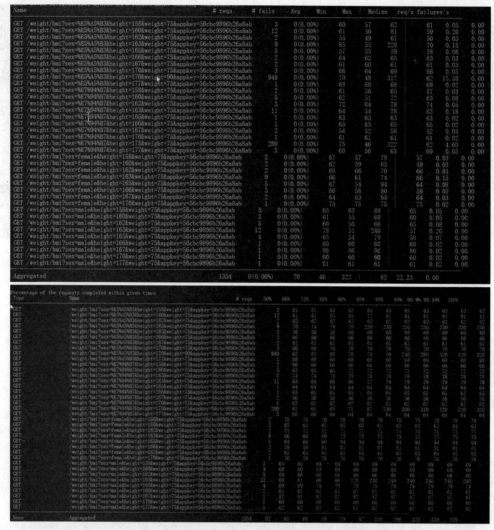

图 9-32　50 个用户并发访问标准体重计算器接口输出的结果信息

9.2.10　性能测试执行结果分析与总结

性能测试执行结果中的关键指标参见表 9-10。

表 9-10　　　　　　　　　　性能测试执行结果中的关键指标

序号	虚拟用户数	业务成功率	平均事务响应时间（ms）	90%事务的响应时间（ms）
1	10	100%	84	110
2	20	100%	73	85
3	30	100%	75	92
4	40	100%	72	83
5	50	100%	70	79

从表 9-10 可知，我们能看到标准体重计算器接口完全符合预期性能测试指标，即 50 个

虚拟用户并发访问标准体重计算器接口的平均响应时间为 70ms，90% 事务的平均响应时间为 79ms，均短于 500ms。

其实，你还可以将表 9-10 所示的相关数据绘制成一个图，随着虚拟用户数的变化，其响应时间的趋势变化就会更加明显和直观，如图 9-33 所示。

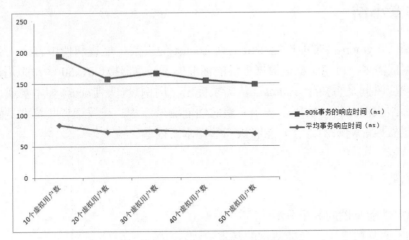

图 9-33 虚拟用户数-接口响应时间变化趋势

性能测试场景对应的执行结果如表 9-11 所示。

表 9-11 性能测试场景对应的执行结果

序号	性能场景	性能指标要求	是否通过
1	系统初始阶段，10 个用户并发访问标准体重计算器接口，每秒加载 1 个虚拟用户，压测时长为 1min 的情况下，考查相关性能指标是否能够满足以及不出现异常情况	10 个用户并发访问标准体重计算器接口，系统平均响应时间短于 0.5s，业务成功率为 100%	通过
2	系统初始阶段，20 个用户并发访问标准体重计算器接口，每秒加载 5 个虚拟用户，压测时长为 1min 的情况下，考查相关性能指标是否能够满足以及不出现异常情况	20 个用户并发访问标准体重计算器接口，系统平均响应时间短于 0.5s，业务成功率为 100%	通过
3	30 个用户并发访问标准体重计算器接口，每秒加载 5 个虚拟用户，压测时长为 1min 的情况下，考查相关性能指标是否能够满足以及不出现异常情况	30 个用户并发访问标准体重计算器接口，系统平均响应时间短于 0.5s，业务成功率为 100%	通过
4	系统有 40 个用户并发访问标准体重计算器接口，每秒加载 5 个虚拟用户，压测时长为 1min 的情况下，考查相关性能指标是否能够满足以及不出现异常情况	40 个用户并发访问标准体重计算器接口，系统平均响应时间短于 0.5s，业务成功率为 100%	通过
5	系统有 50 个用户并发访问标准体重计算器接口，每秒加载 5 个虚拟用户，压测时长为 1min 的情况下，考查相关性能指标是否能够满足以及不出现异常情况	50 个用户并发访问标准体重计算器接口，系统平均响应时间短于 0.5s，业务成功率为 100%	通过

结论如下。

本次基于标准体重计算器接口性能测试共执行了 5 个业务场景下的性能测试。在有 50 个虚拟用户时，其 90% 事务的响应时间均低于 110ms，满足预期的性能指标，且接口服务器稳定，无任何失败性事务，该标准体重计算器接口可用。

9.3 本章小结和习题

9.3.1 本章小结

本章介绍了 Python 自带的性能测试工具 Locust 的安装、配置和使用方法，并根据一个真实的性能测试需求，讨论了极速数据提供的标准体重计算器接口在 50 个虚拟用户并发访问时，服务器响应时间是否短于 500ms。从需求提出、用例设计、Locust 脚本实现、Locust 脚本执行到最后结果的分析，实现了一个完整的性能测试流程。建议读者（特别是做性能测试或者以后期望做性能测试的读者）能够认真掌握本章内容。

9.3.2 习题

1. 请说出性能测试的 8 个分类。
2. 请说出通常情况下，性能测试的基本流程。
3. 请说出如何应用 pip 来安装 Locust。
4. 请说出 Locust 有哪两种运行方式。
5. @task 装饰器方法为一个事务，其后面的数字表示的是什么？
6. 通常在应用 Locust 时，必须继承哪个类来模拟用户的行为？
7. 请用文字描述 locust　-f　test.py　--host　https://api.jisuapi.com --no-web -c 40 -r 5 -t 1m命令的含义。
8. 在应用 Locust 设置性能测试的相关执行方式、参数、配置等时需要继承哪个类？

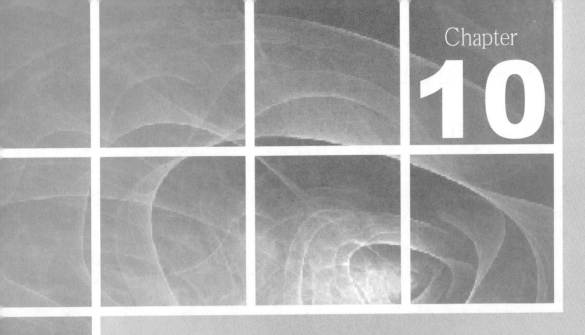

Chapter

10

第 10 章

Python 项目持续
集成的案例

10.1 持续集成

在传统的软件开发过程中，项目成员提交各自编写的代码，由项目经理进行整合部署，最后交由测试人员完成测试工作。这样的方式效率低下，错误总是在最后阶段才能发现，而且越到项目后期问题越多。在当前敏捷开发的环境下，要求版本迭代周期短，而且对产品质量要求越来越严格，因此"持续集成"就是必由之路了。

Martin Fowler 对持续集成（Continuous Integration，CI）的定义如下。

持续集成是一种软件开发实践，团队成员经常集成他们的工作，通常每个人至少每天集成一次——这样会每天进行多次集成。每次集成都由一个自动化构建（包括测试）来验证，以尽可能快地检测集成错误。许多团队发现这种方法可以显著减少集成问题，并允许团队更快地开发具有内聚性的软件。

持续集成的实现需要一整套工具的支撑，包括开发人员使用的 PyCharm、Eclipse 等 IDE（Integrated Development Environment，集成开发环境）、代码管理及版本控制工具（如 SVN、Git 等）、持续集成管理工具（如 Jenkins）、项目发布工具（如 Docker）、项目构建工具（如 Maven）等，如图 10-1 所示。

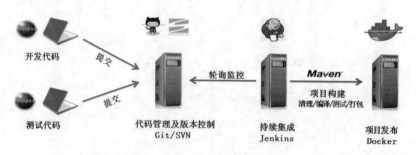

图 10-1　实现持续集成需要的工具

本章并不介绍如何搭建一套完整的持续集成环境，主要讲述将 PyCharm 中开发的测试用例提交到 Gitee 托管平台，并在 Jenkins 中实现构建、执行和输出测试结果。

10.2 在 Gitee 上托管代码

Git 是一个开源的分布式版本控制系统，最初是为 Linux 内核开发的版本控制工具。与 CVS、SVN 等版本控制工具最大的不同点就是 Git 采用了分布式的版本库策略，在 Git 中并不存在主库的概念，每一台开发人员的计算机上都可以有一个本地存储库（local repository），即使没有网络也可以提交最新代码，创建项目分支，查看历史版本，连接上网络后就可以推送（push）到服务器端。

Gitee（码云）是开源中国社区 2013 年推出的基于 Git 的完全免费的代码托管服务，这个服务是基于 Gitlab 开源软件开发的，并在 Gitlab 的基础上做了大量的改进和定制开发，目前已经成为国内知名的代码托管系统之一。

我们可以将自己的开源项目放到 Gitee 上，方便更多的爱好者共同参与其中的开发与相互协作。在本章里我们将使用 Gitee 作为免费的远程仓库，结合 PyCharm 工具托管本章的测试代码和案例。

在继续后面内容的学习之前，需要先完成两件简单的事情。

- 在 Gitee 官网中申请一个免费的账号。
- 下载并完成 Git 工具的安装，这里采用默认设置即可。

Git 自带 Git Bash 工具。Git Bash 是 Windows 系统下的命令行工具，用于解释和执行 Git 的相关命令。单击"开始"菜单，选择"所有程序"→Git→Git Bash，即可打开 Git Bash 命令行窗口。我们使用的 Git 命令都是在这里面运行的，如图 10-2 所示。

图 10-2　打开 Git Bash 命令行窗口

10.2.1　设置 Git 用户信息

安装完 Git 后，需要配置用户的个人信息，即用户姓名和电子邮件地址。每次通过 Git 提交更新时，都会引用这两条信息，记录谁提交了更新，而且会纳入版本历史记录中。

设置用户名的命令是 `git config --global user.name "××××××"`，设置电子邮箱的命令是 `git config --global user.email "××@×××.com"`，如图 10-3 所示。命令中的×××部分是需要输入的用户名和邮箱。

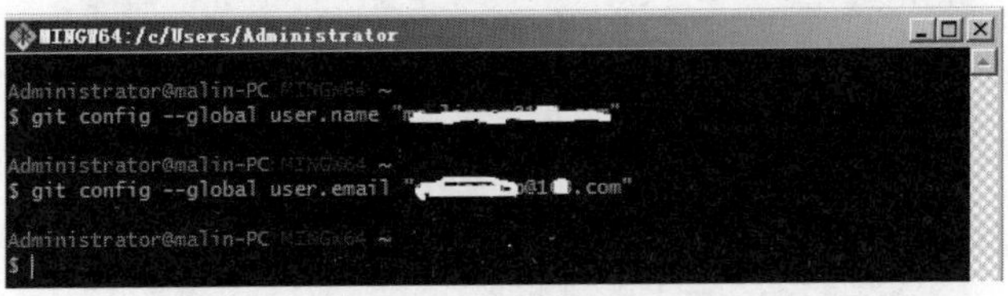

图 10-3　设置 Git 用户信息

该用户信息默认保存在 Windows 系统当前登录用户的根目录中，例如，若登录 Windows 系统使用的用户名是 Administrator，则通过以上命令生成的 Git 用户信息会保存在目录 C:\Users\Administrator\.gitconfig 中，将此文件以文本格式打开，就可以看到用户信息。

10.2.2　设置 SSH 公钥

Gitee 平台提供了基于 SSH 协议的 Git 服务，在使用 SSH 协议访问项目库之前，需要先配置好账户/项目的 SSH 公钥（key）。使用 SSH 公钥可以让用户的计算机在与 Gitee 平台通信的时候使用安全连接（`git remote` 命令要使用 SSH 地址）。

1. 检查是否存在 SSH 公钥

如果当前计算机中没有生成过 SSH 公钥，命令执行后显示的结果列表为空。

输入命令 `ls -al ~/.ssh`，如图 10-4 所示，查看本机上的 SSH 公钥列表。

图 10-4　查看本机 SSH 公钥列表

2. 生成新的 SSH 公钥

在此处我们将生成一个新的 SSH 公钥。命令执行过程中会要求用户输入生成的文件和密码，这些地方全部选择使用默认值，直接按 Enter 键即可。命令执行结束后会显示生成的 SSH 公钥的存放位置。该命令会生成两个文件，即一个公钥文件（id_rsa.pub）和一个私钥文件（id_rsa）。其中，公钥文件内容可以公开，但是私钥文件自己一定要保存好，不要轻易示人。

输入命令 `ssh-keygen -t rsa -b 4096 -C "××××@×××.com"`，生成 SSH 公钥，如图 10-5 所示。

图 10-5　生成 SSH 公钥

3. 导入 Gitee 平台

为了将编写的代码托管到 Gitee 平台上，就需要和 Gitee 平台进行通信，通信过程基于 SSH 协议进行加密以保障安全性。在 Gitee 平台中需要填入前面生成的 SSH 公钥。具体操作步骤如下。

（1）登录 Gitee 平台。

（2）单击首页右上角的个人信息图标，选中"设置"，如图 10-6 所示。

（3）在左侧导航目录中选中"SSH 公钥"一项，弹出添加公钥的页面。

（4）设置"标题"内容，可以自行输入。

（5）以文本方式打开前面生成的 SSH 密钥中的公钥文件（id_rsa.pub），复制里面全部内容，粘贴到"公钥"框中。

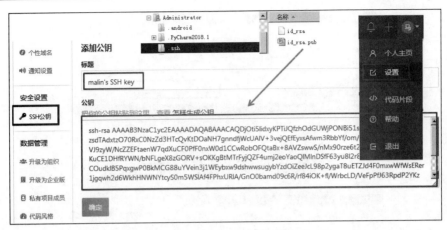

图 10-6 设置 Gitee SSH 公钥

（6）单击"确定"按钮，使配置生效。

10.2.3 在 PyCharm 中配置 Gitee

通信必须是双向的。除了在 Gitee 平台上进行配置，还要在 PyCharm 中进行相关的配置，以支持对 Git 的使用，并与 Gitee 平台实现互联互通。

1. 配置 Git

打开 PyCharm，依次选择 File→Settings，在弹出的 Settings 界面中，选择 Version Control→Git，打开 Git 的配置窗口，选择 git.exe 文件所在路径（Git 安装路径的 bin 目录下），单击 Test 按钮，验证配置是否正确，弹出的对话框会显示 Git 版本号，如图 10-7 所示。

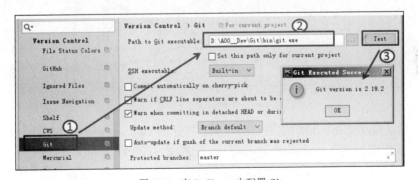

图 10-7 在 PyCharm 中配置 Git

2. 安装 Gitee 插件

打开 PyCharm，依次选择 File→Settings，在弹出的 Settings 界面中选择 Plugins，打开插件管理窗口。在插件搜索框中输入"gitee"，按 Enter 键开始自动搜索。当第一次进行配置时，会提示没有找到该插件（No plugins found）。单击提示信息中的 Search in repositories 超链接，等待片刻后会显示找到的 Gitee 插件信息。单击 Install 按钮，安装成功后，弹出需要重启 PyCharm 的提示信息，单击 Restart 按钮，重新启动，Gitee 插件即成功安装，如图 10-8 所示。

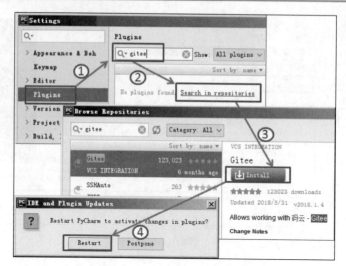

图 10-8 PyCharm 中安装 Gitee 插件

3. 配置与测试 Gitee

Gitee 插件安装成功后，PyCharm 的版本控制区域中就会多出"Gitee"项。打开 PyCharm，依次选择 File→Settings，在弹出的 Settings 界面中选择 Version Control→Gitee，弹出 Gitee 配置窗口。单击 Create API Token 按钮，弹出 Login to Gitee 对话框，输入在 Gitee 平台中注册时使用的登录账号和密码，单击 Login 按钮，具体配置如图 10-9 所示。

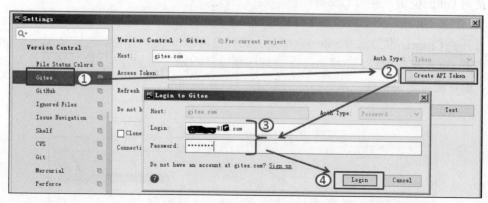

图 10-9 在 PyCharm 中配置 Gitee

填写登录认证信息后，自动生成访问令牌，并在图 10-10 所示的窗口中以掩码形式显示。在该窗口中勾选 Clone git repositories using ssh 复选框，其余配置均保留默认值。设置完成后，单击 Test 按钮测试，提示与 Gitee 平台连接成功。

图 10-10 在 PyCharm 中测试与 Gitee 的连接

10.2.4 共享项目

本节介绍如何将编写的代码托管到 Gitee 平台上。

首先，打开 PyCharm，从菜单栏中依次选择 VCS→Import into Version Control→Share Project on Gitee，如图 10-11 所示。

在弹出的对话框中自动默认填写了将要新建的库名称（使用当前 Python 的项目名称）和远程名称（默认为 origin），填写库描述信息后，只要单击 Share 按钮即可在 Gitee 中共享项目，如图 10-12 所示。

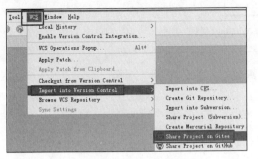

图 10-11　向 Gitee 中共享项目

图 10-12　填写远程库的描述信息

然后，会让用户选择提交的文件列表。这里可以根据需要选择要提交到远程库的文件，默认全部选择。选择完成后，单击 OK 按钮，如图 10-13 所示。

在向远程 Gitee 库提交文件的过程中，会弹出"Windows 安全"对话框，需要输入在 Gitee 平台中注册时使用的账号和密码作为 Windows 凭据，如图 10-14 所示。

图 10-13　选择提交文件

图 10-14　输入 Windows 凭据

如果后续需要修改此 Windows 凭据，在 Windows 操作系统中，打开"控制面板"，选择"用户账户和家庭安全"，在弹出的界面中选择"凭据管理器"，从"普通凭据"列表中找到"git:https://gitee.com"项，单击"编辑"按钮，重新输入新的用户名和密码，如图 10-15 所示。

项目共享成功后，登录 Gitee 平台，打开自己的主页，可以看到新增的项目。项目文件夹自动列出了提交的所有文件，如图 10-16 所示。

在 PyCharm 中共享项目并提交文件成功后，在 VCS 菜单中就会多出了 Git，通过这里的

Git 命令就可以实现和远程仓库之间的版本控制操作了，如图 10-17 所示。关于 Git 命令的使用方法在此就不详述了。

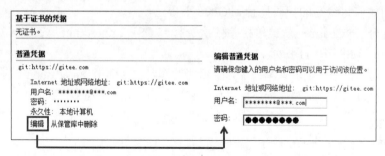

图 10-15　修改 Windows 凭据

图 10-16　Gitee 平台中的文件列表

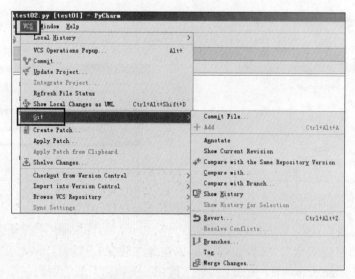

图 10-17　VCS 中多出的 Git

10.3　Jenkins 的安装

Jenkins 是一个独立的开源自动化服务器，可以用来完成与构建、测试、交付或部署软件相关的所有任务。Jenkins 可以通过本机系统包、Docker 来安装，甚至可以由安装了 Java 运行时环境（Java Runtime Environment，JRE）的任何机器独立运行。

10.3.1 安装及配置 JDK

为了使用 Jenkins，首先需要安装和配置 Java 开发工具包（Java Development Kit，JDK）。从 Java 官方网站下载 JDK 的安装包，选择默认安装选项即可，也可自行指定安装目录。JDK 下载地址参见 Oracle 官网。

安装完成后，还需要设置系统变量（此处以 Windows 7 系统为例）。具体步骤如下。

（1）右击"计算机"，在弹出的快捷菜单中选择"属性"命令。

（2）在弹出的窗口中选择"高级系统设置"。

（3）在弹出的"系统属性"对话框中，单击"环境变量"按钮。

（4）弹出"环境变量"对话框，在"系统变量"区域中单击"新建"按钮，如图 10-18 所示。

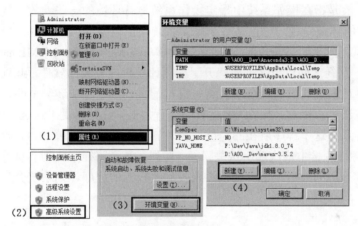

图 10-18　设置系统变量的步骤（1）～（4）

（5）如图 10-19（a）所示，弹出"新建系统变量"对话框后，在"变量名"文本框中输入"JAVA_HOME"，在"变量值"文本框中输入 JDK 的安装目录，这里设置为"F:\Dev\Java\jdk1.8.0_74"，单击"确定"按钮。然后，在"系统变量"区域的列表中找到 Path 环境变量，单击"编辑"按钮，弹出"编辑系统变量"对话框。在 Path 变量值的最后方添加";%JAVA_ HOME%\bin"，注意，前面以一个英文的分号隔开每个目录，如图 10-19（b）所示。

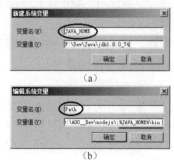

（a）

（b）

图 10-19　新建 JAVA_HOME 环境变量

同时按下 Windows 徽标键 + R 键，弹出"运行"对话框，输入"cmd"命令并单击"确定"按钮，打开命令行窗口。输入命令 java -version 并按 Enter 键，如果正确输出 Java 的版本信息，则说明 Java 安装成功了，如图 10-20 所示；如果报错，请检查前面的环境变量是否配置正确。

图 10-20　检查 Java 是否安装成功

　　这里有 Java、JDK 和 JRE 几个易混淆的概念。Java 是一门开发语言，可以用它来编写各种各样的程序，这些程序的开发和运行都需要适当的环境。JRE 提供 Java 基础类库、Java 虚拟机（JVM）等，能运行以 Java 语言编写的应用程序。JDK 是 JRE 的超集，也就是说，只要 JRE 有的 JDK 都有。另外，JDK 还提供了 Java 程序开发过程中需要的编译器和调试器。如果只需要运行 Java 程序，安装 JRE 就可以了。如果需要编写 Java 程序，则需要安装 JDK。

　　环境变量一般是指在操作系统中指定操作系统运行环境的一些参数。例如，我们常用到一个叫"Path"的环境变量，它也是整个操作系统中很重要的一个变量，里面存储了一系列的路径（类似于"C:\Windows\system32;C:\Windows;%JAVA_HOME%\bin;%MAVEN_HOME%\bin"），路径之间以英文分号隔开。根据计算机内安装的软件，此处保存的路径不尽相同，有些软件在安装的时候会自动在这里进行配置。当进行安装测试的时候，这个地方的配置是否正确应该进行核对。当系统要运行一个程序时，首先需要找到这个程序的存放位置。当用户没有告诉系统这个程序所在的完整路径时，除了在当前目录下面寻找此程序，系统还会自动到 Path 环境变量中依次遍历这些路径，直到在某个路径下找到要执行的程序后自动运行它。如果依次遍历到最后一个目录也没有找到要执行的程序，则系统会弹出找不到该程序的提示信息。

10.3.2　安装 Jenkins

　　这里选择 64 位 Windows 7 操作系统作为安装 Jenkins 的系统。从官方网站下载 Windows 环境下压缩好的 Jenkins 安装包（zip 格式），如图 10-21 所示。若在弹出的下载说明中有"Stable"字样，说明这是一个稳定的版本（稳定版本不一定是最新版本，最新版本一般不太稳定，实际部署中不建议使用）。

　　将该压缩包解压，得到一个"msi"（Windows 安装程序的数据包）类型的文件，双击此文件进入 Jenkins 的安装程序。整个安装过程中可以采用默认安装的方式。当然，用户也可以自行修改 Jenkins 的默认安装路径。

　　安装结束后，Jenkins 会自动注册一个自启动的 Windows 服务。按 Windows 徽标键 + R 键，打开"运行"对话框，输入 services.msc 命令，打开 Windows 服务可以找到 Jenkins 服务项。此服务默认为自启动类型，如果不经常使用 Jenkins，可以将启动类型由"自动"改为"手动"，如图 10-22 所示。这可以加快开机速度和减少系统资源消耗，需要使用的时候再手动开启此服务。

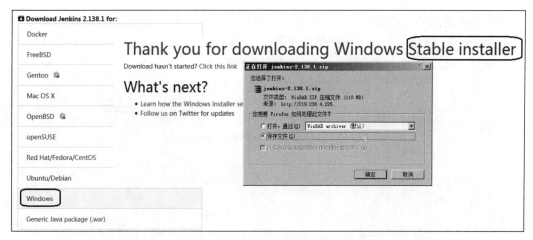

图 10-21　下载 Windows 版本的 Jenkins

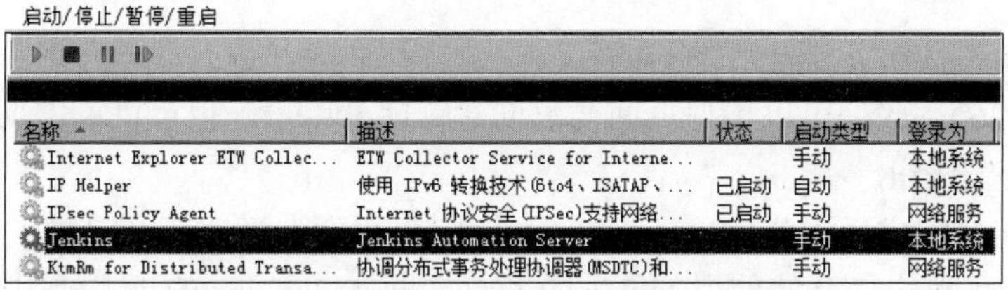

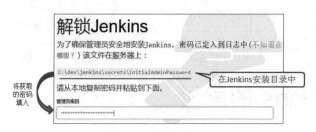

图 10-22　修改 Jenkins 的启动类型

确保 Jenkins 服务处于启动状态，打开浏览器，在地址栏中输入"http://localhost:8080/"，弹出解锁页面（第一次打开 Jenkins 后会进入"新手入门"界面）。解锁密码存放在页面给出的目录文件中，用文本工具直接打开，将提供的密码复制并粘贴到"管理员密码"文本框中即可解锁 Jenkins，如图 10-23 所示。

图 10-23　解锁 Jenkins

接下来，进入"自定义 Jenkins"页面（见图 10-24）。Jenkins 类似于一个管家，可以管理和配置相关的软件（如 Maven、Ant、Subversion、Git 等），而且这些操作都是通过各种插件来完成的，所以为了使用 Jenkins，重要的步骤就是安装和配置插件。这里，便捷的方法就是选择"安装推荐的插件"，自动安装各类常见插件。当然，这个过程需要在网络环境下完成，耗时较长。如果只使用某些固定的功能，可以自行选择插件来安装，这里选择"选择插件来安装"。

图 10-24　"自定义 Jenkins"页面

接下来，进入插件选择页面。左侧是各类插件的分类，右上角显示已选择的插件，默认已经选中 20 项（即前一个页面中的推荐插件），如图 10-25 所示，也可以根据需要自行选择。当然，也可以跳过此步，后续根据需要随时自行安装。

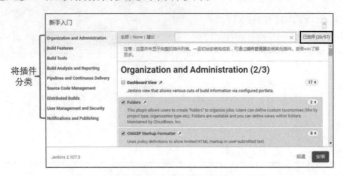

图 10-25　选择安装的插件

单击"安装"按钮，安装所选的插件。安装完插件后，进入"创建第一个管理员用户"页面（见图 10-26）。此处可以根据页面要求创建管理员用户，也可以单击页面下方的"使用 admin 账户继续"按钮。

以上各步配置完成后，弹出"Jenkins 已就绪！"页面，说明已经完成了 Jenkins 的安装，如图 10-27 所示。单击"开始使用 Jenkins"按钮，进入 Jenkins 的正式使用环节。

图 10-26　创建 Jenkins 的第一个管理员用户

图 10-27　Jenkins 安装完成

10.4　Jenkins 的配置

在开始通过 Jenkins 构建我们的测试项目之前，还需要对它进行一系列的配置工作，包括版本更新方式、相关插件的下载和安装、如何与第三方代码托管平台实现互联等。

10.4.1　系统更新

Jenkins 的版本在持续更新中，部署 Jenkins 的最新版本有多种方式。最简单的方法是在 Jenkins 首页左侧选择"系统管理"，Jenkins 自动检测当前是否有最新版本。如果有，会提示用户，单击"或自动升级版本"按钮即可更新 Jenkins 系统，如图 10-28 所示。

另外一种方式是单击提示信息中的 download 链接，下载 Jenkins 的 war 包，替换 Jenkins 安装目录中相应的 war 包。如果忘记了 Jenkins 的安装目录，可以在 Jenkins 主界面左侧选择

"系统管理",而后在右侧选择"系统信息",从"系统属性"列表中找到"executable-war"一项,其值中保存了 Jenkins 的 war 包存放路径,如图 10-29 所示。

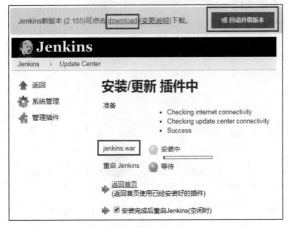

图 10-28 自动更新 Jenkins 系统　　　　　图 10-29 查看 jenkins.war 文件的存储位置

10.4.2 插件管理

Jenkins 本身没有提供很多的功能,而是通过插件来满足用户需求的。插件是 Jenkins 的核心,Jenkins 库中提供了大量的插件,极大地丰富和扩展了 Jenkins 的功能。

1. 安装可选插件

在 Jenkins 主界面左侧选择"系统管理",在右侧选择"管理插件"→"可选插件",打开可供安装的插件列表,如图 10-30 所示。选中要安装的插件后,单击页面下方的"直接安装"按钮即可。由于其提供的插件数量庞大,可以在页面的搜索框中输入要安装的插件名称,搜索相关插件。

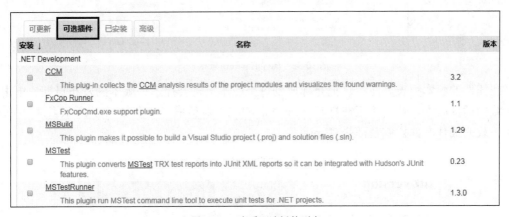

图 10-30 查看可选插件列表

2. 从官网下载插件

有些时候由于网速不佳,直接在 Jenkins 官网中下载安装插件会比较慢或者无法下载,因此可以提前将需要的插件下载好,再在 Jenkins 中手动完成安装。

打开 Jenkins 官网的插件下载页面,在搜索框中输入要下载的插件名称,从搜索结果中找到要安装的插件，如图 10-31 所示。单击该插件，可以打开此插件的详细信息页面。

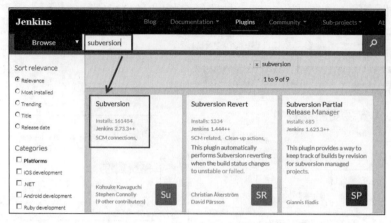

图 10-31　搜索需要下载的插件

　　在插件的详细信息界面中，Dependencies 区域列出了该插件需要依赖的其他插件，如图 10-32 所示。若此插件在 Jenkins 中安装失败，有可能是由于某个依赖的插件安装失败而导致的，因此要把依赖的插件下载下来并安装。为了下载插件，单击 Archives，打开该插件的版本列表界面。

图 10-32　插件的详细信息界面

　　在插件的版本列表界面中，把光标放到每个版本上时会提示该版本的发布日期。单击需要下载的插件版本，弹出"正在打开 subversion.hpi"对话框，如图 10-33 所示。从 Jenkins 官网下载的插件文件扩展名都是"hpi"。

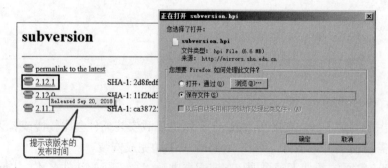

图 10-33　下载指定版本的插件

3. 从镜像站点下载插件

也可以通过国内镜像站点下载插件。以"清华大学开源软件镜像站"为例，在浏览器中输入地址 https://mirrors.tuna.tsinghua.edu.cn/jenkins/plugins/，页面会显示可用的插件列表。按下 Ctrl + F 组合键，输入要查找的插件名称，页面自动定位到该插件所在目录。单击目录进入插件版本列表，从中选择要下载的版本并打开，最后单击目标插件文件开始下载，如图 10-34 所示。

图 10-34　从镜像站点下载插件

4. 本地安装插件

下载完插件后，在 Jenkins 主界面左侧选择"系统管理"，在右侧选择"管理插件"和"高级"，向下滑动页面，找到"上传插件"部分。单击"选择文件"按钮，选择提前下载好的插件，然后单击"上传"按钮，开始插件的安装，等待显示"完成"状态即可，如图 10-35 所示。

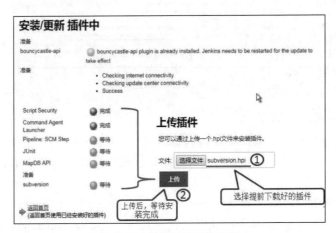

图 10-35　安装本地下载的插件

插件安装完成后，我们需要重新启动 Jenkins 使之生效。不需要关闭浏览器，在浏览器地址栏中输入"http://localhost:8080/restart"后按 Enter 键，系统会提示是否确定要重新启动 Jenkins，单击 Yes 按钮，重新启动，如图 10-36 所示。启动过程中会有"请等待"的相关提示信息。重启成功后，自动进入登录界面，需要重新输入用户名和密码来登录。

图 10-36　重启 Jenkins

　　自行下载插件并安装的过程中，有时候会提示失败，请不要着急，一般这种情况是因为相关依赖的插件没有安装成功，如图 10-37 所示。我们需要根据失败提示信息确定哪个依赖的插件没有安装成功，然后从官方网站的插件下载页面中，查找安装失败的插件，手动下载后，按以上步骤再次安装即可。

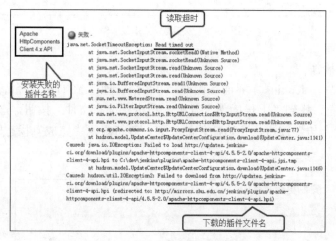

图 10-37　插件安装失败的提示信息

5．配置升级镜像

　　Jenkins 的服务器并不在国内，因此当我们需要升级插件的时候，下载速度会较慢。为了加快下载速度，可以使用国内的镜像站点来进行升级操作。这里介绍清华大学开源软件镜像站的使用方法。

　　在浏览器地址栏中输入地址 https://mirrors.tuna.tsinghua.edu.cn/jenkins/，可以打开清华大学开源软件镜像站，在其 updates 子目录中可以找到一个 update-center.json 文件，这就是我们配置 Jenkins 的升级文件。

　　在 Jenkins 主界面左侧选择"系统管理"，在右侧选择"管理插件"和"高级"选项卡，向下滑动至页面底部，找到"升级站点"部分，在 URL 文本框中输入以上镜像地址 https://mirrors.tuna.tsinghua.edu.cn/jenkins/updates/update-center.json，单击"提交"按钮，如图 10-38 所示。

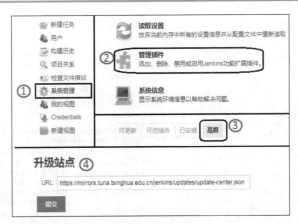

图 10-38　从镜像站点中升级插件

10.4.3　配置 Gitee

在 Jenkins 中构建项目的时候，需要从 Gitee 平台上获取提交的测试代码，因此在 Jenkins 中还要完成与 Gitee 相关的配置。

1. 安装 Gitee 插件

从 Jenkins 主界面左侧选择"系统管理"，在右侧选择"管理插件"和"可选插件"选项卡，在右上角的搜索框中输入"Gitee"关键字进行搜索。如果提前没有安装过这个插件，搜索结果为空。单击"立即获取"按钮，继续查找，就会显示 Gitee 插件信息了。选中此插件，单击"下载待重启后安装"按钮，自动下载、安装并重启，如图 10-39 所示。也可以从官方库中将插件下载到本地，按前面的办法手动上传后进行安装。

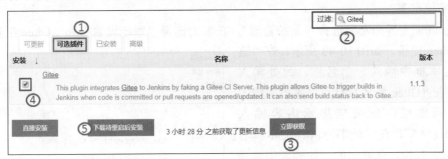

图 10-39　安装 Gitee 插件

2. 获取私人令牌

在 Jenkins 中访问 Gitee 平台需要持有访问的私人令牌。这个令牌可以在 Gitee 平台上生成并获取。登录 Gitee 平台，在首页右上角单击个人信息图标，依次选择"设置"→"数据管理"→"私人令牌"，首次访问该页面会提示尚未创建私人令牌，如图 10-40 所示。

单击"生成新令牌"按钮，显示私人令牌生成页面，任意填写"私人令牌描述"（必填项），从列表中选择可拥有的权限，单击"提交"按钮，生成私人令牌，如图 10-41 所示。

私人令牌生成后，会以随机字符串的形式显示到页面中，如图 10-42 所示。不要关闭此页面，先复制这个令牌，后面我们在 Jenkins 中要用到。如果未复制令牌且关闭此页，则需要重新生成令牌。

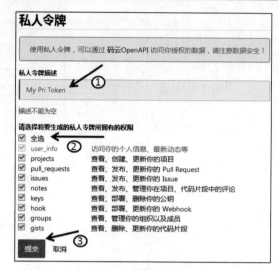

图 10-40　提示尚未创建私人令牌　　　　　　　图 10-41　生成私人令牌

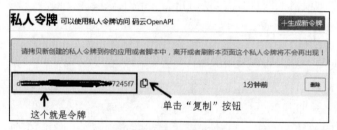

图 10-42　显示生成的令牌

3. 链接配置

在 Jenkins 主界面左侧选择"系统管理",在右侧选择"系统设置"和"Gitee 配置",在此设置 Gitee 链接,如图 10-43 所示。在"链接名"文本框中输入一个名称,此处输入"Gitee"。在"Gitee 域名 URL"文本框中输入 Gitee 官网地址,此处按提示内容输入"****//gitee***"。在"证书令牌"文本框右侧单击 Add 按钮,在弹出的下拉列表中选择 Jenkins 项,弹出"添加凭据"界面,相关设置如图 10-44 所示。添加凭据后,在"证书令牌"中选择"Gitee API 令牌(APITEST)"项,单击"测试链接"按钮,显示"成功"即可。

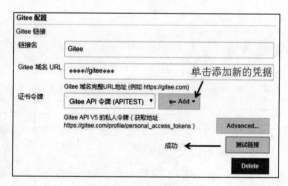

图 10-43　配置 Gitee 链接

在配置 Gitee 链接时,需要提供链接凭据。在图 10-44 所示的页面中可以新建一个链接凭据,其中"Domain"选择"全局凭据(unrestricted)","类型"选择"Gitee API 令牌","范围"选择"全局(Jenkins, nodes, items, all child items, etc)"。将上一个步骤中在 Gitee 站点生成并复制的私人令牌粘贴到"Gitee API V5 私人令牌"文本框中(以掩码形式显示)。自行输入 ID 和"描述"信息,它们起到标识名称的作用。

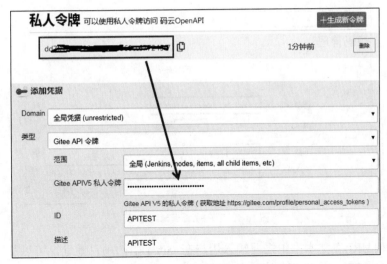

图 10-44　"添加凭据"界面的相关设置

10.5　Jenkins 的构建任务

安装必备插件并完成 Jenkins 的相关配置后，就可以着手完成 Jenkins 的构建任务了。通过这个任务自动从 Gitee 平台中获取测试代码，执行测试用例，并返回测试用例的执行结果。

1. 新建任务

为了新建 Jenkins 的构建任务，返回 Jenkins 主界面，从左侧导航菜单中选择"新建任务"，弹出"新建任务"界面，继续选择"构建一个自由风格的软件项目"，在"输入一个任务名称"文本框中输入任务名称，此处填写"API Test"，如图 10-45 所示。

2. 配置 Gitee 链接

在构建任务的"General"选项卡中，找到"Gitee 链接"一项，选择前面步骤中建立的 Gitee 链接名称，此处选择"Gitee"，如图 10-46 所示。

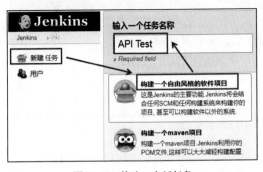

图 10-45　构建一个新任务

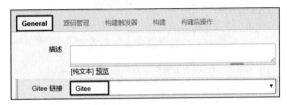

图 10-46　选择一个创建的 Gitee 链接名称

3. 配置源码管理

在源码管理选项卡中，单击 Git 单选按钮，可以通过单击"添加存储库"按钮添加仓库，如图 10-47 所示。

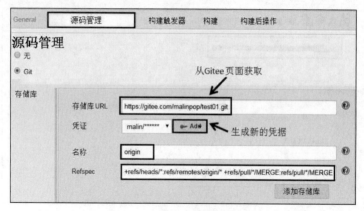

图 10-47　为任务配置源码管理

在"存储库 URL"文本框中需要输入用户在 Gitee 中的项目地址，可以从 Gitee 页面中找到并将 HTTPS 类型的地址复制过来，如图 10-48 所示。

在"凭证"下拉列表中选择一个可用的访问凭据。如果列表中没有可选项，可以单击旁边的 Add 按钮，新建一个访问凭据。

在"名称"文本框中填写 origin，origin 是用户复制一个托管在 Gitee 上的代码库时，默认创建的指向这个远程代码库的标签。在 Refspec 文本框中填写 Git 的引用格式，Git 通过这种格式来获取不同引用下的数据，此处填写"+refs/heads/*:refs/remotes/origin/*+refs/pull/*/MERGE:refs/pull/*/MERGE"。

其中，Domain 选择"全局凭据(unrestricted)"，"类型"选择"Username with password"，即用户名和密码方式，"范围"选择"全局（Jenkins, nodes, items, all child items, etc)"，然后填写注册 Gitee 时使用的用户名和密码，任意输入 ID 和"描述"信息即可，添加访问凭据，如图 10-49 所示。

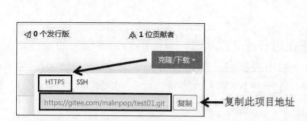

图 10-48　从 Gitee 上复制项目地址

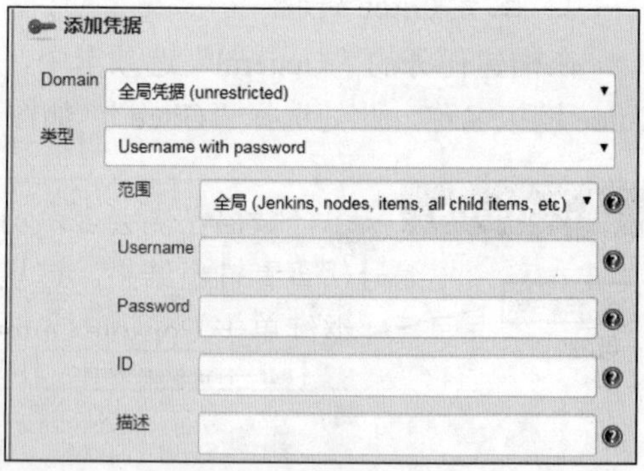

图 10-49　添加访问凭据

4. 构建任务的配置

选择"构建"选项卡，单击"增加构建步骤"按钮，从弹出的下拉列表中选择"执行 Windows 批处理命令"选项，在"命令"文本框中输入执行的命令语句，如图 10-50 所示。

命令格式是<python.exe 文件所在绝对路径> <需要执行的 Python 用例脚本绝对路径>。

其中需要注意的是，如果测试脚本是在 Python 虚拟环境中开发的，则 python.exe 文件的路径需要使用虚拟环境。

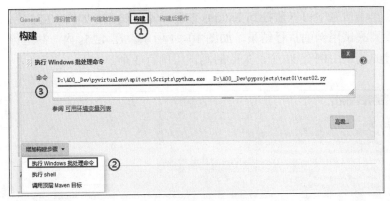

图 10-50　构建任务的配置

此处输入的命令如下。

```
D:\A00__Dev\pyvirtualenv\apitest\Scripts\python.exe   D:\A00_ _Dev\pyprojects\test01\
test02.py
```

10.6　运行构建任务

成功构建任务后就可以运行了。返回 Jenkins 主界面，在任务列表中单击要运行的 API TEST
任务名称，在左侧导航菜单中选择"立即构建"，开始构建任务，如图 10-51 所示。

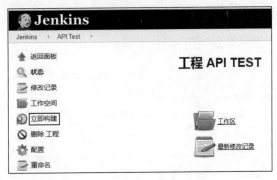

图 10-51　开始构建任务

如图 10-52 所示，页面左侧会显示历次的构建历史、正在构建的任务的进度。可以随时
单击构建历史编号，查看输出结果。这里正在进行第 8 次构建，单击编号为"#8"的链接，
显示任务页面后，继续单击 Console Output，弹出控制台，输出任务构建信息。

图 10-52　构建历史

从控制台输出信息中可以监控到 Jenkins 的整个运行过程，如图 10-53 所示。任务运行结束后，可以看到测试用例的执行结果，如图 10-54 所示。在 4.25s 内一共运行了 14 个测试用例，其中通过的测试用例有 11 个，失败的测试用例有 3 个。

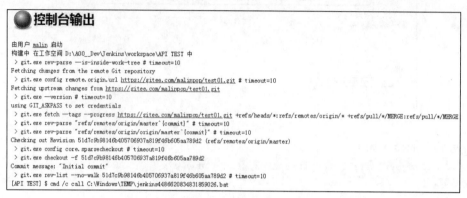

图 10-53　输出结果

```
D:\AOO_Dev\Jenkins\workspace\API TEST>D:\AOO_Dev\pyvirtualenv\apitest\Scripts\python.exe
                        D:\AOO_Dev\pyprojects\test01\test02.py
test_get_defects (__main__.TestAPI) ... FAIL
test_post_defect (__main__.TestAPI) ... ok
test_get_defect (__main__.TestAPI) ... ok
test_put_defect (__main__.TestAPI) ... ok
test_del_defect (__main__.TestAPI) ... ok
test_get_nonexistent_code (__main__.TestAPI) ... ok
test_post_blank_code (__main__.TestAPI) ... ok
test_post_missing_code (__main__.TestAPI) ... ok
test_post_missing_desc (__main__.TestAPI) ... FAIL
test_post_wrong_state (__main__.TestAPI) ... ok
test_post_error_type (__main__.TestAPI) ... ok
test_post_max_code (__main__.TestAPI) ... FAIL
test_post_toolong_code (__main__.TestAPI) ... ok
test_post_unique_code (__main__.TestAPI) ... ok


======================================
FAIL: test_get_defects (__main__.TestAPI)
--------------------------------------
Traceback (most recent call last):
  File "D:\AOO_Dev\pyprojects\test01\test02.py", line 23, in test_get_defects
    self.assertEqual(3, len(data))
AssertionError: 3 != 5


======================================
FAIL: test_post_missing_desc (__main__.TestAPI)
--------------------------------------
Traceback (most recent call last):
  File "D:\AOO_Dev\pyprojects\test01\test02.py", line 142, in test_post_missing_desc
    self.assertEqual(201, r.status_code)
AssertionError: 201 != 400


======================================
FAIL: test_post_max_code (__main__.TestAPI)
--------------------------------------
Traceback (most recent call last):
  File "D:\AOO_Dev\pyprojects\test01\test02.py", line 194, in test_post_max_code
    self.assertEqual(201, r.status_code)
AssertionError: 201 != 400


--------------------------------------
Ran 14 tests in 4.250s


FAILED (failures=3)

D:\AOO_Dev\Jenkins\workspace\API TEST>exit 0
Finished: SUCCESS
```

图 10-54　测试用例执行结果

10.7　本章小结和习题

10.7.1　本章小结

本章介绍了如何通过 Jenkins 这个当前流行的持续集成工具，自动执行托管到 Gitee 平台上的测试用例代码。在这个过程中，需要同时使用 PyCharm、Gitee 平台和 Jenkins，在进行大量相关的安装与配置后，最终成功构建自动执行接口测试的任务。在这个基础上，读者可以继续深入研究 Jenkins，使测试工作更好地融入整个项目的持续集成中。

10.7.2　习题

1. 请说出持续集成的定义及对测试工作会带来的好处。
2. 如何升级 Jenkins 的版本？
3. 在 Jenkins 中如何安装已下载到本地的插件？

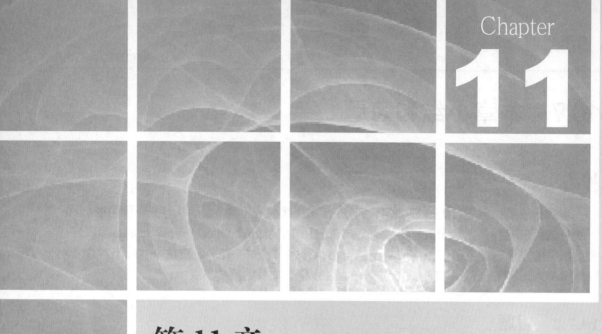

Chapter 11

第 11 章

接口自动化测试
平台的设计与实现

11.1　接口测试面临的一些痛点问题

前面章节从 Python 基础、Python 单元测试、主流的接口测试工具 JMeter 和 Postman 的使用、接口测试案例项目实战等方面进行了详细的介绍，相信你对接口测试的概念、工具的使用和项目实战等一定有了一个非常清晰的认识，并具备了一定的实战能力。但随着在接口测试工作中经验的增长，你一定会发现接口测试的痛点问题，主要表现在以下几个方面。

- 学习成本问题：依据不同企业所开发的系统，应用的协议可能也不尽相同，有的系统可能应用 HTTP/HTTPS，有的系统可能应用 Web Services 协议等。作为接口测试人员，你必须掌握一些协议的基础，比如本书中主要应用 HTTP/HTTPS，因此你可能就必须了解 HTTP/HTTPS 的相关知识，如什么是 GET、POST、DELETE 等方法，什么是响应状态码，不同的响应状态码代表的含义，什么是请求头信息，如何发送请求，什么是响应头，什么是响应数据，响应数据返回的数据格式是 HTML 还是 JSON 格式，JSON 数据格式有什么特点，为什么说 HTTP 是无状态的等。你不仅需要掌握协议的知识，还必须掌握接口测试主流工具（如 JMeter、Postman 或者 Fiddler 等）的使用方法。当然，通过对本书的学习你可能已经掌握了这些工具的使用方法。但是，试想一下，如果你是一个从未接触过这些内容的人员，学习这些协议知识和工具的时间周期必定会比较长。
- 执行效率问题：尽管 JMeter 和 Postman 等工具为我们提供了强大的功能，可满足接口测试的需求，但其主要的操作方式是在提供的图形交互界面（GUI）上经过多个操作步骤输入较多的选项来完成的。这可能会浪费一些时间，降低工作效率。不熟悉工具的测试工程师对这两款工具更会感到无从下手。
- 执行结果展现问题：尽管 JMeter 和 Postman 等工具为我们提供了一些与测试结果相关的图表，但是每个企业都有各自的一些特点和要求，它们目前都没有一种能够定制输出测试结果模板的能力。
- 执行结果通知问题：通常情况下，测试工作执行完毕后，都会发送一封邮件给相关人员，让他们了解本次执行的结果，如果有问题，及时调整、处理和解决。但如果应用 JMeter 和 Postman，这些工具是不会帮我们发邮件的。如果想发邮件，你必须手工操作或者编写一个小程序，监控测试结果的输出，检查到有新的测试结果时，触发发送邮件的小程序或者设置一个 Jenkins 任务、配置邮箱，让 Jenkins 帮我们发邮件，这些都是用于发送结果的方案。但是，上面这些操作方式有些烦琐。因为接口测试工作和发送邮件是两个独立的工作，它们没有必然的联系，哪一天工作任务重了，你就有可能忘记发邮件、忘记启动发送邮件小程序、忘记启动 Jenkins 服务（没有固定专用的 Jenkins 服务器）。

11.2　接口自动化测试平台核心功能设计

11.2.1　接口自动化测试平台的引入

针对接口测试面临的一些痛点问题，结合我们学习的 Python、JMeter 和 Postman，我们又能做些什么呢？

学以致用，不仅要学习知识，最重要的是将学习到的知识实际应用到工作中，这才是最有价值、最有意义的事情。前面介绍 JMeter 和 Postman 工具时，只介绍了它们如何使用，但是可能你并不知道当你保存了脚本以后，它们都支持命令行调用、执行的方法。关于通过命令行方式调用 JMeter 脚本和 Postman 脚本的方法将在本章进行介绍。如果你掌握了一些 Web 框架开发的技术，比如基于 Python 的 Django 或者基于 Java 的 Spring MVC 等框架，那么是不是可以设计一款适合自身企业特点、简单易用的接口自动化测试框架或者平台呢？可能很多读者对框架和平台的概念并不是十分清楚，因此这里简单地介绍一下。简单地说，框架用于解决特定的问题，从而实现该应用领域内通用完备的功能。这样，使用者就不必关心其底层实现，而在其提供的通用功能上使用就可以了。拿移动自动化测试框架 Appium 来说，它就是一个为了解决安卓、iOS 设备中原生、Web 和混合应用程序自动化测试的框架。当然，对于软件开发来讲，框架就更多了，有针对前端的开发框架，有针对不同语言而诞生的框架。应用框架强调的是软件的设计重用性和系统的可扩展性，以缩短大型应用软件系统的开发周期，提高开发质量。那么什么是平台呢？平台和框架的概念有些类似，它是更高层次的“框架”，准确说它是一种应用。这里举一个例子，就拿我们每个企业的 OA（即办公自动化）系统来说，它就是一个平台，是为了满足企业在员工考勤、流程审批、员工请假与报销等业务需要而形成的产品。

上面简单介绍了框架和平台的一些知识，不知道是否对你有一定的启发？聪明的读者一定能想到，我们完全可以利用 Python 和 Django Web 框架来实现一套接口自动化测试平台，这样就能因地制宜地解决公司在接口测试中的痛点问题了。下面，我们具体针对前面提到的痛点问题分别进行说明。

- 学习成本问题：如果自行开发系统可以将底层操作进行封装，且提供更友好的界面、更简单的操作来降低操作者的学习成本，使其只关注业务而无须学习太多关于协议和 Python 知识。即使刚开始可能掌握情况不理想，但经过几次简单的培训后，相信绝大多数测试人员一定能掌握。可以结合自己学习任何一门语言或者工具的经验来想一想，如果让你今天学习使用这个工具，明天学习使用那个工具，你很有可能就会发懵。如果你长期学习或者使用同一个工具，肯定会精通。
- 执行效率问题：如果我们自己开发了一套接口自动化测试框架或者平台，可能就不需要像做通用产品一样考虑那么多情况了，只需要考虑设计符合接口测试需求的有限情况，在操作流程、操作界面等方面都可以简化处理。同时可以通过编写 Python 和 Celery 程序控制接口测试用例在不同机器上运行，这样在需要执行的测试用例集规模庞大时更能体现其优势。
- 执行结果展现问题：每个企业都有各自的一些特点和要求，当你掌握了通过 Python 对 Excel 文件、XML 文件或文本文件进行读写的操作后，你可以设定符合公司特点的一些 HTML 格式或者 Excel 文件格式的模板，对其图标、单元格、每行的数据进行控制，输出统一的测试结果模板。这无疑能更加体现出测试团队的专业性。
- 执行结果通知问题：每次接口测试工作完成后，发送一封测试结果邮件应该是一个专业测试团队应该做的。当你实现了一套框架/平台后，就可以将二者联系起来，每次生成报告以后，自动读取发件人、收件人邮箱，向他们发送一封测试总结报告了。

当然，你也可以通过使用 Python 调用 Jenkins 来实现。

通过上面的说明，你是不是发现前面讲的接口测试的一些痛点问题都得到了解决呢？你是不是觉得设计一个接口自动化测试框架或者平台还是非常有价值、有意义的一件事情呢？

11.2.2 接口自动化测试平台的投入

接口自动化测试平台能解决很多痛点问题。一些从未实施过自动化测试平台开发甚至是未做过接口测试的企业想不切实际地一步到位，自行开发一套接口自动化测试框架或者平台。一些企业领导认为只要实施了自动化测试，工作效率和工作质量就能得到巨大的提升。在这里要强调的是事物具有两面性，自动化测试会带来收益，也会产生成本。相关的成本如下。

- 框架/平台设计、实现成本：要设计一个适用于本企业的框架/平台，需要有专业的测试开发人员，他们不仅要掌握编程语言、Web 框架的相关技能，还需要具备丰富的接口测试实战经验、需求提取和框架/平台设计及实现能力。框架/平台的开发通常需要投入两名以上的测试开发或者开发人员，少则 2~3 周，多则几个月的时间才能完成。
- 培训成本：一套接口自动化框架/平台实现后，并不意味着万事大吉。你还需要对相关的使用人员进行培训，让他们能够理解框架/平台以及在使用过程中出现的一些问题。
- 用例维护成本：就像功能测试中当处理的业务逻辑发生变化时，需要同步变更测试用例一样，当接口调用的路径、参数等发生变化时，同样要维护接口测试用例。当然，随着软件开发周期中功能的不断增加，也需要不断增加新的接口测试用例。当然，如果一些接口已经废弃了，需要将那些无用的接口用例删除掉。这是一个持续性的工作。
- 设备投入成本：通常情况下，各企业都应该有接口自动化测试专用的机器设备。

实施自动化测试不一定能提升测试质量和工作效率，主要有以下几点原因。

- 测试覆盖不全面：自动化测试的脚本是由测试人员编写的，如果测试人员在设计时考虑不全面，自动化脚本自然也就覆盖不全面。当然，就会产生漏测情况。很多过于复杂的业务通常情况下不会转化为自动化脚本，而是由人工来完成的。无论是接口自动化测试还是功能自动化测试，都不可能完全取代人工测试。
- 测试工作效率不一定会提高：从自动化测试持续进行下去的角度来看，它一定能提升工作效率。但是，在实施自动化测试前期，可能会出现工作效率不升反降的情况。测试人员不仅要完成正常的测试任务，还要将其转化为测试脚本，再进行调试，因为他们对测试工具、测试框架或者测试平台不熟悉，很有可能花费更多的时间。所以，企业的领导应该对这个适应、调整阶段有一个合理的预期。
- 错误设定自动化测试范围：自动化测试脚本执行次数越多，收益就越大。如果一款软件产品只进行一次质量检查，无疑人工测试是最节约成本、最有效的测试方法。自动化测试应该挑选那些经常使用的功能、重要的功能以及第三方 SDK 调用和一些容易漏测的内容作为重点测试内容。无限度地对系统的所有功能和所有接口调用都实现自动化测试是不切实际的一种做法。应综合考虑人力成本、时间成本、产品质量要求和测试执行的频度等因素，找到一个平衡点。

11.2.3 通过 JMeter 命令行调用执行的方法

JMeter 支持命令行控制台调用，如果你希望查看其支持的所有命令行参数，可以把安装目录 bin 或者将这个路径加入 Windows 系统的 PATH 系统环境变量中，而后运行 `jmeter -?` 命令，如图 11-1 所示。

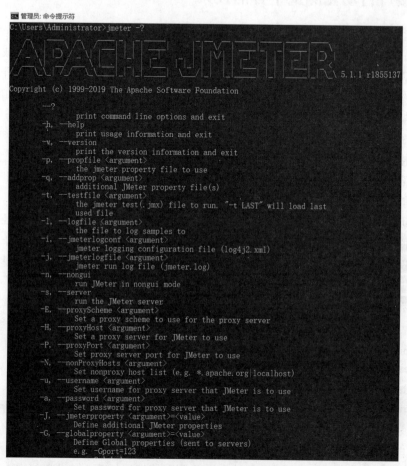

图 11-1　JMeter 命令行参数说明

这里，我们可以看到 JMeter 提供了非常丰富的参数。这里主要结合我们的需要挑选一些参数进行说明（见表 11-1），更多参数的说明请大家自行阅读，这里不再赘述。

表 11-1　　　　　　　　　　　　　JMeter 命令行的部分参数

序号	参数名称	参数解释
1	-t, --testfile <argument>	指定测试脚本文件（.jmx），即脚本全路径
2	-l, --logfile <argument>	执行结果文件的存放全路径，请求结果文件是以（.jtl）为扩展名的文件，其内容实质上是 xml 或者 csv 格式。具体采用哪种格式，可以通过 jmeter.properties 文件中的 jmeter.save.saveservice.output_format 配置项来指定

续表

序号	参数名称	参数解释
3	-j, --jmeterlogfile <argument>	执行摘要日志存放全路径。如果不指定，将默认保存在 bin 目录下的 jmeter.log 文件中
4	-n, --nongui	以命令行方式执行 JMeter 脚本
5	-s, --server	运行 JMeter 服务器
6	-p, --propfile <argument>	指定 JMeter 属性文件全路径
7	-d, --homedir <argument>	指定 JMeter 所在根目录
8	-o, --reportoutputfolder <argument>	指定测试报告保存路径（注意，此目录必须不存在或者目录为空）
9	-r, --runremote	启动远程服务器执行，服务器是由 jmeter.properties 文件的 remote_hosts 配置项来指定的
10	-H, --proxyHost <argument>	指定 JMeter 执行的代理服务器主机地址
11	-P, --proxyPort <argument>	指定 JMeter 执行的代理服务器主机端口

这里举一个例子，在前面讲解 JMeter 工具使用的时候，我们创建了一个火车车次查询的接口测试脚本，其名称为"huocheapitest.jmx"。这里就以命令行方式运行此脚本，并将产生的结果文件存放于 C:\jmeterresult\huocheapitest.jtl 文件中。对应的命令为 jmeter -n -t C:\apache-jmeter-5.1.1\bin\huocheapitest.jmx -l C:\jmeterresult\ huocheapitest.jtl，如图 11-2 所示。

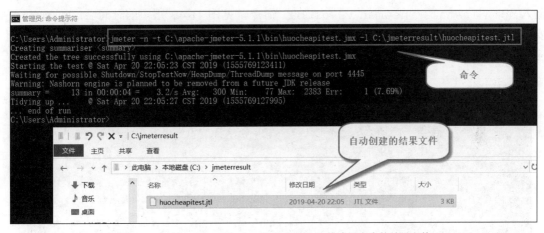

图 11-2　运行 huocheapitest.jmx 脚本的 JMeter 命令及产生的结果文件

如图 11-2 所示，尽管产生了"huocheapitest.jtl"结果文件，但我们该怎样查看这个结果呢？

你需要启动图形化的 JMeter，而后在测试计划下添加对应的监听器元件，并指定该结果文件，就可以正常查看了。如图 11-3 所示，为了查看结果并以表格方式来显示，就需要加入 View Results in Table 元件，在该元件的 Filename 中指定该文件，就可以展现执行结果信息了。其他的结果展示方式类似，不再赘述。

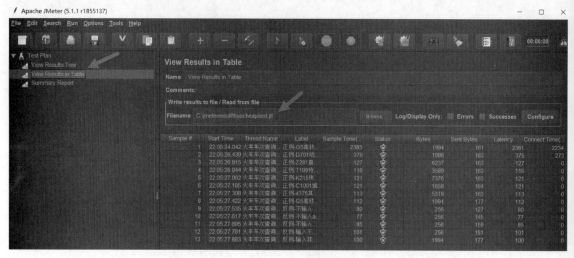

图 11-3　以表格方式展示结果文件

11.2.4　通过 Postman 命令行调用执行的方法

Postman 自身并不提供命令行调用执行的工具，而是通过 Newman 来调用执行它的。Newman 的安装需要 Node.js 和 npm。在前面已经讲了如何安装 Node.js 和 npm，这里不再赘述。

由于作者已经安装过了 Node.js 和 npm，这里只需要安装 Newman 就可以。在控制台中输入 npm install newman --global 命令，见图 11-4。很短的时间后，Newman 将安装到本机。接下来，可以输入 newman -h 命令来查看是否能看到帮助信息。若出现了对应的帮助信息，则说明安装成功。

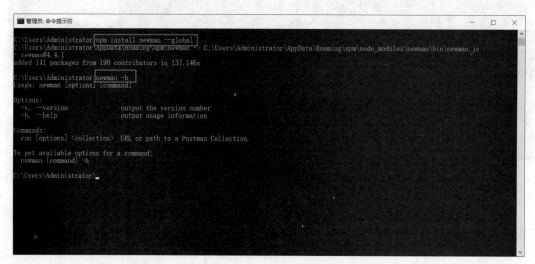

图 11-4　Newman 的安装与帮助信息

这里，Newman 提供了非常丰富的参数。这里主要结合我们的需要挑选一些参数进行说明（见表 11-2），更多参数的说明请大家自行阅读其官网提供的帮助，这里不再赘述。

表 11-2   Newman 命令行的部分参数

序号	参数名称	参数解释
1	-e \<source\>, - environment \<source\>	指定环境文件的路径或 URL。环境提供了一组可以在集合中使用的变量
2	-g \<source\>, - globals \<source\>	指定全局变量的文件路径或 URL。全局变量与环境变量类似，但优先级较低，可以被具有相同名称的环境变量覆盖
3	-d \<source\>, - item-data \<source\>	指定要用于迭代的数据源文件（CSV）作为文件路径或 URL
4	-n \<number\>, - item-count \<number\>	指定与迭代数据文件一起使用时必须运行的集合次数
5	--verbose	显示收集运行和发送的每个请求的详细信息

这里举一个例子，在前面讲解 Postman 工具使用的时候，已经创建了一个火车车次查询的接口测试集合。接下来，需要打开 Postman 工具，在 Collections 选项下找到"火车车次查询接口测试用例集"集合，而后单击"…"按钮，在弹出的快捷菜单中，选择 Export 菜单项，导出火车车次查询接口测试用例集，如图 11-5 所示。

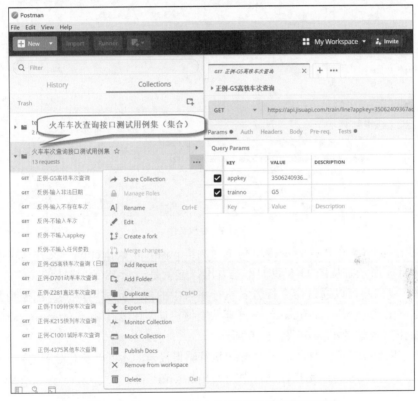

图 11-5   Postman 中导出火车车次查询接口测试用例集

接下来，如图 11-6 所示，在弹出的 EXPORT COLLECTION 对话框中选择默认的 Collection v2.1(recommended)格式，而后单击 Export 按钮。

这里将其导出到 C:\postmantest 目录，导出的文件名使用默认的文件名，单击"保存"按钮，保存文件，如图 11-7 所示。

当然，如果设置了环境变量、测试数据和全局变量，还需要分别从对应页面将它们导出来，并在命令行执行时指定匹配的文件，才能正确执行。因为作者并没有用到这些文件，所以只导出集合文件即可，其他文件的导出方法不再赘述。

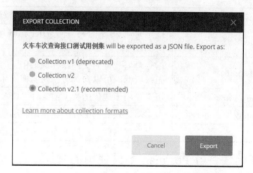

图 11-6 EXPORT COLLECTION 对话框

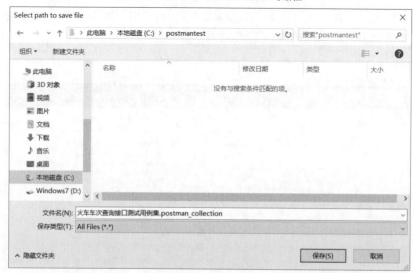

图 11-7 存放文件

打开导出后的"火车车次查询接口测试用例集.postman_collection"文件，可以看到其部分内容如图 11-8 所示。从图 11-8 我们不难看出，它就是一个 JSON 格式的文件。

接下来，我们就可以通过命令行方式执行集合中的接口测试用例了。在控制台中输入命令 newman run C:\postmantest\火车车次查询接口测试用例集.postman_collection.json，其输出结果如图 11-9 和图 11-10 所示。

如果需要以 JSON 或者 HTML 格式输出执行结果报告，还可以安装对应的--reporter-html-export 包，安装方法是在控制台中输入 npm install -g newman-reporter-html 命令。

然后，可以输入 newman run C:\postmantest\火车车次查询接口测试用例集.postman_collection.json -r json --reporter-html-export C:\postmantest\test_result.json 命令来产生 JSON 格式的执行报告，输入 newman run C:\postmantest\火车车次查询接口测试用例集.postman_ collection.json -r junit --reporter-junit-export C:\postmantest\test_result.xml 命令来输出 JUnit 格式的执行报告，或者输入 newman run C:\postmantest\火车车次查询接口测试用例集.postman_collection.json -r html --reporter-junit-export C:\postmantest\test_ `result.json` 命令来输出 HTML 格式的执行报告。这里仅展示 HTML 格式的输出报告，如图 11-11 所示。

```json
"info": {
    "_postman_id": "fc7f7e5b-2546-451b-b4c7-fd475ef573ad",
    "name": "火车车次查询接口测试用例集",
    "schema": "https://schema.getpostman.com/json/collection/v2.1.0/collection.json"
},
"item": [
    {
        "name": "正例-G5高铁车次查询",
        "event": [
            {
                "listen": "test",
                "script": {
                    "id": "c357db1f-3144-4448-968b-4770d36625fb",
                    "exec": [
                        "pm.test(\"Body matches string\", function () {",
                        "    pm.expect(pm.response.text()).to.include(\"G5\");",
                        "});"
                    ],
                    "type": "text/javascript"
                }
            }
        ],
        "request": {
            "method": "GET",
            "header": [],
            "body": {
                "mode": "raw",
                "raw": ""
            },
            "url": {
                "raw": "https://api.jisuapi.com/train/line?appkey=35062409367ad▓▓&trainno=G5",
                "protocol": "https",
                "host": [
```

图 11-8　导出后的集合文件的部分内容

图 11-9　输出结果 1

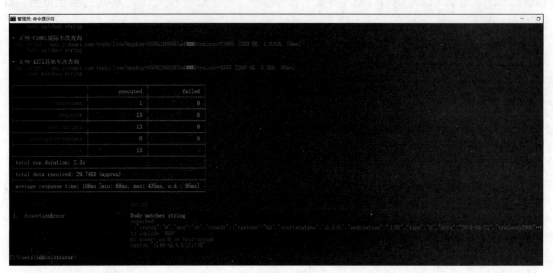

图 11-10　输出结果 2

Postman Report

Newman Report

Collection	火车车次查询接口测试用例集
Time	Sun Apr 21 2019 10:49:22 GMT+0800 (GMT+08:00)
Exported with	Newman v4.4.1

	Total	**Failed**
Iterations	1	0
Requests	13	0
Prerequest Scripts	0	0
Test Scripts	13	0
Assertions	13	1

Total run duration	1794ms
Total data received	29.74KB (approx)
Average response time	89ms

Total Failures　　1

Requests

正例-G5高铁车次查询

Description	正确输入包含必填高铁参数的相关内容（必填参数包括 高铁列车车次和appkey）
Method	GET
URL	https://api.jisuapi.com/train/line?appkey=35062409367ad████&trainno=G5
Mean time per request	391ms
Mean size per request	1.74KB
Total passed tests	1
Total failed tests	0

图 11-11　HTML 格式的输出报告

　　同时在报告中也将展示断言失败的用例的输出信息，如图 11-12 所示。

　　当然，如果你觉得输出的报告格式简单，可以通过抽取输出报告中的对应数据来重新制作一个报告或者安装支持自定义报告的包（npm install newman-reporter-<报告名>），这里不再赘述。

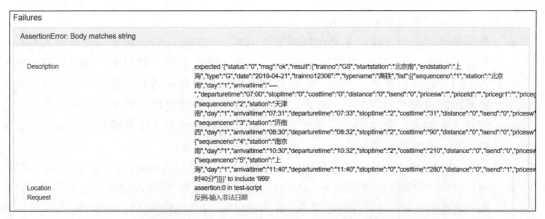

图 11-12　HTML 格式输出报告中关于断言失败部分的内容

11.2.5　测试平台开发综述

前面已经介绍了接口自动化测试平台开发的益处和需要投入的成本等相关内容，那么如何开发一款适用于自己企业的测试平台呢？

有以下几点建议。

- 平台设计需求要全面、统一和明确：就像开发任何一款软件一样，你要抓住这款软件的产品定位，它需要包含哪些功能、支持多少用户、支持哪些浏览器或其他终端设备、是否有性能要求、是否支持分布式处理等方面内容都需要考虑。对于测试平台的开发来讲，这些内容也是你必须关注的。测试平台的开发不仅是测试部门的事情，你还需要倾听其他部门的一些需求、建议，特别是研发、产品和运维这 3 个和测试部门关系密切的部门的反馈意见，一定不能闭门造车。很多时候，我们不必因为测试部门需要开发一个平台就打破先前已经定义好的流程、工作方式和交互方式。这里举一个例子：平台已经确定有一个接口导入功能，而以前研发部门会提供类似文档，但是每个项目组提供给测试部门的格式不尽相同。这时，为了由测试平台统一处理，测试团队就必须和各项目组确定一个统一的格式，研发团队必须按照格式规范提交文档。而有的研发团队已经积累了很多文档，而且严格按照格式填写接口信息内容，测试团队当然就不需要再进行太多的改变。尽量不要改变本部门和其他部门的工作习惯、工作流程，也不要因为一些细小的变化而做一些重复性的工作，毕竟每个部门都很忙。如果没等到平台需求收集完成，就会让大家感到很多不适，结果可想而知了。各部门针对接口自动化测试平台相关的需求和意见收集完毕后，测试部门进行分析并确定最终要开发的功能以及非功能需求。在形成全面、统一和明确的平台需求设计文档后，再次和相关部门确认需求是否一致，若不一致则调整，直至统一、明确。
- 平台开发与工作的平衡：主要有两个方面。一方面，结合目前各企业的一些实际情况，尽量在平台开发过程中平衡好人力、物力的投入，不能因为开发平台而影响到正常的测试工作，甚至影响到产品的质量；另一方面，做任何工作都要考虑轻重缓急，要安排一个合理的优先级。对于平台的实现，建议先实现核心功能，再实现那些小的辅助性功能。能够在实际工组中应用平台，解决测试问题，提升工作效率和产品质量才是最有意义的事情。

- 提供持续的平台支持：主要包括两方面内容。一方面，设计和实现平台的人是对平台最了解的，他们应该在平台设计好后并投入使用之前，针对平台相关功能的使用方法对实际使用者进行培训，同时使用者在使用过程中遇到问题后，平台设计人员要及时解决相关问题；另一方面，平台必须坚持持续使用，若平台出现缺陷要及时修复，应加强平台使用方面的交流，倾听使用者的意见。重要的修改意见一定要采纳，提升使用者的满意度。

通常，接口自动化测试平台都包括哪些核心功能呢？一款接口自动化测试平台包含以下功能。

- 项目管理：主要维护项目相关信息。接口测试都针对某一个具体的产品或者项目。只有添加项目信息后，才能在该项目下设计测试用例、执行测试用例、产生测试报告等。

- 用例管理：测试的核心工作就是用例设计，好的用例能覆盖更多的功能及非功能性需求。用例管理包括新增、修改、删除接口测试用例，用例管理不仅是对独立单用例和相互关联用例进行管理，还需要对用例集进行管理。针对不同的软件版本，在测试时会应用不同的测试策略，不同的测试策略就决定了测试用例执行的范围和覆盖度。

- 环境管理：在实际工作中可能会涉及很多测试相关的环境，如测试环境、生产环境、开发环境。通常情况下，在这些环境中应用的接口测试脚本都是一样的，针对同一套接口测试脚本，测试时是不是通过改变 IP 地址或者主机域名就可以实现对不同环境的接口测试了呢？把所有的测试环境添加到环境配置文件或者数据库中，在执行时，指定要针对哪个环境进行测试，这也是多数平台通常的处理方式。

- 任务管理：管理要执行的接口测试用例或者用例集。通常情况下接口测试用例的执行速度非常快。但是，结合目前很多敏捷团队做持续集成、每日构建的情况，会存在在指定时间构建软件的测试版本、配置测试环境、执行测试用例，有的企业每天要构建几十、几百次，甚至上千次（也就是每隔几秒钟、几分钟就构建一次）。当然，如果测试系统的接口测试用例数量庞大，可能就需要多机分布式并行执行或者对接口测试用例进行筛选，以满足持续集成快速构建和及时发现问题的需要。

- 结果分析：通常，任何一款优秀的自动化测试产品都提供格式美观、直观的结果，并提供一些问题产生原因的相关信息，这能帮助我们快速定位问题。HTTP 是一个无状态协议，只要浏览器发送请求给服务器，服务器响应了请求，不管服务器返回的数据是对的还是错的，它都认为是正常的。所以，通常情况下，必须要设置一个检查点或者设置一个断言，判断服务器响应数据中是否包含指定的字符串或者返回的状态码。如果发现不一致，则将响应数据输出到日志文件中，方便测试或者研发人员进一步定位问题产生的原因。接口测试不仅关注 API 函数是否实现了正常的功能，当输入不正常的参数时会不会引起服务器宕机，在涉及金钱的时候会不会产生盗刷银行卡、窃取用户账号等，还关注接口的稳定性以及接口测试性能。接口的稳定性表现在多次、长时间调用这些接口时，以及它们能提供正常的服务，且每次的响应时间偏差不大。而接口的性能表现在能支撑多少用户并发访问、每秒能处理多少笔接口业务（即 TPS），以及在变化用户数时响应时间的变化趋势等。

- 报告生成：一份直观的测试总结报告是平台不可或缺的内容，以表格或图表的形式展现执行测试结果的相关信息。目前，被广泛使用的测试报告格式有 HTML、XML、

Excel 和 PDF，你可以依据自身的实际情况进行选择。

- 邮件通知：通常情况下，每次接口测试执行完成后，都会发送一封邮件，邮件的主要内容为每条接口测试用例的执行结果、测试的通过率以及图表等信息。当然，不同的干系人对测试报告的详细程度的关注度可能不太一样。所以，设计一份满足所有干系人阅读习惯的报告模板需要花一些心思。
- 其他功能：除上面的功能，用户管理、用户权限、接口参数加/解密、任务调度、运行用例服务器资源监控、系统设置、运行日志等功能也会被各企业所关注，并纳入到接口自动化测试平台当中。

本章将给出一些在平台设计时可能会用到的 Python 关键性代码片段以供大家参考。

11.2.6 平台测试用例管理

平台测试用例管理主要包括四方面内容——平台接口用例的添加、平台测试用例的维护（用例的修改、删除）、平台用例的相互关联与用例的执行。

要添加平台接口用例，可以自行设计页面，填写相关请求方法、接口路径、请求头信息、请求体信息等，如图 11-13 所示。需要注意的是，这里并没有主机地址。主机地址可以是一个参数，因为无论是线上环境还是本地测试环境，对于同一套系统版本，它们的接口是一致的，不同的只是主机地址/域名。

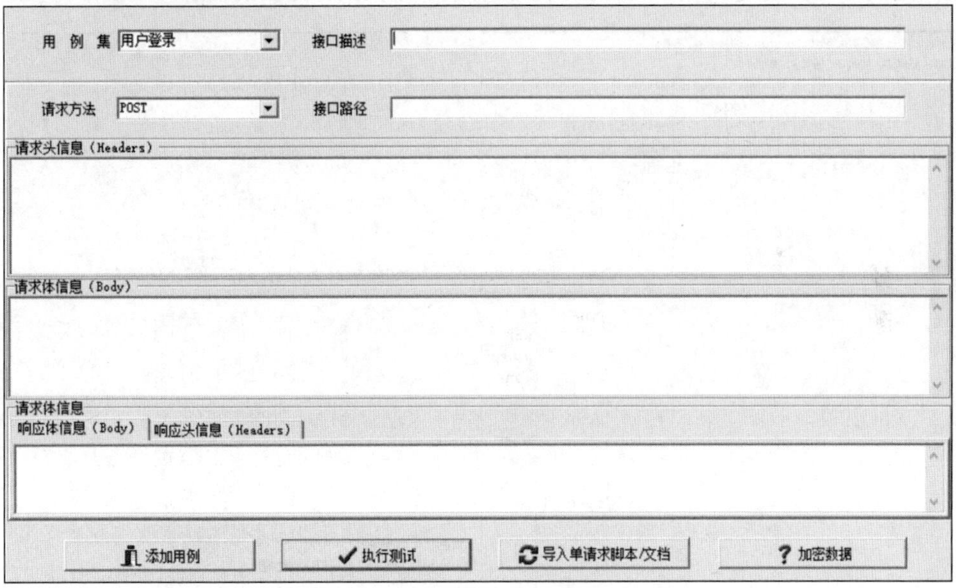

图 11-13　添加平台接口用例

可以将添加平台接口用例时输入的数据信息保存到数据库或者其他类型的文件中，而添加这些数据信息的目的就是形成如下代码，发送请求。

```python
import requests

url = "https://www.xxxxxxx.com/"
payload = {'some': 'data'}
```

```
headers = {
    'accept': "text/html,application/xhtml+xml,application/xml;q=0.9,image/webp,image/
    apng,*/*;q=0.8",
    'accept-encoding': "gzip, deflate, br",
    'accept-language': "zh-CN,zh;q=0.9",
    'connection': "keep-alive",
    'cookie': "JSESSIONID=CA867481B66C307; rememberMe=mbb/kBl8uBDeXrgZ",
    'host': "www.xxxxxxx.com",
    'referer': "https://www.xxxxxxx.com/login",
    'upgrade-insecure-requests': "1",
    'user-agent': "Mozilla/5.0 (Windows NT 10.0; Win64; x64) AppleWebKit/537.36 (KHTML,
    like Gecko) Chrome/71.0.3578.98 Safari/537.36",
    'cache-control': "no-cache"
    }

response = requests.request("POST", url, data=payload, headers=headers)
......
```

　　前面展示过从 Postman 导出的结果集，它其实就是一个 JSON 格式的文件，而且其格式固定，如图 11-14 所示。可以针对该文件进行 JSON 格式文件的解析，再将解析出来的路径、请求方式、参数和描述信息等内容显示到对应的文本域中。结合图 11-13 所示内容，这里只导入单接口用例。当然，你也可以再设计一个批量解析整个用例集或者整个项目的所有接口用例，直接存储到数据库中。这里只是用 Postman 导出的集合进行说明，其他工具类似，与研发确定的对应接口模板的格式是固定的，可以通过 Python 对这些内容进行解析，得到你需要的信息，这里不再赘述。

图 11-14　从 Postman 导出的结果集

有的时候，在传递一些敏感数据信息（如用户名、密码、银行卡号等）时，需要将这些数据信息加密后再进行传输，以保证信息的安全性。同样可以在平台中添加类似的功能，对明文的参数或者请求体数据进行 DES、3DES、AES 等形式的加密，再发送请求。

对于存在依赖关系的用例，可以通过设置用例集或者指定前置用例等方法来实现。目的就是顺序执行用例，保证其不会出错。通常，后面的用例需要用到前面用例的一些返回值，比如生成的 Cookie 信息，因此可以返回 Cookie 信息，再将其放到后面的请求头中。

下面的 Python 代码可以返回响应的 Cookie 信息。

```python
import requests
res = requests.get('https://www.baidu.com')
cookies = requests.utils.dict_from_cookiejar(res.cookies)
print(cookies)
```

可以将其封装为一个类方法或者函数，而其返回值为 cookies，是一个字典。如果需要，还可以指定需要获取的键作为传入参数，从而获得该键对应的值。

11.2.7　平台测试环境管理

测试人员经常要在各种测试环境、开发环境，有时甚至是线上环境中进行测试。同一系统版本应用的接口是一样的，变化的只是被测试服务器的地址或者域名。在实现平台时，为了避免重复造轮子，通常要将被测试服务器的地址或者域名设置成一个参数以显示被测试的主机列表，这样你就可以在选中的环境进行测试了。

以下代码为以 JSON 格式存储的被测试服务器列表。

```json
[{
    "name": "testenv",
    "ip": "192.168.1.105",
    "desc": "Testing environment"
}, {
    "name": "devenv",
    "ip": "192.168.1.102",
    "desc": "Development environment"
}]
```

这里，被测试服务器的信息主要包含 3 项内容：name 为被测试服务器名称，ip 可以是被测试服务器的地址或者域名，desc 为相关描述信息。

这里给出一段添加并保存新的测试服务器信息的示例代码。当然，你可以在此基础上增加判断 IP 地址和域名合法性的验证以及限制各域输入长度等的代码。你还可以选择数据库来存储信息，这里不再赘述。

```python
import json

def WriteHost(hostname,hostip,hostdesc,jsonfile):
    tmp={}
    with open(jsonfile , 'r') as f:
        datalist=json.load(f)
        datastr=str(datalist)

    if ((datastr.find(hostname)<=0) | (datastr.find(hostip)<=0)):
        tmp['name']=hostname
```

```
            tmp['ip']=hostip
            tmp['desc']=hostdesc
            ll=list(datalist)
            ll.append(tmp)
            with open(jsonfile , 'w') as f:
                json.dump(ll,f)
                return 0
        else:
            return -1

if __name__=='__main__':
    result=WriteHost('onlineenv','119.75.213.109', 'Online environment', 'mytest.json')
    print(result)
    if result==0 :
        print('成功添加环境信息')
    else:
        print('环境名称或 IP 地址已经存在！')
```

上面测试代码执行后，将在被测试服务器的 JSON 文件中新增一条 IP 地址为 "119.75.213.109" 的相关信息。

```
[{
    "name": "testenv",
    "ip": "192.168.1.105",
    "desc": "Testing environment"
}, {
    "name": "devenv",
    "ip": "192.168.1.102",
    "desc": "Development environment"
}, {
    "name": "onlineenv",
    "ip": "119.75.213.109",
    "desc": "Online environment"
}]
```

11.2.8　平台测试任务执行

对于接口自动化测试平台，测试任务就是需要执行的测试用例或者测试用例集。执行测试用例/用例集包括立即执行、指定时间内执行和周期性执行这 3 种情况。这里，我们一起针对如何通过 Python 调用相关的包实现定时任务进行介绍。Windows 操作系统中创建定时任务对应的命令行工具是 schtasks，而在 Linux 操作系统中也有创建定时任务的 crontab 命令，那么如何在 Python 中在指定的时间运行测试用例呢？

这里，推荐使用 APScheduler，它不是服务，其自身也不提供任何命令行工具。APScheduler 需要运行在程序中，它提供了构建专用调度器服务的基础模块以供我们调用。

可以通过 pip install apscheduler 命令来安装 APScheduler 模块，如图 11-15 所示。

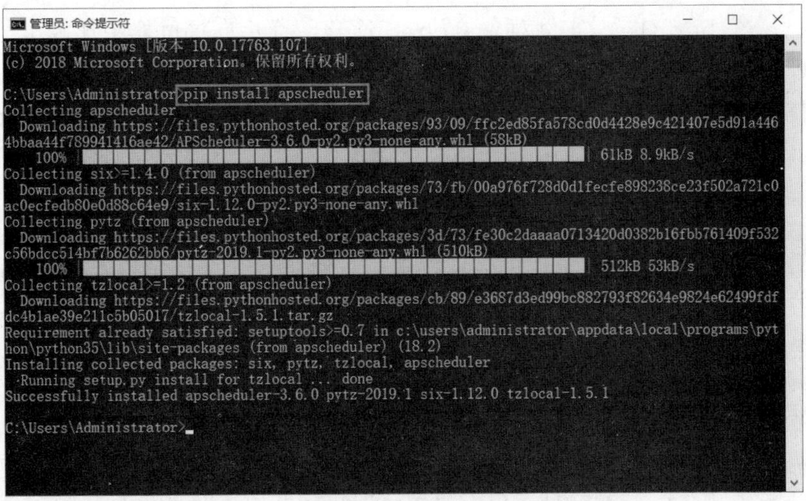

图 11-15 APScheduler 模块安装信息展示

这里，通过两段代码分别介绍如何周期性执行任务和在指定时间内执行任务。周期性执行任务的示例代码如下。

```python
import time
from apscheduler.schedulers.blocking import BlockingScheduler

def Heartbeat_clock():
    print('现在时间: %s' % time.strftime("%Y-%m-%d %H:%M:%S", time.localtime()))

if __name__ == '__main__':
    scheduler = BlockingScheduler()
    scheduler.add_job(Heartbeat_clock, 'interval', seconds=5)
    try:
        scheduler.start()
    except:
        scheduler.shutdown(wait=False)
```

上面的这段代码每隔 5s 就周期性地调用 Heartbeat_clock，输出当前的系统时间，如图 11-16 所示。按 Ctrl+C 组合键将触发中断，触发中断后将执行关闭调用的任务。

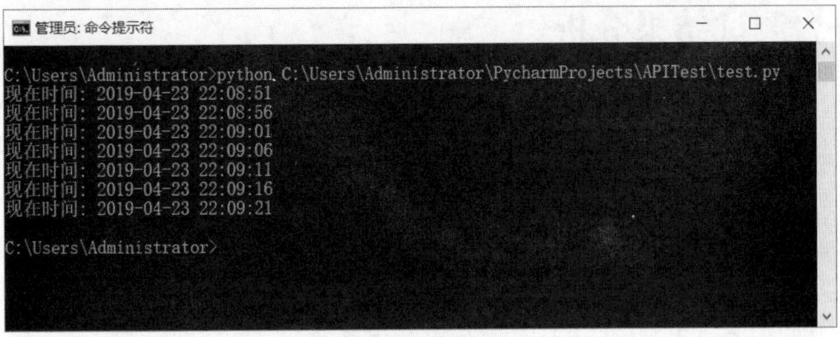

图 11-16 输出信息

APScheduler 中有很多种不同类型的调度器，BlockingScheduler 与 BackgroundScheduler 是其中常用的两种调度器。它们之间有什么区别呢？主要区别在于 BlockingScheduler 会阻塞主线程的运行，而 BackgroundScheduler 不会阻塞。这里，我们应用 BlockingScheduler，创建一个 BlockingScheduler 实例对象 scheduler，而后向调度器中加入了一个间隔调度（interval），即 scheduler.add_job(Heartbeat_clock, 'interval', seconds=5)，每隔 5s 就周期性调用 Heartbeat_clock() 函数。调度方式共有 3 种类型——date、interval 和 cron。scheduler.start() 用于开始执行调用任务。当出现异常时停止调度任务，即执行 scheduler.shutdown(wait=False)。

```
scheduler.add_job(Heartbeat_clock, 'date', run_date='2019-04-23 22:43:05')
```

上面的脚本代码只在 "2019-04-23 22:43:05" 这个时间点执行一次 Heartbeat_clock() 函数。

```
scheduler.add_job(Heartbeat_clock, day_of_week='6', second='*/5')
```

上面的脚本代码则在每周日每隔 5s 执行一次 Heartbeat_clock() 函数。事实上，你在实现接口自动化测试平台时，是不是将执行用例集封装成一个函数，替换 Heartbeat_clock() 函数就可以了呢？这只是一个建议，你可以依据自己的实际情况做得更多，做得更好。建议为每个用例设置断言。在执行用例时，只有设置了明确的断言，你才能知道每一个用例是否执行成功。如果用例成功执行，成功的测试用例数加 1；若失败，失败的测试用例数加 1，同时要将失败的原因写入数据库或者对应的文件中。

示例代码如下。

```
...
if method == "GET":
    r = requests.get(url=host+url_path, params=data, headers=headers)
    resp = r.text
    if assertstr in str(r.text):
            sumsuccs=sumsuccs+1
            print("用例'{}'执行成功.".format(case_name))
    else:
            sumfails=sumfails+1
            print("用例'{}'执行失败! 结果返回值为{}.".format(case_name, r.text))
    return sumfails,sumsuccs
...
```

如果接口的性能也是你关注的内容，则需记录每一个接口响应时间，以便在分析结果时查看相应接口在性能和稳定性方面的表现。

11.2.9　平台测试结果分析

平台测试结果分析的数据肯定就是平台测试用例的执行结果，如果你没有记录相关执行用例的结果、接口响应时间等信息，就根本谈不上结果分析了。所以，如何在测试执行中记录要输出、要考查的内容，对于平台测试结果分析具有决定性作用。

通常，测试结果分析关系的内容主要包括接口用例执行结果、接口用例执行响应时间、接口用例失败原因等。

结合这几方面内容，我们可以生成哪些质量度量方面的指标呢？这里，仅结合接口用例执行结果举一个例子：假如你执行的一个用例集共有 120 条用例，执行完成后，执行成功的用例有 112 个，失败的用例有 8 个，这样就可以得到一个表示用例执行成功率的指标，即 $(112/120) \times 100\% = 93.33\%$。

除此之外，为持续提升团队综合能力，每一个企业都应该重视与研发过程相关活动的持续提升、改进。每一次测试执行完成后，如果测试团队都能提供一些数据参考，无疑会对提升企业技术团队的综合能力大有裨益。接下来，结合接口用例执行失败的原因举一个例子。可以进一步分析那 8 个失败的用例产生的原因，发现 3 个是"第三方提供的 SDK 接口参数发生变化"，3 个是"代码设计问题（即开发人员考虑不足）"，两个是"测试环境部署问题"。从这些信息中我们就会发现一些问题。以"第三方提供的 SDK 接口参数发生变化"为例，这说明了什么问题呢？这说明了研发和测试团队没有对第三方提供的 SDK 变更进行持续关注。在实际工作中，不仅要关注和被测试公司的系统版本，还要关注与该系统相关的第三方 SDK 接口的相关信息，以及最新的操作系统、Web 应用服务器、浏览器和数据库版本信息，关注它们在哪方面做了改进。通常情况下，软件的升级一定是在功能支持、漏洞修复或者性能提升方面做了改进。必须要进行对应的测试才能知道改进后是否对我们的系统有影响。如果发现存在类似的关注度不足问题，说明在工作流程方面需要改进。根据木桶原理，最短的木板决定了木桶能盛多少水。所以，当你想提升某个功能的性能时，就需要知道哪些操作是最耗时的，是否能够通过改进算法、调整数据结构和代码处理业务逻辑等来提升其性能。

11.2.10 平台测试报告生成

平台测试报告生成是在平台测试结果分析基础上相关思想的实现。这里主要介绍利用现有的一些模块文件来生成 HTML 或者 Excel 格式的测试报告的方法。

Python 中有很多模块可供使用，使用比较广泛的模块有 HTMLTestRunner 和 BSTestRunner。它们已经帮我们实现了比较简单、直观的测试报告。下面以调用 BSTestRunner 模块生成 HTML 报告为例，其主要代码如下。

```python
import unittest
from BSTestRunner import BSTestRunner
import time


test_dir='./test_case'
discover=unittest.defaultTestLoader.discover(test_dir,pattern="test*.py")


if __name__ == '__main__':
    report_dir='./test_report'
    now=time.strftime("%Y-%m-%d %H_%M_%S")
    report_name=report_dir+'/'+now+'result.html'

    with open(report_name,'wb') as f:
        runner=BSTestRunner(stream=f,title="测试报告",description="测试用例集")
        runner.run(discover)
    f.close()
```

输出对应的测试报告，如图 11-17 所示。

如果你对上面的测试报告模板仍然不满意，可以自行设计相应的测试报告格式模板，可以是 HTML 格式的、PDF 格式的，也可以是 Excel 格式的。这里，以一个 Excel 格式模板为例，其大概样式如图 11-18 所示。

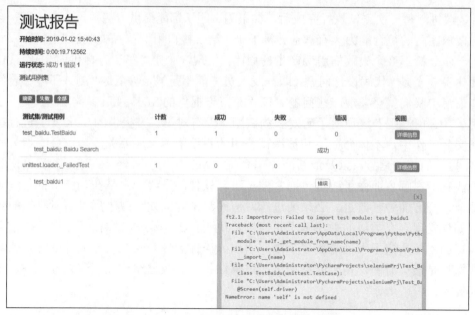

图 11-17 应用 BSTestRunner 模块输出的测试报告

	A	B	C	D	E	F
1						
2			接口测试报告			
3						
4			测试概要			
5						
6		项目名称		测试执行人		测试结论
7		测试日期		报告编写人		
8		总用例数		用例通过率		
9		成功用例数		失败用例数		
10			接口测试执行信息			
11						
12	序号	请求方式	接口描述	接口路径	执行结果	
13						
14						
15						
16						
17						

图 11-18 Excel 格式模板的大概样式

该 Excel 格式模板的实现方式如下。

```python
import xlwt
from PIL import Image
from xlutils.copy import copy
import os
import xlrd
import xlsxwriter


def add_image(execl_file):
    rbook = xlrd.open_workbook('测试报告.xls',formatting_info=True)
    wbook = copy(rbook)
    w_sheet = wbook.get_sheet(0)
    w_sheet.insert_bitmap('logo.bmp', 5, 0, 30, 0, scale_x=0.8, scale_y=0.8)
    # img 表示要插入的图像地址
    # x 表示行
    # y 表示列
```

```
    #x1 表示相对原来位置向下偏移的像素
    #y1 表示相对原来位置向右偏移的像素
    #scale_x 表示相对原图宽的比例
    #scale_y 表示相对原图高的比例
    wbook.save(execl_file)

def wirte_excel_data( row,col,value_data):
    rbook = xlrd.open_workbook('测试报告.xls',formatting_info=True)
    wbook = copy(rbook)
    w_sheet = wbook.get_sheet(0)
    w_sheet.write(row,col,value_data)
    wbook.save('测试报告.xls')

if __name__=="__main__":
    wirte_excel_data(5,2,'测试报告')
    add_image('测试报告.xls')
```

上面的代码只演示了如何向 Excel 格式报告中填写一个“测试报告”文本和添加一张 logo 图片。你可以依据需要设计更符合企业需求的报告样式，将收集的数据写入对应的模板格式中，如图 11-19 所示。

	A	B	C	D	E	F
1–3	接口测试报告					
4–5	测试概要					
6		项目名称	测试报告	测试执行人		测试结论
7		测试日期		报告编写人		
8		总用例数		用例通过率		
9		成功用例数		失败用例数		
10–11	接口测试执行信息					
12	序号	请求方式	接口描述		接口路径	执行结果
13						
14						
15						
16						
17						

图 11-19 把数据写入 Excel 格式模板

这里，给出一份火车车次查询接口测试报告，如图 11-20 所示。

接口测试报告					
测试概要					
	项目名称	火车车次查询接口测试	测试执行人	悟空、八戒	测试结论
	测试日期	2019-4-24 17:18:18	报告编写人	唐僧	不通过
	总用例数	13	用例通过率	92.30%	
	成功用例数	12	失败用例数	1	
接口测试执行信息					
序号	请求方式	接口描述		接口路径	执行结果
1	GET	正例-G5高铁车次查询		/train/line?appkey=350	成功
2	GET	正例-D701动车车次查询		/train/line?appkey=350	成功
3	GET	正例-Z281直达车次查询		/train/line?appkey=350	成功
4	GET	正例-T109特快车次查询		/train/line?appkey=350	成功
5	GET	正例-K215快列车次查询		/train/line?appkey=350	成功
6	GET	正例-C1001城际车次查询		/train/line?appkey=350	成功
7	GET	正例-4375其他车次查询		/train/line?appkey=350	成功
8	GET	正例-G5高铁车次查询（日期：2019-05-20）		/train/line?appkey=350	成功
9	GET	反例-不输入任何参数		/train/line	成功
10	GET	反例-不输入appkey		/train/line?appkey=&tra	成功
11	GET	反例-不输入车次		/train/line?appkey=350	成功
12	GET	反例-输入不存在车次		/train/line?appkey=350	成功
13	GET	反例-输入非法日期		/train/line?appkey=350	失败

图 11-20 火车车次查询接口测试报告

11.2.11　平台测试邮件通知

平台测试邮件通知是在每次测试执行完成且生成平台测试报告后完成的。Python 提供了与邮件发送相关的两个模块，即 smtplib 和 email 模块。smtplib 模块主要负责发送邮件，email 模块主要负责构建邮件。

下面给出一段发送平台测试报告邮件的代码。

```python
from email.mime.text import MIMEText
from email.mime.image import MIMEImage
from email.mime.base import MIMEBase
from email.mime.multipart import MIMEMultipart
from email import encoders
import smtplib
import time

def send_mail(subject):
    email_server = 'smtp.163.com'  #服务器地址
    sender = 'bugsend@163.com'  #发件人
    password = 'xxxxxx'  #密码
    receiver = ['bugsend@163.com', 'testerteams@163.com']  #收件人，此处我们指定了两个收件人

    msg = MIMEMultipart()
    msg['Subject'] = subject  #邮件标题
    msg['From'] = 'bugsend@163.com <bugsend@163.com>'  #邮件中显示的发件人别称
    msg['To'] = ";".join(receiver)  #收件人

    #通过HTML格式来存放正文中的图片
    mail_msg = '<p><img src="cid:image1"></p>'
    msg.attach(MIMEText(mail_msg, 'html', 'utf-8'))
    #指定图片
    fp = open(r'testimage.png', 'rb')
    msgImage = MIMEImage(fp.read())
    fp.close()
    #定义图片ID，在 HTML 文本中引用
    msgImage.add_header('Content-ID', '<image1>')
    msg.attach(msgImage)

    conttype = 'application/octet-stream'
    maintype, subtype = conttype.split('/', 1)
    #附件中的图片
    image = MIMEImage(open(r'testimage.png', 'rb').read(), _subtype=subtype)
    image.add_header('Content-Disposition', 'attachment', filename='testimage.png')
    msg.attach(image)
    #附件中的接口测试报告
    file = MIMEBase(maintype, subtype)
    file.set_payload(open(r'接口测试报告.xls', 'rb').read())
    file.add_header('Content-Disposition', 'attachment', filename='接口测试报告.xls')
    encoders.encode_base64(file)
    msg.attach(file)

    #发送
    try:
        smtp = smtplib.SMTP()
        smtp.connect(email_server, 25)
        smtp.login(sender, password)
        smtp.sendmail(sender, receiver, msg.as_string())
```

```
        smtp.quit()
        print('发送成功！')
    except:
        print('发送失败！')

if __name__ == '__main__':
    now = time.strftime('%Y-%m-%d %H:%M:%S', time.localtime(time.time()))
    subject = '接口测试报告('+now+')'
    send_mail(subject)
```

上面的代码使用"bugsend@163.com"这个邮箱向 bugsend@163.com 邮箱和"testerteams@163.com"这两个邮箱发送一封以"接口测试报告 +（当前时间）"为标题的邮件。邮件包括接口测试报告截图（即 testimage.png 图片）和接口测试报告.xls 两个附件，如图 11-21 所示。同时，为了在正文中显示图片，我们给图片定义了一个 ID，而后在 HTML 正文中进行引用。

图 11-21　通过邮件发送的接口测试报告

11.3　本章小结和习题

11.3.1　本章小结

本章介绍了接口测试面临的一些痛点问题、为什么要引入接口自动化测试平台、接口自动化测试平台的投入、JMeter 和 Postman 命令行的执行方法，同时对测试平台开发进行了概括性的讲述，展示了平台开发过程中的用例管理、用例执行、环境管理、结果分析、测试报告生成、邮件发送等。希望这部分内容对你有所帮助，能够起到抛砖引玉的作用。当然，像用户权限管理、测试用例执行失败后再启动策略、多机分布式运行测试用例等内容并没有介绍。并不是说这部分内容不重要，而是因为这些内容和平台设计密切相关，所以基于不同的实现，它们的处理方式也各不相同。建议你先了解一些开源的自动化测试平台，再考虑怎样设计更高效的接口自动化测试平台。

11.3.2　习题

1．请说出使用什么命令可以查看 JMeter 中所有的参数信息。

2．请说出在命令行中调用 Postman 集合时执行的方法。

3．在执行平台测试任务时，有哪 3 种定时任务执行方法？

4．在测试 HTTP 的相关接口时，为什么最好要设一个断言？是否仅根据状态码返回值就能肯定返回结果一定是正确的呢？

5．发送邮件时，是否可以在邮件正文中显示图片附件？应该怎样用代码来实现？